普通高等教育“十一五”国家级规划教材

高职高专机电类规划教材

UG NX4 实例教程

宋志国　编著

陈剑鹤　主审

人 民 邮 电 出 版 社

北 京

图书在版编目（CIP）数据

UG NX4实例教程 / 宋志国编著.—北京：人民邮电出版社，2009.1
高职高专机电类规划教材
ISBN 978-7-115-19006-2

Ⅰ. U… Ⅱ.宋… Ⅲ.计算机辅助设计－应用软件，UG NX 4－高等学校：技术学校－教材 Ⅳ.TP391.72

中国版本图书馆CIP数据核字（2008）第159452号

内 容 提 要

本书以NX4版本为蓝本，以10章内容介绍了运用UG进行草图绘制、实体建模、参数化设计、装配设计、工程制图、曲面建模等的基本方法。本书开篇以大量实例讲解了软件的各种基本功能，便于读者迅速入门，也便于演示教学的开展。第5～10章引入了与工程实践紧密联系的实例内容，从实际应用的角度引导读者更好地理解和掌握软件功能。

本书可作为高等职业技术院校机械类专业“机械CAD/CAM”课程的教材，也可作为专业技术人员的参考书。

普通高等教育“十一五”国家级规划教材

高职高专机电类规划教材

UG NX4实例教程

◆ 编　　著　宋志国
主　　审　陈剑鹤
责任编辑　张孟玮
执行编辑　郭　晶

◆ 人民邮电出版社出版发行　　北京市崇文区夕照寺街14号
邮编　100061　　电子函件　315@ptpress.com.cn
网址　http://www.ptpress.com.cn
北京鑫正大印刷有限公司印刷

◆ 开本：787×1092　1/16
印张：16.25
字数：396千字　　2009年1月第1版
印数：1－3 000册　　2009年1月北京第1次印刷

ISBN 978-7-115-19006-2/TP

定价：26.00元

读者服务热线：(010)67170985　印装质量热线：(010)67129223
反盗版热线：(010)67171154

前　言

UG NX 软件是当今世界先进的、高度集成的、面向制造业的 CAD/CAE/CAM 高端软件之一。作为一个软件系统，UG NX 可以快速解决产品从初始的概念设计到产品设计、仿真、制造工程等一系列问题。此外，UG NX 还具有过程向导（Process Wizard）的功能，推进了知识驱动的自动化（KDA），这些过程向导融合了在日益加速的工程和制造过程中成效显著的工作流程和经验。目前，UG NX 软件已经在国内机械行业得到广泛应用，众多企业把它作为产品设计与制造的核心工具之一。

“机械 CAD/CAM”课程是机械类专业教学中一门重要的实践类课程，本课程旨在加深学生对 CAD/CAM 的理解，并着重培养学生应用软件的能力，以适应当前 CAD/CAM 软件日益广泛地应用于社会生产的发展趋势。

本书以 UG NX4 为蓝本，重点介绍有关 CAD 的各部分内容，包括实体建模、装配设计、工程制图和曲面建模等。

第 1～4 章介绍了软件的基本操作、建模和草图应用的基本方法；重点介绍了 UG NX 的基本工作流程，基本操作和通用工具的使用，常用特征建模功能和建立草图等。

第 5～8 章通过典型的工业设计项目，以项目实践的形式引导学生对实体建模、参数化设计、装配建模、工程制图等内容进行演练；重点介绍了建模的思路和方法，对“从底向上”和“自顶向下”的装配策略做了简明的分析。

第 9、10 章介绍了曲面建模的相关内容；重点介绍了曲线、曲面的基本创建方法，并通过典型工业设计项目，介绍了曲面建模的常用技巧。

考虑到机械类不同专业的具体教学要求，本书在内容编排、实例选择上各有侧重，不同的专业可以选择不同章节作为重点教学内容。本书主要特点如下。

- 以基础实例的方式讲解 NX 的基本功能和操作，避免了单一的知识点与命令讲解，注重实用性。
- 在以项目式体例进行编排的章节中，以完成各项目的“任务”为主线，突出实践。CAD/CAM 是工程性很强的技术，本书注重培养以 CAD/CAM 技术去解决工程实际问题的思维。
- 简化了理论知识的讲解，突出应用性。

本书由宋志国担任主编，参加编写工作的有王桂林、王军、吴云飞、宋艳、宋志国。本书由陈剑鹤担任主审。在本书编写过程中，还得到 UGS 公司洪如谨女士的指导和多方面的帮助，在此深表感谢。

本书可作为职业技术院校机械类专业“计算机辅助设计”课程的教材，也可作为专业技术人员的参考书。由于编写时间仓促，书中不妥之处在所难免，敬请读者批评指正。

本书配套有教学课件（PPT）、操作视频录像和素材文件，读者可以到人民邮电出版社教学服务与资源网（www.ptpetu.com.cn）下载。

作　者

2008年10月

目　录

第 1 章　NX 快速入门

本章是 NX 的入门课程，主要介绍 NX 软件的基本功能和应用 NX 进行数字化产品开发的一般流程，并以案例的方式介绍 NX CAD 的基本环境。

【教学目标】了解 NX 的主要功能和应用 NX 的工作流程；熟悉 NX 的用户界面和各应用环境，并通过范例实现 NX CAD 的快速入门。

【知识要点】本章的知识要点包括：

- ❑ CAD/CAM 系统概述以及 NX 的技术特性和工作流程；
- ❑ NX 的用户界面和草图任务环境简介；
- ❑ 如何在 NX CAD 的各应用环境中工作；
- ❑ NX 的基本操作方法。

1.1　CAD/CAM 概述

计算机技术是现代科学技术发展里程中最伟大的成就之一，它的应用已遍及各个领域。在机械设计与制造领域中，由于市场竞争的加剧，用户对产品的要求越来越高。为了适应瞬息万变的市场要求，提高产品质量，缩短生产周期，就必须将先进的计算机技术、机械设计与制造技术相互结合，形成机械 CAD/CAM 这样一门综合性的高新技术。它已成为当今发展最快的应用技术之一。它不仅改变了工程人员在产品设计和制造过程中常规的工作方式，大大减轻了脑力劳动和体力劳动，而且还有利于发挥工程人员的创造性，提高企业的管理水平和市场竞争能力。宏观意义上的机械 CAD/CAM 技术是将 CAD、CAE、CAPP、CAM、PDM/PLM 等各种功能通过软件有机地结合起来，用统一的执行控制程序来组织各种信息的提取、交换、共享与处理，以保证系统内信息流的畅通并协调各个系统有效地运行。它的显著特点是把设计与制造过程同生产管理、质量管理集成起来，通过生产数据采集形成一个闭环系统。

1. 计算机辅助设计（Computer Aided Design，CAD）

CAD 是指以计算机为辅助工具，根据产品的功能要求，完成产品的工程信息数字化设计。它主要包括：零件建模、装配建模、工程制图等。这是 CAD/CAM 系统的核心部分。

2. 计算机辅助工程分析（Computer Aided Engineering，CAE）

CAE 是以现代计算力学为基础，以计算机仿真为手段的工程分析技术，是实现产品优化设计的主要支持模块。它主要包括：有限元分析、机构运动分析、流场分析等。

3. 计算机辅助制造（Computer Aided Manufacturing，CAM）

CAM 是指利用计算机辅助完成从生产准备到产品制造整个过程的活动。它主要包括：NC 自动编程、生产作业计划、生产控制、质量控制等。

4. 计算机辅助工艺设计（Computer Aided Process Planning，CAPP）

CAPP 是指根据产品的工程信息，利用计算机辅助制定产品的加工方法和工艺过程。它主要包括：毛坯设计、加工方法选择、工艺路线制定、工序设计、刀夹具设计等。

5. 产品数据管理（Product Data Management，PDM）

PDM 是指利用数据库技术，将产品的各种工程信息存储在工程数据库中进而在 CAD/CAM 各个应用环节进行数据的存储、提取和再利用。

6. 产品生命周期管理（Product Lifecycle Management，PLM）

PLM 是对 PDM 的一种升华和扩展，它将管理延伸到产品的整个生命周期。

1.1.1 CAD/CAM 应用软件——NX 简介

NX 是一个用于完整的产品工程的 CAD/CAM 解决方案（如图 1.1 所示）。它能很好地帮助制造商在集成的数字化环境中设计、模拟、验证产品及其生产过程，能有效地捕捉、应用和共享整个数字化过程的知识，为制造商提高其战略优势。

图 1.1 NX 数字化产品开发流程

1. NX 的技术特性

NX 包含一套完整的产品工程流程解决方案。NX 的应用程序从产品概念设计到加工制造，利用一套统一的方案把产品开发流程中的所有学科和所有活动融合到了一起。

（1）概念设计（Concept）：用于获取和管理客户以及设计所需要的信息，在概念模型中嵌入知识规则，并允许评价多种设计方案。

（2）风格及样式设计（Styling）：用于工业设计、风格及样式设计，NX 具备自由形状建模、表面连续性及分析、形象化渲染、先进的表现方式等功能。

（3）产品设计（Design）：NX 提供一套先进的产品设计方案，主要包括以参数化或直接建模的方式实施混合建模、装配设计和管理、用于钣金和路线系统的流程设计工具、产品设计验证、三维尺寸标注和出工程图等。

（4）性能仿真验证（Simulation）：包括范围广泛的仿真工具组合，主要有供设计人员使用的运动和结构分析向导，供仿真专家使用的前/后处理器以及用于多物理场CAE的企业级解决方案。

（5）工装及模具设计（Tooling）：包括普通用途的工装和夹具设计，用于塑模开发的知识驱动型注塑模设计向导，用于冲压级进模设计的模具工程向导等。

（6）加工制造（Machining）：行业领先的数控编程解决方案，集成刀具路径切削和机床运动仿真功能，能够根据需要生成后处理程序、车间工艺文档，并有效地管理制造资源等。

2. NX 的工作流程

NX 的数字化产品开发过程体现了并行工程的思想。在产品设计初期，它的下游应用部门（如工艺部门、加工部门和分析部门等）就已经介入设计阶段，整个过程是一个可反馈、可修改的过程。NX 强大的参数化建模功能能够支持模型的实时修改，系统能够自动更新模型，以满足设计要求。这种工作过程不必等产品设计完成，而是在产品初步设计后，就可以进行方案评审，并不断地修改，直到达到设计要求。

应用 NX 进行数字化产品开发的一般工作流程如图 1.2 所示。

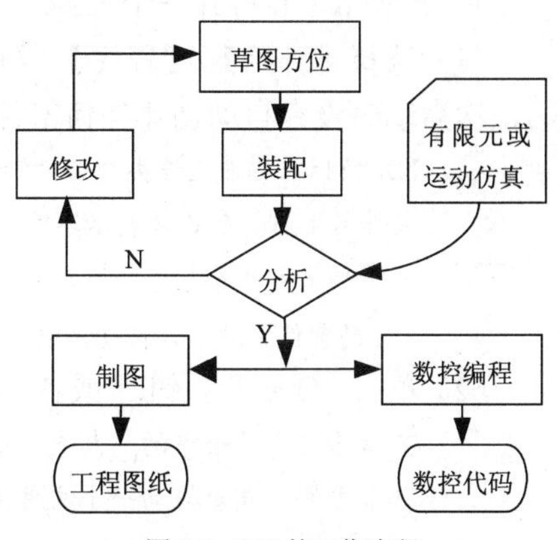

图 1.2　NX 的工作流程

1.1.2　本书约定

在不作特别说明的前提下，本书作如下约定。

- 鼠标按键：MB1——左键，MB2——中键，MB3——右键。
- 键盘按键：以“<>”表示，如<Ctrl>、<Alt>、<Enter>等。
- 使用“【】”表示菜单选项和工具条。
- 选择菜单命令：以“/”间隔，如“选择【File】/【Open】命令”。
- 操作过程：为了简化描述，有时使用“→”表示下一步操作，“OK”表示单击“确定”按钮。

1.2　NX CAD 快速入门

本节通过范例介绍 NX CAD 的基本应用环境和一些重要的基本操作，主要内容包括：

- 用户界面与草图——NX 用户界面和草图任务环境概述。
- 在建模环境工作——创建和编辑特征等。
- 在装配环境工作——装配功能的简单介绍。
- 在制图环境工作——制图应用环境概述。

1.2.1 用户界面与草图

学习目标

- 熟悉 NX 的用户界面。
- 打开一个已存在的部件。
- 熟悉“草图任务环境”界面，检查并修改一个草图。

操作步骤

1. 启动 NX 并打开一个部件

（1）选择【开始】/【程序】/【UG NX4.0】/【NX4.0】命令，系统启动 NX 进程。NX 第一次启动时没有自动创建任何部件，需要用户新建或者打开文件。

NX 的标准部件文件类型为“*.prt”，且主要应用模块的文件扩展名一致。有时为了区别，可以在文件名上添加后缀来表示不同类型的部件，如“_asm”表示装配部件，“_drf ”表示制图部件，“_mfe”表示加工部件等。

NX 的部件文件名只接受 ASCII 码字符，不支持中文名，文件所存放的路径也不能包含中文字符。

（2）单击“Open”按钮或者选择【File】/【Open】命令→选择“cam_link_1”文件→OK。

可以通过资源条中的“历史”面板，快速打开最近操作的文件或切换工作部件；另外通过双击一个文件，或者拖动一个文件到图形窗口中也可打开部件。部件文件名显示在 NX 窗口的标题栏中。

2. 用户界面

NX 标准的用户界面如图 1.3 所示，其中包括标题栏、菜单条、工具条、图形窗口、资源条、提示行、状态行以及执行命令时的对话框等。

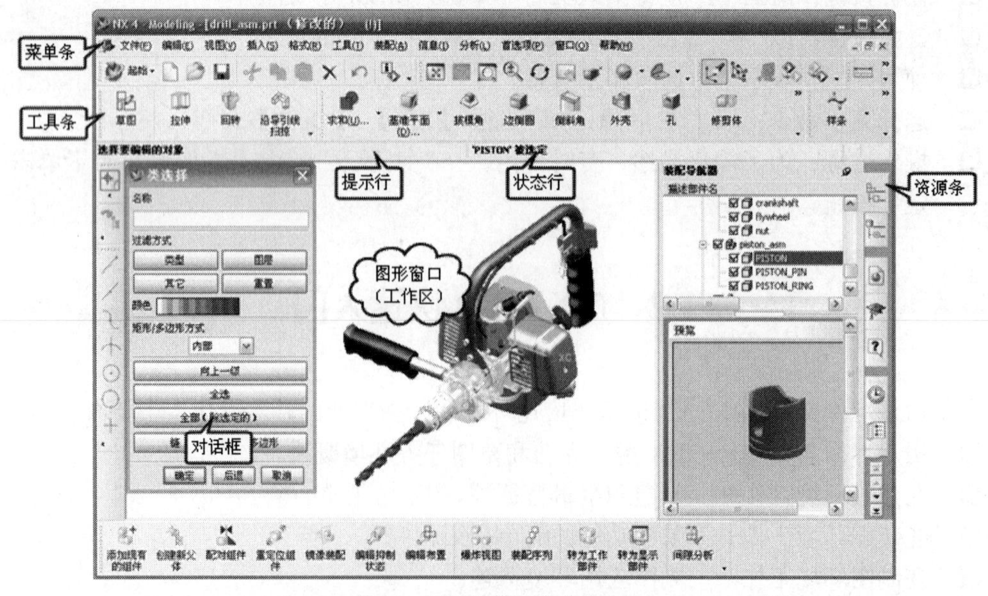

图 1.3 NX4 建模环境用户界面

在执行各种操作时，应注意提示行和状态行的信息，通过这些信息可以帮助用户进行下一步操作和检查当前的操作状态。

（1）显示工具条和按钮的更多信息：将光标置于任意工具条上并单击 MB3，系统显示一个弹出菜单，如图 1.4 所示。在此菜单中，显示当前应用环境所有可用的工具条名称，可以利用“√”决定系统显示哪些工具条。单击任何其他地方以关闭菜单显示。

（2）添加和移除按钮（如图 1.5 所示）：单击【标准】工具条右侧的小三角符号“▼”→单击“Add or Remove Buttons”按钮→选择“标准（Standard）”→从弹出的列表中选择需要添加或移除的按钮→单击任何其他地方以关闭列表。

（3）工作坐标系（WCS）：WCS 在图形窗口中显示，用于测量坐标值和指定方位，可以移动和重定位 WCS。

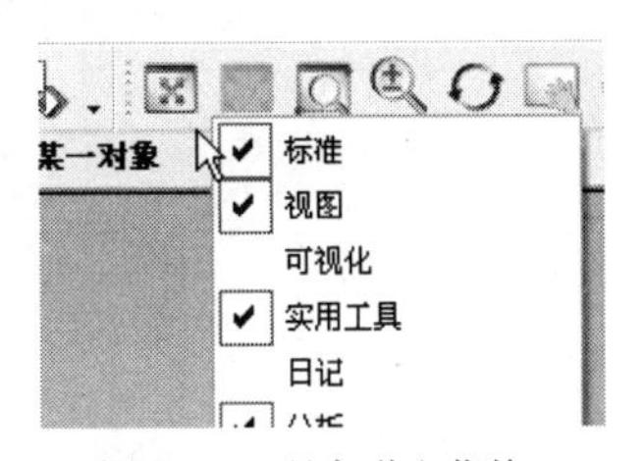

图 1.4　工具条弹出菜单

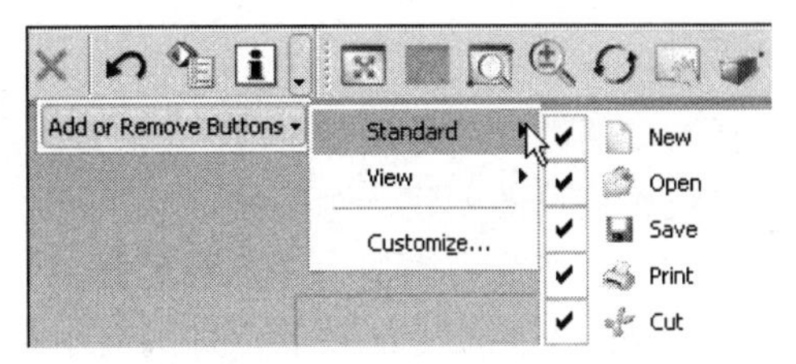

图 1.5　添加或移除按钮

（4）启动建模环境：选择【Start】/【Modeling】命令。

3. 草图编辑器（Sketcher）

草图是一个 2D 几何集合，可以使用它扫描生成体。NX 提供了一个单独的草图创建和编辑的环境，称为草图编辑器。通常，为了提高效率，在绘制草图时不需要太确切的尺寸和形状，最终正确的形状可以在完成绘制之后通过草图约束的方法定义。

（1）激活草图：双击实体的任意位置启动“编辑”模式，单击“草图剖面（Sketch Section）”按钮，系统启动草图编辑器，草图显示如图 1.6 所示。

（2）修改草图尺寸（如图 1.7 所示）：选择【首选项（Preferences）】/【草图（Sketch）】命令→在“文本高度（Text Height）”区域输入 3→OK；双击尺寸“p5=7.939”→输入新的数值 8.5→<Enter>。同理，修改尺寸“p7=20”。

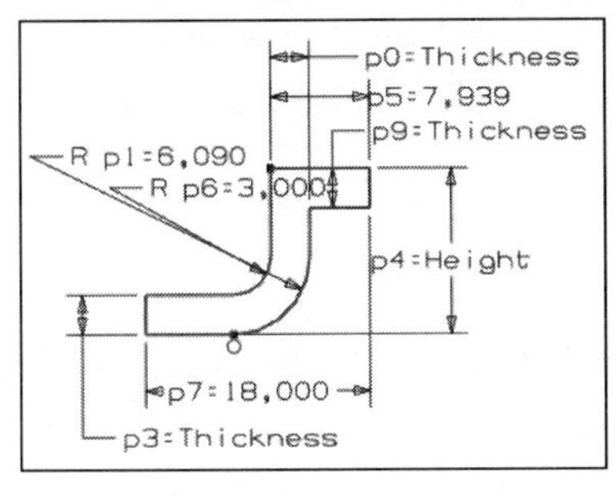

图 1.6　激活的草图

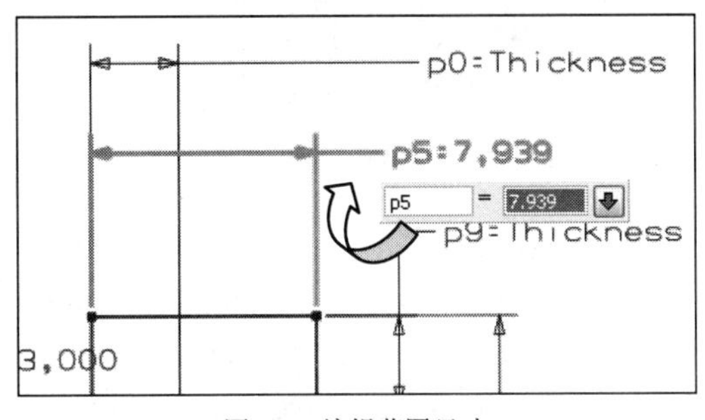

图 1.7　编辑草图尺寸

（3）显示几何约束：单击“显示所有约束（Show All Constraints）”按钮，草图显示所有几何约束符号→再次单击按钮，则关闭部分约束符号的显示。

（4）显示和删除几何约束：单击“显示/移除约束（Show/Remove Constraints）”按钮→移动光标经过不同的曲线，查看约束情况→选择“激活草图的所有对象（All in Active Sketch）”选项→在列表框中选中“LINE3_0 Vertical”→在对话框中选择“移除高亮显示的（Remove Highlighted）”→OK。

（5）单击“完成草图（Finish Sketch）”按钮，退出草图编辑模式。在“拉伸”对话框中单击“OK”按钮。

（6）修改草图表达式：选择【Tools】/【Expression】命令→选择“Thickness”表达式→在公式“Formula”区域，修改数值为 5→<Enter>→OK，零件执行更新。

1.2.2 在建模环境中工作

学习目标

- 学习如何改变工作图层。
- 通过拉伸草图创建一个实体。
- 添加一个特征到模型中并正确定位。
- 学习使用不同的方法控制部件的显示和外观。

操作步骤

1. 改变“工作层（Work Layer）”

（1）打开部件“cam_link_2”，单击按钮，启动建模环境。

（2）在“工作层”方框中输入 2→<Enter>，如图 1.8 所示。

2. 创建一个实体

单击“拉伸（Extrude）”按钮→选择草图的任意曲线→在动态输入框内输入结束（End）值为 12→<Enter>（如图 1.9 所示）→OK，完成实体的创建。

图 1.8 替换工作层

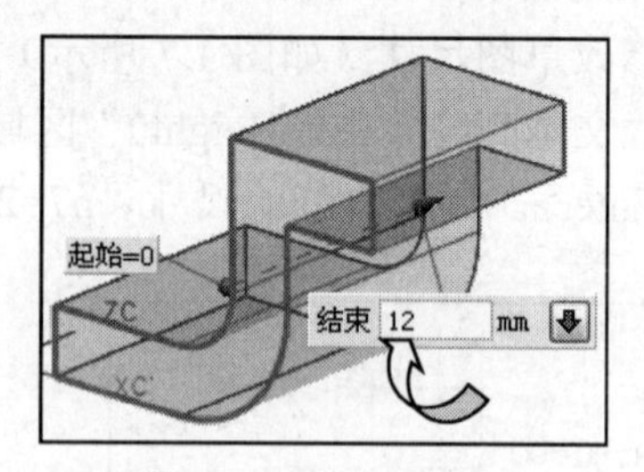

图 1.9 创建拉伸实体

3. 控制部件显示

NX 提供多种控制部件显示的方法，在【视图】工具条中的部分选项可以用于控制部件的旋转、平移和缩放，也可以利用快捷键和 MB3 弹出菜单来执行这些操作。

（1）旋转视图：单击“旋转（Rotate）”按钮→在图形窗口中部按住 MB1 并移动光标→将光标置于图形窗口顶部边缘附近→按住 MB1 并移动光标→将光标置于图形窗口右侧边缘附近→按住 MB1 并移动光标→单击 MB2 关闭旋转模式。

将光标置于图形窗口的边缘附近围绕单轴（屏幕轴）旋转：。

（2）使用鼠标按键旋转视图：在图形窗口中按住 MB2 并移动光标。

（3）绕一点旋转：在图形窗口中持续按住 MB2 直到显示一个绿色加号，不要释放按键而移动光标，则部件绕此点旋转，如图 1.10 所示。

（4）按下键盘上的<End>键，系统切换视图到“Isometric”定向。

定向视图还可以利用【视图】工具条中“视图方位”选项。其他定向视图的快捷方法为：<Home>键为定向到“TFR-TRI”视图；<F8>键为定向视图到最近的正交视图或定向到选定的平面视图。

（5）平移视图：单击“平移（Pan）”按钮→按住 MB1 并移动光标→释放鼠标按键→单击 MB2 关闭平移功能；同时按下 MB2 和 MB3 并移动光标→释放按键。

（6）动态缩放视图：单击“动态缩放（Zoom In/Out）”光标→将光标置于图形窗口的中心附近→按下 MB1 并上下移动光标→释放鼠标按键，单击 MB2 关闭动态缩放功能；同时按下 MB1 和 MB2 并移动光标也可以执行同样的操作。

（7）窗口缩放：单击“Zoom”按钮→按下 MB1 并拖动一个矩形→释放鼠标按键，系统将矩形框内的内容显示到全屏幕。

（8）单击“Fit”按钮，系统切换所有部件到全屏显示。

（9）改变部件的外观：选择【编辑】/【对象显示】命令→选择实体→单击按钮→在编辑对象显示对话框中单击“颜色（Color）”方框（如图 1.11 所示）→在调色对话框中选择一种颜色→OK，系统完成部件颜色的修改。

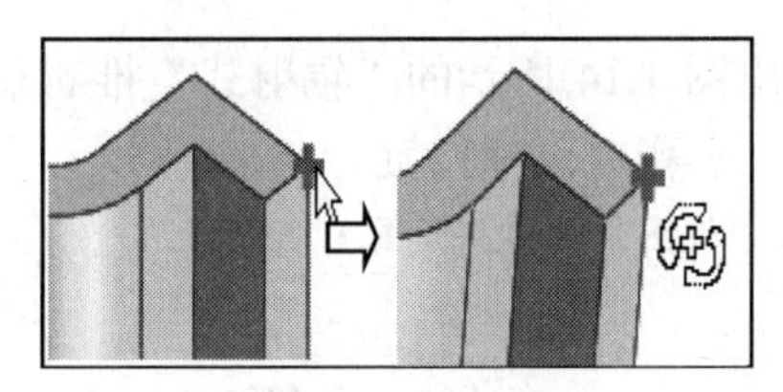

图 1.10　绕点旋转

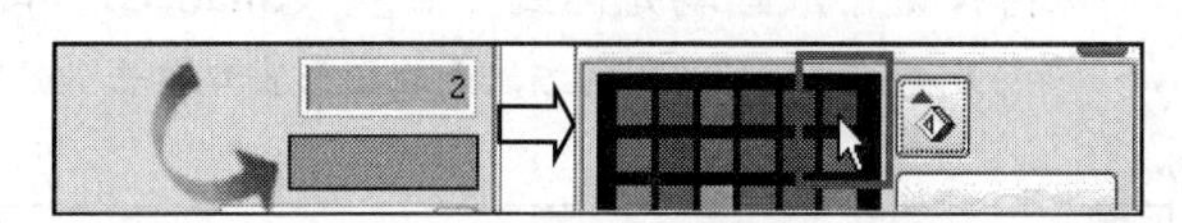

图 1.11　编辑对象的颜色显示

（10）改变部件的渲染特性：单击“静态线框（Static Wireframe）按钮”，显示结果如图 1.12（中）所示。单击“带有变暗边的线框（Wireframe with Dim Edges）”按钮，显示结果如图 1.12（右）所示。

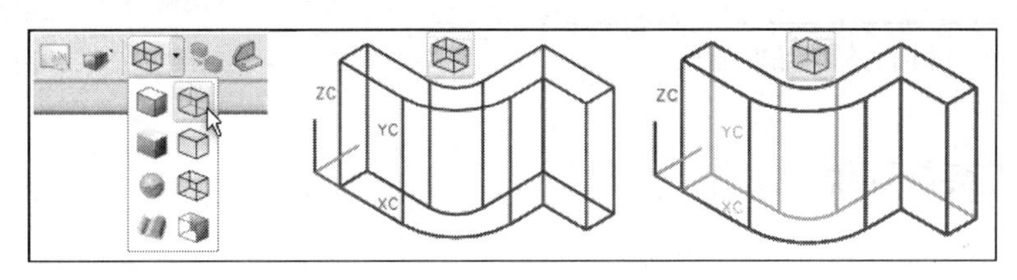

图 1.12　部件的渲染特性

4. 图层设置

NX 通过“图层设置”工具控制图层状态。单击“图层设置（Layer Settings）”按钮→在对话框中双击图层 1（或者选择图层 1，然后单击“不可见（Invisible）”按钮）→OK。

NX 中的每一个图层都可以设置以下 4 种不同的状态：

- 工作（Work）——工作层只能有一个，几乎所有新对象都在工作层产生。

- 可选择（Selectable）——在可选择层中的对象可见且可以选择它们。
- 仅可见（Visible Only）——此状态图层中的对象是可见的，但不能选择它们。
- 不可见（Invisible）——此状态图层中的对象是不可见的。

5. 向模型中添加特征

（1）打开部件“cam_link_3”，启动建模环境，单击“带有变暗边的线框”按钮。

（2）添加一个“孔（Hole）”：单击“孔”按钮，输入直径为10。

在对话框的顶端有3个按钮，分别表示3种不同类型的孔：简单孔（Simple），沉孔（Counterbore）和埋头孔（Countersink）。

注意选择步骤中的“放置面（Placement Face）按钮”被激活（高亮显示），同时，在“提示行”提示“选择平的放置面（Select planar placement face）”。

（3）选择放置面：移动光标到大圆柱的中心附近并等待几秒钟，当出现“┼…”时单击MB1，系统启动“快速拾取（QuickPick）”列表框，如图1.13所示。在列表中移动光标，观察预选结果，确保实体上表面被预选，然后单击MB1。

快速拾取功能一般用于在重叠对象区域中快速选中所需的对象。

（4）单击“通过表面（Thru Face）”按钮：移动光标到大圆柱的上面并单击MB1。

（5）单击“OK”按钮接受设置。

（6）定位孔：单击“点到点（Point onto Point）”按钮→选择大圆柱圆弧边→OK，接受“圆弧中心（Arc Center）”选项。

（7）将光标移到图形窗口空白处，按住MB3直到弹出图1.14所示的“辐射式”推断菜单→保持按键不放移动光标到“着色（Shaded）”按钮上→释放鼠标按键。

另外一种观察视图的方法是在图形窗口单击MB3，弹出“视图”菜单，如图1.15所示。

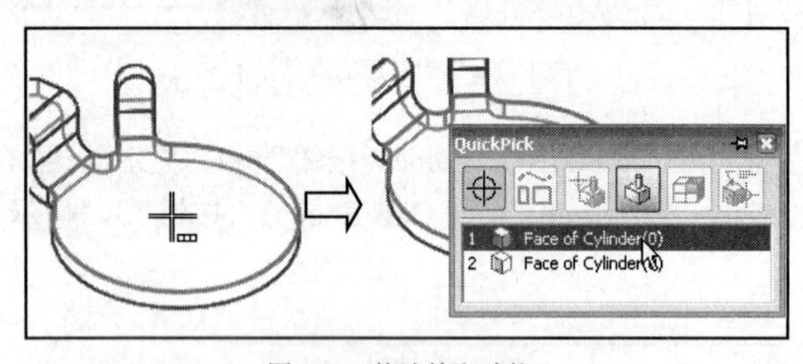

图1.13 快速拾取功能

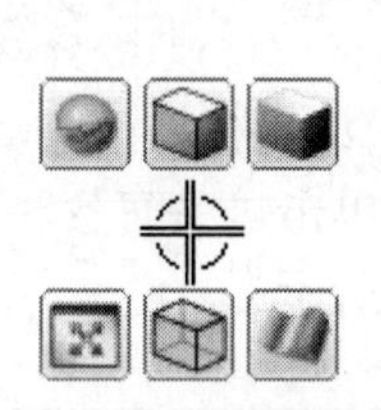

图1.14 辐射菜单

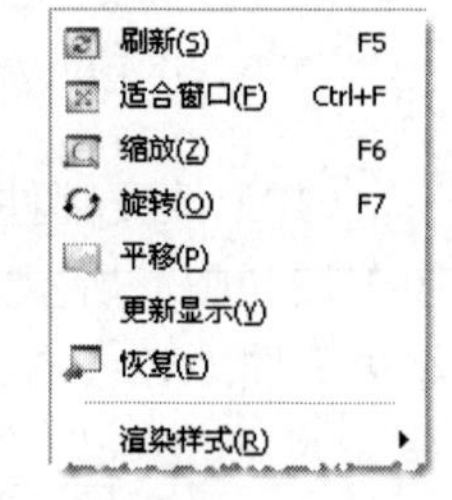

图1.15 视图菜单

1.2.3 在装配环境中工作

学习目标

NX装配部件是组件（其他NX部件）的集合，这些组件通过各种方法进行相关定位。

- 检查一个装配部件的结构。
- 学习如何使用装配导航器进行简单操作。
- 隐藏/取消隐藏装配组件。
- 切换显示部件或工作部件。

操作步骤

1. 装配导航器（Assembly Navigator）

（1）打开“Throttle_Assm”目录下的装配部件“Throttle.Assm.001”。

（2）在资源条中单击“装配导航器”按钮，再单击弹出窗口左上角的按钮“”，钉住窗口，如图 1.16 所示。装配导航器中的每一行表示装配的一个组件或一个子装配。加号“+”或减号“-”表示可以展开或折叠一个子装配，如图 1.17 所示。

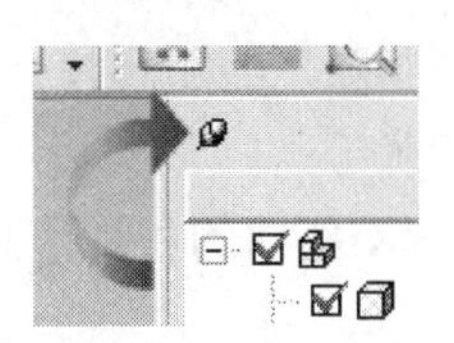

图 1.16 钉住窗口

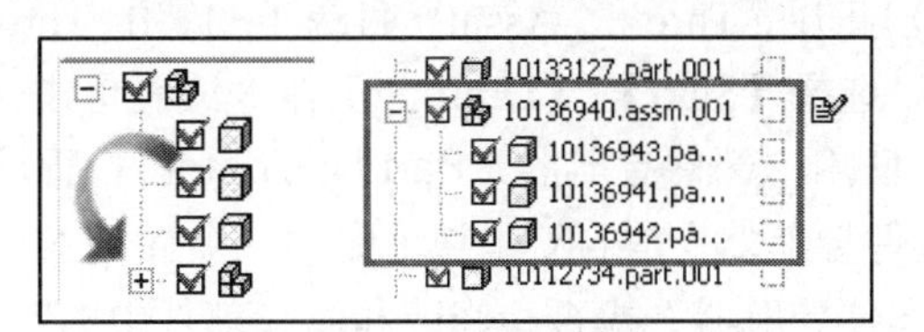

图 1.17 展开/折叠子装配

（3）隐藏/取消隐藏组件：选择组件“10123741.Part.001”前面的红色复选标记“√”，则红色标记变成灰色，节流阀实体部件从显示中移除，如图 1.18 所示。再次移动光标到 10123741.Part.001 节点上，图形窗口中将显示部件的名称，并以一个矩形包络框表示零件的尺寸，如图 1.19 所示。选择灰色的复选标记则取消隐藏组件。

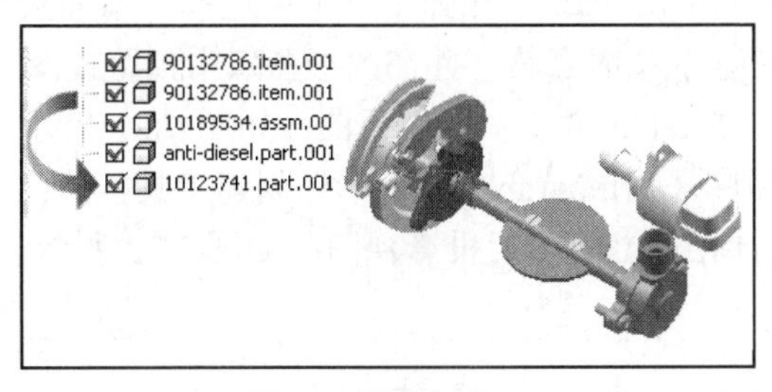

图 1.18 隐藏组件

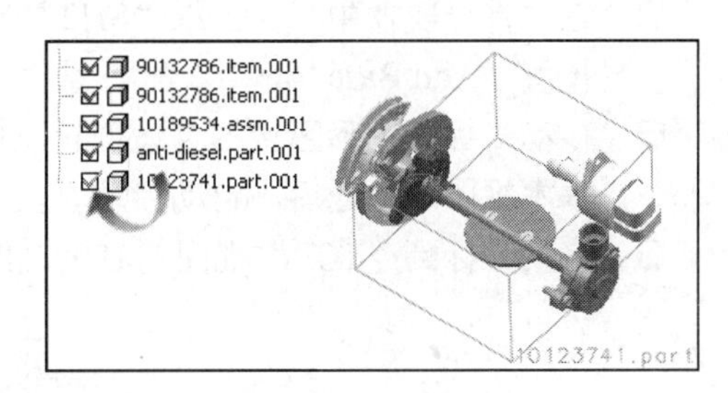

图 1.19 预览隐藏组件

2. 使用“装配导航器“的弹出菜单

（1）在装配导航器中，在制动片组件（10112734.Part.001）上单击 MB3。

（2）在弹出菜单中选择“成为显示部件（Make Disply）”，则系统以单独窗口打开此组件。

（3）在装配导航器中的组件节点上打开 MB3 弹出菜单，选择“Disply Parent→Throttle.Assm.001”，则系统返回上一层装配。

此时，注意观察装配组件的颜色变化：制动片组件以自身颜色显示，称为“工作部件（Work Part）”，其他组件均以非激活颜色显示。

另外一个切换工作部件的方法是访问“窗口（Window）”菜单中的文件列表。

（4）在装配导航器中双击 Throttle.Assm.001 节点，则总装配成为“工作部件”。

1.2.4 在制图环境中工作

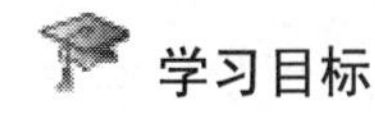

学习目标

在“制图（Drafting）”应用环境中，可以创建图纸，然后在图纸中添加视图、尺寸、注释、符号等，最终完成部件的 2D 工程图纸。

- 熟悉制图应用环境。
- 了解如何利用部件导航器插入图纸和添加视图。
- 学习如何在一个视图中添加尺寸。

操作步骤

1. 启动“制图（Drafting）”应用环境

（1）打开“Throttle_Assm”目录下的装配 Throttle.Assm.001。

（2）选择【Start】/【Drafting】命令或者单击按钮来启动“制图”应用环境。

2. 使用“部件导航器（Part Navigator）”管理制图

“部件导航器”是 NX 非常重要的一个管理工具，它能够管理 NX 部件的各种信息。可以使用“部件导航器”检查、修改和添加部件中的制图对象。

（1）在资源条中单击“部件导航器”按钮并钉住“”窗口。

（2）创建一张新的图纸（Drawing Sheet）：在部件导航器中，MB3 单击“Drawing”节点启动弹出菜单→选择其中的“插入图纸（Insert Sheet）”选项→修改图幅为“C-17×22”→OK，如图 1.20 所示。

（3）向图纸中添加“视图（Views）”：

- 在部件导航器中，在图纸“SH2”节点上单击 MB3，在弹出菜单中选择“添加基本视图（Add Base View）”，系统打开基本视图工具，并在图形窗口中预览视图。
- 移动光标到图形区域的合适位置，单击 MB1 放置“TOP”视图，如图 1.21 所示。基本视图产生之后，自动启动“投影视图（Orthographic View）”创建工具。
- 移动光标到“TOP”视图的右侧，然后单击 MB1 放置投影视图，如图 1.22 所示。

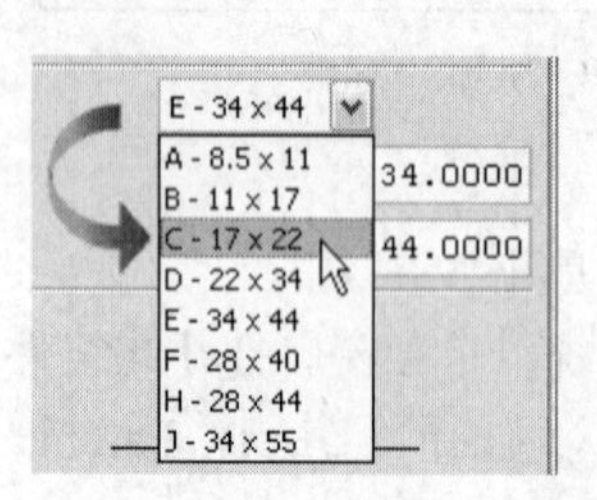

图 1.20 插入图纸

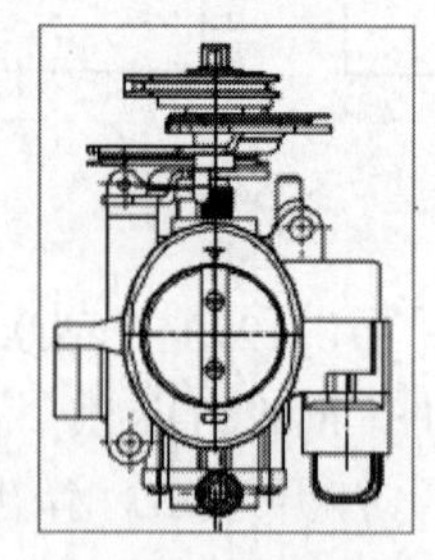
图 1.21 TOP 视图

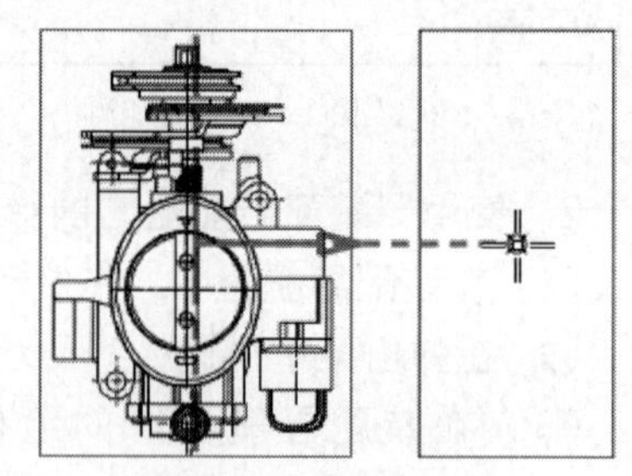
图 1.22 投影视图

3. 在制图中添加“自动判断尺寸（Inferred Dimension）”

（1）在【尺寸】工具条中单击“自动判断尺寸”按钮。

（2）选择 TOP 视图最左边的一条竖直边（如图 1.23 所示），系统会自动判断直线的长度尺寸，如图 1.24 所示。

（3）选择 TOP 视图最右边的一条竖直边（如图 1.25 所示），系统预览自动判断距离尺寸。

（4）拖动尺寸到合适的位置并单击 MB1，完成尺寸的标注。

4. 关闭文件

选择【文件】/【关闭】/【所有部件】命令，系统关闭所有已经打开的文件。

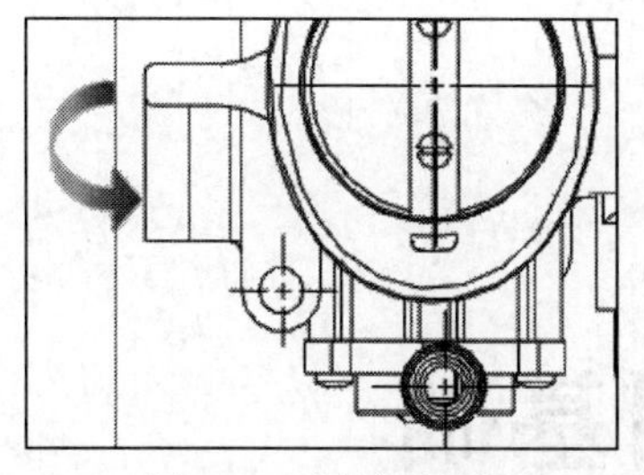

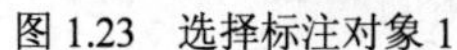

图 1.23　选择标注对象 1

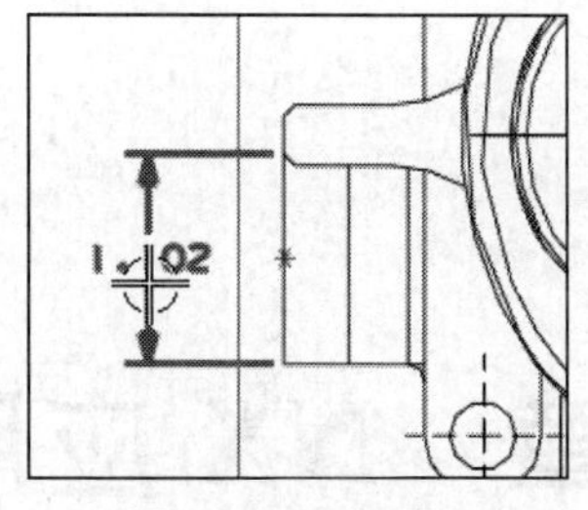

图 1.24　尺寸预览

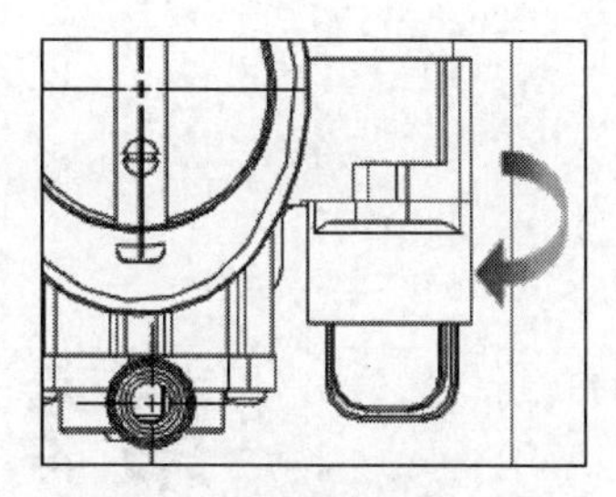

图 1.25　选择标注对象 2

1.3　本 章 小 结

通过本章的学习，读者了解了 CAD/CAM 软件的基本概念，NX 系统的基本功能和工作流程，并且通过范例操作的方式体验了 NX CAD 应用的一般过程，对 NX 系统进行了全局性的了解。请读者反复进行本章范例的操作，为后续学习打下基础。

1.4　思考与练习

1．NX 有哪些技术特性？简述 NX 的工作流程。

2．NX 的部件文件的扩展名是什么，可以起中文名和放在中文文件夹中吗？

3．NX 的标准用户界面中有哪些内容，分别有什么作用？

4．NX 各环境的英文名称是什么？简述各应用环境的功能。

5．在 NX 中，启动一个命令可以使用哪些方法？

6．如果打开了多个零件，如何进行工作部件的切换？

7．如何控制部件视图的显示（旋转、缩放、平移、渲染、更改外观等），哪种操作方法最为简便？请熟练掌握它。

8．通过本章的实践，分析部件导航器和装配导航器分别有哪些最基本的用途？

9．如何快速选取重叠的对象？它的操作过程如何？

第 2 章　NX 应用基础

本章将详细介绍使用 NX 应该掌握的一些必要的基础知识。本章在已有范例的基础上，在配套素材中还提供了其他操作范例供读者练习。

【教学目标】能够根据使用需求定制 NX 的用户界面；熟练掌握 NX 基本操作和常用工具的使用方法。

【知识要点】本章的知识要点包括：

- ❑ 定制 NX 的用户界面和使用角色；
- ❑ NX 的各种基本操作和常用工具的用法；
- ❑ 利用图层进行部件格式管理和 WCS 的使用。

2.1　定制用户界面（User Interface）

学习目标

- 📖 学习使用“自定义”对话框进行“用户界面”的定制。
- 📖 学习应用“角色”和创建“用户角色”的方法。

相关知识

1．“自定义”对话框

NX 每个应用环境拥有各自的一组工具条，系统默认时只列出其中最常用的工具，用户可以通过“自定义”对话框来定制需要的工具条和按钮。“自定义”对话框功能说明见表 2.1。

表 2.1　“自定义”对话框选项

选　项　卡	功　　能
工具条（Toolbars）	通过复选标记定制显示哪些工具条，可以为选中工具条开启/关闭“按钮标签”
命令（Commands）	用于将命令添加到工具条中：选择类别并将命令按钮“拖动”到工具条中
选项（Options）	用于定制菜单和工具条的外观显示等
布局（Layout）	用于保存或重置用户界面布局、设置提示行和状态行的位置等

2. 角色（Role）

NX 在一个被称为角色的定制用户界面运行，角色用于控制用户界面布局。当第一次启动NX时，系统应用的默认角色是“基本角色（Essentials Role）”，建议初学者选用。可以在资源条中使用“Roles”面板来管理角色。

操作步骤

1. 检查用户界面并应用角色

（1）打开文件 intro，启动建模环境。

（2）在任意工具条上的 MB3 弹出菜单中选择“自定义（Customize）”选项，打开“自定义”对话框，检查列表中工具条前面的复选标记。完成之后，关闭“自定义”对话框。

（3）在资源条中单击“角色”按钮→单击“Advanced with full menus”角色按钮。

（4）单击【实用工具】工具条选项“▼”→选择“添加/移除按钮”→选择“实用工具”→选择“工作层、图层设置、移至图层和动态 WCS”，将这些命令按钮显示在工具条中。

2. 查看用户界面首选项

选择菜单【首选项】/【用户界面】命令→检查“一般”选项卡中的“退出时保存布局”选项是否选中→将“资源条”选项卡中的“显示资源条”切换为“左侧”→OK。

3. 创建一个新的用户角色以保存布局

在资源条中单击“Roles”按钮→在角色面板的空白区域单击 MB3 并选择“新用户角色”→在角色属性对话框中单击 OK，接受默认用户角色“MyRole_0”。

更新用户角色：当布局方式改变之后，用 MB3 单击用户角色，在角色属性对话框中，清除“保留布局信息”选项，然后单击“OK”按钮。

2.2　NX的基本操作

2.2.1　鼠标的操作

NX 建议使用三键鼠标，表 2.2 列出了鼠标与键盘在图形窗口中的一些常用操作。

表 2.2　鼠标与键盘的常用操作

按　键	功　能
MB1	“单击”操作用于选择对象；“按住并移动光标”用于拖曳对象；“双击”对象执行默认操作
MB2	“单击”操作执行对话框中的默认动作按钮，如“OK”等；“按住并移动光标”用于视图旋转
MB3	“单击”操作用于打开快捷弹出菜单
<Enter>	回车键，一般用于确认数据输入
<Alt>+MB1	临时禁用捕捉功能，如“点捕捉”等
<Ctrl>+MB1	临时禁用对象选择功能。例如，在图形窗口启动视图弹出菜单时，为避免误选对象，常使用此操作
<Shift>+MB1	取消选择操作
<Ctrl>+MB2	相当于对话框中的“应用”动作按钮
<Esc>	取消命令或取消对象选择

在不同操作状态下，图形窗口中的光标会显示不同的样式，这些光标指示用户如何正确操作模型。

2.2.2 对象选择

使用 NX 进行工作，实际上就是对某些对象进行不断选择操作的过程。系统对于不同操作，给定了一系列选择工具。

NX 的全局选择方法主要包括以下两种方式：

（1）在图形窗口中进行选择；

（2）在部件或装配导航器中进行选择。

在图形窗口中，通过在对象上单击 MB1 进行选择，重复此操作可继续选择其他对象。在选中的对象上使用<Shift>+MB1 取消对象选择。当未执行命令时，通过按下<ESC>取消所有对象选择。当一个对话框被激活时，由当前操作命令来控制能够选择的对象类型。

在选中对象上单击 MB3，将弹出选中对象可用的操作菜单，以实现某些快速操作。

1. 预选（Preselection）

若将选择球移动到当前操作可选择的对象上，这些对象就会高亮显示，这称为“预选”。当光标为选择球“⊕”状态时，单击 MB1 即可选中，双击 MB1 可以执行默认的操作命令。

2. 快速拾取（Quick Pick）

将光标在对象上停留一段时间，当光标变为“⊹”时，单击 MB1 可以启动“快速拾取”对话框（也可以在对象上直接单击 MB3，然后选择“Select from List”）。“快速拾取”对话框提供当前所有可选对象列表，对象类型说明见表 2.3。

表 2.3　“快速拾取”对话框选项

图标	说明
	所有对象
	构造对象（草图、曲线和基准）
	特征
	体对象（边、面、体）
	组件（在装配中可用）
	注释

当快速拾取指示光标“⊹”出现时，双击 MB1 也可以选中预选对象，单击 MB2 可以取消快速拾取指示光标。

3. “选择”工具条

“选择”工具条提供了一系列丰富且灵活的过滤和选择方法，可以方便地辅助所需对象的选择，如图 2.1 所示。

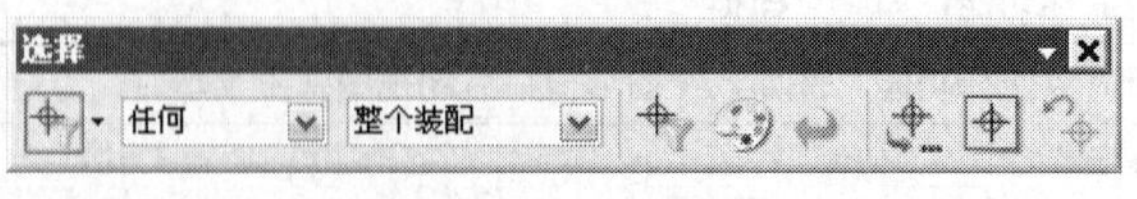

图 2.1　“选择”工具条

选择工具条总是处于活动状态，是一种控制全局选择的工具。通过设置不同的过滤器，如类型过滤、颜色过滤、图层过滤等（这些过滤方式可以组合使用），可以更加快速地选择目标对象，减少操作失误。例如，在类型过滤器中选中“曲线”从而限制只能选择曲线。使用重置按钮将取消所有过滤器。

4. 类选择器

类选择器也是 NX 常用的选择工具，在进行如删除、变换、编辑对象显示、隐藏、查询对象信息等操作中会使用类选择器。利用类选择器，可以通过各种过滤方式和选择方式来快速选择对象，如图 2.2 所示。

图 2.2　类选择器

当执行上述操作时，系统会首先打开简化选择对话栏“”，此时将使用【选择】工具条来控制对象的选择。如果用户希望使用类选择器来辅助选择，可以点击打开“类选择器”对话框，此时“选择”工具条被禁用。

5. 选择意图（Selection Intent）

当用户创建或编辑由选择意图所支持的特征时，将激活“选择意图”工具条来构建选择意图规则。选择意图是一个曲线、边和面的集合选择工具，“选择意图”工具条如图 2.3 所示。

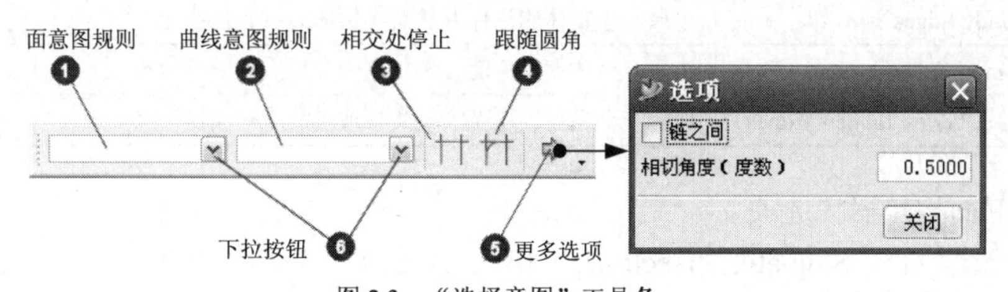

图 2.3　“选择意图”工具条

（1）“面（Face）”的意图规则

当操作需要一个面集合时，“面”的意图规则可用于进行面的收集。下拉菜单中显示“面选择意图”的一般规则，见表 2.4。

表 2.4　“面”的意图规则

单个面（Single Face）	单一选择一个面，可连续选择多个面
区域面（Region Faces）	指定一个面区域。其操作步骤为：选择种子面→选择边界面→MB2，系统将种子面和边界面之间的面收集（包括种子面），如图 2.4 所示

续表

相切面（Tangent Faces）	选择单一面作为光顺连接面集合的种子面，系统选中所有与其相切表面
体的面（Body Faces）	收集体的所有面
相邻面（Adjacent Faces）	收集与选择的一个面直接相邻的所有面（不包括选择面）
特征面（Feature Faces）	收集由特征（此特征关联于用户正在选择的面）产生的所有面

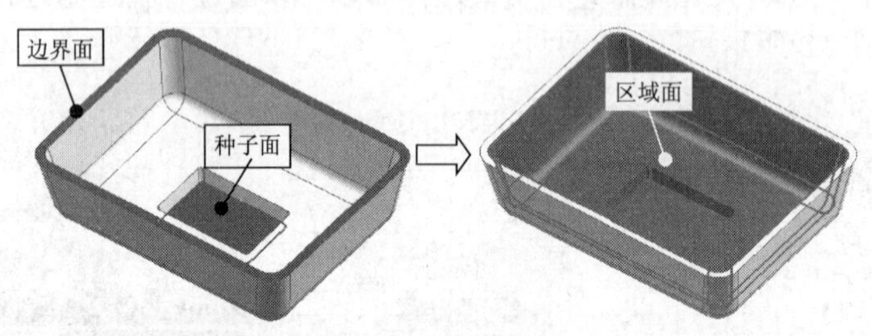

图 2.4　区域面选择

（2）“曲线和边（Curve and Edge）”的意图规则

当操作需要定义曲线或边缘时，可借助“曲线/边”的意图规则功能，见表 2.5。

表 2.5　“曲线/边”的意图规则

任何（Any）	根据选择的对象类型自动判断规则。例如，如果选择的对象是一条曲线，则默认为“所有特征曲线”；如果选择的对象是一个边缘，则默认为“单一”
单一曲线（Single Curve）	单一选择曲线/边缘，可连续选择多条曲线/边
已连接的曲线（Connected Curves）	只需选择其中的一条曲线即可以选择共享端点曲线/边缘链
相切曲线（Tangent Curves）	只需选择其中的一条曲线/边即可选择一串连续相切的曲线/边缘链
面的边（Face Edges）	选择一个表面的边缘，从而收集面的所有边缘
片体边缘（Sheet Edges）	选择一个片体，以此来收集选择片体的所有边缘
特征曲线（Feature Curves）	从曲线特征中收集所有的曲线，例如草图或其他特征曲线
体的边缘（Body Edges）	选择一个实体或片体，从而收集体的所有边缘
顶点边缘（Vertex Edges）	选择一个顶点，从而收集共享一个顶点的所有边缘
顶点相切边缘（Vertex Tangent Edges）	选择一个顶点，从而收集共享顶点的所有相切边缘

（3）“剖面构建器”选项

“在相交处停止（Stop at Intersection）”和“跟随圆角（Follow Fillet）”选项都是曲线意图规则的延伸。它们可以增强剖面的构建功能，称为“剖面构建器”选项，见表 2.6。

表 2.6　“剖面构建器”选项

在相交处停止	在应用曲线选择意图时，系统自动寻找相交边界，并在交叉处停止意图。在图 2.5 所示的实例中，应用“相切曲线”意图，并激活“在相交处停止”选项，依次选择图中所示的 4 段剖面
跟随圆角	当使用已连接的曲线和相切曲线规则时，激活此选项以便使剖面自动跟随圆角或圆弧进行链接。在图 2.6 所示的拉伸实例中，应用了“相切曲线”和“跟随圆角”的意图规则
链之间	用于选择开放的曲线链，即通过选择起始边和终止边的方法选择曲线链

在已选择的面和曲线/边缘集合上，单击 MB3 可以快速切换选择意图规则。

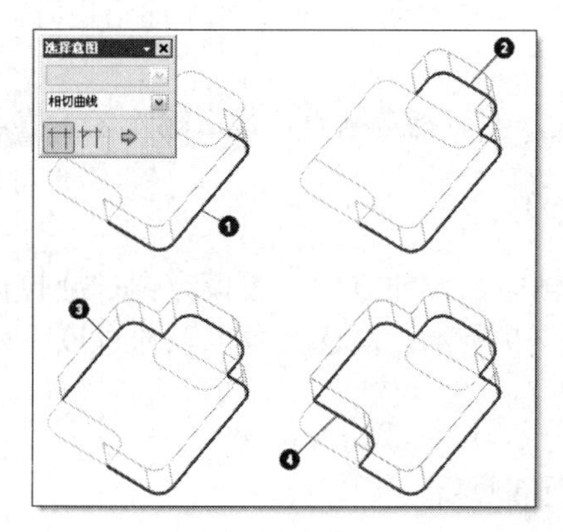

图 2.5　在相交处停止

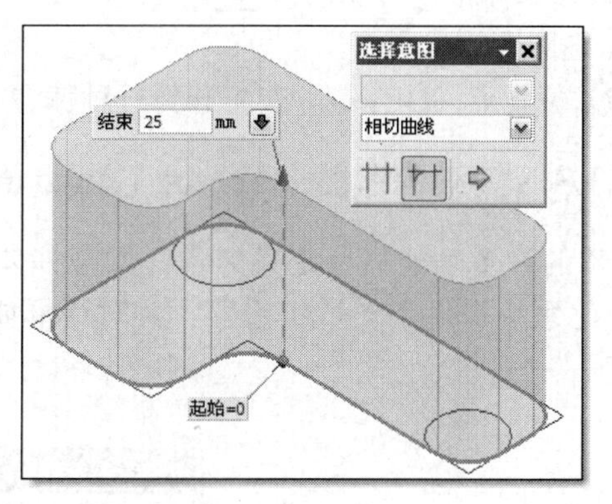

图 2.6　跟随圆角

2.3　常用工具

2.3.1　捕捉点（Snap Point）

NX 使用【捕捉点】工具来捕捉和构造点。【捕捉点】工具条一般处于非活动状态，只有需要选择点时才会被激活，如图 2.7 所示。

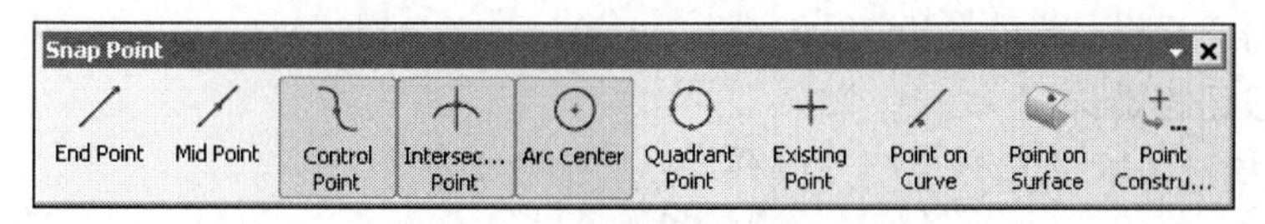

图 2.7　【捕捉点】工具条

关于捕捉点工具有以下几点说明。

（1）被激活的按钮表示允许捕捉该类型的点，并且在图形窗口中显示预览点类型图标。

（2）在任何情况下，光标位置点可用，且它永远位于 XC-YC 平面（称为工作平面）内。

（3）不同类型对象的“控制点”不同，一般包括存在点、中点、端点等。

（4）按住<Alt>键可以临时禁用捕捉点功能（光标位置点除外）。

2.3.2　点构造器（Point Constructor）

图 2.8　点构造器

“点构造器”对话框如图 2.8 所示。点构造器提供了更多的点构造功能，除了可以利用按钮捕捉点之外，还允许输入坐标点和构造偏置点。对于点构造器作以下几点特殊说明。

（1）捕捉点的坐标值会被测量并显示在对话框的“基点（Base Point）”坐标中。

（2）自动判断的点：系统根据用户选择的对象和位置来决定点方式，主要有光标位置点、存在点、端点、中点、中心点等。

（3）交点：与【捕捉点】工具条的交点方式不同，此处的交点是指两次选择的交点（两个对象只需理论相交即可）。

(4) 圆弧/椭圆上的角度点 ：是指在与 XC 轴正向成一角度（在工作平面沿逆时针方向）的圆弧/椭圆上的一个点。

(5) 偏置点（Offset）：首先选择一种偏置方式，然后指定基点，最后输入偏置值。

2.3.3 矢量构造器（Vector Constructor）

NX 的许多功能需要定义矢量，如圆柱体的轴向、拉伸方向、拔模方向、旋转轴方向等，为此系统提供了矢量构造器，其对话框如图 2.9 所示。构造矢量可以通过以下两种途径实现。

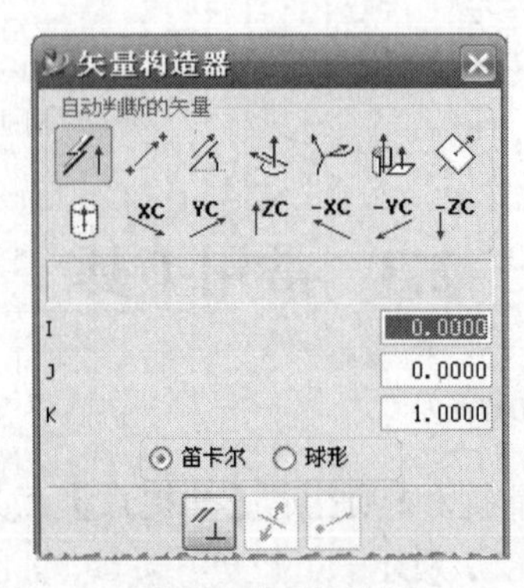

图 2.9 矢量构造器

1. 选择按钮构造矢量

关于矢量构造方式的具体说明及操作方法见表 2.7。

表 2.7 构造矢量的方法

按 钮	矢 量 方 式	矢量描述和构造方法
	自动判断的矢量	根据选中几何体自动判断矢量，例如：选择直线为沿直线方向的矢量，选择平面为沿平面法向的矢量；选择一个圆柱面则定义轴向矢量等
	两个点	在任意定义的两点之间定义矢量，矢量从起点指向终点
	成一角度	在 XC-YC 面上构造与 XC 轴形成一角度的矢量
	边缘/曲线矢量	沿直线（边）靠近选择位置端点的方向；圆弧所在平面的法向并通过圆心
	在曲线矢量上	定义一个相切于曲线上任一点的矢量
	面的法向	定义一个平面的法向矢量或圆柱面的轴向矢量
	平面法向	定义一个基准面的法向矢量
	基准轴	定义一个与基准轴平行的矢量
XC	WCS 的轴向	定义一个与 WCS 各轴向平行的矢量

2. 通过输入矢量参数来构造矢量

(1)“笛卡尔坐标”方式：通过输入在坐标轴 X、Y、Z 上的投影分量 I、J、K 来定义矢量，如图 2.10 所示。

(2)“球坐标”方式：通过输入参数 Phi 和 Theta 来定义矢量。其中 Phi 为矢量与+ZC 轴的夹角，Theta 为矢量在 XC-YC 平面上的投影分量与 XC 轴的夹角，如图 2.11 所示。

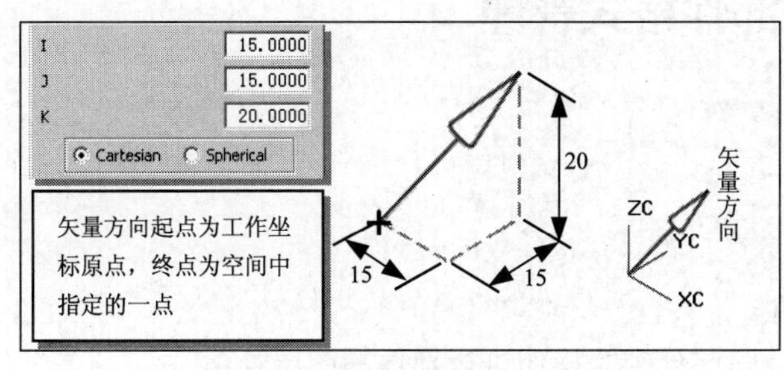

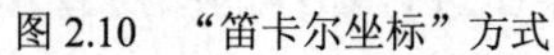
图 2.10　“笛卡尔坐标”方式

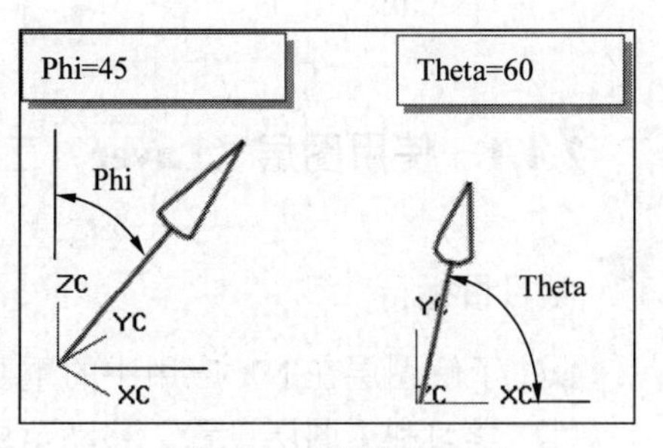

图 2.11　“球坐标”方式

2.3.4　信息查询与几何测量

在 NX 应用过程中，用户经常要对部件对象进行信息查询或几何测量等操作，以获得需要的信息。这些工具集成在【信息（Information）】和【分析（Analysis）】菜单中。

1．查询对象信息

（1）对象信息：使用【信息】/【对象】命令，可以查询选中对象的图层、对象类型、颜色、几何参数、对象控制点的坐标以及对象的依赖关系等信息。

（2）点信息：使用【信息】/【点】命令，可以查询选中点的坐标信息。

2．几何测量

（1）测量距离（Distance）：选择【分析】/【距离】命令，系统打开分析距离工具栏，通过此功能可以进行距离、投影距离、屏幕距离、长度和半径的测量，如图 2.12 所示。

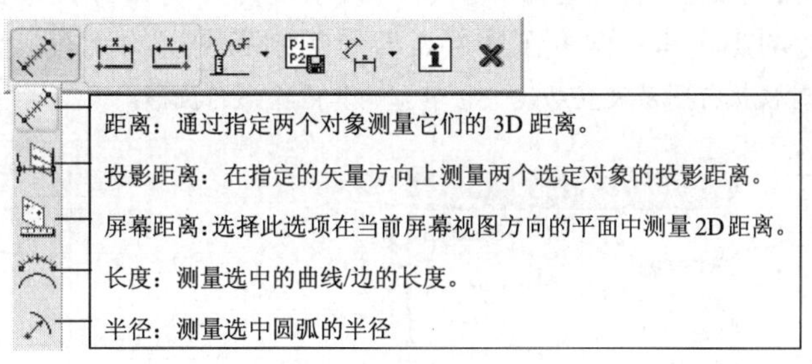

图 2.12　测量距离选项

（2）测量弧长（Arc Length）：使用【分析】/【圆弧长】命令，用于测量选中曲线/边的长度。

（3）质量特性（Mass Properties）：使用【分析】/【质量特性】命令，用于分析实体的表面积、体积、质量等特性信息。

如果需要修改实体的密度，可以通过选择【编辑】/【特征】/【实体密度】命令来实现；如果需要更改测量单位，则选择【分析】/【Unit】命令。几何测量的数据可以被保存为“几何表达式”。

2.4 部件格式管理

2.4.1 使用图层（Layer）工作

学习目标

- 了解图层在 NX 应用中的重要性。
- 学习利用图层设置、移动至层、图层分类等操作进行部件的图层管理。

相关知识

在应用 NX 的过程中，可以将不同类型的对象置于不同的图层中，就能方便地控制图层状态。在进行复杂的产品设计时，通常需要使用大量的构造对象（如基准特征、草图、曲线、片体等），这时需要将不同的对象分层放置，使得原本复杂的设计变得具有条理性，从而提高设计效率。NX 总共提供 256 个图层供用户使用。【实用工具】提供了图层工具，如图 2.13 所示，它们对应于【格式】菜单中的选项。

图 2.13 【实用工具】条中的图层工具

1. 控制层的状态

单击【实用工具】中的图层设置命令按钮，系统打开图 2.14 所示的对话框。通过图层设置对话框可以进行的操作有：改变工作层、查看类别和图层的状态、修改图层的状态等。

可以在任何时候执行图层设置功能。它不影响其他操作的执行。

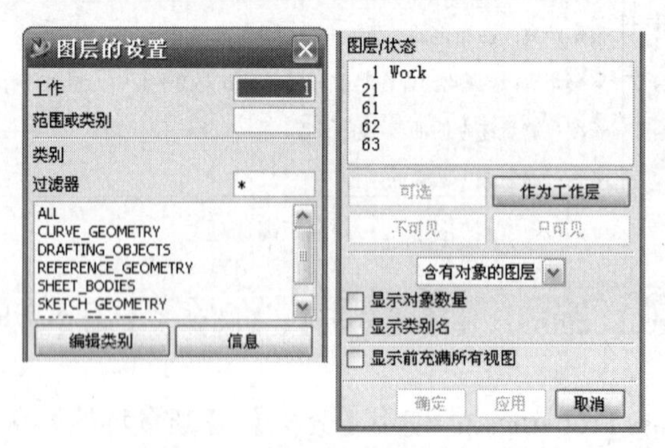

图 2.14 “图层的设置”对话框

2. 在图层之间移动/复制对象

在产品设计的过程中，有时因为忘记切换工作层而使新建对象被置于错误的层中，这时可以使用“移动至图层（Move to Layer）”命令，将对象移动到指定的目标图层。“复制至图层（Copy to Layer）”操作将会得到非参数化的副本对象，一般建议只对非参数化对象执行此操作。

3. 图层分类（Category）

利用“图层的类别”命令，可以对一个或一组层进行命名分类，这样有助于更好地识别图层，提高操作效率。在“图层的设置”对话框中选择“编辑类别”选项，或者直接在【实用工具】条中单击“图层的类别”按钮，可以启动如图 2.15 所示的对话框。

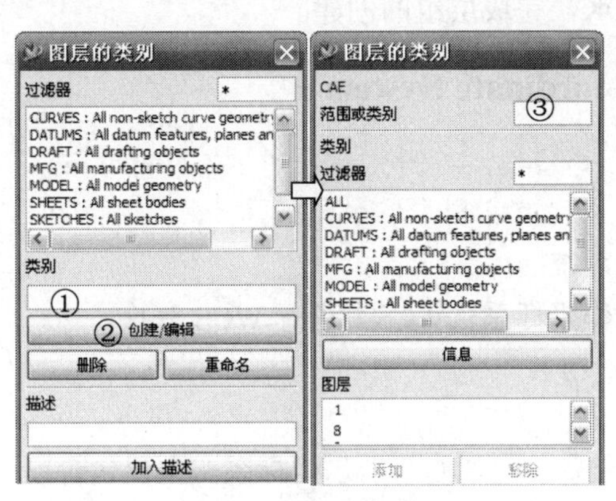

图 2.15　创建图层类别

在使用图层进行工作时，建议使用一个标准的图层分类。这样的方法有助于建立一个标准化的设计环境，从而实现数据共享，表 2.8 提供了一个应用 NX CAD 的图层分类标准，以供参考。

表 2.8　　图层分类标准

分 类 名 称	图 层 范 围	对 象 类 型
Solid Geometry	1～20	实体
Sketch Geometry	21～40	草图
Curve Geometry	41～60	曲线
Reference Geometry	61～80	基准平面、基准轴
Sheet Bodies	81～100	片体

操作步骤

1. 使用“图层设置”对话框控制图层状态

（1）打开本书配套素材中的练习文件 layer.prt，启动建模环境。

（2）单击“图层的设置”按钮→在对话框中选中“显示对象数量”选项→在图层类别栏中选中 SOLIDS（图层 1～20 被选中）→在图层类别栏中选中“All”→单击按钮 可选 →单击按钮 应用 ，则所有对象显示在图形窗口中→在层类别窗口中选中“All”→单击按钮 不可见 →单击按钮 应用 ，则除实体之外，所有对象被隐藏→拖动 MB1，选择 41 和 42 层→单击按钮 可选 →单击按钮 应用 ，则两个片体处于可选状态。

双击一个图层可以在“可选”与“不可见”状态之间进行快速切换。

2．移动对象到其他层

单击按钮→选择图形窗口中的两个片体→单击按钮→输入目标图层“81”→<Enter>。

3．创建一个图层类别

单击【实用工具】中的图层类别按钮→输入层类别名称为“Drafting”→单击按钮创建/编辑→在新对话框中输入“范围或类别”为“101-110”→<Enter>（所有选中图层后面附加“Included”标记）→OK，完成层组的创建。

2.4.2 坐标系（Coordinate System）

学习目标

- 了解 NX 的坐标系统。
- 学习使用动态工作坐标系（WCS）进行 WCS 变换。

相关知识

NX 的坐标系统是符合右手定则的笛卡尔坐标系，主要包含以下几种类型。

- 绝对坐标系（ACS）：系统内定的坐标系统，其原点和方向永远保持不变。
- 工作坐标系（WCS）：用户坐标系统，一般显示于图形窗口中，用户可以任意变换其原点位置和方位。
- 特征坐标系（FCS）：在某些特定的特征创建时显示的临时坐标系。
- 加工坐标系（MCS）：在加工环境使用的机械坐标系统。

在 NX CAD 环境，最常使用的坐标系是 WCS。在 NX 中大部分建模操作并不要求使用 WCS，这是由于特征被加入时，只与模型的几何相关，而与模型空间的位置和方向不相关。但是某些功能要依赖于 WCS，例如非特征曲线、矩形阵列、基本体素等。

下面列出 WCS 的一些用途。

- 通过 WCS 指定点的坐标位置。
- 通常，角度是以工作平面的 XC 轴为参考而测量的。
- 通常，每当要求指定方向时，＋ZC 轴为默认的矢量方向。
- 光标位置点总是在工作平面（XC-YC）上生成一点。
- WCS 可以确定二维曲线绘制的工作平面。

1．操纵工作坐标系

可以通过【实用工具】访问 WCS 的选项，如图 2.16 所示。它们对应于菜单【格式】/【WCS】的选项。一般，操纵工作坐标系有 4 种方式：WCS 原点、动态 WCS、旋转 WCS 和 WCS 方位，其中最为方便的功能为“动态 WCS”。

图 2.16 WCS 选项

2. 动态坐标系

在图形窗口中双击 WCS，或者单击动态 WCS 按钮，系统激活 WCS，如图 2.17 所示。

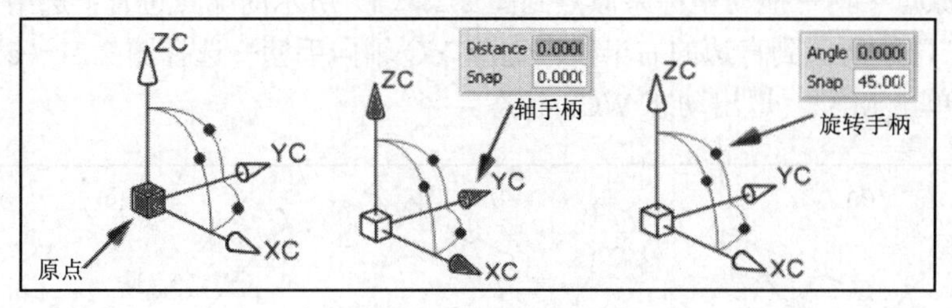

图 2.17 动态显示的 WCS

（1）原点手柄（矩形）：当选中原点手柄时，可以通过点捕捉工具条的辅助，重新定位 WCS 到图形窗口的任何一点，也可以通过按住并拖动原点手柄来动态移动原点。

（2）轴手柄（箭头）：当选择轴手柄时，在图形窗口显示“距离和捕捉”动态输入框。也可以在轴手柄上按住 MB1 拖动 WCS 沿轴移动。

MB1 双击轴手柄，以使其反向。矢量构造器按钮：通过构造一个矢量来对齐 WCS 的选定轴。

（3）旋转手柄（球形）：当选中旋转手柄时，系统在图形窗口显示“旋转角度和捕捉增量”的动态输入框，也可以在旋转手柄上按住 MB1 以拖动 WCS 绕其相对的轴旋转。

操作步骤

1. 改变 WCS 的原点

（1）打开文件 wcs.prt，并启动建模环境。

（2）激活动态 WCS→确保控制点按钮被激活→选择图 2.18 所示底边的中点。

2. 旋转 WCS

（1）确保 WCS 处于激活状态→选择 YC 和 ZC 之间的旋转手柄→按住 MB1 并拖动此手柄 90°或者在动态输入框内输入 90，图 2.19 所示→单击 MB2 退出动态 WCS 模式。

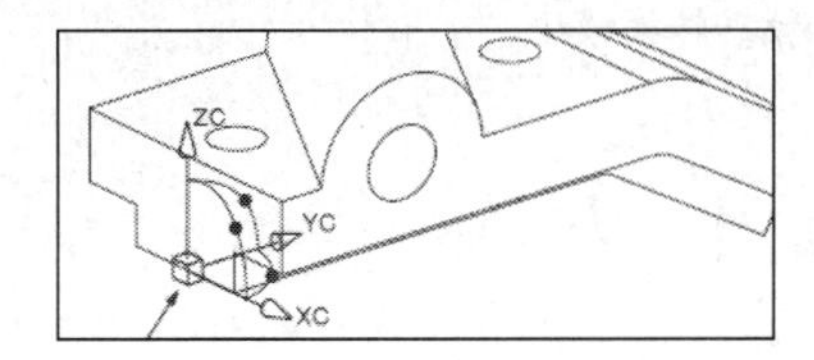

图 2.18 移动 WCS 原点

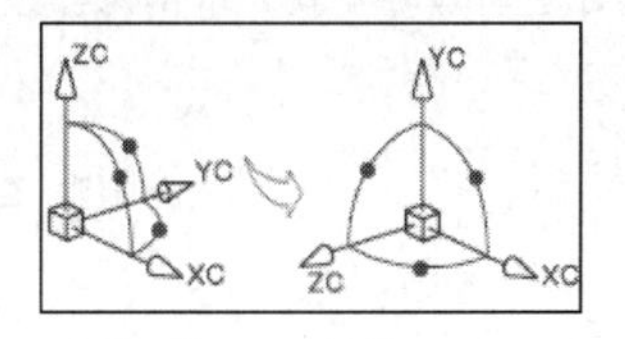

图 2.19 旋转 WCS

（2）选择【信息】/【点】命令→选择图 2.20 所示的圆心（将光标置于圆弧边缘，当出现圆心标记时单击 MB1）→查看信息窗口中的工作坐标和绝对坐标值→关闭信息窗口。

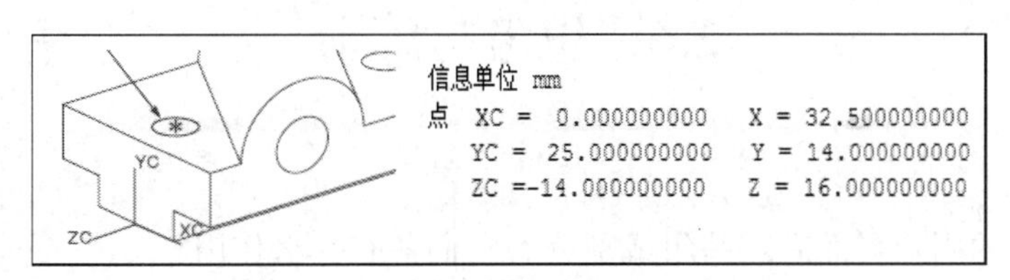

图 2.20 查询点坐标

3. 改变 WCS 的方向

（1）激活动态 WCS→双击 YC 轴的轴手柄。

（2）选择原点手柄→拖动坐标系原点到图 2.21（a）所示的端点位置；选中 XC 轴向手柄→选择图 2.21（b）所示到直边的右半段；选择 YC 轴向手柄→选择图 2.21（c）所示到直边的左上半段→单击 MB2，退出动态 WCS 状态。

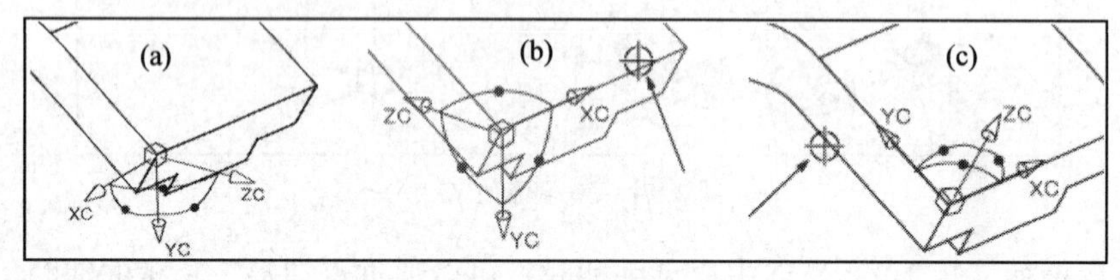

图 2.21 变换 WCS

4. 移动 WCS 到 ACS

选择【实用工具】中的“设置为绝对 WCS”按钮（通过添加/移除按钮方式此按钮），则操作结果为 WCS 与 ACS 重合。

2.4.3 数据交换

NX 提供了数据交换功能用于与其他 CAD/CAM 系统进行数据交换。可以通过以下方式来实现。

- 利用“Open”对话框中的“文件类型”选项，直接打开其他类型的数据文件。
- 利用“Save as”功能，选择文件的“保存类型”来导出其他类型的文件。
- 利用文件菜单中的“导入/导出”功能。这种功能使用户有更多的设置选项控制文件的导入和导出方式。
- 利用附加的数据转换工具。这些工具可以在【开始】/【程序】/【UG NX4.0】/【Translator】中找到。

为了进行数据交换，请确保已经安装了 NX 的数据转换模块。

2.5 本章小结

本章主要介绍了应用 UG NX 过程中一些非常重要的基本操作及常用工具。这些操作是应用 NX 的前提，初学者必须首先熟悉这部分内容。

2.6 思考与练习

1. 问答题

（1）UG NX 的用户界面有哪些组成部分？它们各有什么作用？

（2）NX 的提示行和状态行的作用分别是什么？

（3）UG NX 系统提供了多少点和矢量的构成方法？

（4）NX 的坐标系变换有哪些方法？

2. 操作题

（1）练习在 UG NX 中输入或输出 IGS 和 STEP 文件。

（2）创建一个建模的主模型模板文件，并符合如下要求：对图层按照表 2.8 的方式进行分类；在 61 层创建 ACS 的基准坐标系。

第 3 章　草图应用基础与范例

草图是 NX 建模环境中非常重要的参数化设计工具，熟练设计和编辑草图是完成一个参数化产品设计的前提。本章以范例的方式系统地介绍草图编辑器的使用方法，并给出了一些综合应用范例。

【教学目标】理解在什么时候和为什么使用草图；通过草图编辑器完成草图的设计与编辑；能够使用草图进行设计工作。

【知识要点】通过本章的学习，读者可以掌握草图的以下功能：

- ❑ 应用草图的一般过程；
- ❑ 创建和编辑草图曲线；
- ❑ 草图的约束管理；
- ❑ 编辑已经存在的草图；
- ❑ 草图应用范例。

3.1　草 图 概 述

草图（Sketch）任务环境用于创建部件中的 2D 几何对象，又称为草图编辑器（Sketcher）。草图是位于一个指定平面上被命名的 2D 曲线的集合。

草图通过几何和尺寸的关联充分捕获设计意图，这称为“草图约束”。使用约束来创建参数驱动的设计，能够很容易编辑并可预测地更新。草图编辑器可以评估所应用的约束，以实现几何的更新，并确保它们没有冲突。

草图能够满足的各种设计需求如下。

- ❑ 作为扫描、拉伸或旋转等特征的定义线，如图 3.1 所示。

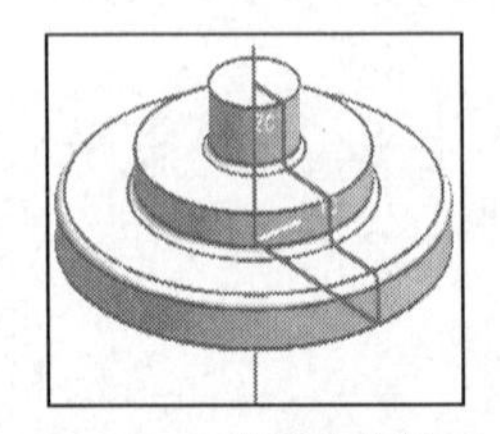

（a）作为旋转剖面

（b）作为拉伸剖面

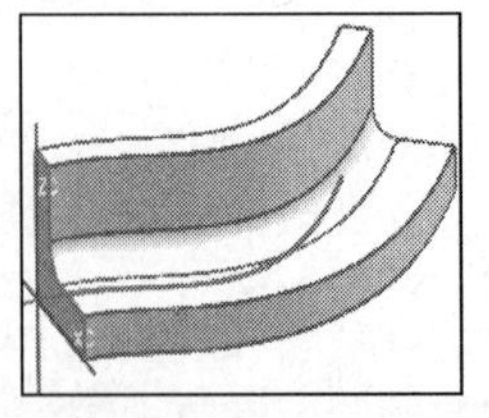

（c）作为剖面和引导线

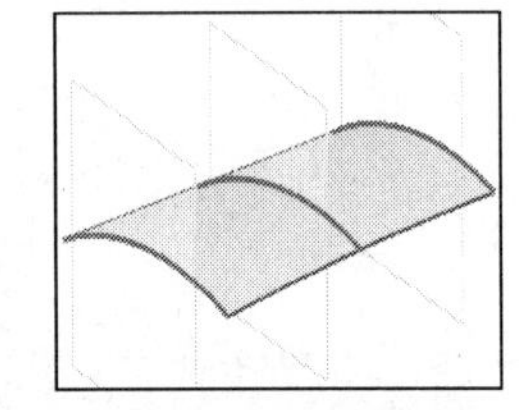

（d）作为自由曲面的剖面

图 3.1　草图应用举例

❑ 进行需要使用大量平面曲线的概念设计等。

草图的类型包括以下两种。

（1）平面上的草图：在指定的平面、基准平面上创建草图，这是草图最常用的情况。

（2）路径上的草图：通过在路径上指定点并在与路径正交的平面上创建草图。

通常，应用草图进行设计的工作流程如图 3.2 所示。

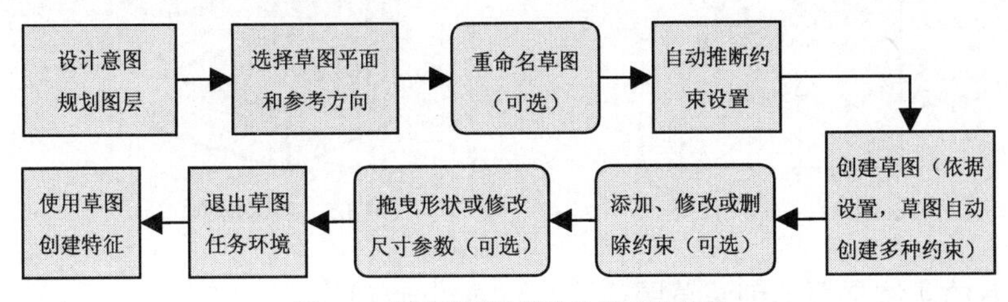

图 3.2　应用草图进行设计的工作流程

3.2 创 建 草 图

本节将通过范例介绍创建和编辑草图的各种方法以及应用草图的一般流程。

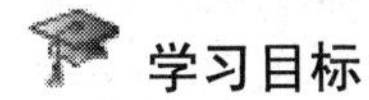

学习目标

📖 学习如何创建基础特征草图——部件第一个特征的草图。

📖 学习如何在已有的实体平面上创建草图。

📖 学习如何在一个新建的“相关”基准平面上创建草图。

📖 学习使用不同的方式激活已有草图。

操作步骤

1．创建一个基础特征的草图

（1）新建一个默认单位的文件 Skt_creat，启动建模环境。

（2）改变工作层为 21。然后单击“草图”按钮。

当选择草图命令之后，需要为草图指定绘图平面（包括已有平面、坐标平面、新建基准平面和基准坐标系）、参考方向、草图名称等，“草图创建”工具条如图 3.3 所示。

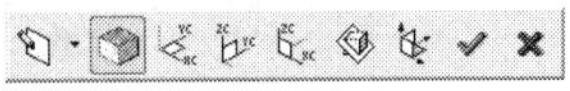

图 3.3　“草图创建”工具条

（3）在【草图】工具条选择草图名称→输入“BASE”→<Enter>。

（4）单击“ZC-XC”平面按钮→单击 MB2，接受草图平面和默认的参考方向进入草图任务环境。

2．绘制草图曲线

（1）使用“轮廓”命令绘制图 3.4 所示大约为“50×50”的草图曲线。

（2）单击按钮退出草图，观察部件导航器中创建了哪些特征（除了草图之外，还包括一个基准平面和两个基准轴）。

3. 使用草图作为剖面创建拉伸实体

改变工作层为 1。MB3 单击草图→在弹出菜单中单击“拉伸”按钮→输入“终止距离”为 50→OK，完成实体的创建，如图 3.5 所示。

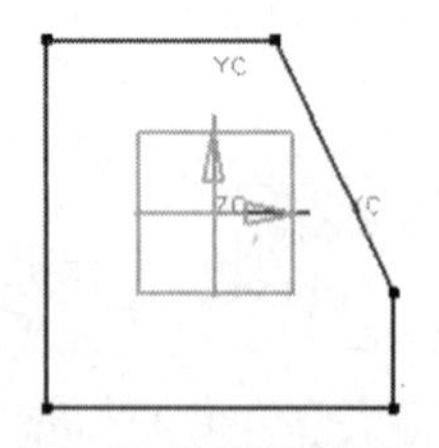

图 3.4 绘制草图曲线

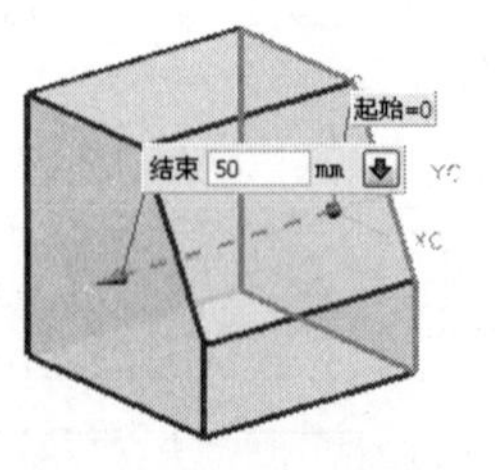

图 3.5 创建拉伸特征

4. 在已有的实体平面上创建草图

（1）工作层=22，设置 21 层为不可见状态。

（2）启动草图命令→选择图 3.6 所示的“平面①”作为草图平面→选择“直边②”作为水平参考→输入草图名称为“SKT1”，在草图中随意创建一些曲线，然后退出草图环境。

5. 在一个新建的相关基准平面上创建草图

（1）工作层=23，设置 22 层为不可见状态。

（2）启动草图命令→选择草图创建工具中的“基准平面”选项→选择图 3.7 所示的两个平面以创建中心为基准平面→选择实体的一个斜边作为水平参考→输入名称为“SKT2”→单击按钮，进入草图任务环境（图 3.8 和图 3.9）→单击按钮，退出草图环境。

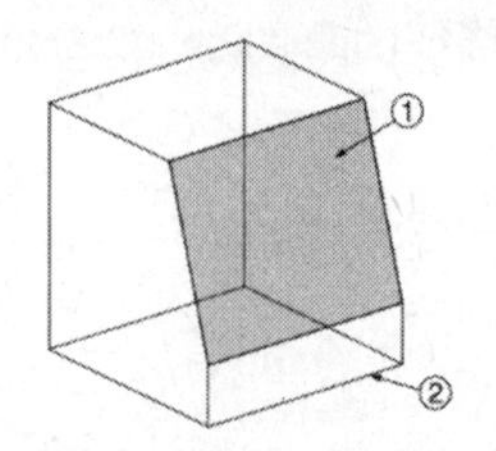

图 3.6 创建平面上的草图

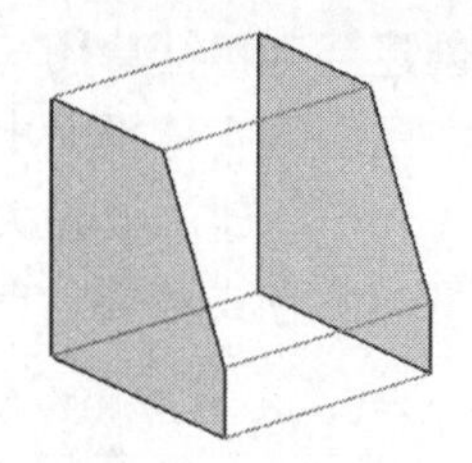

图 3.7 创建基准平面

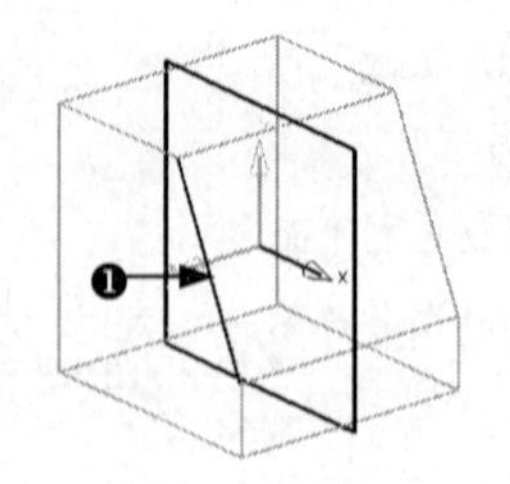

图 3.8 基准平面上的草图

图 3.9 草图方位

6. 激活已有草图的几种方法

（1）使 22 层为可选择状态。双击草图“SKT1”的任一曲线，系统进入草图编辑环境。不做任何编辑，单击按钮退出草图环境。

（2）在部件导航器中，在草图“BASE”节点上单击 MB3，在弹出菜单中选择“编辑”。

（3）在顶部直线的右侧端点上按住并移动 MB1，拖动草图到图 3.10 所示的位置。

（4）在【草图编辑器】工具条中单击“定向视图到模型”按钮→单击更新草图按钮，观察模型和斜面上草图的变化→选择定向视图到草图按钮。

（5）从草图名称选项下面选择 SKT2，如图 3.11 所示。

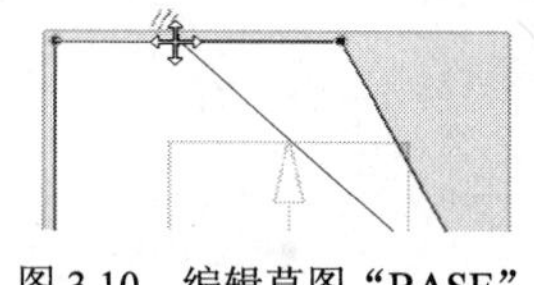

图 3.10　编辑草图“BASE”

图 3.11　选择草图

（6）单击按钮，退出草图环境。

3.3　绘制草图曲线

【草图曲线】工具条如图 3.12 所示。下面将介绍几种常用的草图曲线绘制和编辑工具。

图 3.12　“草图曲线”工具条

3.3.1　轮廓（Profile）

学习目标

📖 学习在构造草图过程中设置“自动推断的约束”。

📖 学习使用“轮廓”绘制草图曲线的方法与技巧。

相关知识

轮廓以连续方式绘制由直线和圆弧组成的曲线串，对话条和动态输入栏如图 3.13 所示。轮廓的缺省方式为直线，可以通过选择轮廓选项中的按钮来切换作图方式，也可以通过“按住—拖动—释放”MB1 的操作方式来进行。在轮廓绘制过程中单击 MB2 可以中断线串模式。

当在连续绘制模式下切换到圆弧作图方式时，可以通过象限符号⊗确定圆弧产生的方向。在图 3.14 中，曲线产生方向上的两个象限❶❷表示相切区域，象限❸❹表示垂直区域。

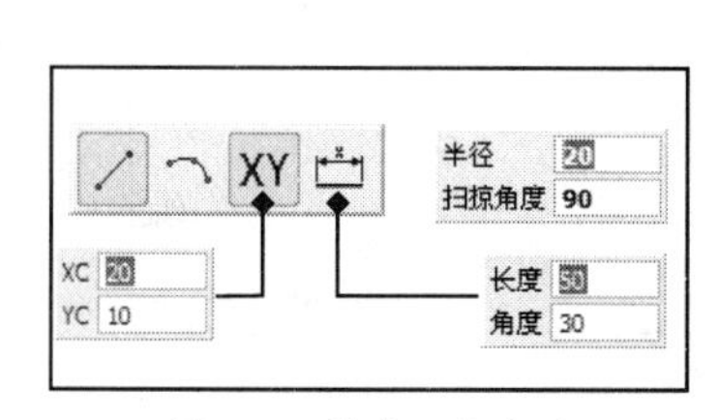

图 3.13　轮廓工具选项

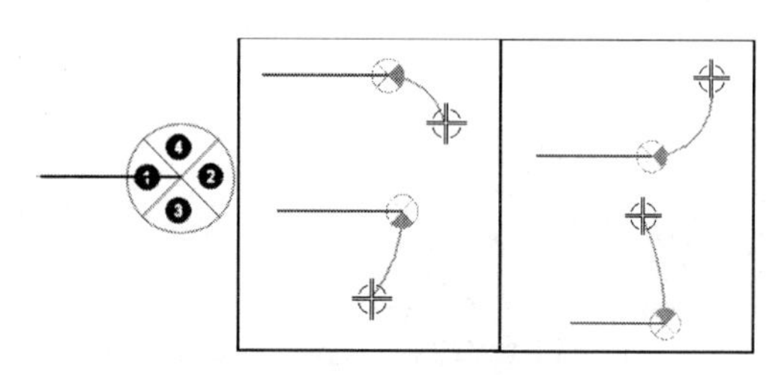

图 3.14　轮廓命令的象限符号

如果圆弧的方向错误，需要预选直线或圆弧的端点，然后从正确的象限移出光标。绘制圆弧之后系统自动切换为直线模式，如果需要连续绘制圆弧，可以双击轮廓选项中的圆弧按钮。

操作步骤

使用“轮廓”功能绘制图 3.15 所示的草图，满足以下条件：

- ❑ 自动捕捉图中所示的所有几何约束；
- ❑ 自动添加图中两条曲线的尺寸约束。

1. 创建一个新草图

（1）新建一个默认单位的部件，并启动建模环境。

（2）工作层=21，启动草图命令，在默认的 XC-YC 平面内创建一个草图。

（3）选择【编辑】/【对象显示】命令→选择所有的基准对象→单击按钮→在对话框内图层栏内输入 61→OK，则所有基准对象被移至 61 层。

2. 指定需要自动判断的约束

（1）在【草图约束】工具条中单击“自动推断约束设置”按钮。

此选项用于指定在创建和编辑草图曲线过程中，指定系统将自动判断并捕捉哪些类型的约束。

（2）在对话框中，按图 3.16 所示的状态选中需要的约束类型。完成后单击“OK”。

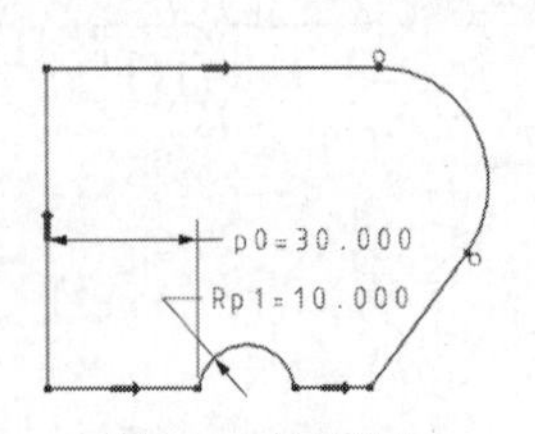

图 3.15　轮廓设计

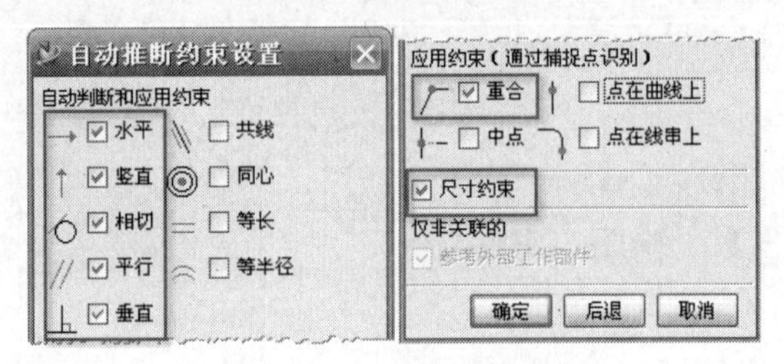

图 3.16　自动推断约束设置

3. 绘制轮廓

（1）如果轮廓命令没有激活，在【草图曲线】工具条中单击按钮。

（2）选择轮廓起点位置大约为“XC=−40，YC=−20”。

（3）移动光标使水平辅助线和水平约束符号显示，单击 MB2 来锁定水平约束，如图 3.17（a）所示（再次单击 MB2 可以解锁约束锁定）。

（4）在动态输入栏内输入长度为 30 并按<Enter>，系统完成直线绘制并自动标注尺寸。

（5）从上一个直线的端点直接向上拖动光标，然后释放光标，如图 3.17（b）所示。

（6）在动态输入栏内输入半径 10 并按<Enter>；输入角度为 180 并按<Enter>。

（7）在图形窗口中单击 MB1 来创建圆弧，如图 3.17（c）所示。

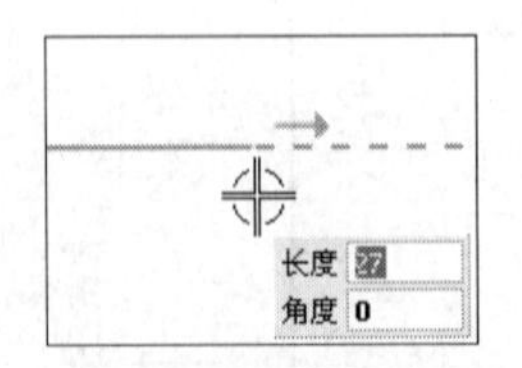

（a）锁定水平约束

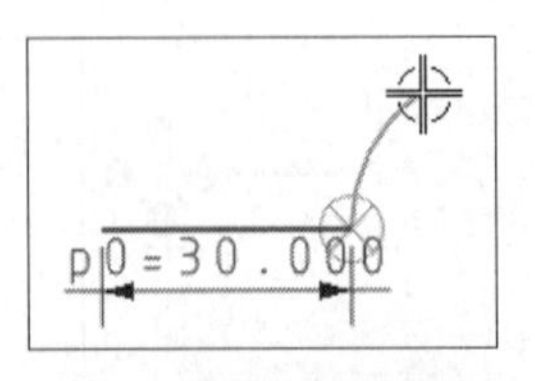

（b）切换圆弧绘制模式

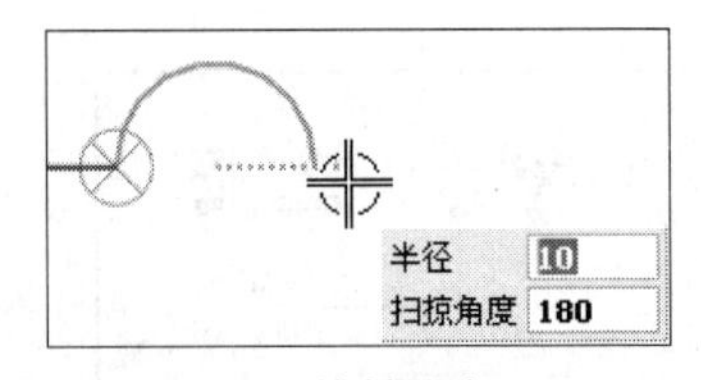

（c）绘制圆弧

图 3.17　绘制轮廓

（8）继续使用轮廓功能创建接下来的两条直线（其中第一条捕捉水平约束）。

（9）从上一个直线的端点沿直线产生的方向拖动光标，然后释放光标，在指定圆弧终点时，确保对齐其圆心的辅助线显示，如图 3.18 所示。

（10）绘制下一条直线，确保相切约束符号、水平辅助线、水平约束符号、与轮廓起点对齐辅助线显示，如图 3.19 所示。

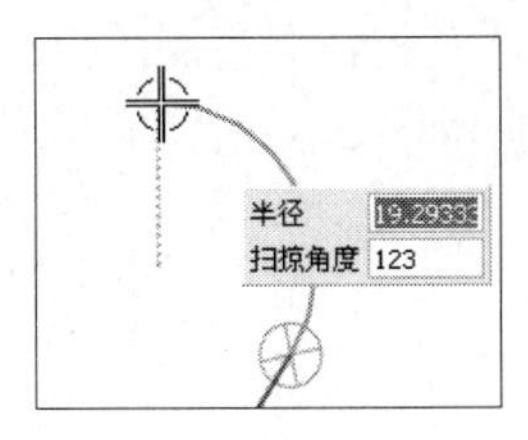

图 3.18　对齐圆弧中心

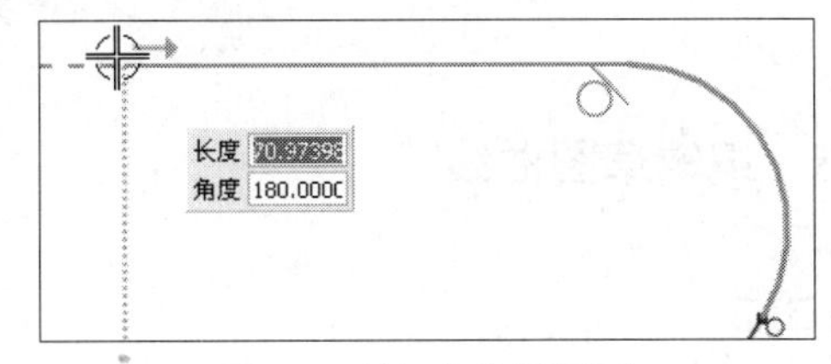

图 3.19　捕捉多种直线约束

如果不能显示与轮廓起点对齐的辅助线，可以移动光标到需要对齐的对象上（不要选择），然后再移开光标即可捕捉对齐。

（11）选择第一条直线的端点以封闭轮廓，单击 MB2 中断连续绘制模式。

（12）再次单击 MB2，结束轮廓命令。检查创建了哪些约束。

练习

在草图任务环境中，练习使用“轮廓”命令绘制图 3.20 所示的各曲线轮廓。

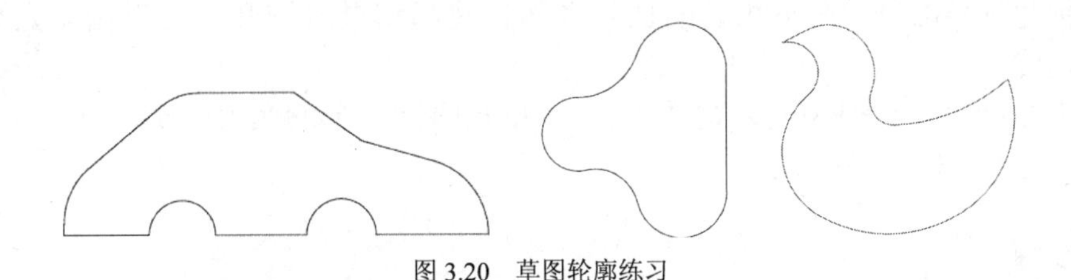

图 3.20　草图轮廓练习

3.3.2　其他草图曲线

其他常用的草图曲线功能列于表 3.1。另外的草图曲线功能请参阅 NX 的帮助系统。

表 3.1　　**其他常用草图曲线**

草图曲线	功能说明
直线（Line）	单一绘制直线方式，与轮廓中的直线功能类似
圆弧（Arc）	单一绘制圆弧方式，包括“三点”和“圆心、端点”两种方法。当指定“三点”圆弧的第三点时，如果移动光标通过起点或终点的圆形标记，则可以改变第三个点的类型
派生直线（Derived Lines）	由已有直线生成新直线的方法：根据不同的选择可以生成偏置直线、平行中线、角平分线
艺术样条（Studio Spline）	使用点或极点动态创建样条曲线
椭圆（Ellipse）	椭圆参数如图 3.21 所示，可以通过【编辑】/【编辑曲线】功能对选中的椭圆进行参数编辑

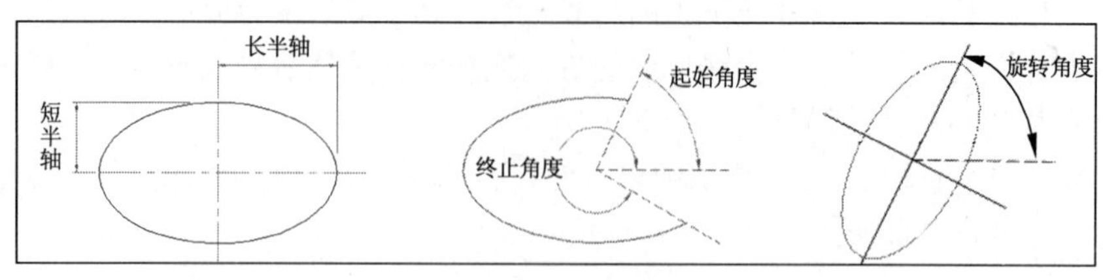

图 3.21 椭圆参数

3.3.3 编辑草图曲线

学习目标

- 学习快速修剪曲线的一般用法。
- 学习快速延伸曲线的一般用法。
- 学习创建曲线圆角的一般方法。

相关知识

草图曲线工具提供如下几个主要的编辑曲线的方法。

- 快速修剪（Quick Trim）：将选中的曲线自动修剪至最近的交点。
- 快速延伸（Quick Extend）：将选中曲线延伸至最近的另一条能够实际相交的曲线上。
- 圆角（Fillet）：在不相切的曲线之间创建相切过渡圆弧，可以指定是否修剪原曲线。

系统会根据“自动推断约束设置”情况，在修改曲线以后自动创建某些约束。如“点在曲线上”、“重合”、“相切”等约束。

操作步骤

在本例中，将对已有的曲线进行编辑操作，从而获得需要的形状，如图 3.22 所示。

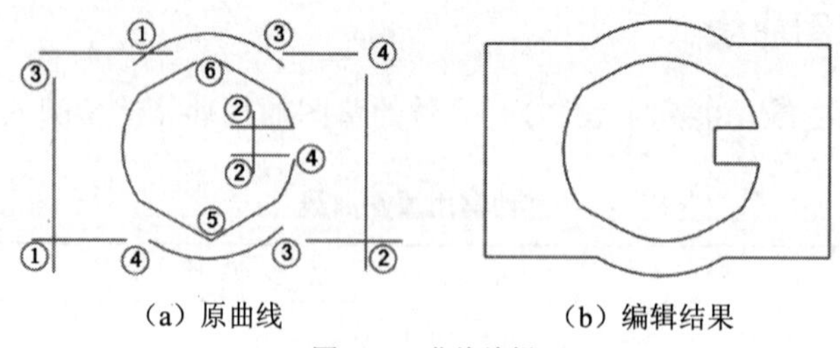

（a）原曲线　　（b）编辑结果

图 3.22 曲线编辑

打开文件 Sketch_Crv_2，启动建模环境，双击草图激活草图编辑模式。

1. 使用“快速修剪”功能修剪曲线

（1）在【草图曲线】工具条上单击按钮。

（2）按照图 3.23 所示的指导，完成图 3.22（a）中标记为①的两处修剪。

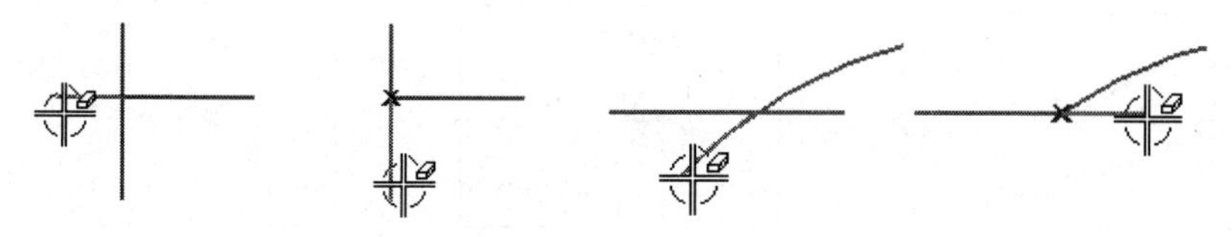

图 3.23　单一修剪曲线

（3）按照图 3.24 所示的指导，拖动一个“蜡笔”经过曲线，完成图 3.22（a）中标记为②处的修剪。

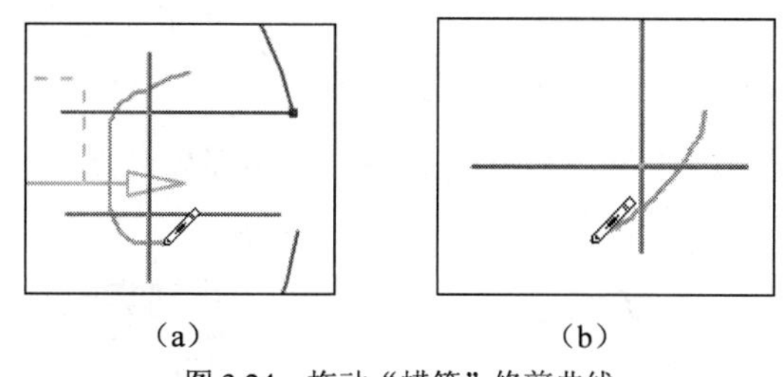

（a）　　（b）

图 3.24　拖动“蜡笔”修剪曲线

2. 使用“快速延伸”和“快速修剪”的方法完成拐角制作

按照图 3.25 所示的指导，利用“快速延伸”和“快速修剪”功能完成图 3.22（a）中标记为③处的拐角制作。

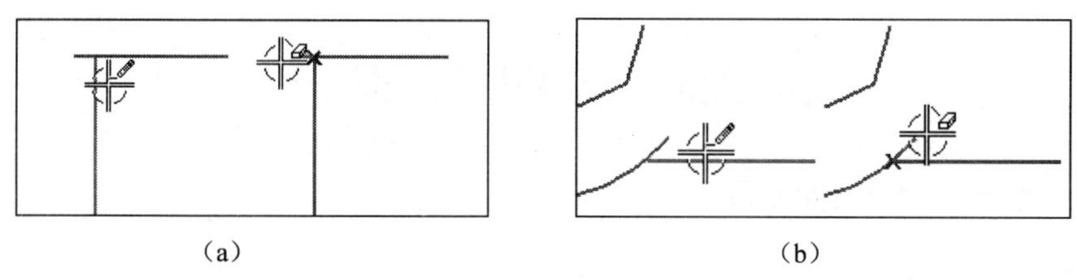

（a）　　（b）

图 3.25　延伸和修剪曲线

3. 使用“动态约束”的方法完成拐角的制作

按照图 3.26 所示的指导，拖动图 3.22（a）中标记为④处的其中一条曲线的端点到另外一条曲线的端点上，系统自动添加重合约束，完成拐角的制作。

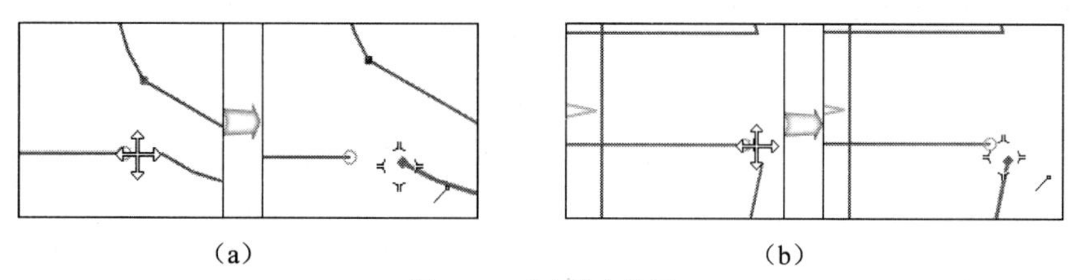

（a）　　（b）

图 3.26　动态约束草图

4. 创建草图圆角

在草图曲线工具条中单击“圆角”，输入圆角半径为 18，选择图 3.27（a）所示的交点，完成此处圆角，依次单击图 3.27（b）所示的两条直线，完成另外一处圆角。

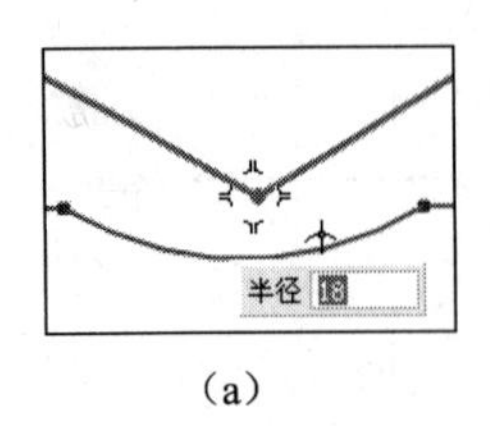

(a)

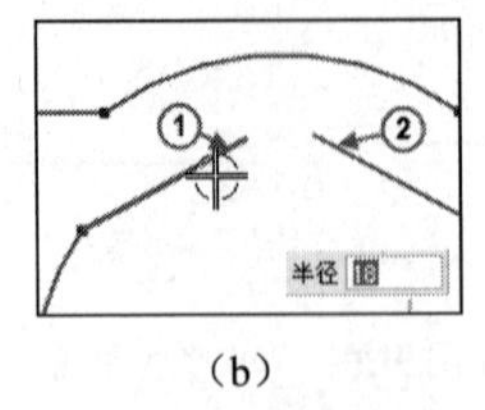

(b)

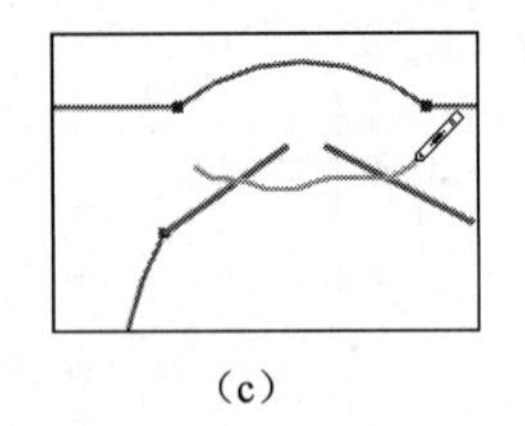

(c)

图 3.27　曲线圆角

如果之前不输入圆角半径，则可以动态拖动圆角的尺寸。也可以使用蜡笔功能划过两条曲线创建圆角，如图 3.27（c）所示。

练习

对上面完成的草图进一步约束，并完成最终实体的建模，如图 3.28 所示。

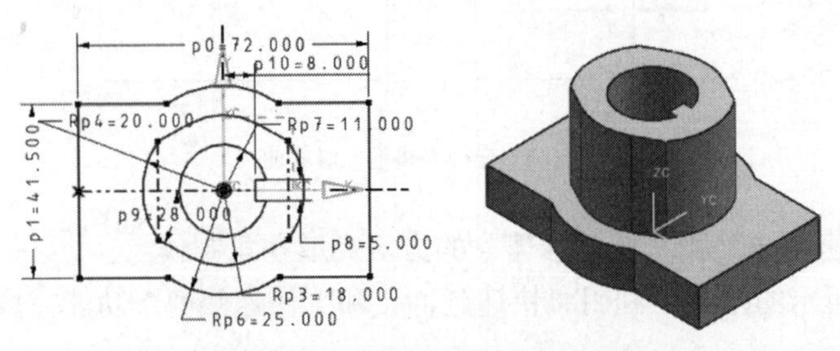

图 3.28　完全约束草图并生成实体模型

3.4 草图约束

3.4.1 草图约束基础知识

1. 草图点与自由度

草图求解器的解析点称为草图点（Sketch Point），不同的草图曲线具有不同类型的草图点。通过控制这些点的位置可以控制草图曲线，草图约束实际上就是将草图点进行定位的过程。

当激活草图约束命令之后（几何或尺寸约束），在未约束或未完全约束的草图曲线的草图点上显示黄色箭头，称为草图自由度（DOF）。自由度箭头意味着该点可以沿该方向移动，如图 3.29 所示。添加约束将消除自由度。

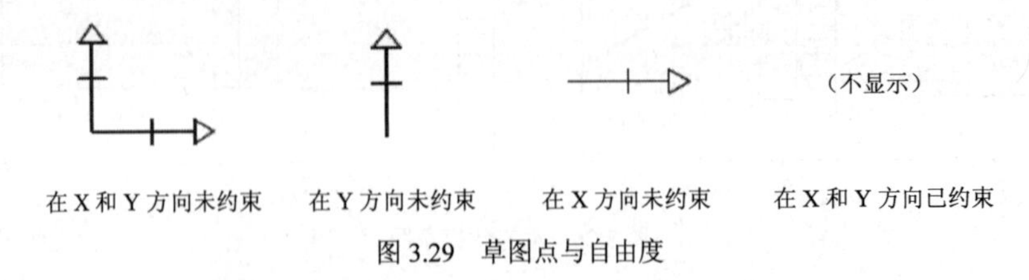

图 3.29　草图点与自由度

2. 草图的颜色与约束状态

（1）草图颜色：为了能够更好地检查和管理草图的约束状态，系统为不同类型的草图对象以及在不同约束状态时的显示设置了不同的颜色。选择菜单【首选项】/【草图】命令，查看草图首选项对话框中的“颜色”选项卡，了解草图颜色的设置。

（2）草图的约束状态：当选择尺寸或几何约束命令时，NX 的状态栏列出激活草图的约束状态。草图可能完全约束、欠约束、过约束或冲突约束。

- 完全约束草图：草图点上无自由度箭头，草图曲线颜色全部变为暗红色。
- 欠约束草图：草图中尚有自由度箭头存在，状态栏提示“草图需要 N 个约束”。
- 过约束草图：在草图中添加了多余的约束，过约束的草图曲线和约束变为橙色。
- 冲突约束草图：尺寸约束和几何体发生冲突，冲突的草图曲线和尺寸显示为粉红色。发生这种情况的原因可能是当前添加的尺寸导致草图无法更新或无解。

3. 草图的几何约束符号显示与删除

当为草图添加几何约束以后，会在图形窗口中显示几何约束符号。在默认状态下，草图只显示常见的几何约束符号，可以通过以下功能控制约束符号的显示。

（1）显示所有约束：此为一“开关”按钮，用于显示草图中所有的几何约束符号。

可以使用“删除”命令直接删除选中草图约束。或者在选择工具条中选中“选择约束”按钮，然后在选中的约束符号上单击 MB3，选择“删除”快捷选项。

（2）“显示/移除约束”：以列表方式“显示/移除”草图中的几何约束，如图 3.30 所示。

4. 转化为参考对象

当草图曲线或尺寸只作为参考对象而存在时，可以使用【草图约束】工具条中的“参考转化”功能。参考曲线一般用于辅助约束草图，不能作为特征定义线；参考尺寸对于草图没有约束作用，一般用于反映草图尺寸的变化。“参考转化”是一种可逆操作，即也可以将参考对象转化为激活对象。

5. 草图的辐射菜单

在选中（预选）的草图曲线或尺寸上长按 MB3，可以打开推断式辐射菜单，用于执行很多快捷操作，如图 3.31 所示。

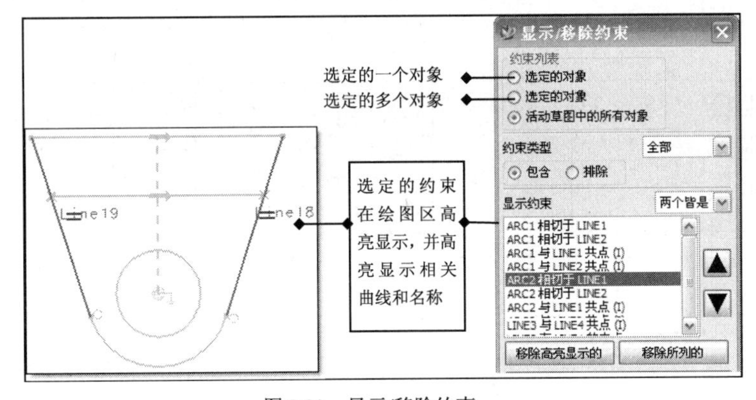

图 3.30　显示/移除约束

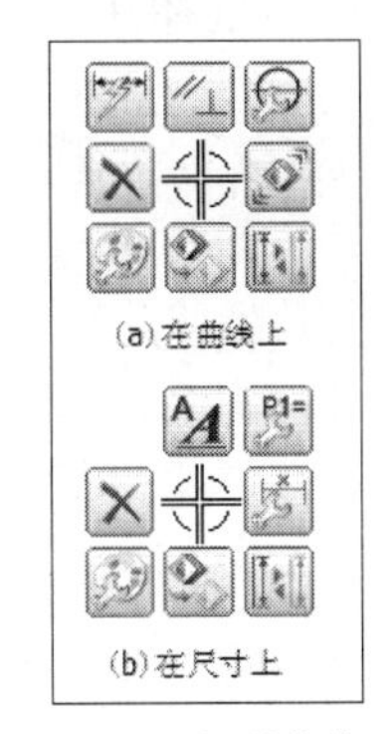

图 3.31　辐射菜单

3.4.2　拖动草图操作

学习目标

学习如何拖动一条曲线或控制点以改变位置、尺寸和添加几何约束。

📖 学习如何拖动多条曲线或拖动整个草图到新的位置。

📖 学习利用拖动操作来修复更新错误的几何对象。

相关知识

“拖动”操作是草图应用过程中非常重要的一种操作。通过在草图对象上“按住 MB1 并移动光标”来动态调整草图对象（曲线和尺寸）、检查草图的约束状态以及查找未被约束的几何等。草图曲线只能在未被约束的方向上进行动态拖动，而与其相关联的曲线会作出相应改变。

操作步骤

1. 拖动一条曲线

（1）打开 Drag_1，启动建模环境。双击草图进入编辑模式，激活“显示所有约束”按钮。

（2）将光标置于图 3.32 所示圆弧上（位置①），拖动曲线到“位置②”→单击撤销按钮。

（3）单击“约束”按钮→选择图 3.33 所示的圆弧①和圆②→应用同心约束→单击MB2 关闭几何约束操作，重复上一步拖动操作，结果如图 3.34 所示。

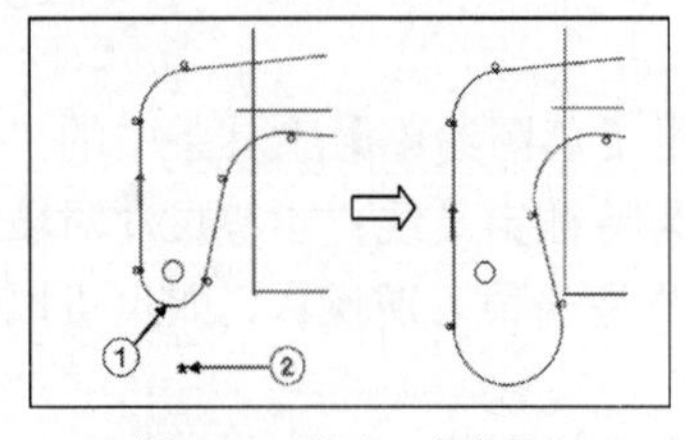

图 3.32　拖动一条曲线

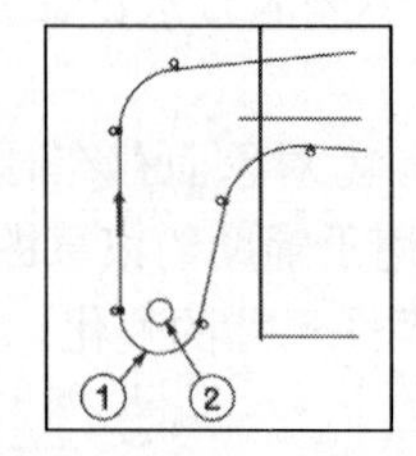

图 3.33　添加同心约束

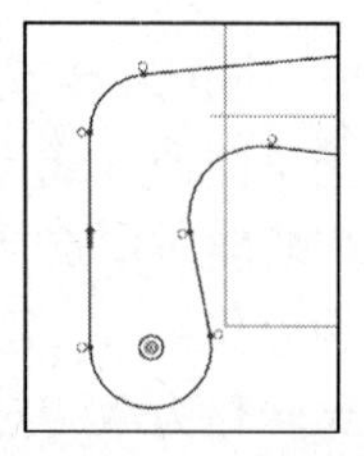

图 3.34　拖动曲线.

2. 拖动曲线控制点

（1）将光标置于图 3.35 所示的曲线上（位置①），拖动曲线到位置②→单击撤销按钮。

（2）选择并拖动图 3.36 所示圆弧的“端点①”到“位置②”→单击撤销按钮。

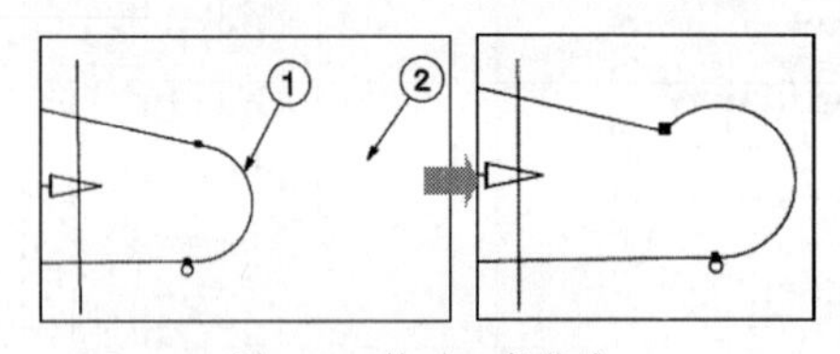

图 3.35　拖动一条曲线

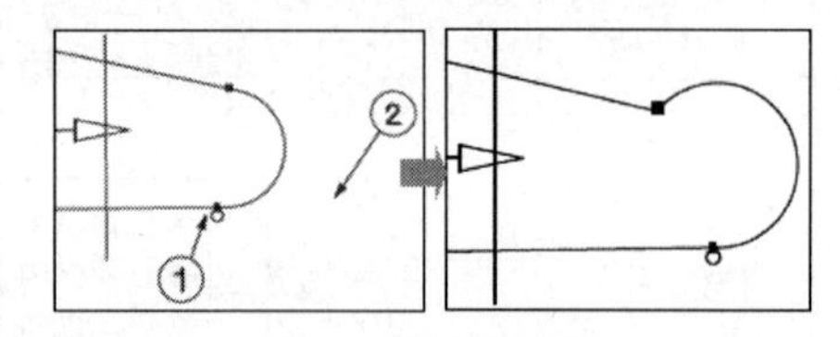

图 3.36　拖动草图点

3. 使用拖动操作动态添加约束

拖动图 3.37 所示的直线“端点①”到“位置②”，当出现水平约束符号时释放鼠标→单击撤销按钮。

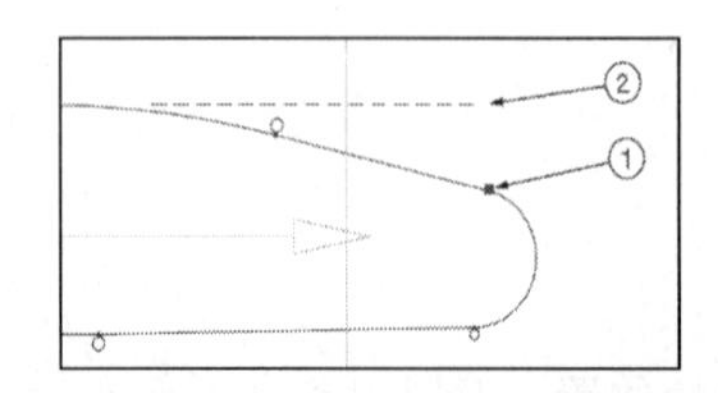

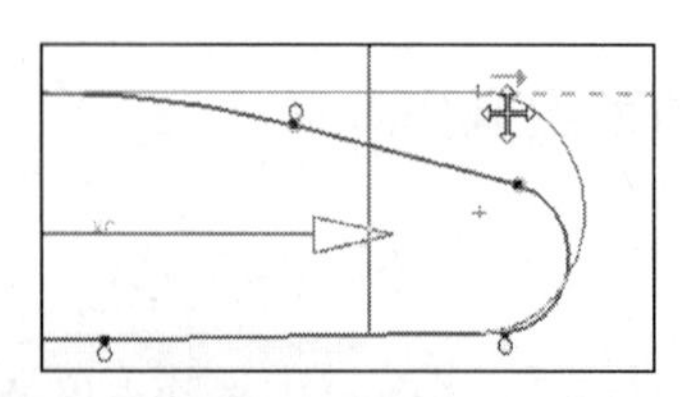

图 3.37　使用拖动操作添加约束

4. 同时拖动多条曲线

（1）通过矩形框选图 3.38 所示的曲线，然后拖动所有的曲线向左移动一段距离。

（2）使用快捷键（<Ctrl+A>）选中草图中所有的曲线，拖动到图 3.39 所示的位置。

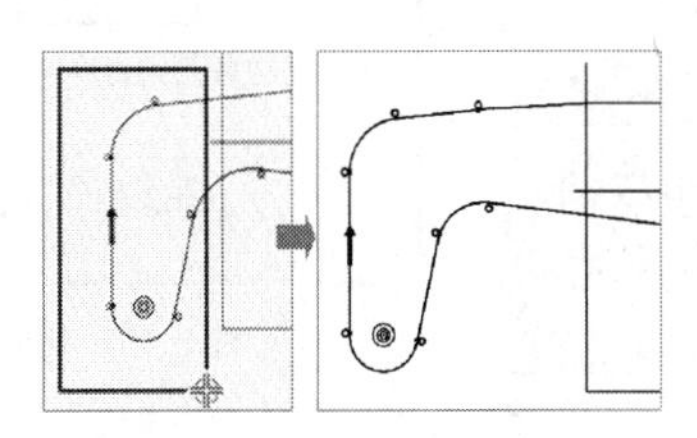

图 3.38　同时拖动多条曲线

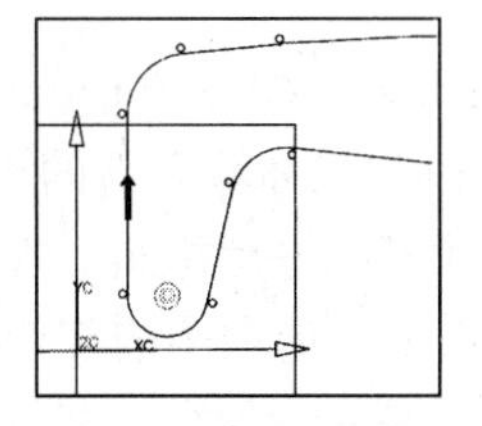

图 3.39　拖动草图的位置

5. 定位草图并利用拖动操作来修复更新错误的几何对象

（1）定位草图：单击“约束”按钮→选择图 3.40 所示的圆弧①的圆心（将光标置于圆心处选择）和水平轴②，应用“点在曲线上”约束→选择同一个圆弧中心和竖直轴，应用“点在曲线上”约束→单击 MB2 结束几何约束命令。草图更新为图 3.41 所示的状态。

（2）利用拖动操作来修复几何：拖动竖直的直线到另外一侧，拖动过程中尽量保持其相连的圆弧尺寸不变，结果如图 3.42 所示。

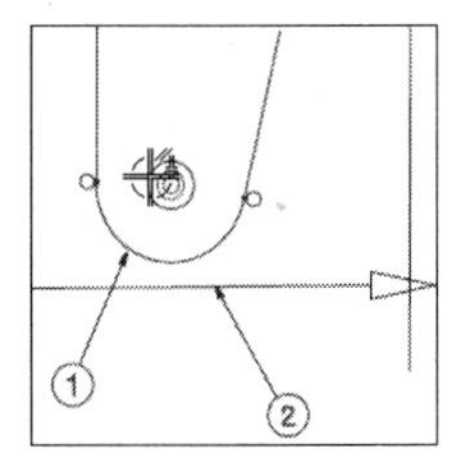

图 3.40　定位草图

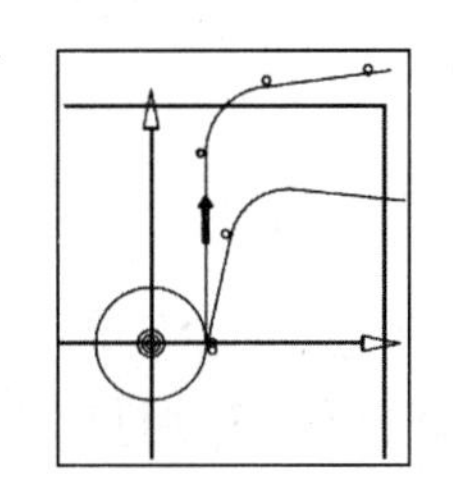

图 3.41　草图定位结果

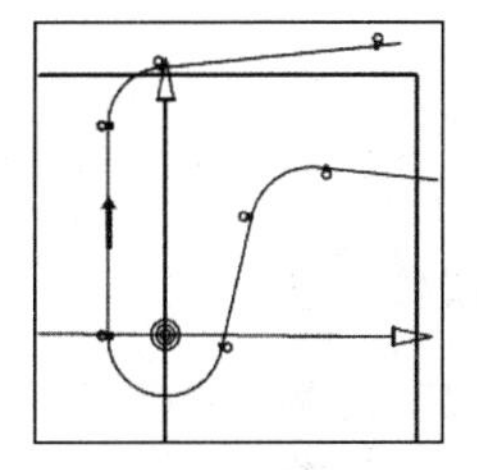

图 3.42　修复几何

（3）单击按钮，退出草图环境。

3.4.3　添加草图约束

学习目标

- 学习如何为草图内部曲线应用几何约束。
- 学习如何在草图和草图外部几何之间应用几何约束。
- 学习如何为草图曲线添加尺寸约束。
- 学习如何使草图成为特征的内部草图。
- 学习如何通过编辑草图尺寸来修改模型。

相关知识

通过为草图曲线添加几何和尺寸约束实现草图参数化设计，以满足设计意图。

1. 几何约束

几何约束（Geometric Constraints）用于指定草图曲线之间必须维持的几何关系。选中需要约束的曲线后，系统仅列出可能添加到当前选中曲线的约束，已有的约束将会显示为灰色，如图 3.43 所示。也可以在选择的对象上单击 MB3 启动弹出菜单。

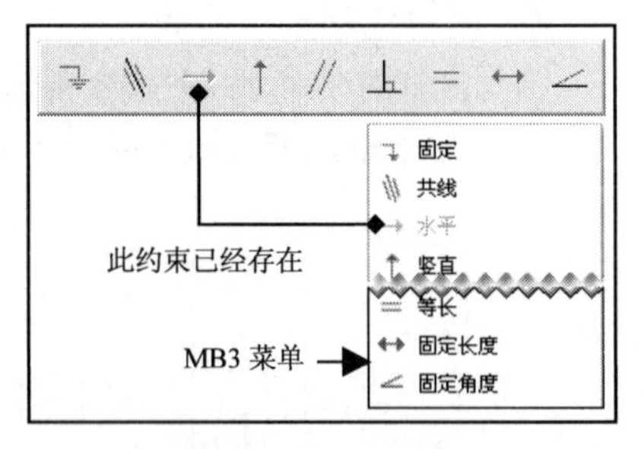

图 3.43 几何约束选项

2. 尺寸约束

尺寸约束（Dimensional Constraints）的主要类型如图 3.44 所示，可以为尺寸输入新的表达式名称和数值。通过双击一个尺寸可以进行编辑。在创建和编辑尺寸约束时，也可以单击工具选项中的按钮，启动对话框进行更多的尺寸编辑操作，如图 3.45 所示。

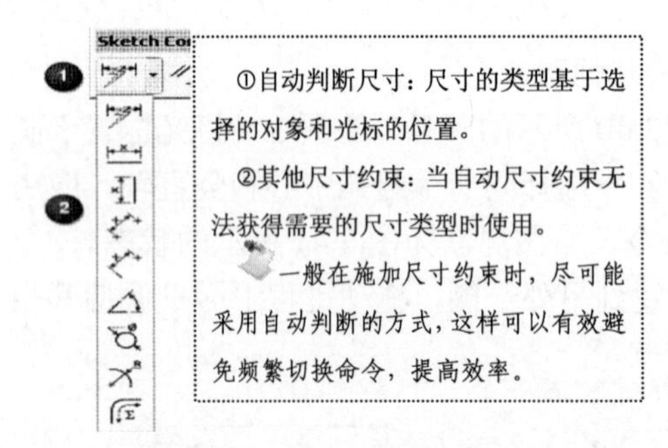

图 3.44 约束工具条中的尺寸选项

图 3.45 “尺寸”对话框

操作步骤

- 在本范例中，将通过添加约束的方法来调整“支架”的角度，当尺寸修改时能够获得预期的更新。
- 通过添加规则捕获部件的设计意图，控制编辑的更新。这些应用的规则允许对部件进行非常容易的修改。

1. 调整已有草图的预设置选项

（1）打开 angle_adj_1。启动建模环境。

（2）在草图的任一曲线上，按住 MB3，在辐射菜单中选择“编辑”，如图 3.46 所示。

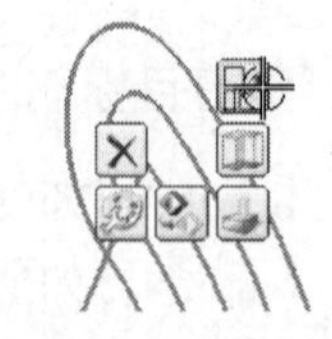

图 3.46 启动草图编辑

（3）选择【首选项】/【草图】命令（注意：此零件为英寸单位）→检查如下选项：文本高度为 0.1，清除“动态约束显示”复选框→OK。

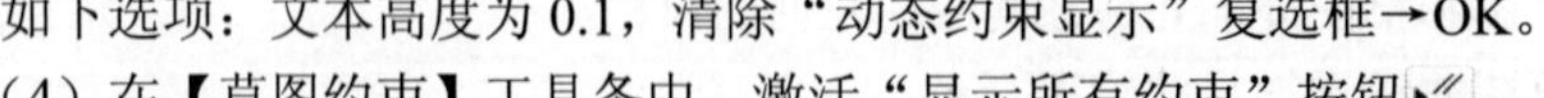

（4）在【草图约束】工具条中，激活“显示所有约束”按钮。

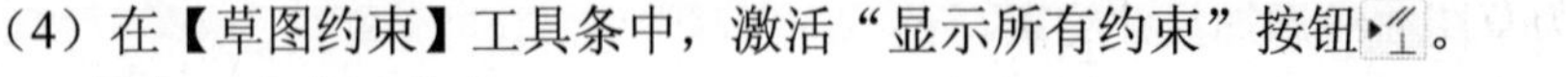

2. 添加一个水平约束

单击“约束”按钮→选择草图最下面的直线→在“约束”对话条中单击“水平”按钮。

3. 添加相切约束

在图 3.47 中的 6 个位置处添加相切约束。

（1）选择第 1 组的两条曲线→在“约束”对话条中单击“相切”按钮。

（2）同理，添加另外 5 个相切约束。

4. 添加一个同心约束

选择顶部两个圆弧，在任一圆弧上单击 MB3，单击“同心约束”按钮◎，如图 3.48 所示。

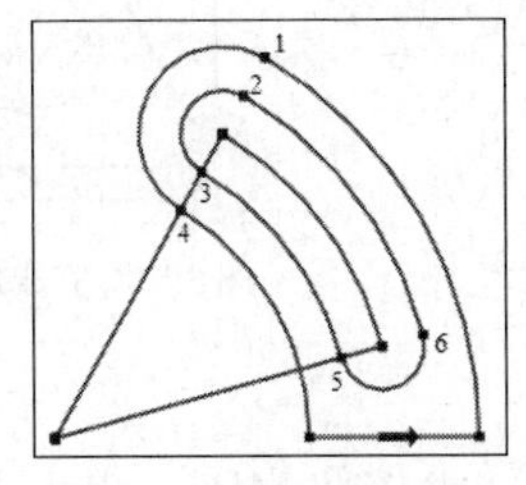

图 3.47　添加相切约束

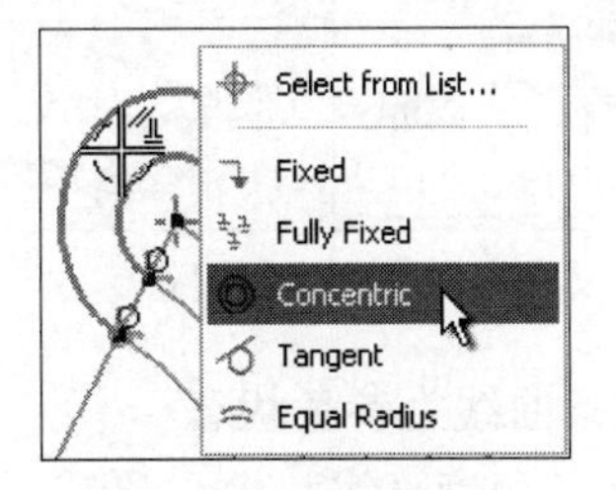

图 3.48　添加同心约束

5. 添加约束以将草图定位到实体上

（1）选择图 3.49 所示的草图直线和实体边缘，应用“共线”约束。

（2）选择图 3.50 所示的一个草图圆弧中心和实体上一个圆弧中心，应用“重合”约束。

（3）单击 MB2，完成约束操作。

应用约束后，草图可能会变形，如图 3.51 所示，接下来可以通过添加尺寸的方法来修正。

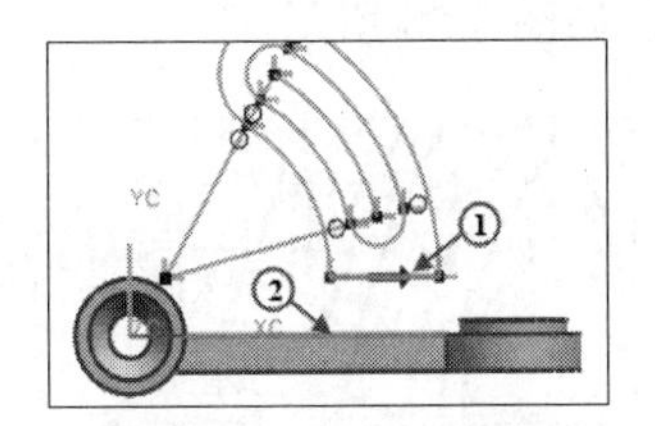

图 3.49　添加共线约束

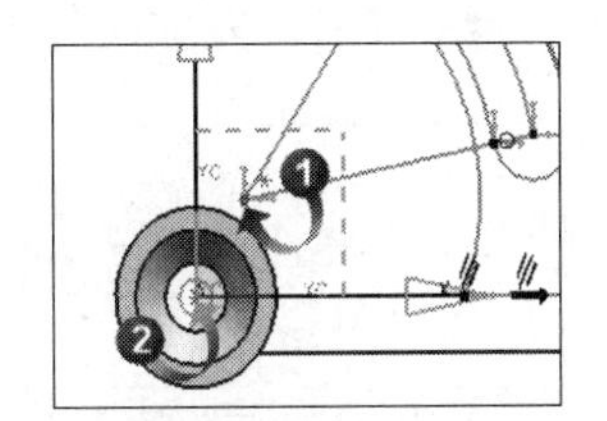

图 3.50　添加重合约束

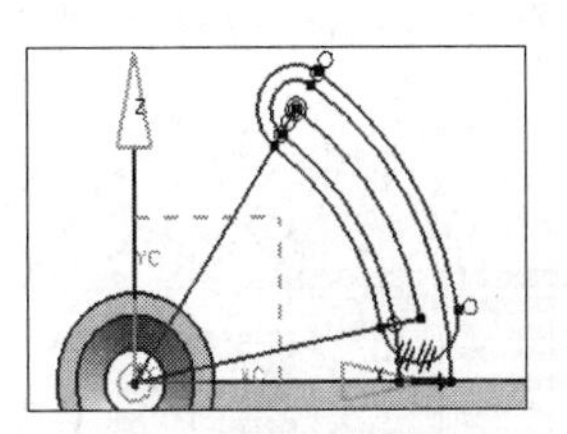

图 3.51　草图约束结果

6. 添加角度尺寸

（1）单击“自动判断尺寸”按钮。

（2）依次选择直线①和直线②→拖动角度尺寸到合适的位置③→单击 MB1 放置尺寸→在动态输入栏④内输入 15 并按<Enter>，完成角度尺寸的标注，如图 3.52 所示。

（3）同理，为图 3.53 所示的两条直线添加角度约束。

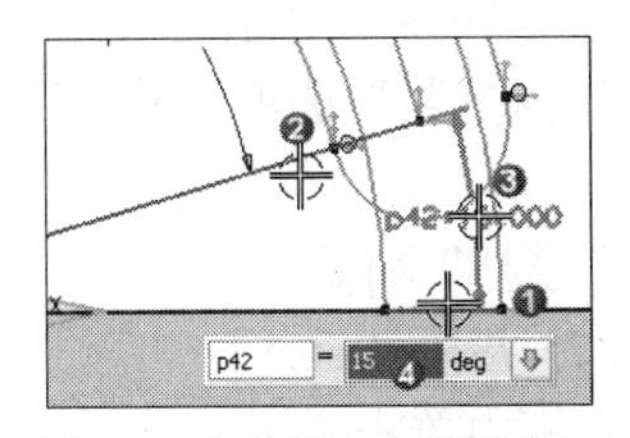

图 3.52　添加第 1 个角度尺寸

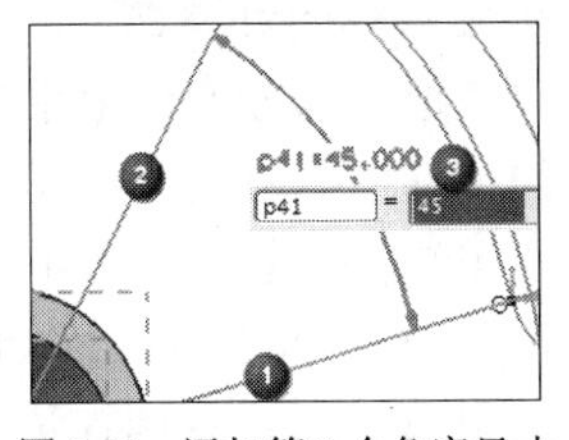

图 3.53　添加第 2 个角度尺寸

7. 通过添加半径尺寸修正草图形状

（1）分别选择图 3.54 所示的两个圆弧添加半径为 0.25 和 0.5 的尺寸。

（2）添加另外一个半径为 2 的尺寸，草图完全约束为如图 3.55 所示。

（3）单击 MB2，结束“自动判断尺寸”命令。

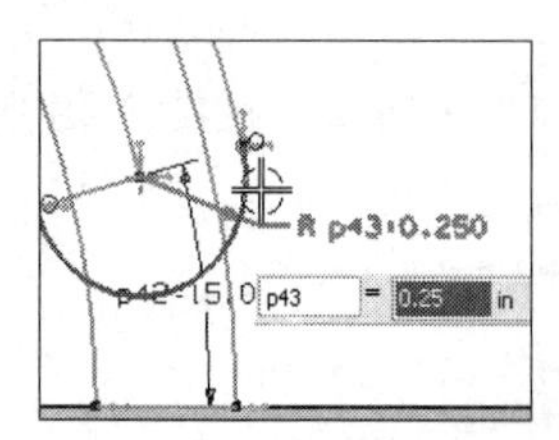

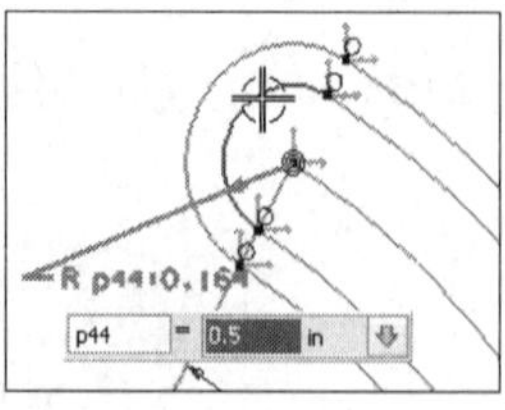

图 3.54　添加半径尺寸

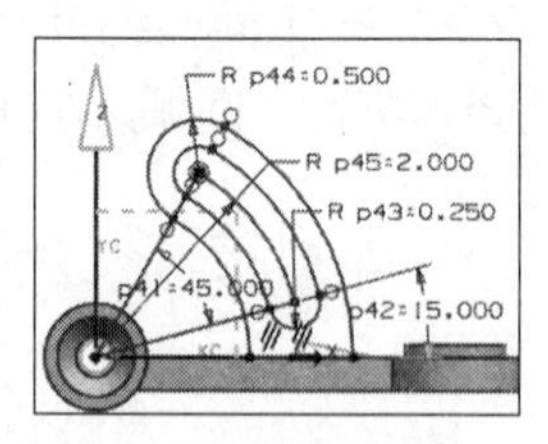

图 3.55　完成尺寸约束

8. 转化三条曲线为参考状态

（1）选择两条角度直线和中心圆弧，在其中任一曲线上按住 MB3，单击“转化参考”按钮，如图 3.56 所示。

（2）单击按钮，退出草图环境。

9. 拉伸草图生成“调节槽”部分实体

（1）在草图的任一曲线上按住 MB3，在辐射菜单中选择“拉伸”，如图 3.57 所示。

（2）确保拉伸方向为+YC 轴，否则单击对话框中的“反向”按钮。

（3）输入拉伸“起始距离”为 0.38。

（4）在图形窗口的拉伸箭头上单击 MB3，选择“直到被延伸”，然后选择实体后侧面。

（5）布尔操作选项选择“求和”，OK，完成实体的创建，如图 3.58 所示。

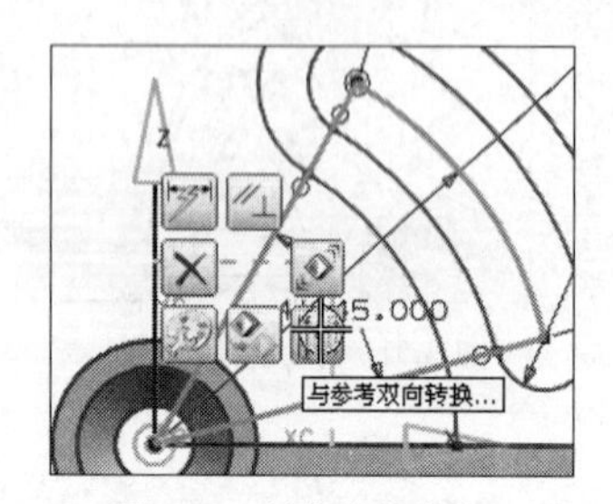

图 3.56　转化参考曲线

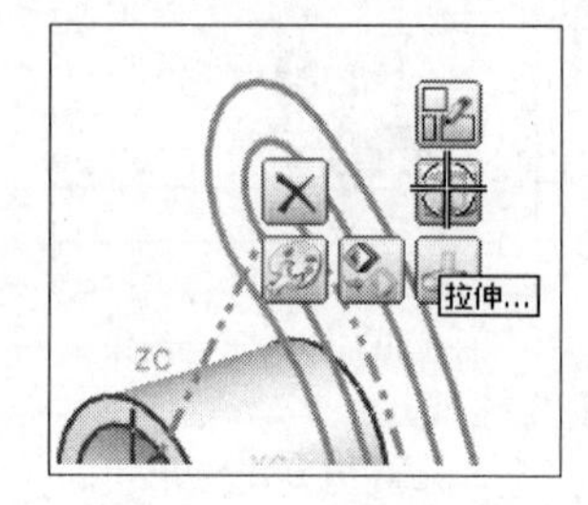

图 3.57　启动拉伸命令

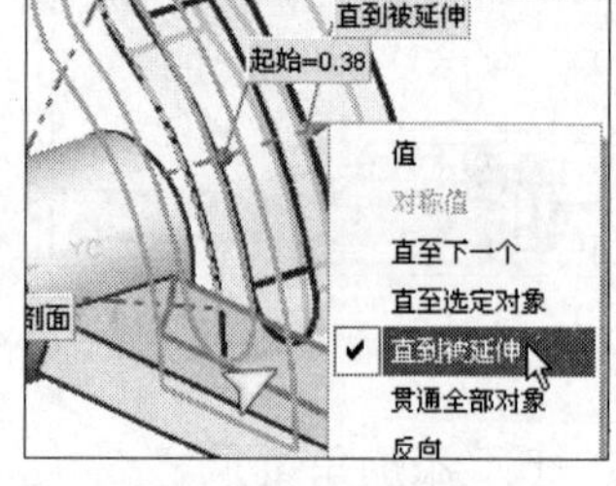

图 3.58　创建拉伸特征

10. 使草图成为特征内部草图

打开部件导航器，在上一步创建的拉伸特征上单击 MB3，选择“使草图为内部的”命令。

当一个拉伸或旋转特征独享一个草图时，可以使用“内嵌草图”功能。

11. 编辑一个特征内部草图

（1）在“调节槽”部分实体上单击 MB3，选择“编辑参数”选项，激活拉伸编辑模式。

（2）在拉伸对话框中单击“草图剖面”按钮。

（3）在【草图编辑器】工具条中选择“定位视图到模型”。

（4）双击角度为 45 的尺寸，在动态输入栏内输入 75 并按<Enter>。

（5）单击按钮，退出草图环境，然后在拉伸对话框中单击“OK”。

3.4.4　更改草图的设计意图

学习目标

- 利用约束更改草图设计意图。

📖 学习处理草图异常状态的方法。

操作步骤

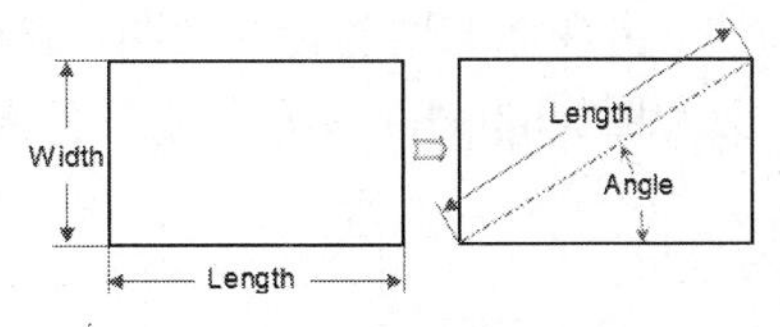

图 3.59　设计意图的变更

- ❑ 通过约束和编辑一个简单的草图来改变设计意图，如图 3.59 所示。
- ❑ 识别草图“过约束”状态和处理方法。

1. 创建一个新的草图

（1）创建一个默认单位为“mm”的文件，启动建模环境。

（2）在 61 层创建 ACS 原点的基准坐标系。

（3）在 21 层创建一个默认条件的草图（在 XC-YC 平面上）。

2. 绘制草图曲线

（1）单击“自动推断约束设置”按钮，确保“水平、竖直、平行、垂直和重合”约束被选中。

（2）选择“矩形”→选择基准坐标系的原点→拖动矩形尺寸大约为“XC=115，YC=70”→单击 MB1 完成矩形的创建。

3. 检查草图的几何约束条件

（1）在【草图约束】工具条中选择“显示/移除约束”。

（2）选择“活动草图中所有对象”，约束类型设为“All”，“显示约束”为“Both”。

（3）单击列表中的第一个约束，单击▼浏览约束并观察图形窗口的显示。

4. 为草图添加尺寸

使用“自动判断尺寸”。分别选择左侧竖直直线和底部水平直线添加尺寸为 70 和 115。

5. 在草图中创建一条对角参考线

（1）单击“直线”按钮→选择左下角和右上角的端点定义直线。

（2）将此直线转化为参考直线，如图 3.60 所示。

（3）添加角度约束：选择底部水平直线和对角线，输入角度为 35。

系统状态行指示“草图过约束”，草图颜色发生改变，如图 3.61 所示。草图在此状态下不会更新。

（4）应用一个平行尺寸约束：选择对角线并放置平行尺寸，改变数值为 130。

（5）单击 MB2 退出尺寸约束模式。

6. 转化草图尺寸为参考

选择水平和竖直尺寸，在其中一个上单击 MB3，选择“转化参考”，结果如图 3.62 所示。草图返回到完全约束状态。另外一种解决过约束的方法是删除多余尺寸。

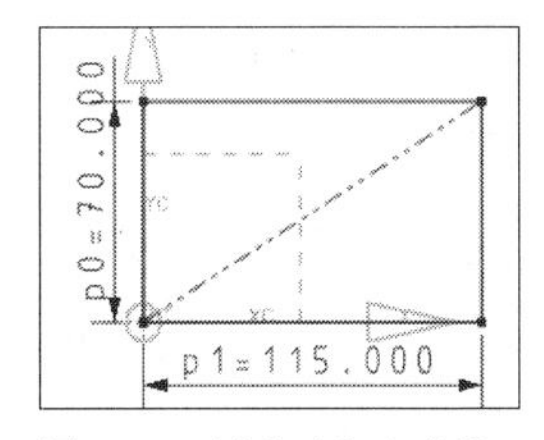

图 3.60　创建对角参考线

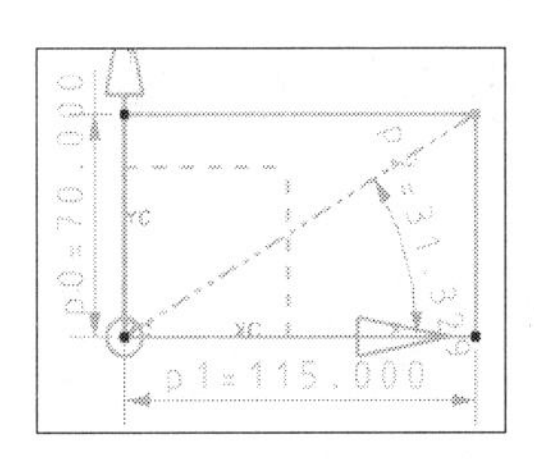

图 3.61　草图过约束状态

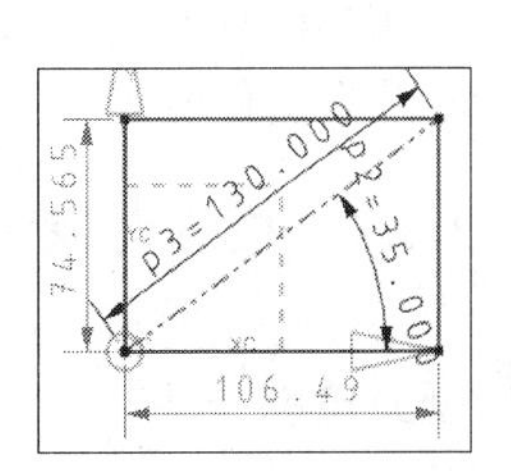

图 3.62　转化尺寸参考

参考尺寸显示几何对象的尺寸或角度，但是他们不能控制任何几何。

练习

改变原草图的设计意图。首先创建图 3.63（a）所示原始的设计意图草图，然后将草图修改为图 3.63（b）所示的设计意图，完成后再进一步修改为图 3.63（c）所示的设计意图。

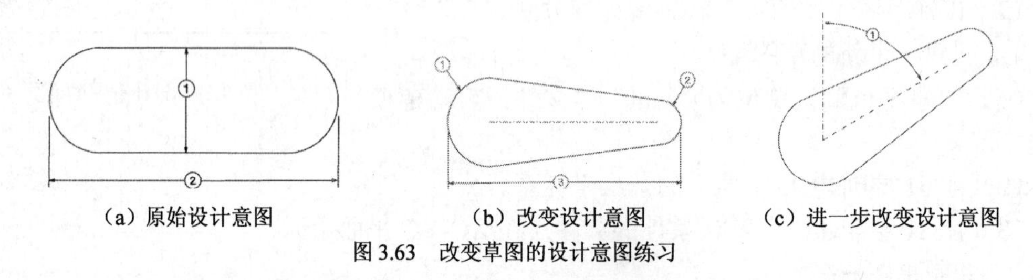

（a）原始设计意图　（b）改变设计意图　（c）进一步改变设计意图

图 3.63　改变草图的设计意图练习

3.5 草图约束管理

3.5.1 镜像草图

学习目标

学习如何利用镜像操作来约束对称的草图，完成后检查草图的对称性。

操作步骤

1. 通过中心线镜像草图

（1）打开 Mirror_1，启动建模环境。然后双击草图，激活草图编辑模式。

（2）单击“草图镜像”按钮→选择图 3.64 所示的左侧竖直直线作为中心线→单击 MB2→按快捷键<Ctrl>+A，选择所有的其他曲线→OK，完成草图的镜像。

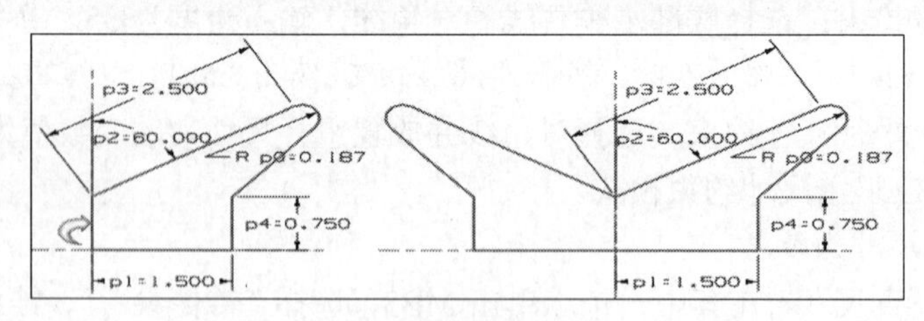

图 3.64　镜像草图

2. 检查草图的对称性

编辑草图角度尺寸为 50，观察镜像草图的变化。

3.5.2 投影对象到草图

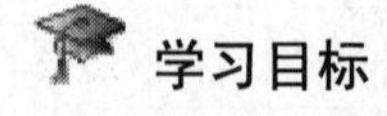

学习目标

投影对象到草图的应用方法。

❑ 建立草图与外部对象的关联。

操作步骤

通过投影外部对象到当前活动草图的方式实现草图快速设计，并建立草图与外部对象的关联，本范例设计意图如图 3.65 所示。

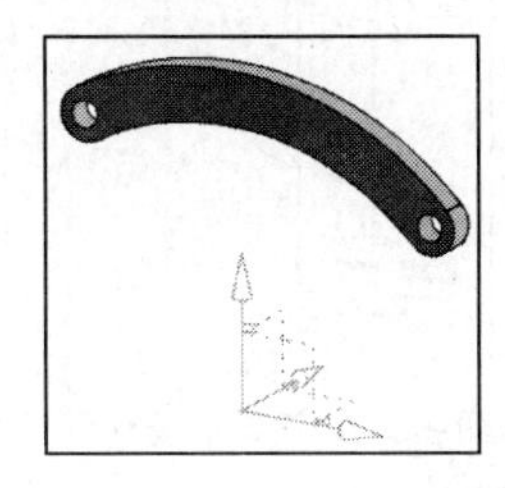
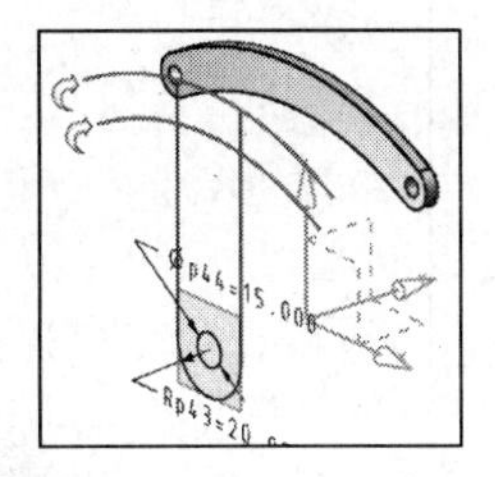
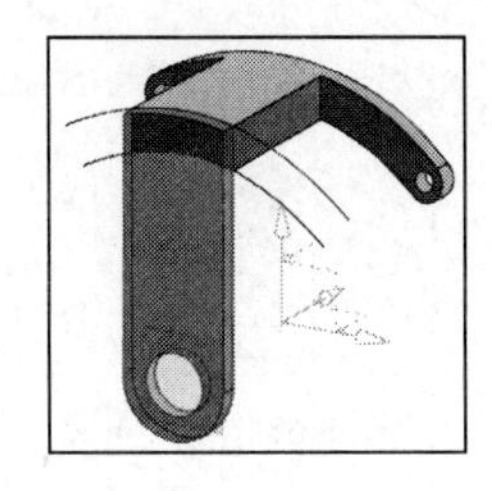

图 3.65　零件设计示意图

1. 在新建的基准平面上创建草图

（1）打开文件 Project，并启动建模环境。

（2）工作层=21。启动草图命令→在草图创建工具条中选择“基准平面”→选择 ZC-XC 基准平面→输入偏置距离为−50→OK，完成基准平面→单击按钮进入草图环境。

2. 绘制草图曲线

（1）如果轮廓命令没有激活，在【草图曲线】工具条中单击按钮。

（2）检查并激活“捕捉点”选项，选择起点位置为顶部圆弧上一点。

（3）移动光标以使竖直辅助线和竖直约束符号显示，单击 MB1，如图 3.66（a）所示。

（4）从上一个直线的端点直接向下拖动光标，然后释放光标。

（5）当对齐中心辅助线显示时，单击 MB1，如图 3.66（b）所示。

（6）继续绘制直线，捕捉顶部圆弧上一点并确保相切符号显示，单击 MB1，如图 3.66（c）所示。单击 MB2 结束轮廓的绘制。

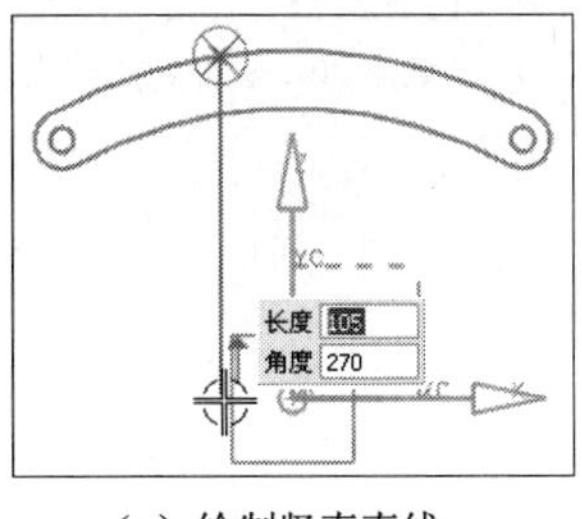

（a）绘制竖直直线

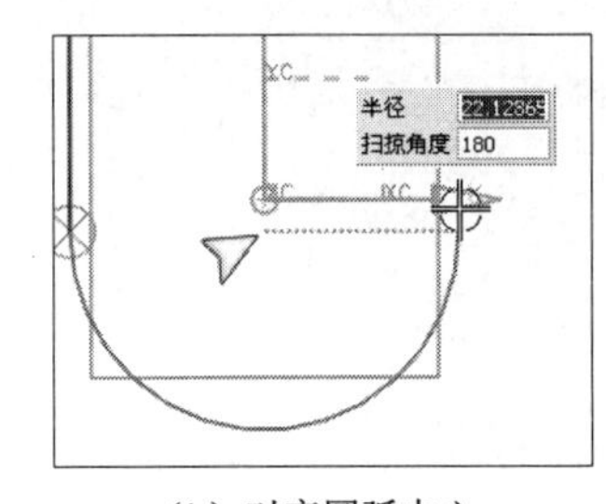

（b）对齐圆弧中心

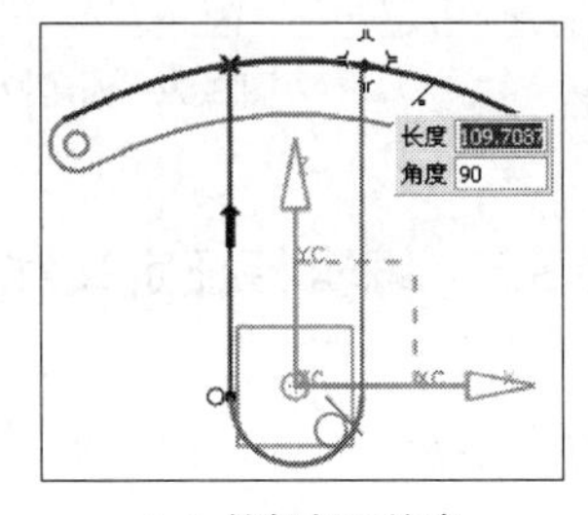

（c）捕捉相切约束

图 3.66　绘制轮廓

3. 约束草图

（1）草图圆弧中心与基准点应用一个重合约束。

（2）使用“自动判断尺寸”方式添加圆弧半径尺寸为 20。

（3）在圆弧的中心添加一个圆，并约束直径尺寸为 15，结果如图 3.67 所示。

4. 添加投影曲线到草图

（1）在【草图操作】工具条中单击“投影”按钮。

（2）确保“投影”对话条中的关联选项激活。

（3）在【草图编辑器】工具条中选择“定位视图到模型”。

（4）选择图 3.68 所示实体的两条边缘。

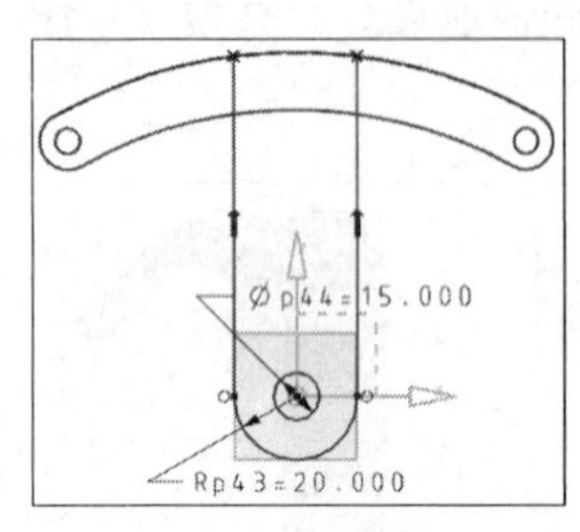

图 3.67　约束轮廓

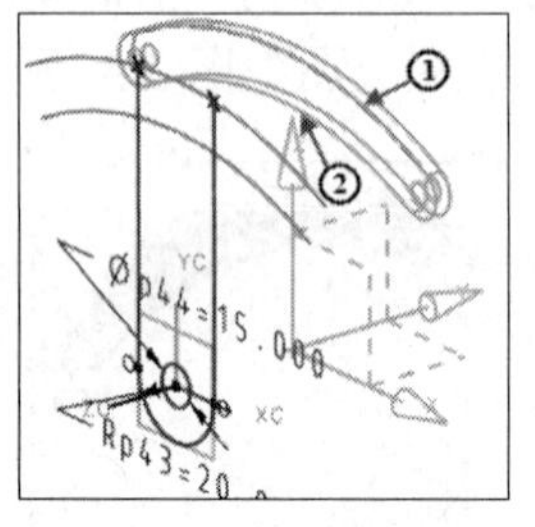

图 3.68　投影曲线到草图

（5）OK，完成曲线的投影。

5. 拉伸草图生成实体模型

使用拉伸命令完成图 3.69 所示的两步拉伸，在选择剖面时应用“相连接曲线”和“在相交处停止”意图规则，布尔操作选项都是“求和”。

6. 检查草图与外部模型的相关性

编辑原来的实体草图，将半径为 150 的尺寸更改为 160，完成后观察模型的更新。

为模型添加圆角特征，结果如图 3.70 所示。

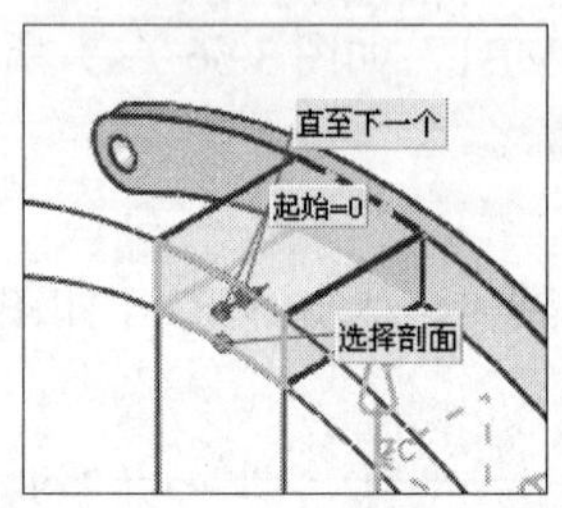

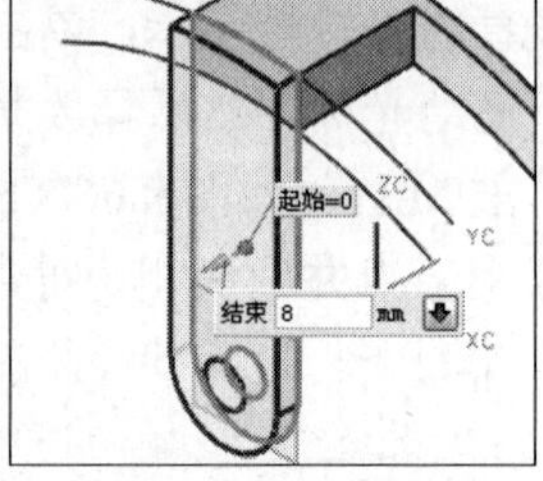

图 3.69　创建拉伸特征

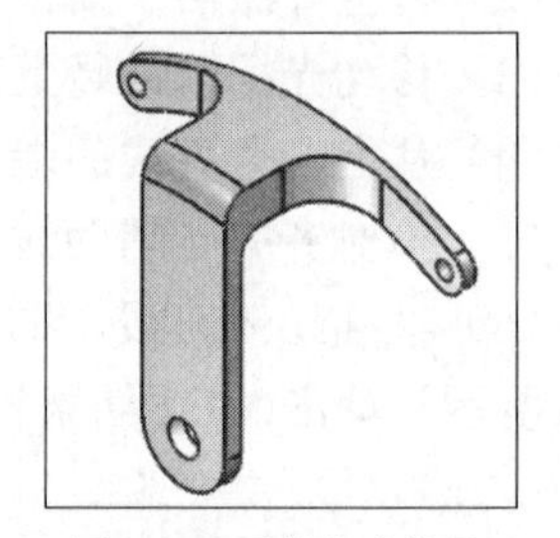

图 3.70　零件完成结果

3.5.3　编辑特征定义线

学习目标

- 学习如何在一个草图内部更改特征定义线。
- 学习样条曲线的创建方法。

操作步骤

- 箱盖的原始设计如图 3.71（左）所示，现要求改变顶部的形状为图 3.71（右）所示。
- 零件主体拉伸特征的定义线是由草图控制的，通过在草图中创建一条样条曲线来替换某些草图曲线，重新定义顶面的形状。

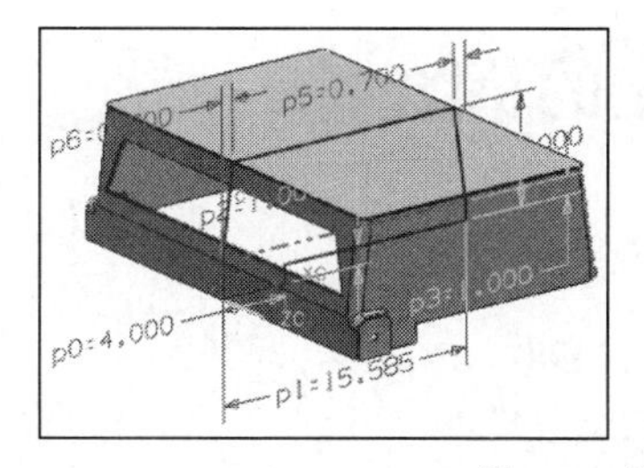

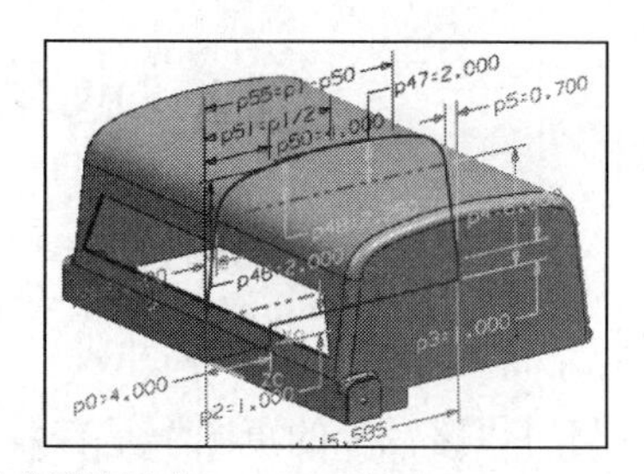

图 3.71　箱盖的设计要求

1．激活定义特征草图

（1）打开文件 bbqcover_1，启动建模环境。

（2）选择【编辑】/【草图】命令。因为“S21_CROSSSECTION”是部件中唯一的草图，所以被自动激活。

2．创建一条用于修改模型的样条曲线

（1）设置图层 1 为不可见状态。

（2）绘制样条：单击【草图曲线】工具条中的“艺术样条”按钮→设置样条参数（使用“通过点”方式，阶次=3）→ 确保“端点”捕捉方式被激活→指定图 3.72 所示的 5 个点（选择草图左上角的端点作为起点，点 2、3 和 4 为光标位置点，选择右上角的端点为终点，如图 3.72 所示）→OK，完成样条的创建。

（3）为样条添加几何约束：单击“约束”按钮→选择左侧斜线和样条左侧端点→应用“曲线的斜率（Slope of Curve）”约束按钮。同样的操作约束样条右侧端点。

（4）为样条添加尺寸约束：为样条添加图 3.73 所示的 3 个点的尺寸约束。

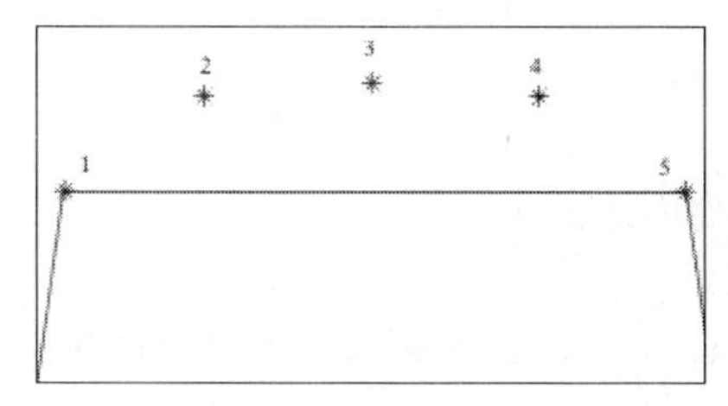

图 3.72　指定样条通过点

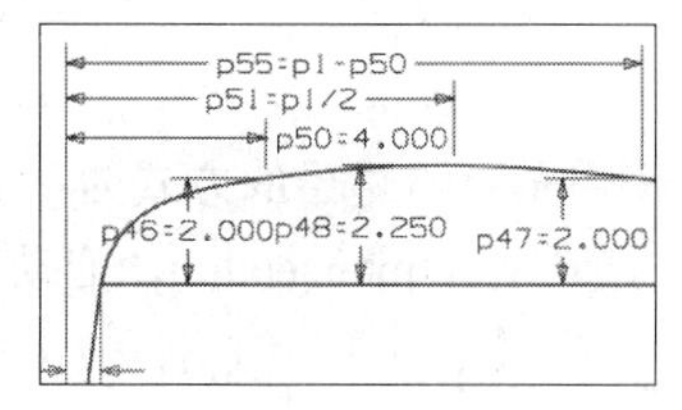

图 3.73　约束样条曲线

3．编辑模型的定义线

（1）单击“编辑定义线”按钮（在【草图操作】工具条中添加此按钮）。在对话框中，用于“Extruded（4）”操作的“剖面”是唯一的选择。

（2）选择新建的样条，将其添加到特征定义线串中。

（3）使用“<Shift>+MB1”选择顶部水平直线以从线串中移除。

（4）OK，完成特征定义线的编辑。

4．转化无用的直线为参考直线

（1）在顶部直线上按住 MB3 直到显示辐射菜单，单击“转化参考”按钮。

（2）单击“完成草图”按钮，系统更新零件外形。

3.6 路径上的草图

学习目标

- 学习在何时“路径上的草图”是有效的。
- 学习当草图沿一个路径移动时如何控制草图平面的方位。
- 学习使用“相交”方法建立草图与外部对象的关联。

操作步骤

在本例中，将在图 3.74（a）所示的片体和草图之间创建一个新的延伸片体，并满足以下条件：

- 新片体总是与已有片体保持相切。
- 在任意垂直于片体边缘位置剖切新片体，总是保持一个圆弧剖面，如图 3.74（b）所示。

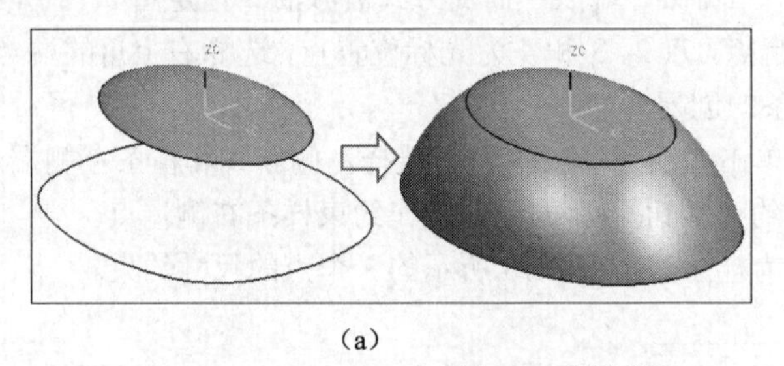

（a）（b）

图 3.74 设计意图

1. 使用垂直于路径的方式为“变化扫掠”特征创建一个草图

（1）打开文件 intersection，启动建模应用环境。

（2）选择【插入】/【扫掠】/【变化的扫掠】命令。勾选对话框中“尽可能合并面”和“预览”复选框，其他接受默认设置。

（3）单击“草图剖面”按钮→选择片体面（设置选择意图为“面的边”），系统显示图 3.75 所示的草图平面和 3 个轴，其中 x 轴为表面切向、y 轴为表面法向、z 轴为边缘切向。

（4）接受缺省的设置，单击按钮，进入草图任务环境，如图 3.76 所示。

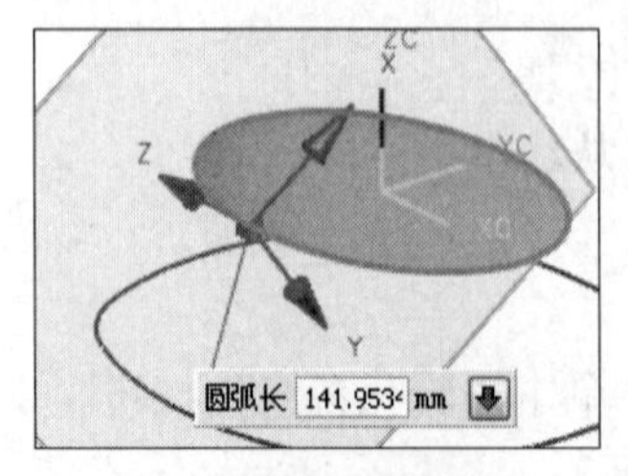

图 3.75 指定草图路径

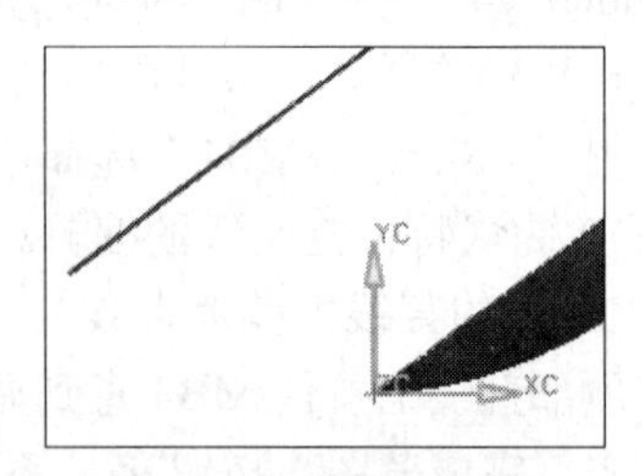

图 3.76 草图任务环境

2. 插入“交点”

（1）在【草图操作】工具条中单击“求交”按钮，或选择【插入】/【求交】命令。

（2）设置选择意图为“相切曲线”，选择靠近左边的一条草图曲线。

（3）OK，获得一个关联的交点，如图 3.77 所示。

3. 创建并约束草图曲线

（1）在两个存在的点之间绘制一段圆弧。

（2）为圆弧和水平轴添加相切约束，结果如图 3.78 所示。

4. 完成变化扫掠特征的创建

单击“完成草图”按钮，预览片体生成结果，如图 3.79 所示，OK，完成建模。

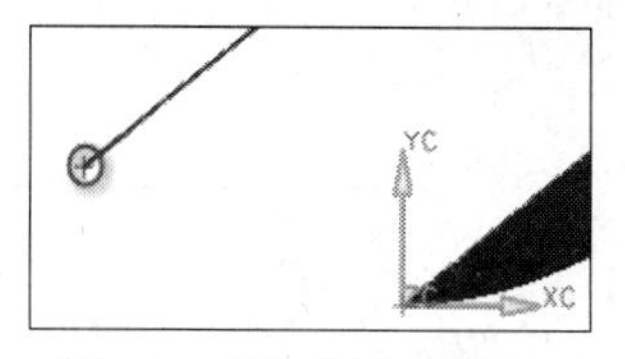

图 3.77　添加草图“交点”

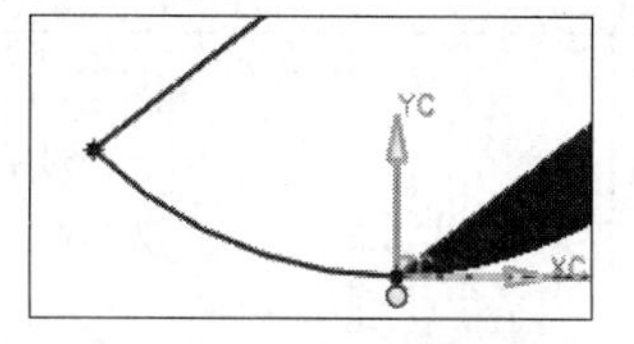

图 3.78　创建草图曲线

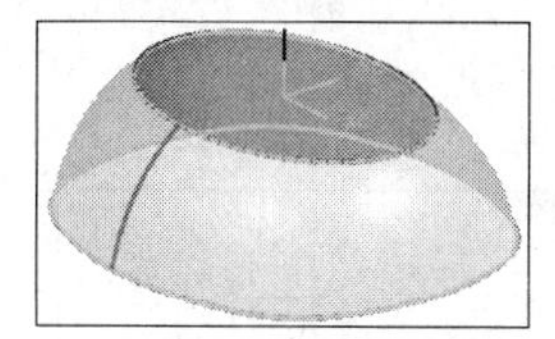

图 3.79　变化扫掠结果

3.7　草图综合应用

3.7.1　复杂草图的绘制

学习目标

- 学习复杂草图的常用处理方法与技巧。
- 学习切换草图对象“备选解”的方法。

操作步骤

- 完成图 3.80 所示草图的绘制。
- 图纸中 5 个圆弧的位置已经完全确定，如果首先绘制并定位这些圆弧，那么只需在这些圆弧之间进行曲线连接和过渡，这样将大大简化草图绘制过程，这也是处理复制草图的常用方式。图 3.81 所示为草图绘制思路。

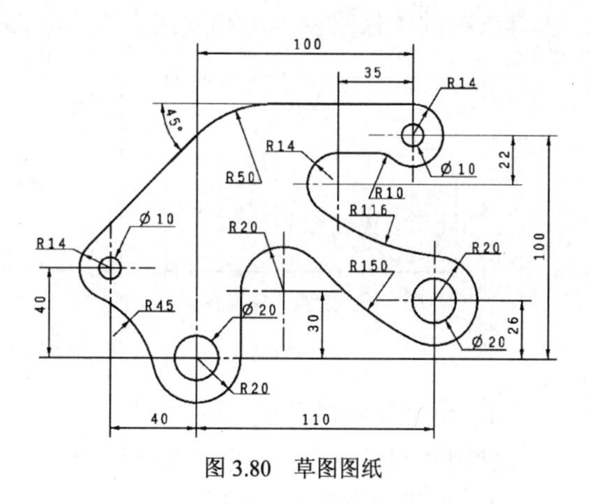

图 3.80　草图图纸

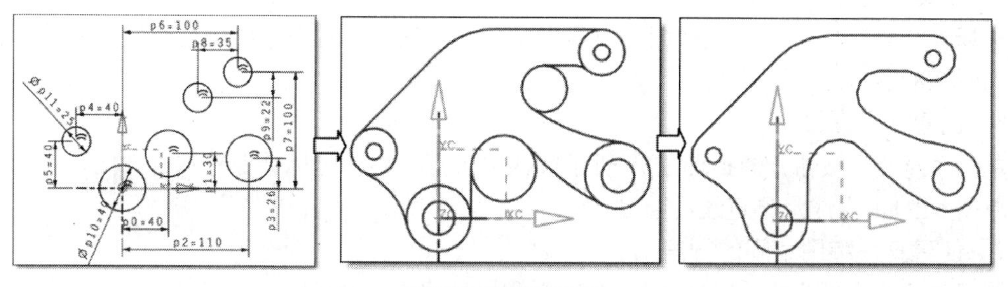

图 3.81　草图绘制思路

1. 绘制并约束已定位的圆

（1）以第 1 个圆心为基准点，直径约为 40，其他圆保持大致的位置和尺寸，如图 3.82 所示。

（2）添加几何约束：圆①②③等半径约束，圆④⑤⑥等半径约束。

（3）使用“自动判断尺寸”功能添加图 3.83 所示的尺寸约束。

2. 建立曲线圆角并自动标注

（1）在“自动推断约束设置”对话框中，勾选“尺寸约束”复选框。

（2）单击“圆角”按钮，分别选择圆①和圆④，拖动圆弧到合适的位置，输入半径为 45，系统自动标注尺寸，如图 3.84 所示。

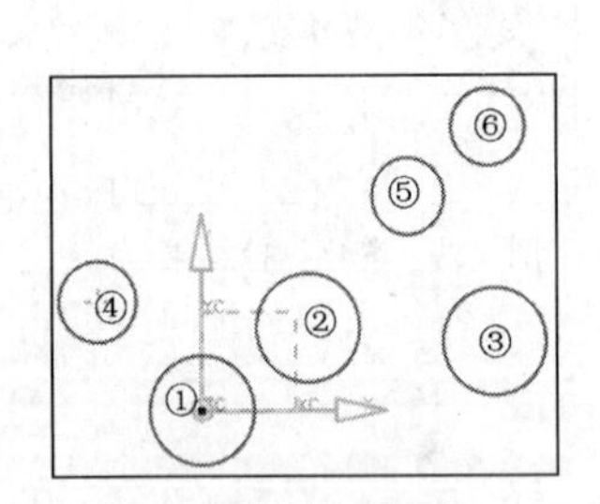

图 3.82　创建圆曲线

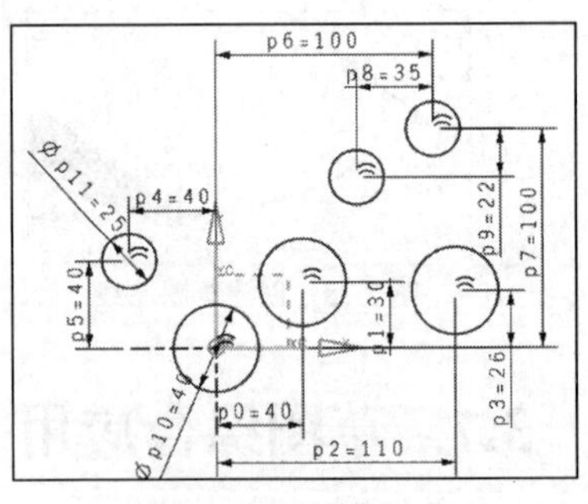

图 3.83　完成草图约束

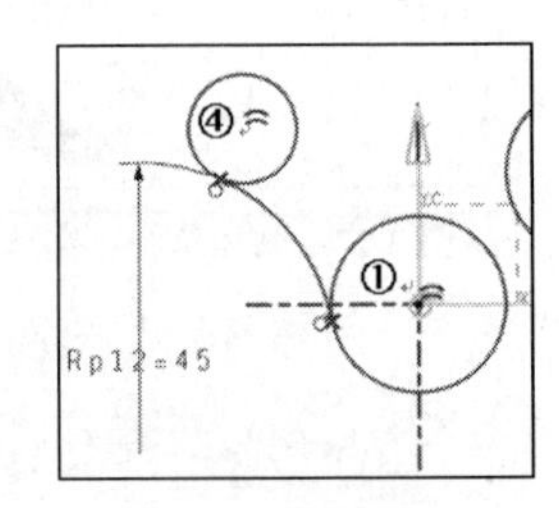

图 3.84　创建圆角

3. 绘制顶部直线轮廓

按照图 3.85 所示的步骤，使用“轮廓”按钮绘制两条曲线。在绘制过程中，激活捕捉工具条中的“象限点”和“线上点”按钮，并捕获与两圆的相切约束。

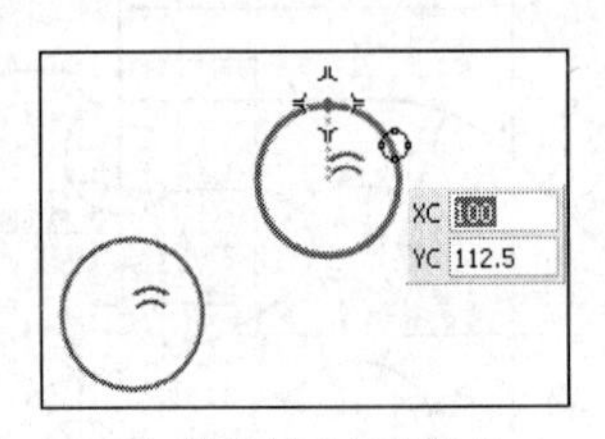

（a）捕捉起点为象限点

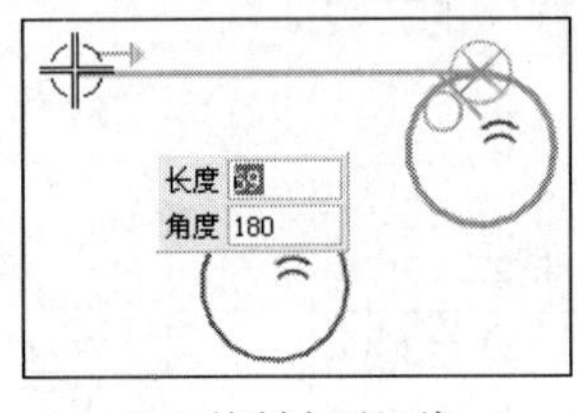

（b）绘制水平切线

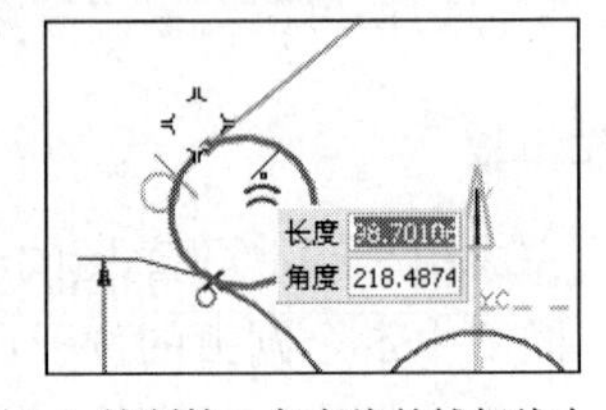

（c）绘制第 2 条直线并捕捉线上点

图 3.85　绘制轮廓

4. 标注直线的角度

使用“自动判断尺寸”功能标注上一步两条直线的角度尺寸为 45，如图 3.86 所示。

5. 创建两直线间的圆角

选择“圆角”命令，选择两条直线的交点，移动光标到正确的圆心位置，输入半径为 50，如图 3.87 所示。

6. 创建水平直线

单击“直线”按钮，捕捉图 3.88 所示圆的象限点，移动光标并保持水平约束，在合适的位置单击 MB1，完成水平直线的绘制。

7. 创建直线和圆之间的圆角

选择直线和圆的交点，建立半径为 10 的圆角，如图 3.89 所示。

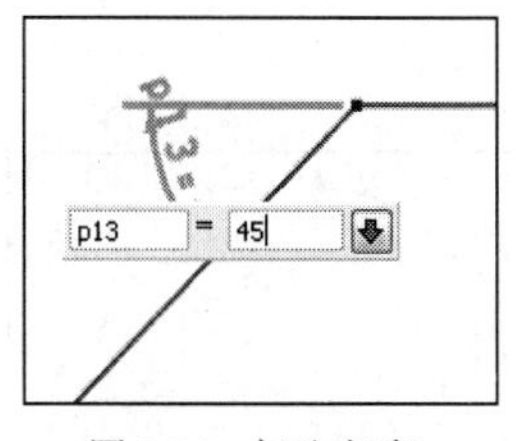

图 3.86　标注角度

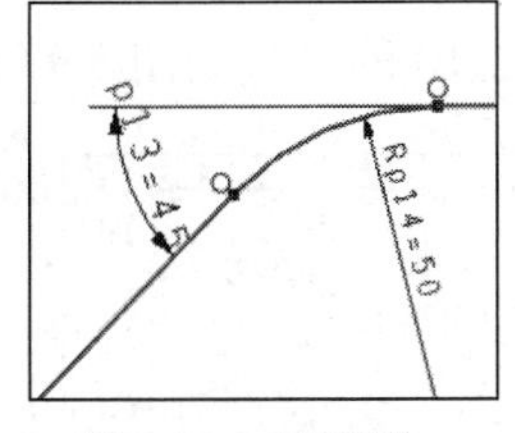

图 3.87　曲线圆角

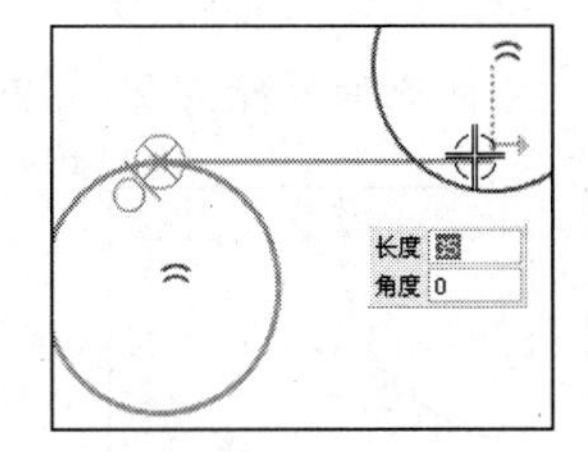

图 3.88　绘制水平直线

8. 创建两个圆之间的圆角

单击"圆角"按钮，依次选择圆⑤和圆③，移动光标到正确的圆心方位，输入半径为 116，如图 3.90 所示。

9. 切换备选解

由于上一步创建的圆角与圆⑤的相切位置有误，单击【草图约束】工具条中的"备选解"按钮，分别选择圆⑤和圆角，切换到正确的解法，如图 3.91 所示。

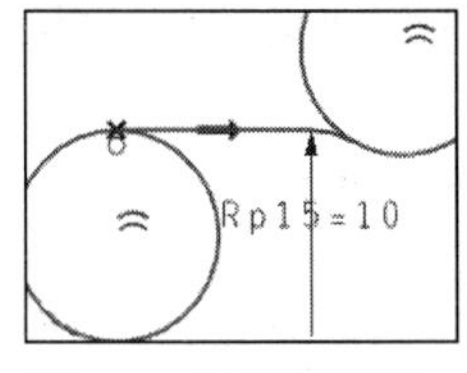

图 3.89　创建曲线圆角

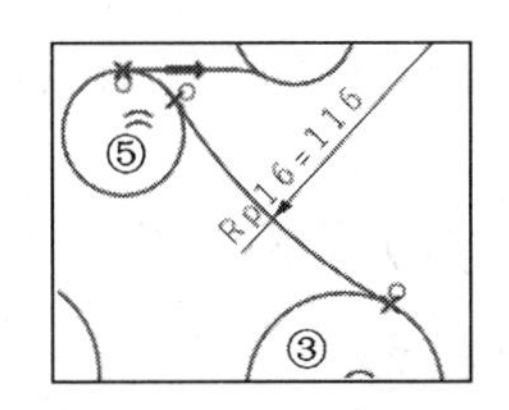

图 3.90　两个圆弧倒圆角

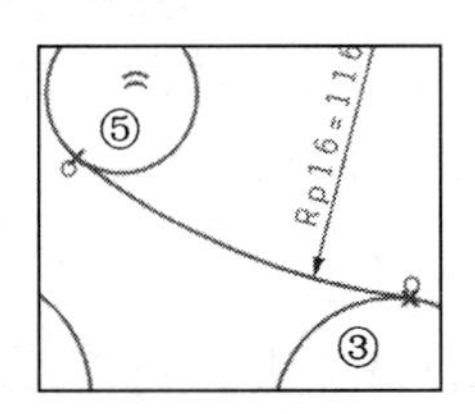

图 3.91　切换备选解

10. 创建底部两圆的圆角

参考步骤 8 和 9，使用"圆角"和"备选解"功能完成圆①和⑤的倒圆角，操作过程分别如图 3.92 和图 3.93 所示。

11. 创建两个圆的公切线并删除多余约束

（1）选择直线命令，依次选择圆①和圆②的切点，绘制如图 3.94 所示的直线。

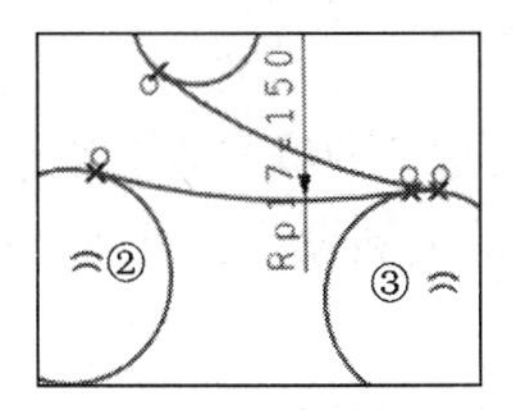

图 3.92　两个圆弧倒圆角

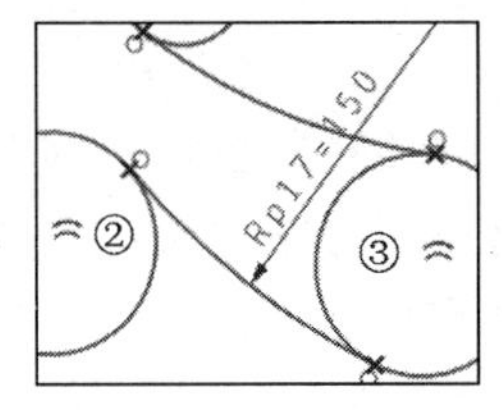

图 3.93　切换备选解

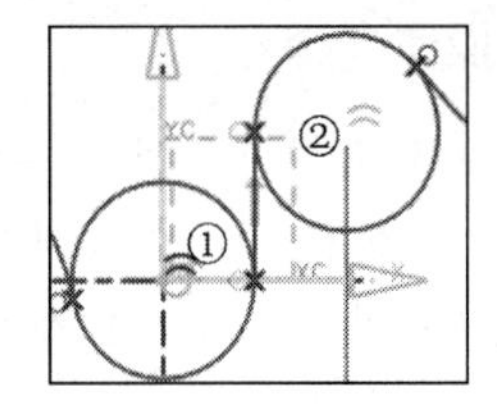

图 3.94　绘制公切线

由于两个圆的特殊位置关系，会同时创建两个相切约束，这与中心定位尺寸约束和等半径约束形成"过约束"，删除这些约束中的一个，即可解决此问题。

（2）在尺寸"p0"上按住 MB3 打开"推断菜单"，单击"删除"按钮 1，如图 3.95 所示。

12. 快速修剪曲线

选择快速修剪命令，依次选择草图中不需要的曲线部分进行修剪操作，完成结果如图 3.96 所示。

13. 绘制其他曲线

绘制两个半径为 20 和两个半径为 10 的圆，如图 3.97 所示。

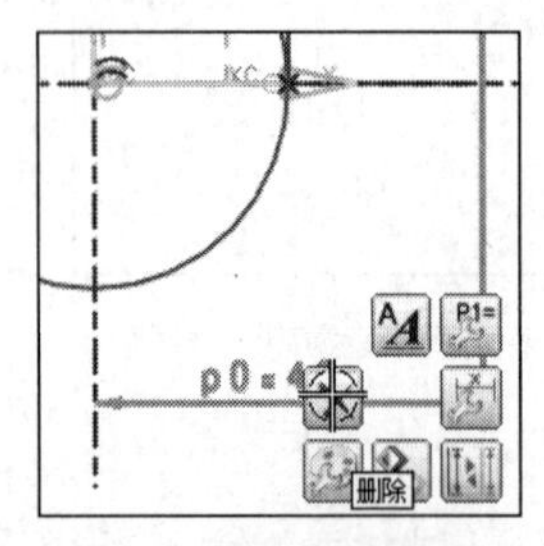

图 3.95 删除多余约束

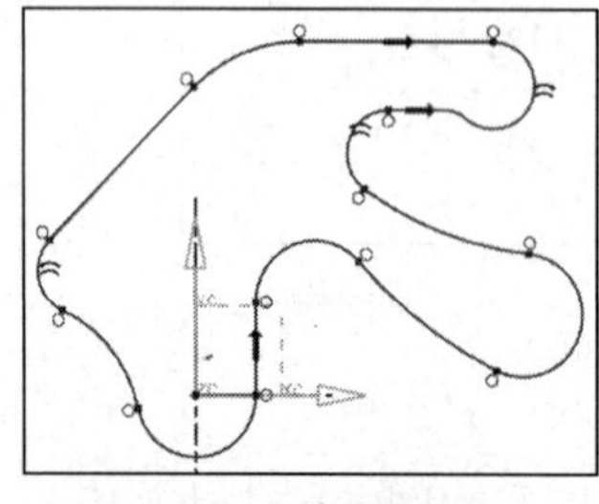

图 3.96 完成草图修剪

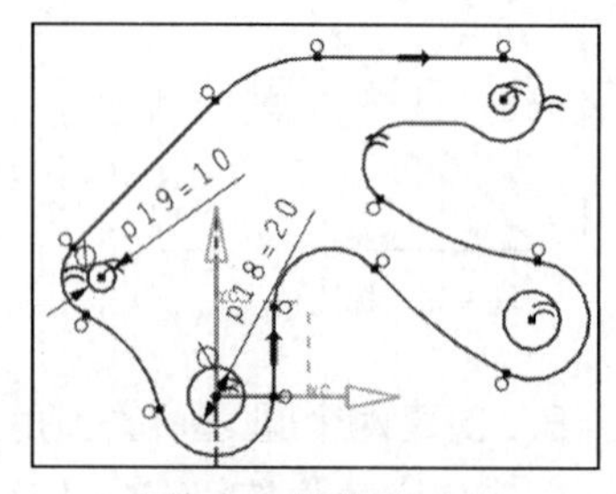

图 3.97 绘制 4 个圆

通过本节的实践，我们可以学习草图绘制的如下技巧。

（1）对于复杂的草图轮廓，寻找是否有圆弧的圆心已经定位，可以首先约束这些圆弧。

（2）做两条曲线的公切圆弧时，优先采用曲线“圆角”的方法，可以提高绘图效率。因为倒圆角会自动创建两个相切约束。

（3）在草图绘制或约束过程中，如果得到了错误的解法，可以采用“备选解”功能尝试切换到正确的解法。

（4）在适当的时候，打开“自动尺寸约束”功能，可以提高绘图效率。

3.7.2 由二维图纸生成实体模型

学习目标

- 学习如何使用 2D 数据创建可参数化控制的实体模型。
- 学习如何“添加现有的曲线（Add Existing Curves，）”到激活草图中。
- 学习如何“重新附着（Reattach，）”定位草图到一个新的平面。
- 学习如何使用“自动约束（Automatic Constraint，）”功能添加草图约束。

操作步骤

图 3.98 所示为来自 AutoCAD 的开关底座 2D“三视图”图纸，将这些曲线导入 NX 系统，并利用它们生成三维实体模型，且要满足以下要求：通过控制零件的关键设计变量（直径和总高度）能参数化地控制实体模型的变更。

- 在本项目中，将有选择地排除 2D“三视图”的一些几何对象，并使用草图功能来约束剩余的几何对象。
- 在初始设计时将在同一个平面内创建草图，然后移动草图到正确的投影平面，并利用这些草图生成可参数化控制的实体模型，如图 3.99 所示。

1. 导入其他 CAD 系统的文件

（1）单击按钮，选择“文件类型”为“dxf”，打开文件 Switchbase.dxf。

（2）启动建模环境，在 61 层创建 ACS 原点的基准坐标系。

2. 分别提取三视图曲线并移动到单独的层中

（1）选择【格式】/【移动至层】命令。

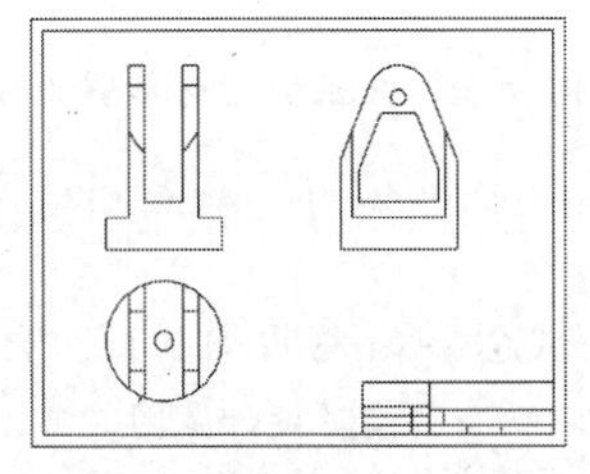

图 3.98　开关底座的二维图纸

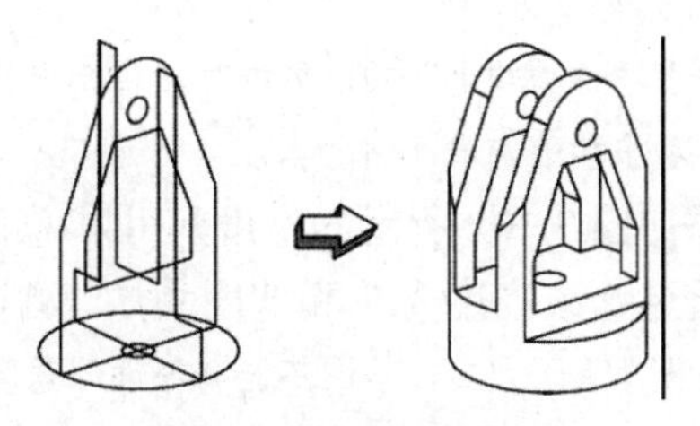

图 3.99　创建实体模型

（2）选择图 3.100（a）所示俯视图的两个圆移动到 21 层。

（3）选择图 3.100（b）所示主视图的封闭轮廓移动到 22 层。

（4）选择图 3.100（c）所示左视图的轮廓曲线移动到 23 层。

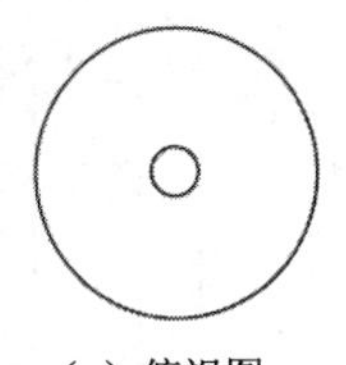

（a）俯视图

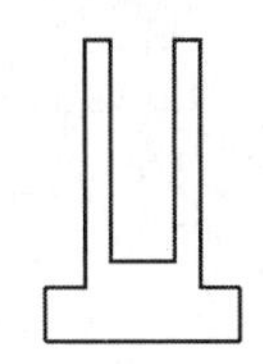

（b）主视图

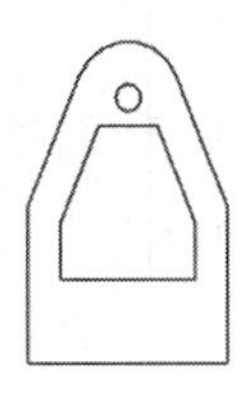

（c）左视图

图 3.100　从三视图中提取曲线

3. 创建并约束俯视轮廓的草图

（1）改变工作图层为 21，并设置 61 层可选择，其他图层为不可见状态。

（2）在 XC-YC 平面上创建名称为“S21_TOP”的草图。

（3）在【草图操作】工具条中单击“添加现有曲线”按钮→选择所有曲线→OK。

“添加现有曲线”功能用于激活草图中添加与当前草图共面或位于与草图平面平行平面内的草图外部曲线，原来曲线将被删除。

（4）选择【首选项】/【草图】命令，设置草图“颜色”为“继承默认设置”。

（5）添加几何约束：两个圆同心，圆心约束到基准坐标系原点。

（6）为外侧圆弧添加一个直径尺寸，输入尺寸值为“dia=3.75”，如图 3.101 所示。

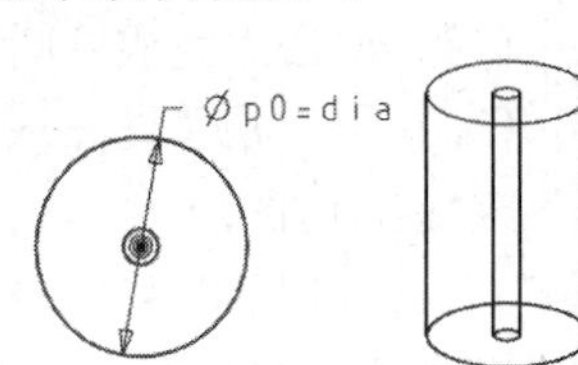

图 3.101　俯视图草图和拉伸实体

（7）单击“完成草图”按钮，退出草图环境。

4. 使用俯视草图创建一个拉伸特征

（1）改变工作层为 1。

（2）在默认的拉伸方向（+ZC）上拉伸草图“S21_TOP”，“起始距离”为“0”，“终止距离”为“h=5.75”。

5. 创建并约束主视图的草图

（1）改变工作图层为 22，设置 61 层可选择，其他图层为不可见状态。

（2）使用与步骤 3 相同的方法，在 XC-YC 平面上创建草图“S22_FRONT”，并将所有提取的“主视图”曲线添加到草图中。

（3）单击“自动约束”按钮，在对话框中勾选“→☑ 水平 ↑☑ 竖直”，单击“OK”

为草图添加所有“水平”、“竖直”约束。

使用“自动约束”功能依据对话框选中的约束类型和几何公差，并根据当前草图曲线的位置关系自动添加选中的几何约束。

（4）添加图 3.102 所示的宽度尺寸和总高度尺寸。

（5）通过修改高度为 7 和宽度为 5，测试草图的约束状态。结果如图 3.103 所示。

当更改表达式后，草图不能满足设计意图而保持对称形状。为了满足设计意图，可以添加一条参考直线作为对称线和添加其他约束。

（6）撤销修改，恢复为初始值（恢复到原图的状态）。

（7）绘制图 3.104 所示的通过两条水平直线中点的“竖直”直线并转化为参考。

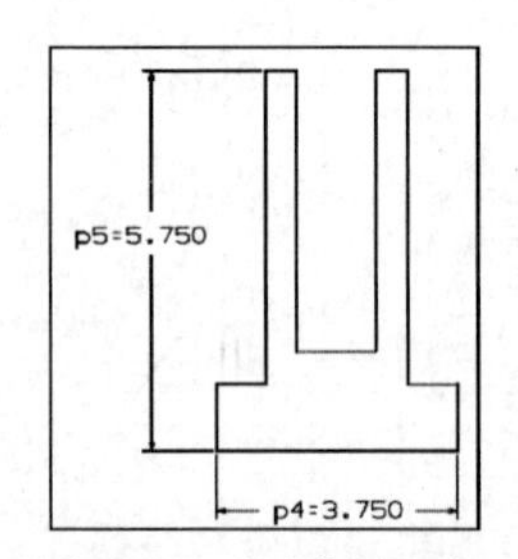

图 3.102　约束草图尺寸

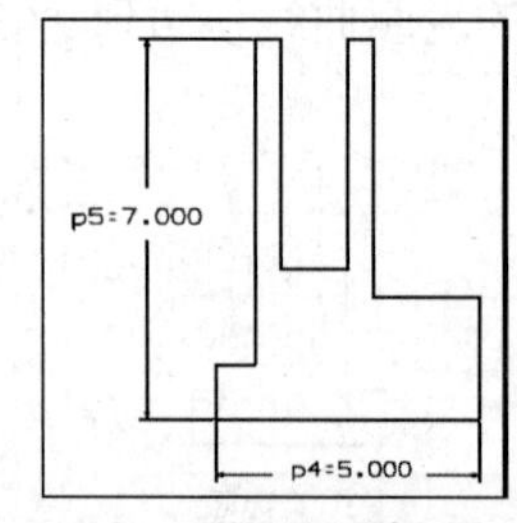

图 3.103　草图更新结果

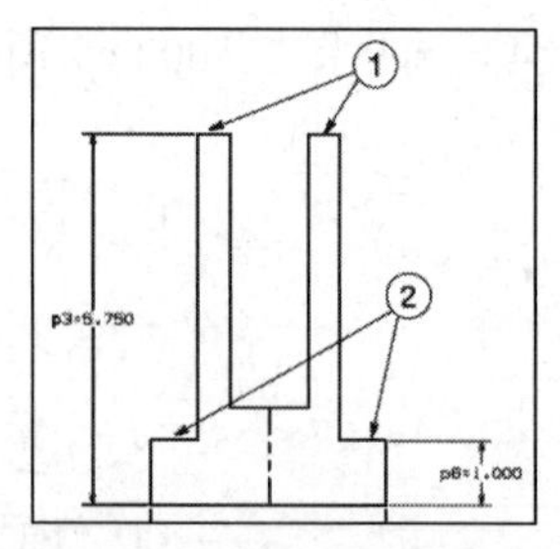

图 3.104　添加中心线和约束

（8）添加图 3.104 所示的新尺寸并分别约束两直线组①和②共线并等长度。

如果在选择曲线的同时按下<Ctrl>，可以一次添加多个约束。

（9）修改草图尺寸：高度=h，宽度=dia。

（10）单击“定位视图到模型”按钮（在【草图编辑器】工具条中添加此按钮）。

（11）单击“重附着”按钮→选择基准 ACS 的 ZC-XC 平面作为新的草图平面→OK。

“重附着”功能用于将草图重新定位到一个新的平面上，并可以重新定义草图参考方向。

（12）定位草图：草图参考直线与 YC 轴共线约束；最下面的直线与 XC 轴共线。

（13）单击“完成草图”按钮。

6. 拉伸主视草图生成实体

改变工作图层为 1。在默认的拉伸方向（YC）上拉伸草图“S22_FRONT”，起始和终止距离均为“贯穿全部对象”，与原实体执行“求交”操作，如图 3.105 所示。

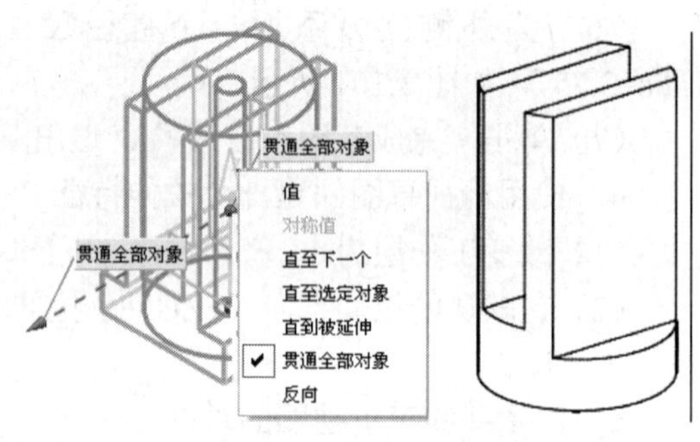

图 3.105　创建拉伸实体

7. 创建并约束左视图的草图

（1）改变工作图层为 23，并设置 1 和 22 层为不可见状态。

（2）使用与步骤 4 相同的方法，在 XC-YC 平面上创建草图“S23_SIDE”，并将所有曲线添加到草图中。

（3）单击“自动约束”按钮→在图形窗口选择所有曲线→确保选中“水平、竖直、相切、平行、等长度、同心”约束→OK（如果未添加相切约束，请手工约束）。

（4）绘制图 3.106 所示的通过 3 条水平直线中点的两条竖直直线并转化为参考。

（5）添加图 3.106 所示的尺寸。

（6）使用同主视图相同的方法将草图重新附着到 ZC-YC 平面上。

（7）定位草图：草图参考直线与 YC 轴“共线”；最下面的直线与 XC 轴“共线”。

（8）草图完全约束。单击“完成草图”按钮。

8. 拉伸左视图草图生成实体

改变工作图层为 1。在默认的拉伸方向（XC）上拉伸草图“S23_SIDE”，起始和终止距离为“贯穿全部对象”，与原实体执行“求交”操作，结果如图 3.107 所示。

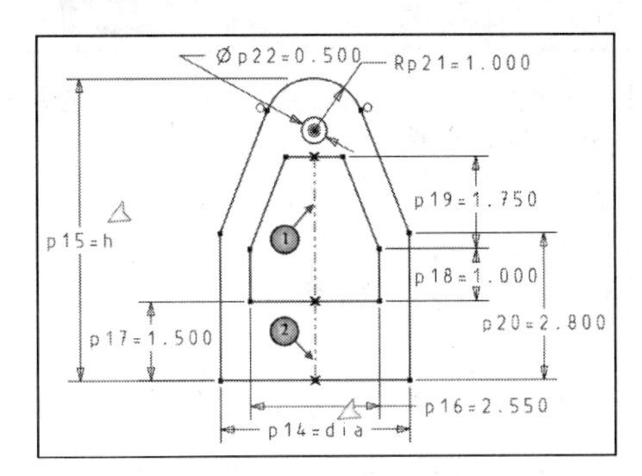

图 3.106　完全约束草图

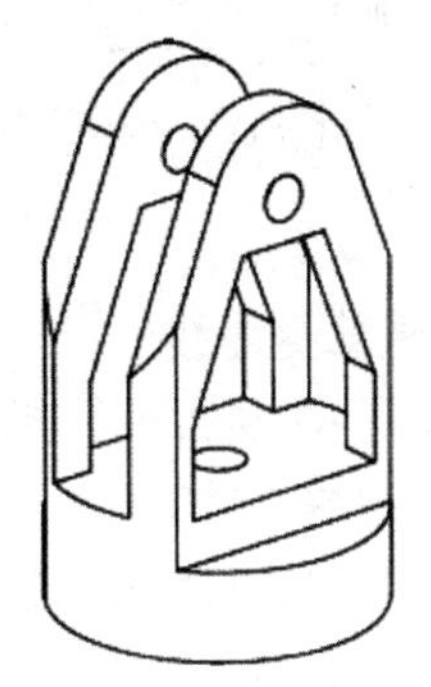

图 3.107　创建拉伸实体

9. 通过编辑表达式来修改实体模型

选择【工具】/【表达式】命令，修改参数“dia=3.25，h=6.25”。查看模型的更新情况。

3.7.3　草图应用范例——瓶子的改形设计

学习目标

- 学习利用“相交”捕获与模型的关联点并综合运用草图的相关知识。
- 学习利用特征重排序操作将草图排在需要控制的特征之前。
- 学习如何为已有的特征添加定义线。

操作步骤

- 在本范例中，已经设计好的瓶子零件需要更多的剖面来参数化控制中间的现状(基准平面位置)，如图 3.108 所示。
- 使用草图参数化定义中间剖面，并将它添加到特征定义线中，以满足设计意图。

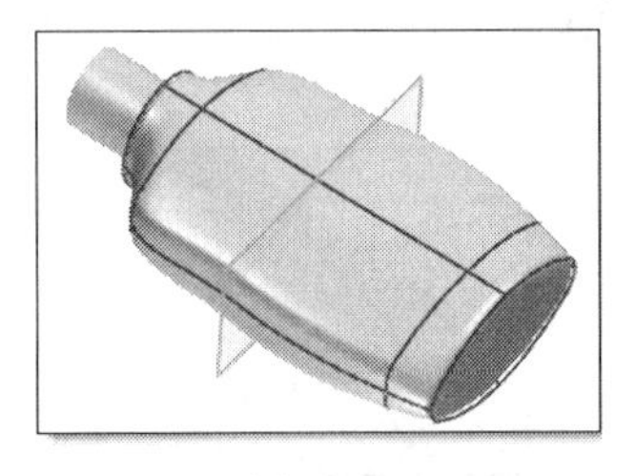

图 3.108

1. 创建草图

（1）打开部件 Bottle.prt，启动建模环境。

（2）使用“部件导航器”和“特征回放”功能检查建模过程。

瓶子的建模过程为：创建一系列相关的草图→使用草图定义“过曲线网格”自由形状特征→在零件的顶部添加“圆台”→添加一些边倒圆→“抽壳”实体。

（3）工作层=21。按照图 3.109 所示的步骤，在瓶子中间基准平面上创建一个名称为“MID_SECTION”的草图。

（a）选择草图平面

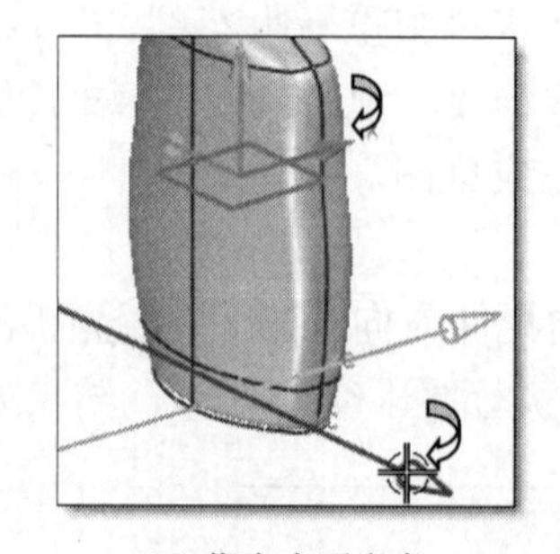

（b）指定水平参考

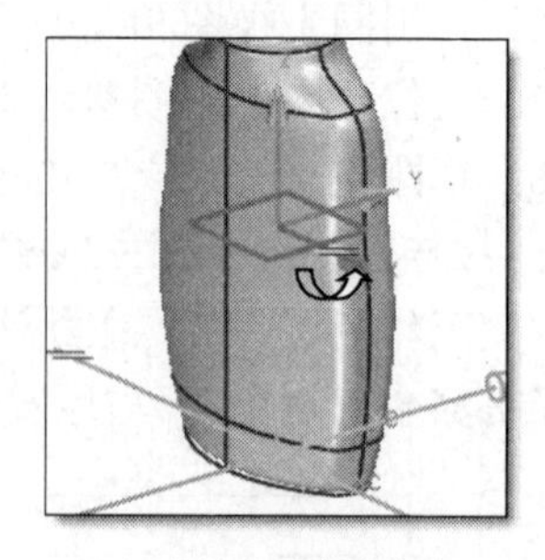

（c）确认水平参考方向

图 3.109 指定草图平面和水平参考

2. 创建草图曲线

（1）设置 62 层为可选择层，其他所有层状态为不可见状态。

（2）绘制图 3.110 所示的矩形。

（3）绘制图 3.111 所示的两条“三点”圆弧，确保能够捕捉到图中所示的相切约束。

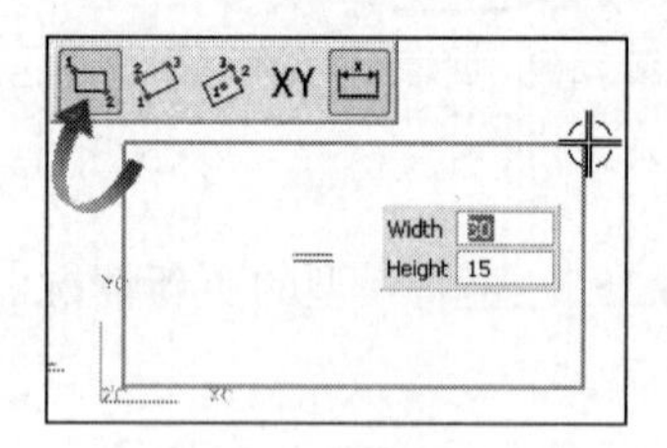

图 3.110 绘制矩形

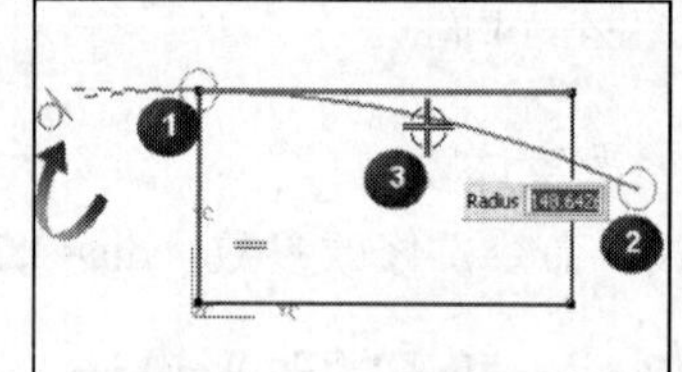

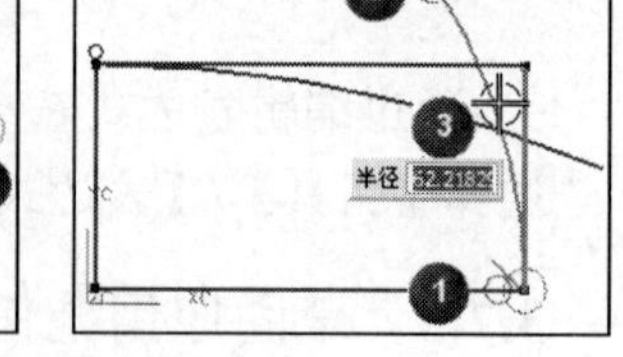

图 3.111 绘制三点圆弧

（4）创建图 3.112 所示草图倒圆角，半径大约为 5。

3. 显示/移除约束符号

（1）在草图约束工具条上单击“显示所有约束”按钮，检查草图的约束条件。

如果草图曲线显示太小，某些约束符号可能不显示，这时可以放大这些区域。另外可以在【首选项】/【草图】对话框中关掉“动态约束显示”选项以强制显示所有约束符号。

（2）删除草图创建过程中捕捉的不需要约束。如图 3.113 所示，假设创建圆角时不小心捕捉了与底部水平直线相切，则需要删除它。

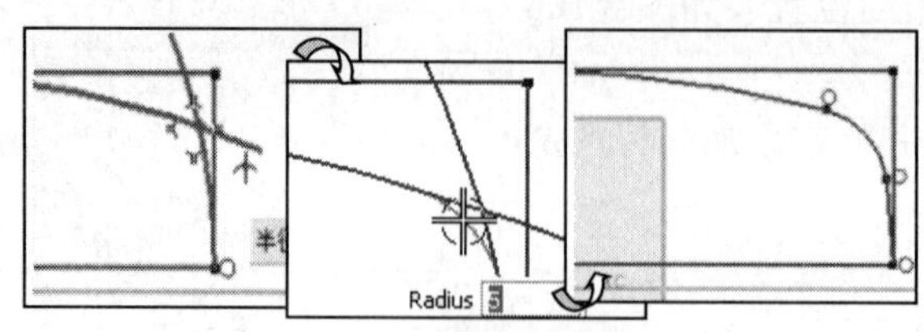

图 3.112 草图倒圆角

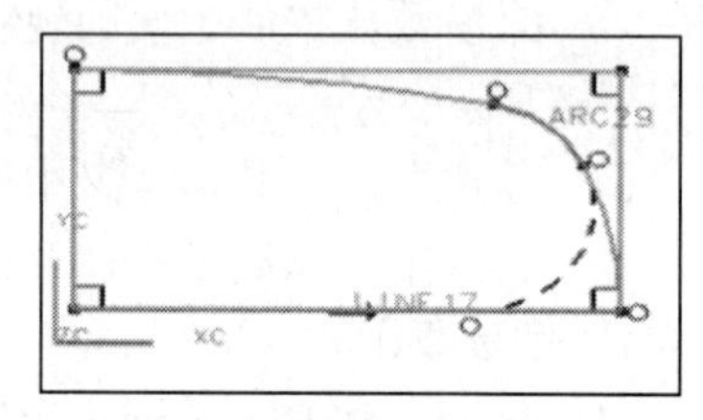

图 3.113 删除多余的几何约束

4. 添加外部对象与草图的“交点”

（1）设置 26 和 27 层为可选择层。

（2）在【草图操作】工具条中单击“相交”按钮。

（3）按照图 3.114 所示，分别选择“曲线 1”和“曲线 2”，得到“交点 1”和“交点 2”。

5. 添加草图“重合”约束

设置 26 层为不可见状态。添加底部水平直线右侧端点和“交点 1”的“重合”约束；添加左侧竖直直线上端点和“交点 2”的“重合”约束，如图 3.115 所示。

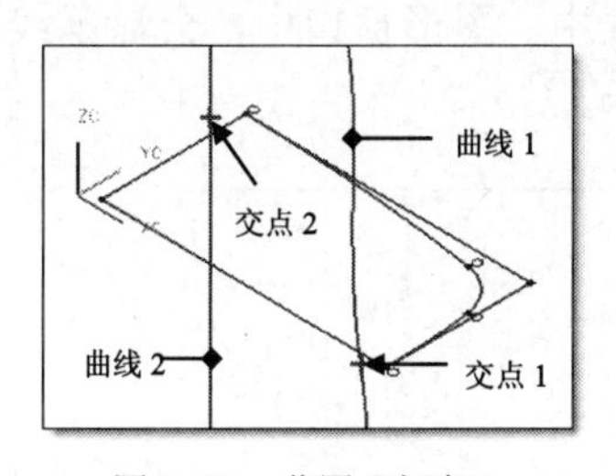

图 3.114 草图“相交”

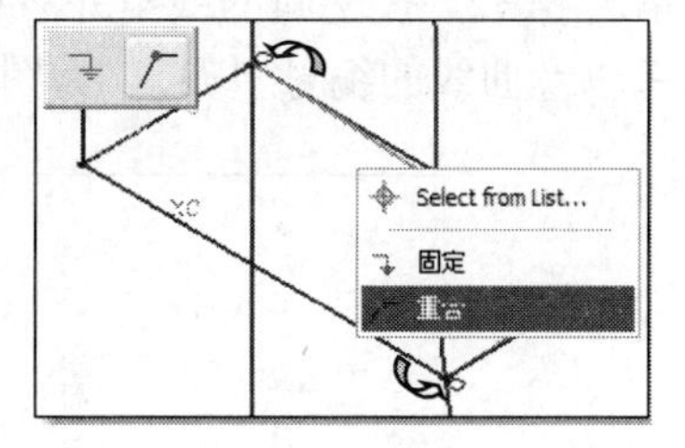

图 3.115 添加“重合”约束

6. 添加草图尺寸约束

选择自动判断的尺寸约束按钮，标注 3 段圆弧的半径，如图 3.116 所示。

7. 镜像草图并完成草图

（1）单击“镜像”按钮，选择下面水平直线作为对称轴，对 3 段圆弧镜像；同理，使用左边的竖直直线作为对称轴，对所有圆弧镜像，结果如图 3.117 所示。

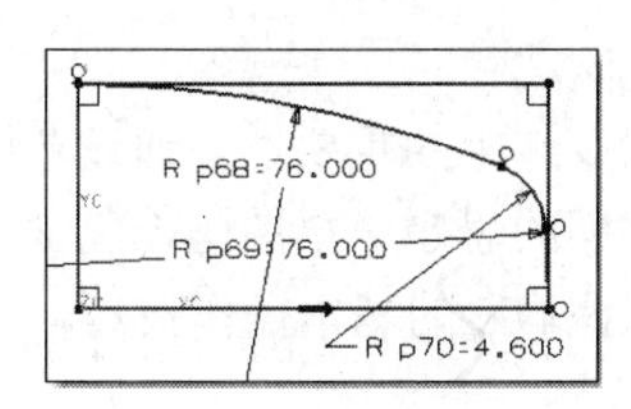

图 3.116 标注尺寸

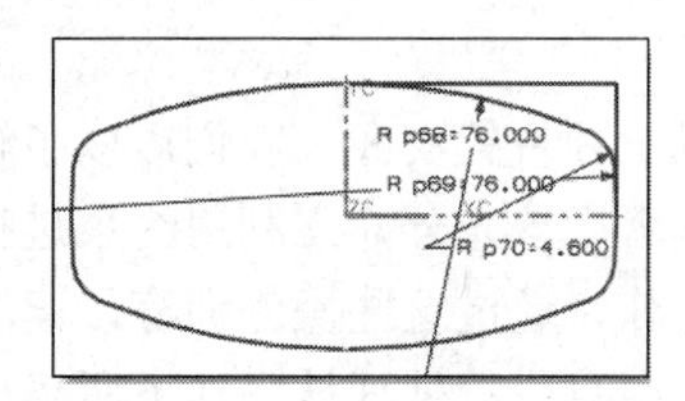

图 3.117 镜像草图

（2）转化矩形的其他直线到参考曲线。单击按钮，退出草图编辑环境。

8. 重排序草图特征

如果使用新草图来辅助定义瓶子的外形，那么草图的时序必须排在“通过曲线网格”特征之前。因为本例草图在该特征之后产生，所以需要重新排序这些特征。

（1）打开部件导航器，在任意空白处单击 MB3，检查 时间戳记次序 选项，必须勾选。

（2）将光标置于节点 Through Curve Mesh (17) 之上，按住 MB1 拖动此节点到新建草图节点 Sketch (22) "MID_SECTION" 的后面，当出现插入符号时，释放 MB1，如图 3.118 所示。

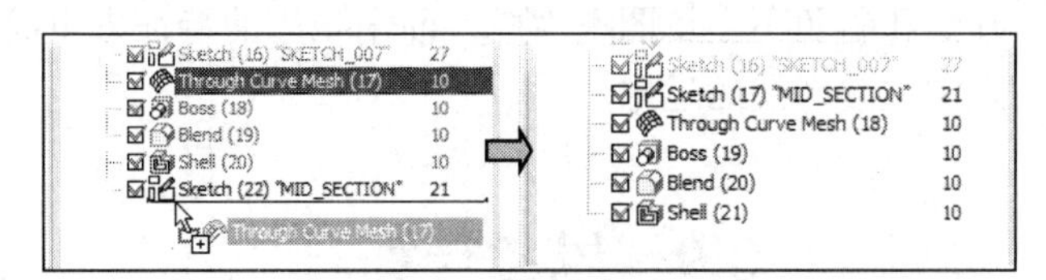

图 3.118 特征重排序

9. 添加定义线串到通过曲线网格（Through Curve Mesh）特征

（1）工作层=10，设置 21 和 23 层为可选择层，其他层为不可见状态。

（2）在部件导航器中，双击 Through Curve Mesh (18)。

（3）确保在对话框中“主线串”按钮被高亮。

（4）在“主线串”列表框中选中“Primary 3（String）”，单击“在之前插入”按钮。

（5）确保选择意图为“相切曲线”，选择图 3.119（a）所示的直线，注意一定要选择靠近与交叉线串的交点处。

（6）单击 MB2，接受新的线串并添加到主线串列表中。图形窗口中，会显示线串的起点和方向箭头以及曲线的编号“#3”，如图 3.119（b）所示。

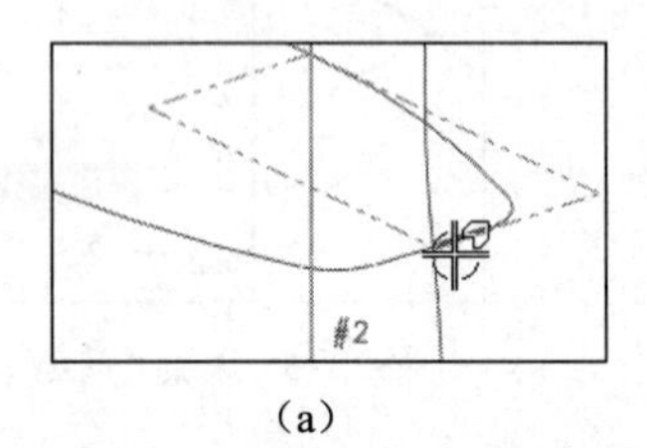

（a）

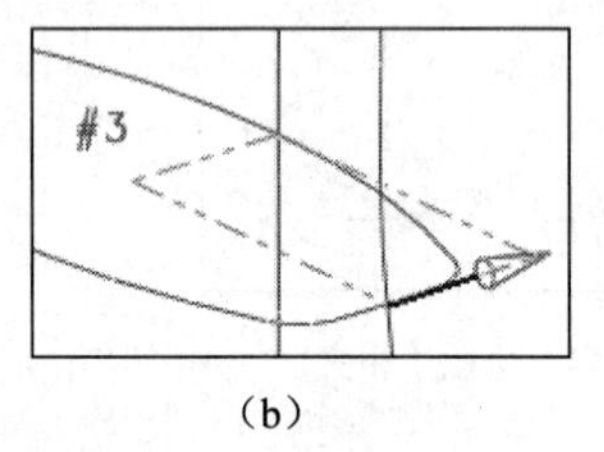

（b）

图 3.119　添加定义线串

（7）单击按钮 确定，完成零件的更新。

3.8　本章小结

通过以上项目的实践，我们可以了解草图在参数化设计中的重要性。通过草图部分内容的学习，读者应该充分建立利用约束进行相关参数化建模的思想。草图操作包含 NX 许多重要的基本操作，通过这些操作训练，读者可以更好地掌握 NX 的基本操作技巧。

对于复杂草图的处理技巧如下所述。

（1）每个草图尽可能简单，也可以将一个复杂草图分解为若干简单草图。其目的是：便于约束，便于修改。

（2）每一个草图置于单独的层（Layer）里。其目的是：便于管理（Layer 21 to 40）。

（3）对于比较复杂的草图，最好避免“构造完所有的曲线，然后再加约束”，这会增加全约束的难度。一般的过程如下：

- 创建第一条主要曲线，然后施加约束，同时修改尺寸至设计值；
- 按设计意图创建其他曲线，但每创建一条或几条曲线，应随之施加约束，同时修改尺寸至设计值。这种建几条曲线然后施加约束的过程，可减少过约束、约束矛盾等错误。

（4）一般情况下圆角和斜角不在草图里生成，而用相应的特征来生成。

（5）在草图中注意定位参考线的运用。

3.9　思考与练习

1．概念题

（1）什么是草图？在什么环境可以启动草图环境？什么时候需要使用草图？

（2）草图与基于草图生成的任何特征之间有什么关系？

（3）在草图环境，草图生成器工具条中提供了哪两种视图方位？

（4）当你选择草图图标启动草图环境，并直接选择 OK 时，会发生什么？

（5）必须使用完全约束的草图来创建特征吗？

（6）哪一个功能可以控制创建草图曲线时自动标注尺寸？如何进行？

（7）在草图中，草图可能会欠约束、完全约束、过约束和冲突约束，如何识别这些约束状态？

（8）草图环境中，有哪些工具可以建立草图与外部对象的关联？

（9）草图自由度箭头有什么作用？

（10）激活一个已经存在的草图有哪些方式？请操作说明。

2. 操作题

（1）完成下面两个草图的绘制，并根据想象，利用拉伸的方法创建三维模型（更多的草图绘制练习参考配套光盘中的相关课件部分）。

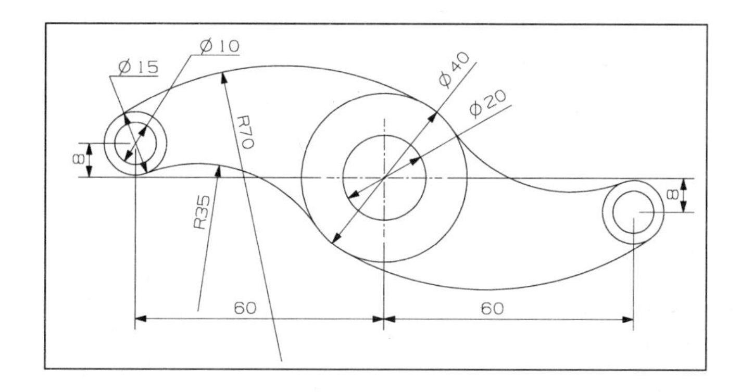

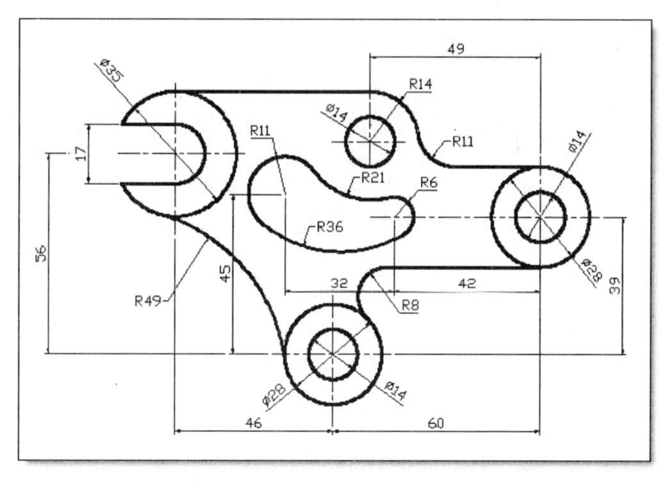

图 3.120　题（1）图

（2）根据要求绘制草图。绘制图 3.123（a）所示的草图轮廓。然后完全约束草图，要求当尺寸 35 更改为 52.5 和 15 时，草图更新为图 3.123（b）和（c）。

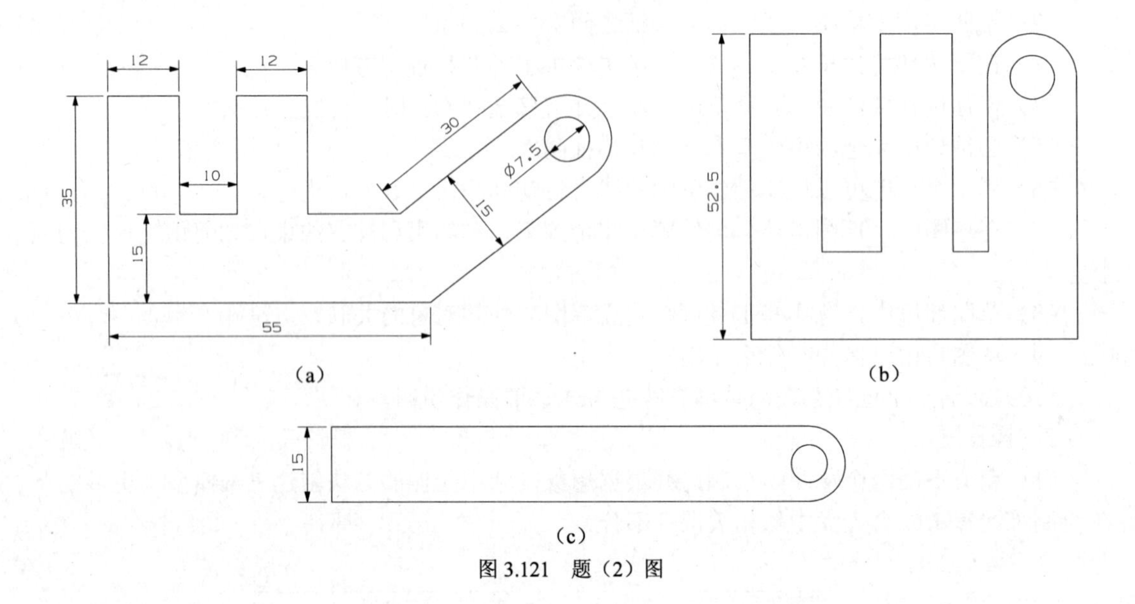

图 3.121 题（2）图

第 4 章　实体建模基础与范例

本章主要对 NX 的特征建模系统作一个全面的概述，包括建模的基础知识，常用建模指令以及模型的编辑方法等。

【教学目标】全面了解 NX 的特征建模系统；熟悉常用建模指令的基本用法；掌握使用部件导航器进行模型编辑的方法；学习实体建模的思路。

【知识要点】本章的知识要点包括：

- ❑ 特征建模系统概述和常用特征建模的命令介绍；
- ❑ 部件的管理与编辑工具——部件导航器；
- ❑ 实体建模的思路与一般过程。

4.1　NX 建模系统概述

NX 提供了一个基于特征的建模系统。设计者可通过定义设计中不同部件间的数学关系，将设计需求和设计约束结合在一起。基于特征的实体建模和编辑功能，设计者可以直接编辑实体特征的尺寸，或通过使用其他几何编辑和构造技巧，改变和更新实体模型。

在进行设计之前应该首先了解 NX 建模系统的术语。

（1）特征（Feature）：特征是指具有相似属性和定义方法的一类对象，它们以参数化进行存储，且具有关联性。模型是由特征构成的，特征在模型中保留生成和修改的顺序。因此，我们可以获取特征的历史记录，还能重新调用创建过程所用的输入和操作。

（2）其他建模通用术语：在建模的过程中，经常需要使用其他一些术语，列于表 4.1 中。

表 4.1　　其他建模通用术语

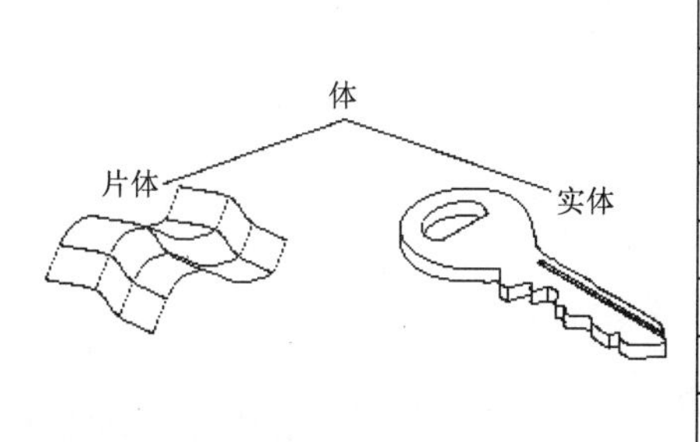

术　语	说　明
体（Body）	包含实体和片体的一类对象
实体（Solid）	围成立体的面和边的集合
片体（Sheet）	没有围成立体的一个或多个面的集合
面（Face）	由边围成的体的外表区域
边（Edge）	围成体的外表区域的边界曲线
剖面曲线（Section Curves）	将要扫描生成体的曲线
引导曲线（Guide Curves）	定义扫描特征的路径

NX 的特征建模功能主要包括成型特征、自由曲面特征和特征操作。进一步的细分方法

可以参阅 NX 建模环境的【插入】菜单。本节主要介绍 NX 的主要特征类型（见图 4.1），目的在于使用户熟悉 NX 的建模环境和各种建模功能。读者可以根据配套素材中的练习文件和操作提示进行练习。

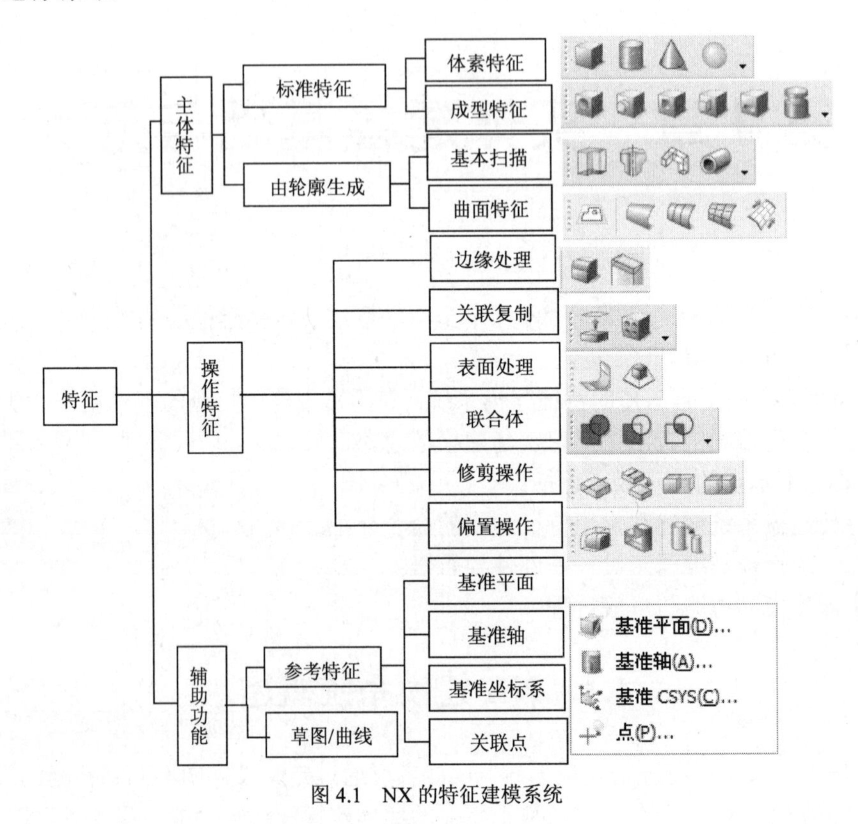

图 4.1　NX 的特征建模系统

4.2　用于标准形状建模的特征

学习目标

- 学习熟练使用体素特征和标准成型特征进行具有标准形状零件的建模。
- 学习应用各种定位方法完成成型特征在实体上的定位。
- 学习通过“重新附着”功能改变成型特征的设计意图。

相关知识

NX 使用体素特征和标准成型特征来构建具有标准外形的实体特征，这类特征的特点是不需要构造草图或曲线，而是直接通过输入参数构建三维实体模型。

1. 体素特征

体素特征（Primitive Feature）包括长方体（Block）、圆柱体（Cylinder）、圆锥体（Cone）和球体（Sphere），如图 4.2 所示。体素特征是以工作坐标系和模型空间点进行定位的，不能与其他几何体建立关联，因此，一般建议体素特征只用于构建简单零件的第一个特征。

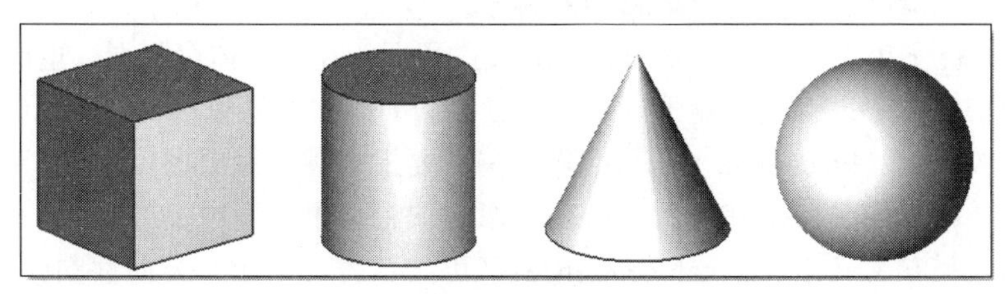

图 4.2　体素特征

2. 标准成型特征

标准成型（Standard Formfeature）特征包括孔（Hole）、圆台（Boss）、腔体（Pocket）、凸垫（Pad）、键槽（Slot）、沟槽（Groove）等功能，如图 4.3 所示。

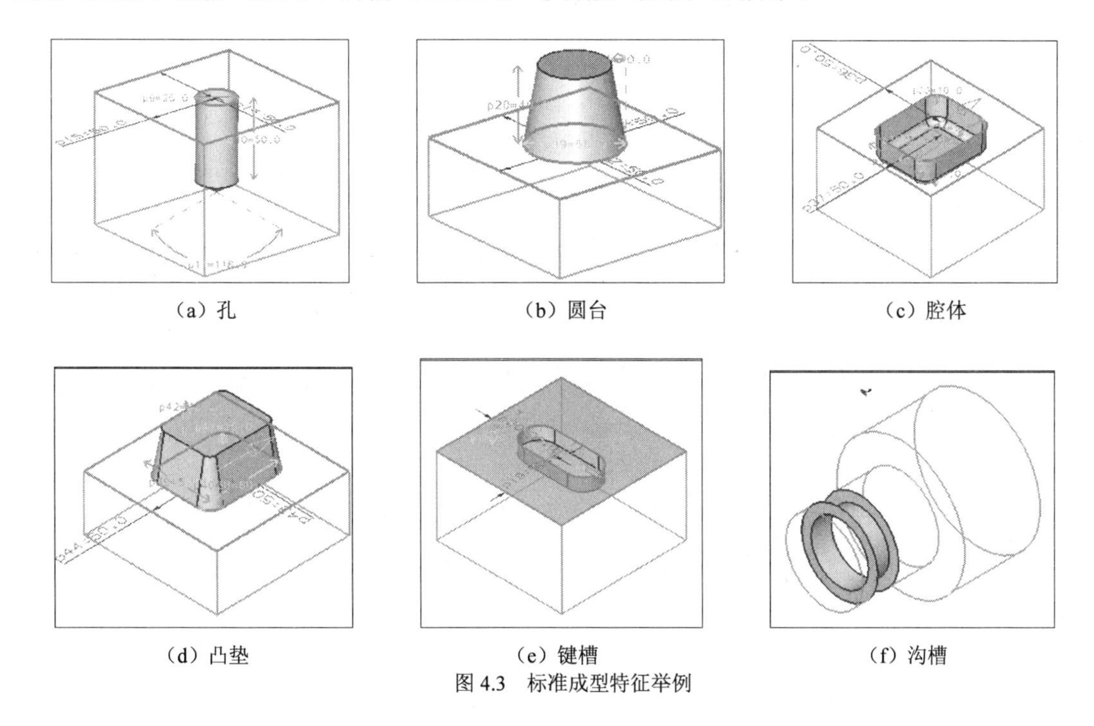

（a）孔　（b）圆台　（c）腔体

（d）凸垫　（e）键槽　（f）沟槽

图 4.3　标准成型特征举例

这一类特征是具有标准形状、可定位的成型特征，一般具有以下特性。

（1）成型特征模拟机械加工过程，用于在已有实体上添加或移除材料，不能创建新实体。

（2）绝大多数成型特征需要指定平的放置面，此平面同时用于测量高度（深度）尺寸，并作为“定位”的投影平面。如果没有平表面可以选择，可以创建相关基准平面作为辅助放置面。特征是垂直于放置面建立的，并且与放置面关联。

（3）某些具有方向性的成型特征需要定义水平参考，如矩形腔体、矩形凸垫、键槽等。

（4）一般需要使用“定位（Position）”功能进行特征相关定位。如果缺少定位基准，可以创建基准特征进行辅助定位。

3. 标准成型特征的通用创建步骤

（1）选择特征类型：。

（2）选择特征子类型：如孔有简单孔、沉头孔和埋头孔；腔体有圆形、矩形和一般腔体；凸垫有矩形和一般凸垫；键槽有矩形、球形、U 型、T 型、燕尾槽等。

（3）选择放置面（Placement Face）：除沟槽需要指定圆柱面或圆锥面、一般腔体和一般凸垫可以指定任意表面之外，其他所有特征类型必须指定平表面或基准平面。

（4）选择水平参考（Horizontal Reference）（可选步骤，用于有方向性的成型特征）。

（5）选择通过面（Thru Face）（可选步骤，仅用于通孔和通槽）。

（6）输入特征参数值。

（7）定位特征（可选步骤）。

4. 定位方法

特征的定位方法主要包括以下几种类型。

（1）“水平（Horizontal）”和“竖直（Vertical）”：只能标注水平/竖直方向的定位尺寸。如果之前没有指定水平参考，在使用这两种定位方法之前必须首先指定水平参考。

（2）“平行（Parallel）”和“点到点（Point Onto Point）”：“平行”用于标注两个点之间的距离；如果两点之间距离为 0，还可以使用“点到点”方式。此两种方法常用于定位孔和圆台的中心。

（3）“垂直（Perpendicular）”和“点到线（Point Onto Line）”：“垂直”用于标注点到直线的最短距离；如果点到直线的距离为 0，还可以使用“点到线”方式。此两种方法也常用于定位孔和圆台的中心。

（4）“平行距离（Parallel At A Distance）”和“直线到直线（Line Onto Line）”：“平行距离”用于标注两条平行直线之间的距离；当两条直线重合时，还可以使用“直线到直线”方式。此两种方法常用于定位矩形腔/凸垫和键槽。

（5）“角度（Angular）”：“角度”用于标注两条直线基准之间的夹角。

在对放置面为平面的标准成型特征进行定位时，需要注意以下几点。

- 特征定位必须首先选择目标体上的定位基准，然后选择工具体上的定位基准。
- 所选的目标定位基准会首先向放置面内投影，然后测量距离。
- 当现有目标实体无法找到定位基准时，通常会创建相关基准平面进行辅助定位。
- 对于孔和圆台系统已经默认选中中心点作为工具定位基准。
- 对于矩形腔/凸垫和键槽已经默认创建两条中心线，可以选作定位基准。
- 当选择基准平面作为放置面时，特征会在基准平面中心处产生，有时可以省略一些定位操作。

操作步骤

- 利用体素特征和标准成型特征完成图 4.4（a）所示零件的实体建模。注意仅在建模的初始使用体素，某些成型特征可能需要基准平面的辅助。
- 改变孔的设计意图：更改孔的类型和重新附着孔，如图 4.4（b）所示。

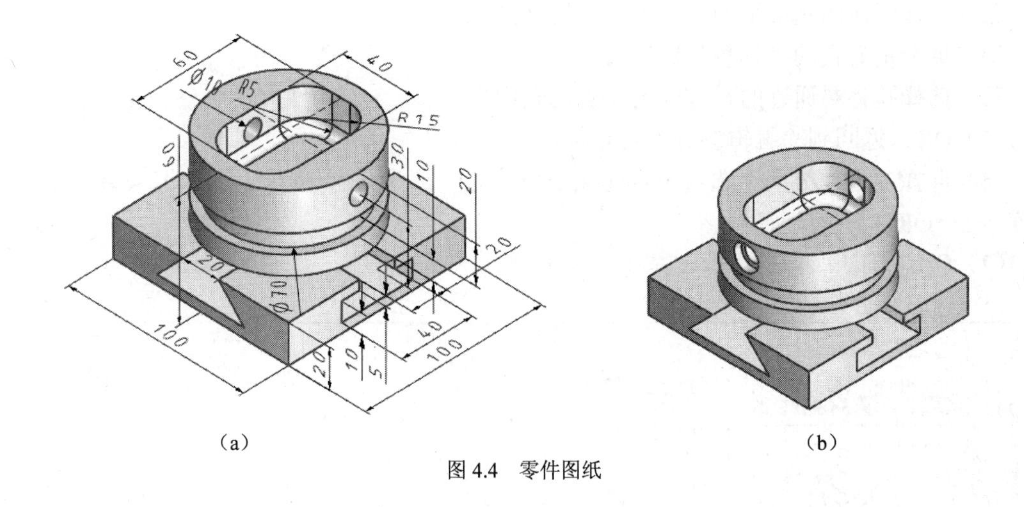

（a）　　　　　　　　　　（b）

图 4.4　零件图纸

1. 零件建模

按照图 4.5 所示的步骤完成零件的建模。

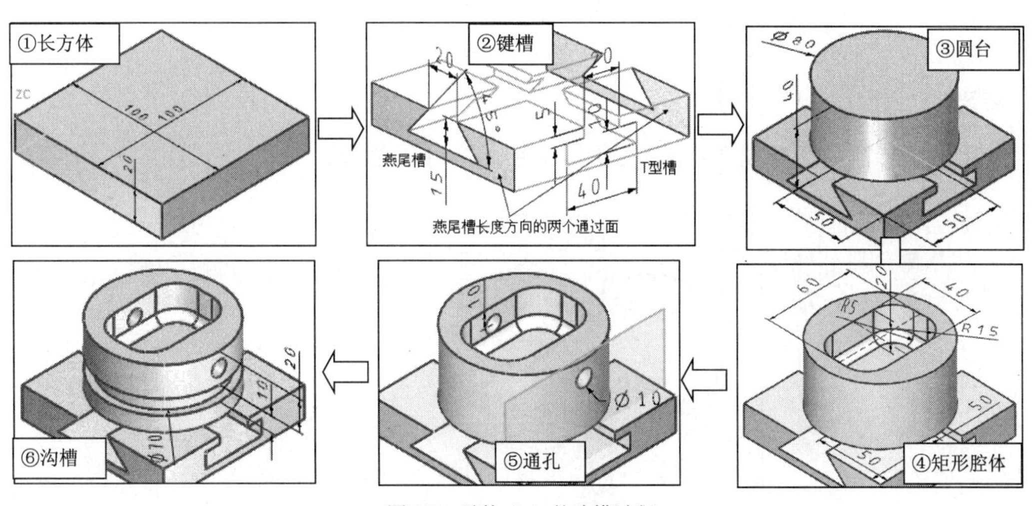

图 4.5　零件（a）的建模过程

2. 编辑特征参数以改变设计意图

（1）创建孔的新放置面：选择“基准平面”→分别选择图 4.6 所示的圆柱面和长方体的侧面，自动判断一个相关基准平面，在预览过程中需要切换“备选解”，直到显示正确的基准平面。

（2）打开部件导航器，切换到“按时间顺序”显示模式，拖动新建的基准平面节点到“Simple Hole”的前面。

（3）预选“孔”并双击 MB1，系统启动“回滚编辑”模式。

（4）在“编辑参数”对话框中选择“重新附着”，按照图 4.7 所示的步骤完成以下操作：

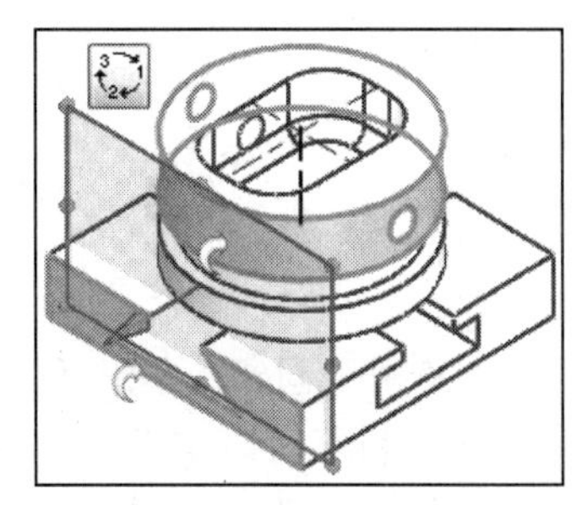

图 4.6　创建相关基准平面

- ❑ 选择新建的基准平面作为新的放置面。
- ❑ 重新定义孔的“垂直”定位尺寸。
- ❑ 选择孔将要通过的长方体另一侧的表面。

（5）OK，返回到“编辑参数”对话框。

（6）选择“更改类型”选项→将孔类型更改为“沉头孔”→OK→输入沉头直径为 15，深度为 5→OK。

（7）OK，确认所做的更改，系统更新模型。

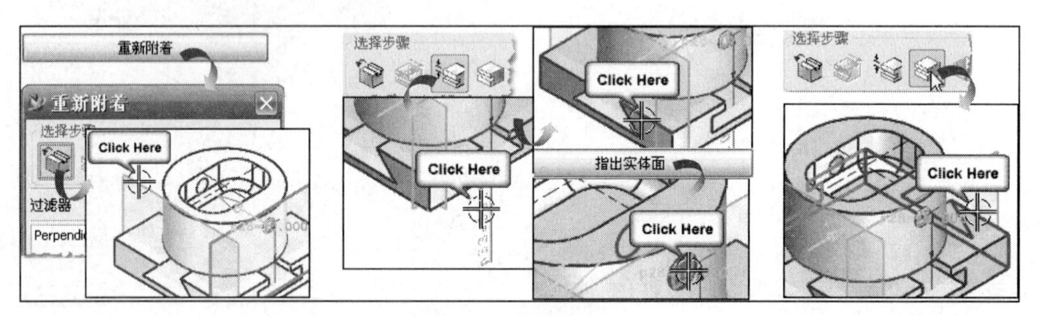

图 4.7　重新附着孔

练习

使用体素特征与标准成型特征完成图 4.8 所示零件的建模。

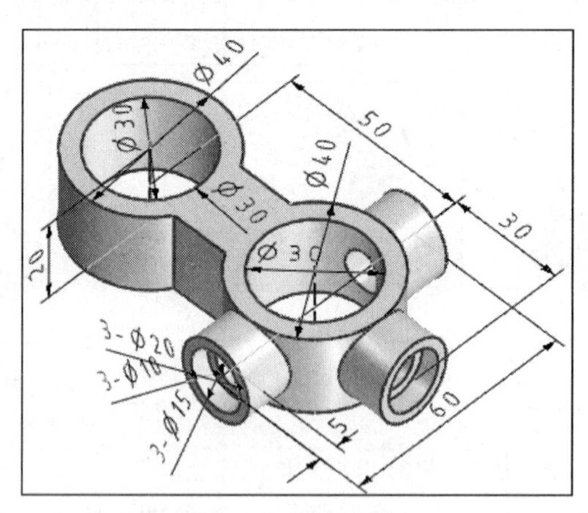

图 4.8　相关练习图纸

4.3　由 2D 轮廓生成特征——基本扫描

NX 用于创建基本形体的扫描特征包括拉伸、旋转、沿导线扫描和管道，如图 4.9 所示。基本扫描特征可以定义零件的根特征，这时需要定义草图作为剖面。扫描特征也可以用于从实体上添加或移除材料，这时需要为它们指定布尔操作选项。

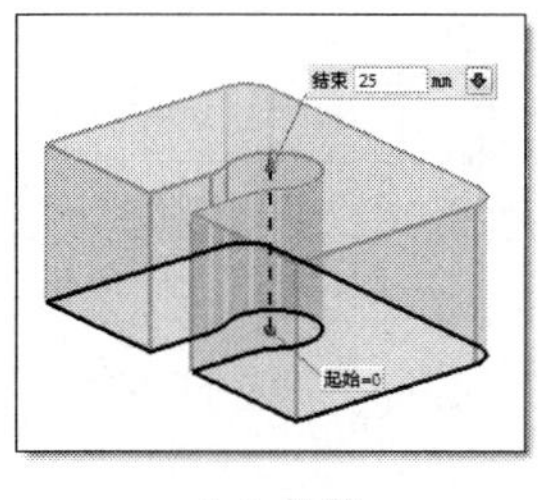

（a）拉伸

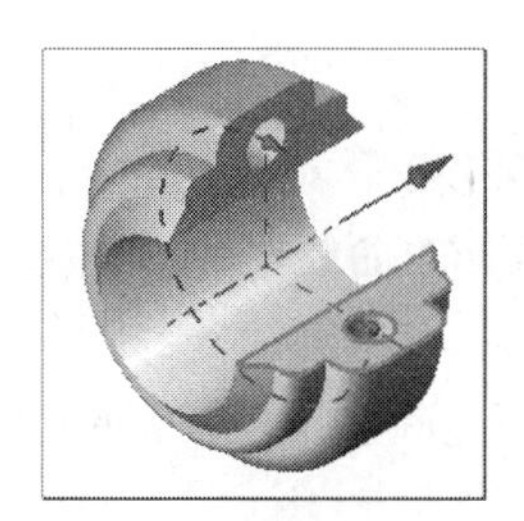

（b）旋转

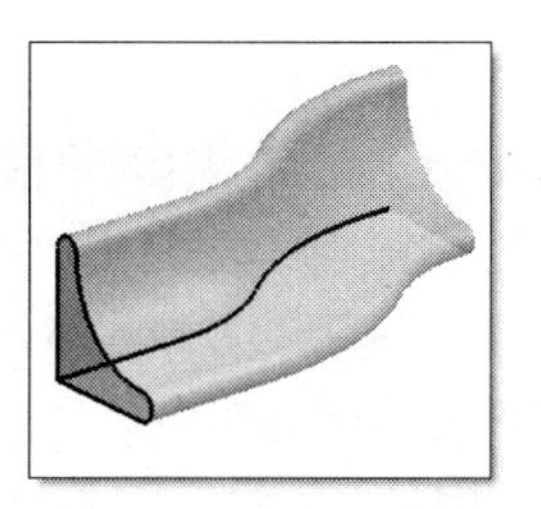

（c）沿导线扫描

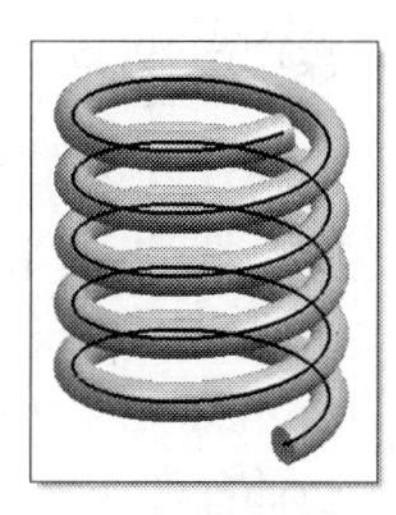

（d）管道

图 4.9　基本扫描特征

4.3.1　拉伸

学习目标

- 学习“拉伸”（Extrude，）的基本功能、应用场合以及创建和编辑“拉伸”的步骤。
- 复习“选择意图”工具中“曲线/边”的选择意图规则。

相关知识

拉伸是将一个剖面沿指定方向进行扫描而获得形体的功能。拉伸参数包括：限制（Limit）、偏置（Offset）和拔模（Draft）。在创建过程中，系统显示拉伸预览和动态操作选项，列于表 4.2 中。在拉伸预览的不同对象上单击 MB3 可以启动弹出菜单执行快捷操作，如图 4.10 所示。

表 4.2　　　拉伸的参数与动态手柄

参　数	含　义
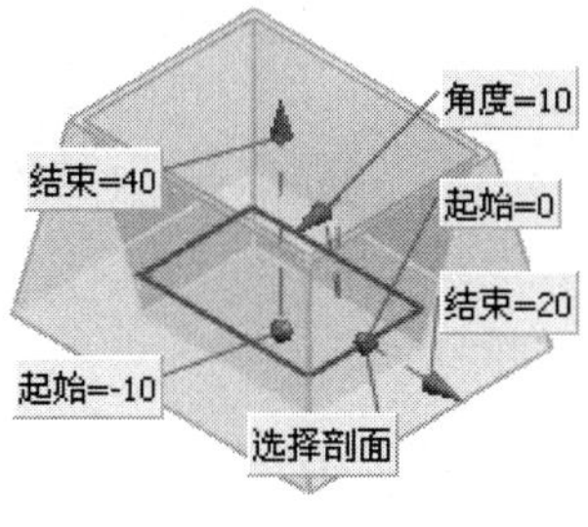 起始限制	用于在拉伸方向上定义拉伸构造方法和限制范围。包括输入参数、对称值、修剪到已有的对象、贯穿全部对象等方式
结束限制	
起始偏置	在剖面所在平面上进行偏置。包括双边、单边和对称 3 种偏置方式，默认为双边偏置
结束偏置	
拔模角度	用于为拉伸体的侧面添加拔模斜度特性
选择剖面	拉伸剖面可以是任何的曲线和边缘
布尔操作	当模型中存在其他实体时，可以执行选定的布尔操作。当存在多个实体时，需要手工选择布尔操作的目标体

（表左侧图示标注：角度=10，结束=40，起始=0，结束=20，起始=-10，选择剖面）

（a）在拉伸预览上

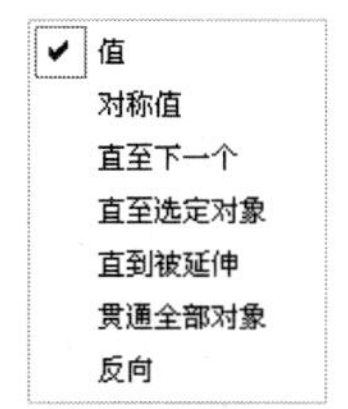

（b）在限制手柄上

（c）在偏置手柄上

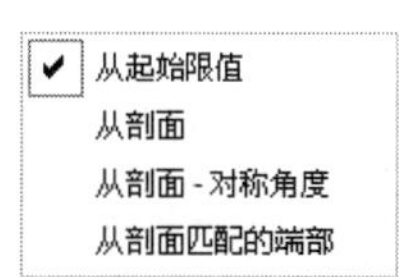

（d）在拔模角手柄上

图 4.10　拉伸的 MB3 菜单

操作步骤

（1）打开文件 Extrude_limit，启动建模环境。

（2）选择“拉伸”按钮→选择图中的开放曲线→设置“起始距离=0，终止距离=50”→单击“应用”按钮，拉伸结果为一片体。

（3）选中图中的封闭轮廓→单击“反向”按钮，使拉伸方向指向刚刚完成的片体→在动态拉伸箭头上单击 MB3→选择“直到下一个”→OK。

（4）使图层 2 为可选择层。双击上一步完成的拉伸特征，启动“回滚编辑”模式，设置拉伸“结束”为“值”，然后再重新切换到“直到下一个”，观察拉伸的结果，如图 4.11（a）所示。

（5）使图层 3 为可选择层。重新启动拉伸编辑模式，设置拉伸“起始”为“直到下一个”，观察拉伸的结果，如图 4.11（b）所示。

（6）使图层 4 为可选择层。重新启动拉伸编辑模式，设置拉伸“起始”为“直到选定对象”，然后选择实体的圆弧面，如图 4.11（c）所示，系统提示“无法修剪”。重新设置为“直到被延伸”，如图 4.11（d）所示。

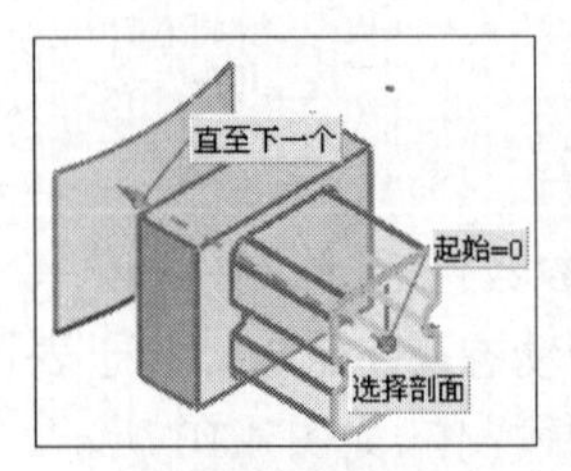

（a）拉伸直至下一个

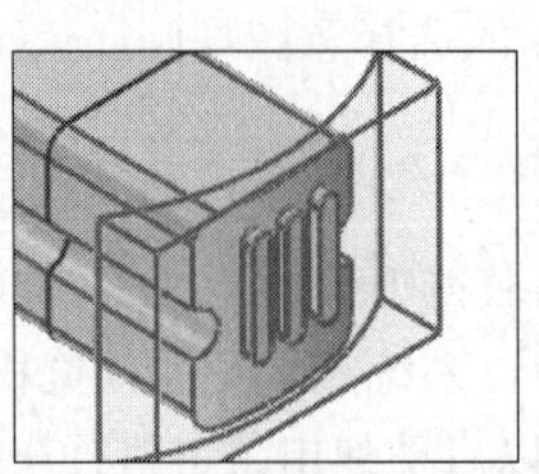
（b）拉伸直至下一个

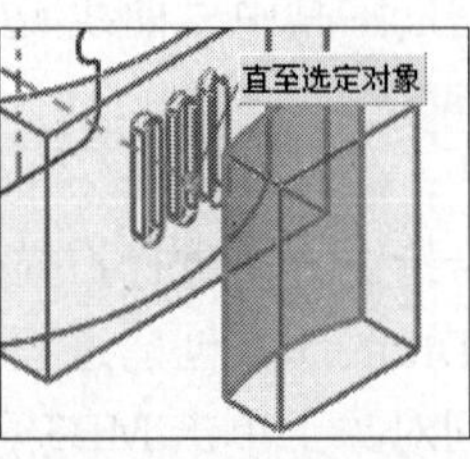

（c）拉伸直至选定对象

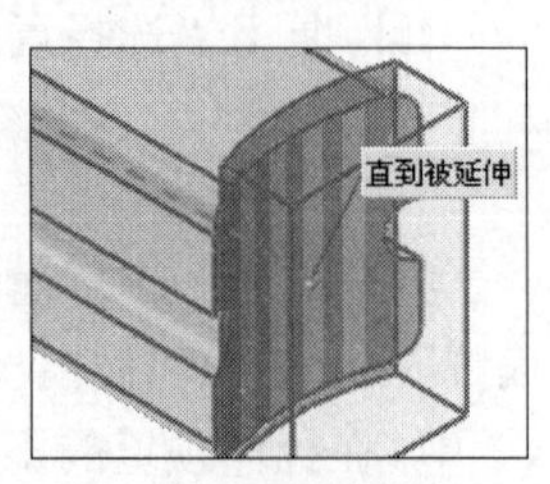

（d）拉伸直到被延伸

图 4.11　拉伸的限制

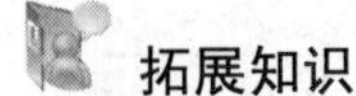

拓展知识

1. 带“偏置”的拉伸

“偏置”的主要目的是为了获得等壁厚的壳体。拉伸偏置的方式包括：双向偏置、对称偏置和单向偏置，分别如图 4.12 所示。

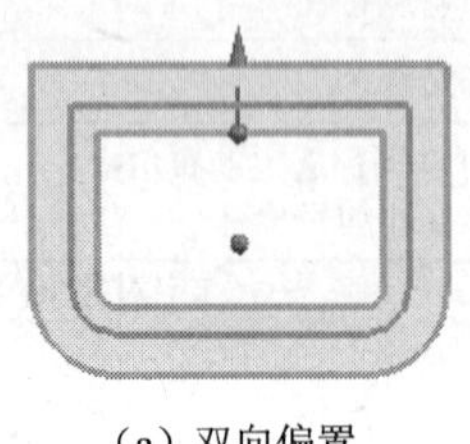
（a）双向偏置

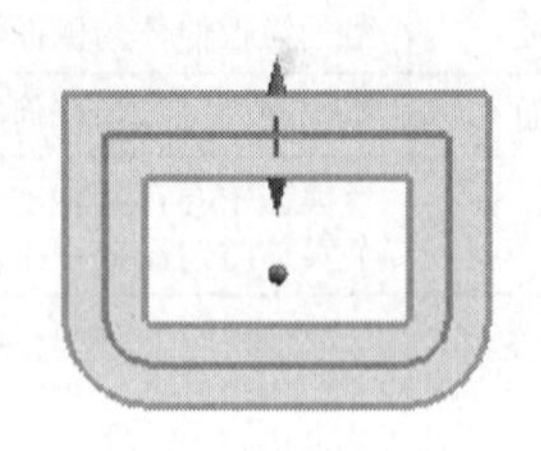
（b）对称偏置

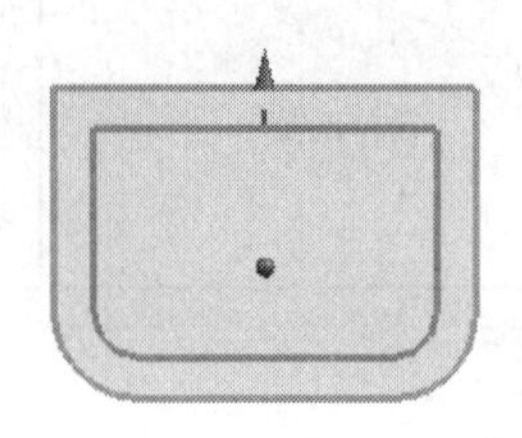
（c）单向偏置

图 4.12　拉伸“偏置”选项

2. 带“拔模”的拉伸

允许为拉伸体的侧面指定拔模斜度。需要注意的是，当拉伸的“起始”位置和剖面不重合时，需要指定拔模的固定基准位置为“从起始位置（Simple from Start）”或“从剖面（Simple from Profile）”，如图 4.13（a）、（b）所示；当拉伸的两个限制分别位于剖面的两侧时，还可以选择“对称拔模（Symmetric）”或“匹配端面“Matched Ends）”，如图 4.13（c）、（d）所示。

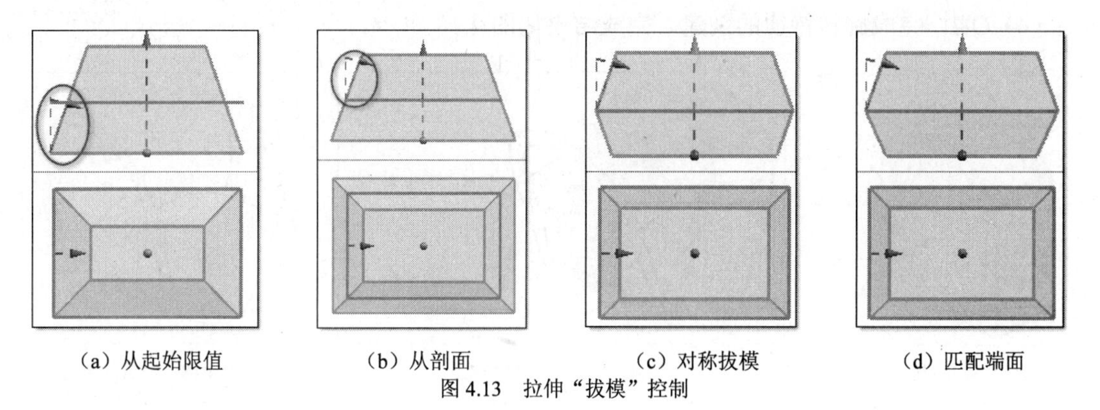

（a）从起始限值　（b）从剖面　（c）对称拔模　（d）匹配端面

图 4.13　拉伸“拔模”控制

4.3.2　旋转

学习目标

- 复习带“偏置”拉伸特征的创建方法。
- 学习“旋转”（Revolve，）特征的基本功能和用法。
- 学习使用实体表面作为剖面创建旋转体。

相关知识

旋转特征是指一个剖面绕一个指定的轴旋转进行扫描而获得形体的功能。可以为旋转限制输入角度参数或者修剪到边界对象，分别如图 4.14 和图 4.15 所示。

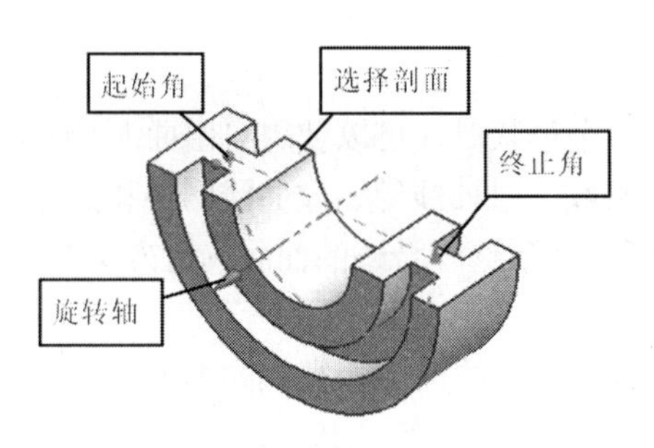

图 4.14　旋转特征的动态参数

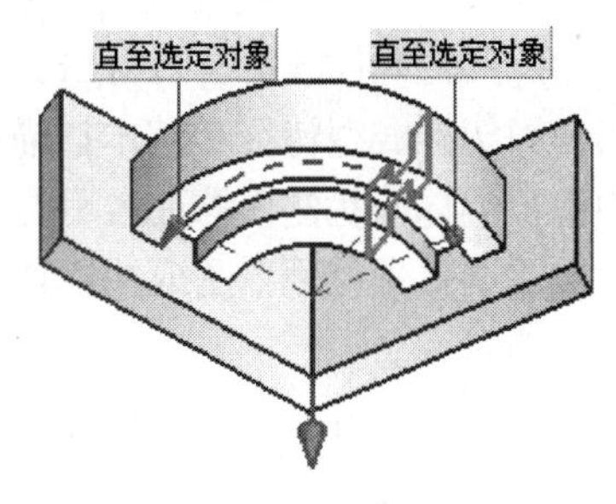

图 4.15　旋转直至选定对象

操作步骤

1. 创建带偏置的拉伸体

（1）打开文件 Extrude_rev，启动建模环境。

（2）启动拉伸命令，完成图 4.16 所示的拉伸体。

2. 创建旋转体

（1）选择旋转命令“”，设置选择意图为“面的边”。

（2）选择拉伸体的侧面作为旋转剖面，选择底部直边作为旋转轴，如图 4.17 所示。

（3）输入“起始角度=0，结束角度=45”，布尔操作选项为“求和”，系统预览旋转效果。

（4）OK，完成旋转特征的创建。完成结果如图 4.18 所示。

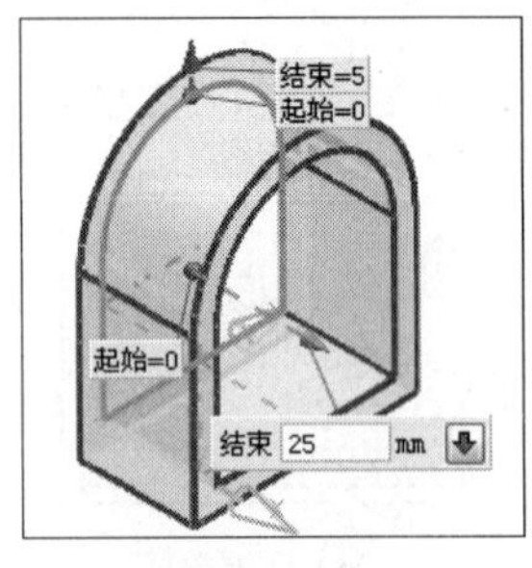

图 4.16　偏置拉伸

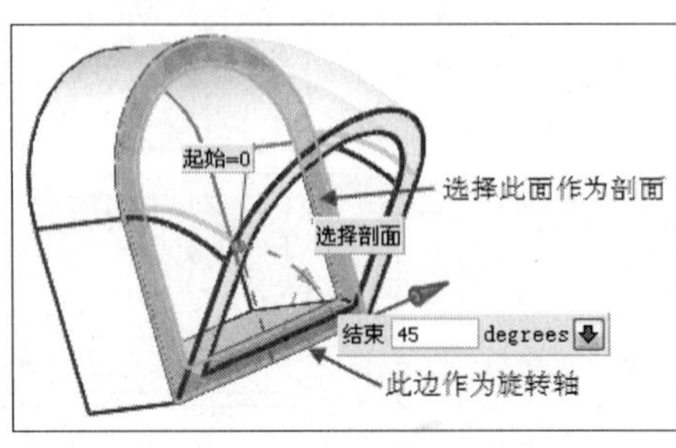

图 4.17　创建旋转特征

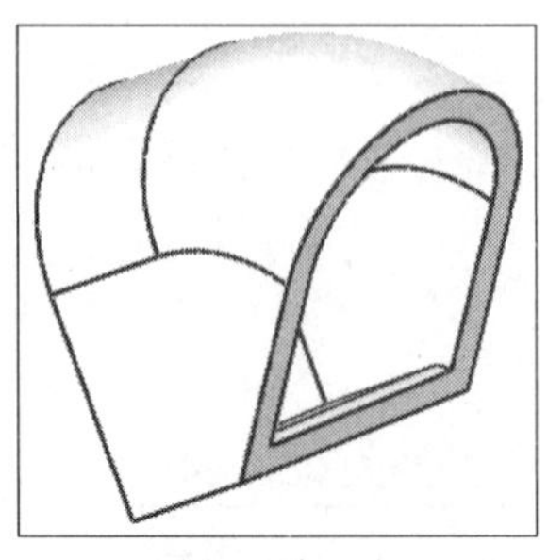

图 4.18　完成结果

拓展知识

1. 沿导线扫描

沿导线扫描（Sweep Along Guide，）：通过沿着指定的一条引导线串（Guide String）来扫描一个剖面线串（Section String），从而获得形体。当引导线串和剖面线串中至少一个为平面封闭曲线时，则可以获得实体模型。

一般要求引导线串应该是平面线串，如果沿 3D 曲线进行扫描，建议使用自由曲面的“扫掠(Swept)”特征；剖面曲线通常应该位于开放式引导路径的起点或封闭式引导路径的任意曲线的端点，否则可能会得到错误的结果。

2. 管道

管道（Tube，）特征是一种剖面线串为圆的扫掠特征。在创建管道时，只需要指定引导线串即可，可以为管道指定外径和内径。

3. 用于主体形状建模的自由曲面特征

当使用标准成型特征和基本扫描功能无法表达一个形状时，可以使用自由曲面功能。自由曲面中用于主体形状建模的最常用的 4 种特征是：直纹、过曲线组、过曲线网格和扫掠。自由曲面建模需要首先使用草图或曲线功能构造线框模型，然后选择合适的曲面构造方法进行建模。

（1）直纹

以两组剖面线串生成一种具有直纹（Ruled，）特性的曲面特征，如图 4.19（a）所示。当两个剖面线串均为平面封闭曲线时，可以获得实体模型，如图 4.19（e）所示。

（2）通过曲线组

通过一组方向一致的剖面线串生成的曲面特征，如图 4.19（b）所示。如果剖面线串是平面封闭的情况，可以获得实体模型，如图 4.19（f）所示。

（3）通过曲线网格

通过两组不同方向的剖面线串生成的曲面，如图 4.19（c）所示。如果其中主线串方向上的线串为平面封闭曲线，可以获得实体模型，如图 4.19（g）所示。

（4）扫掠

此功能是对于基本扫描特征的一种扩展应用，最多允许定义 3 条引导线串，并可以为扫掠（Swept，）指定多个剖面以及更多的可控参数，如图 4.19（d）、（h）所示。

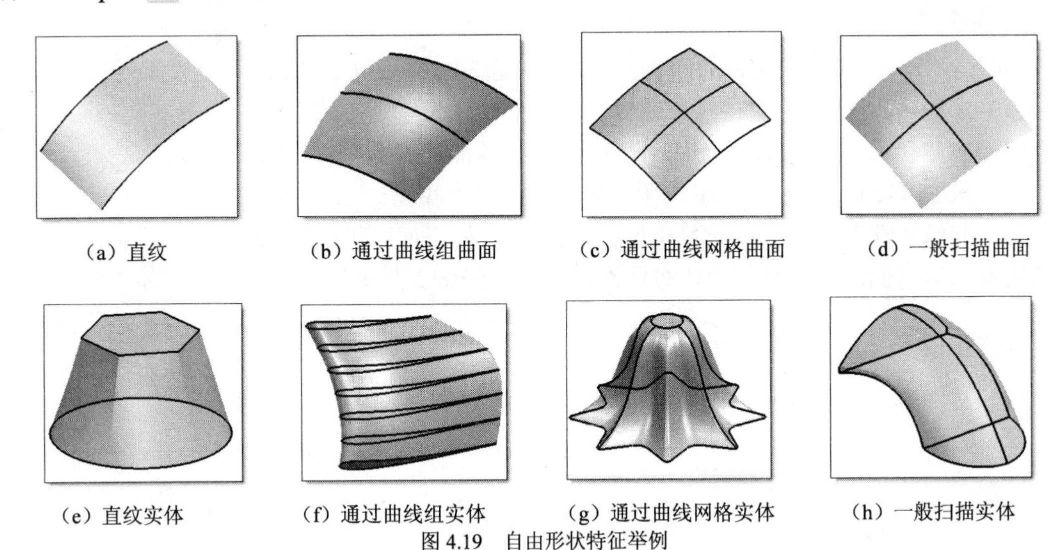

（a）直纹　（b）通过曲线组曲面　（c）通过曲线网格曲面　（d）一般扫描曲面

（e）直纹实体　（f）通过曲线组实体　（g）通过曲线网格实体　（h）一般扫描实体

图 4.19　自由形状特征举例

关于自由曲面建模的详细内容与应用，请参阅本书第 9 章和第 10 章的相关内容。

练习

打开文件 Draglink，使用扫描功能完成连杆零件的建模，如图 4.20 所示。

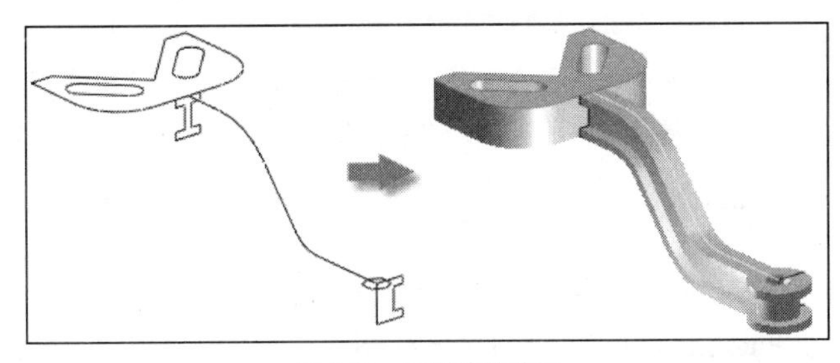

图 4.20　扫描特征练习

4.4　特 征 操 作

此类特征用于处理模型中已有的特征，一般称为“特征操作”，如体的联合与修剪操作、边倒圆和倒角操作、表面的偏置和拔模操作、特征的关联复制操作等。

4.4.1　布尔操作

学习目标

- 了解“布尔操作”功能的应用场合和使用方法。
- 了解非破坏性布尔操作（Boolean Operation）的概念和应用场合。

相关知识

“布尔操作”一般用于实体的联合操作，实体之间必须存在公共部分（至少一个重合面）。

（1）求和（Unite）：将两个或多个实体合并成为单个实体。

（2）求差（Subtract）：使用一个或多个工具体从目标体中移除体积。

（3）求交（Intersect）：生成两个体的公共部分实体。

（4）非破坏性布尔操作：一般执行布尔操作之后，原来的实体被删除而生成新的实体。如果需要保留它们，则在布尔操作对话框中选中“保留工具体”或“保留目标体”。

操作步骤

打开文件 Bool_operation，按图 4.21 所示的目标体和工具体完成操作练习。

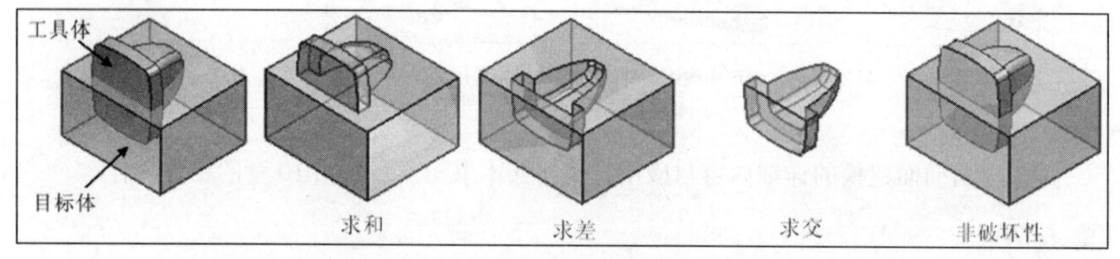

图 4.21　布尔操作举例

布尔操作功能也会出现在某些设计特征的选项中（如拉伸、旋转等），这时会多一个“新建(New)”选项，用户可以选择是否进行布尔操作。但需要注意的是，集成在某个命令中的布尔操作选项在很多情况下不能被编辑（拉伸除外）。所以为了方便以后编辑，可以单独进行布尔操作。

4.4.2　实体与片体的联合与修剪操作

NX 建模时很重要的一项操作是实体与片体的混合操作功能，最常用的是修剪体（Trim Body，）、补片体（Patch Body，）和缝合（Sew，）操作。

学习目标

- 掌握修剪体、补片体和缝合操作的应用场合和基本操作方法。
- 学习利用修剪体等操作功能获得实体表面的曲面造型。

相关知识

1. 修剪体

使用一组面或基准平面修剪一个或多个目标体，在操作过程中需要指定目标体被移除的方向。目标体可以为实体，也可以是片体。工具体必须完全贯穿整个目标体才能完成操作。

2. 补片体

使用片体替代目标实体（或片体）上的某些表面。工具体必须是片体，且工具体边缘必须完全位于目标体的表面之上而形成闭合区域。

3. 缝合

“缝合”用于将多个相邻的片体合并成为单一体。目标片体是唯一的，工具片体可以有多个，并且片体边界必须在给定的公差范围内重合。如果输入片体封闭，则可能生成实体。

操作步骤

1. 利用修剪体功能获得实体表面的一个曲面造型

（1）打开文件 sew_trim，并启动建模应用环境。

（2）单击【特征操作】工具体中的“缝合”按钮→选择其中一个片体作为“目标片体”→选择其他所有片体作为“工具片体”→OK，如图 4.22 所示。

（3）选择“修剪体”→选择实体作为目标体→单击 MB2→选择上一步缝合的片体作为工具体，检查预览结果，如果移除方向错误则选择“反向”→OK，如图 4.23 所示。

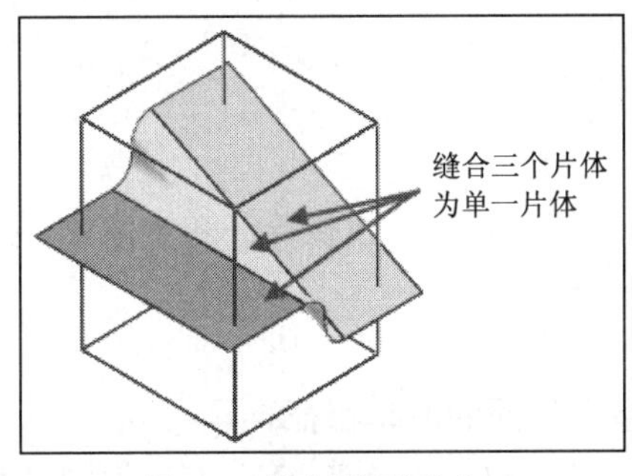

图 4.22　缝合相连的片体

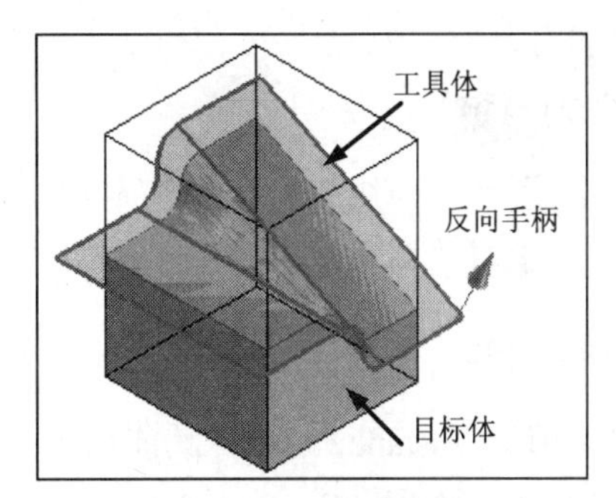

图 4.23　修剪体

2. 利用补片体功能获得实体表面的一个曲面造型

（1）打开文件 Patch_body，并启动建模应用环境。

（2）修剪片体：选择片体作为目标体，选择实体的上表面作为工具体，确保在实体内的片体部分被移除，如图 4.24 所示。

（3）单击“补片体”按钮→选择实体作为目标体→选择片体作为工具体→如果有必要，选择“倒转移除方向”确保箭头指向片体内部→单击“Apply”，如图 4.25 所示。

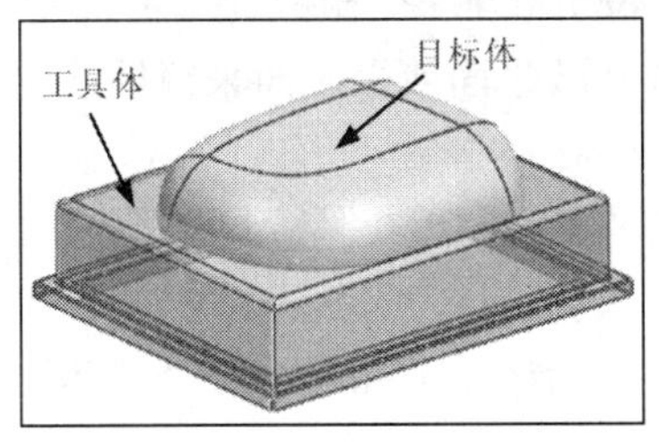

图 4.24　修剪片体

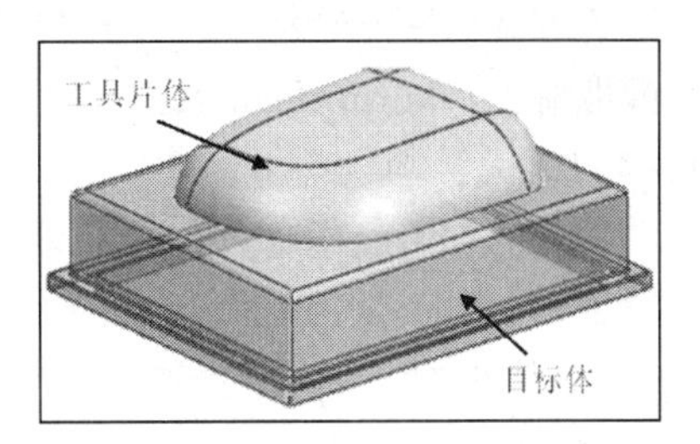

图 4.25　补片体

拓展知识

替换面（Replace Face）：使用另外一个面来替换目标体上的一组面。一般用于改变一个表面的几何结构，如使用一个复杂的曲面来替换它等。

打开文件 Replace_face，启动建模应用环境。选择【插入】/【直接建模】/【替换面】命令，选择圆柱体的上表面作为“目标面”，选择片体作为“工具面”，执行结果如图 4.26 所示。

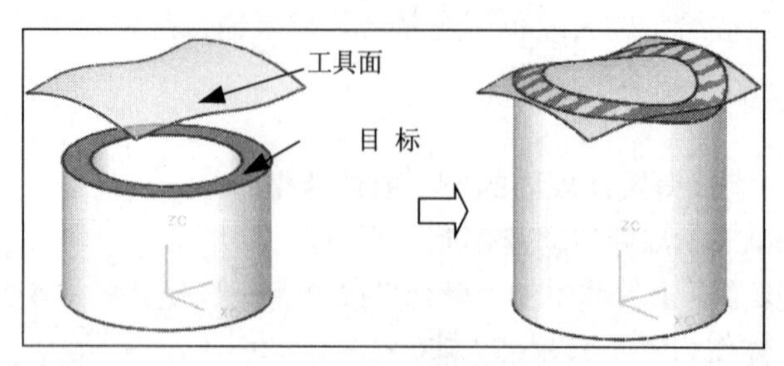

图 4.26　替换面

4.4.3　关联复制——“引用”

学习目标

- 了解“引用”特征的基本功能和应用场合。
- 学习“引用”特征的基本用法：矩形阵列、圆周阵列、镜像特征和镜像体。

相关知识

“引用”（Instance，）功能用于关联复制模型中相同的造型特征。

（1）矩形阵列（Rectangular Array）：矩形阵列是以 WCS 的 XC、YC 方向为测量参考矢量进行特征的线性阵列，阵列的偏置值可以输入正值或负值（负值表示反向）。

（2）圆周阵列（Circular Array）：圆周阵列是以指定的旋转轴进行特征的旋转阵列。旋转轴的指定方式包括“点和矢量”和“基准轴”两种方式。

在进行特征阵列时，请注意以下一些情况：

- 无论是矩形阵列还是圆周阵列，阵列的数量是指包含原始特征的总数量。
- 矩形阵列的参数值是参照 XC 和 YC 轴进行测量的。因此，有时为了获得正确的阵列方向，可能需要改变 WCS 的方位。
- 阵列特征与原始的特征具有相同的时间戳，可以选择任何一个来编辑特征参数或阵列参数。

（3）镜像特征（Mirror Feature）：镜像特征是通过基准平面或平表面来镜像选定特征，从而创建对称的形状。

（4）镜像体（Mirror Body）：镜像体是通过基准平面镜像整个体。可以使用布尔操作的“求和”功能将原先的体与镜像体合并来创建对称的模型。

当对镜像体使用“求和”操作时，一般将原来体作为目标体，将镜像体作为工具体。

操作步骤

打开文件 Instance.prt，启动建模环境。按照图 4.27 所示完成特征“引用”。

1．创建矩形阵列

（1）激活动态 WCS，将 WCS 绕 XC 轴旋转 90°。

（2）单击“引用”按钮→选择“矩形阵列”方式→选择侧面的孔特征→OK→输入阵

列参数：XC 向的数量为 10，XC 偏置为-16，YC 向的数量为 4，YC 偏置为 12→OK，系统预览阵列的位置，如果正确则单击“Yes”按钮，完成矩形阵列。

2. 创建圆周阵列

单击“引用”按钮→选择“圆周阵列”方式→选择顶面的拉伸和孔特征→OK→输入阵列参数：数量为 6，角度为 60→OK→单击“Yes”按钮，完成圆周阵列。

3. 创建镜像特征

单击“引用”按钮→选择“镜像特征”方式→从“部件中的特征”列表中选择需要镜像的特征“Extrude（5）、Chamfer（6）、Shell（7）”，并使用▶添加到“镜像的特征”列表中（或通过图形窗口直接选择）→单击 MB2→指定基准坐标系的 YC-ZC 平面作为镜像平面→OK。

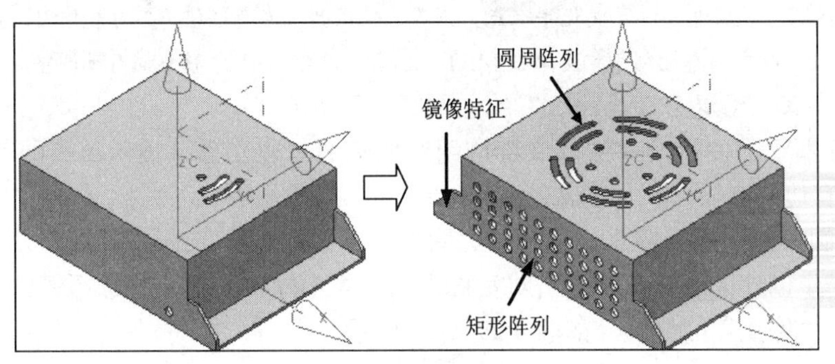

图 4.27　引用特征举例

4.4.4　边倒圆

学习目标

- 学习边倒圆（Edge Blend，）的应用场合和各种边倒圆的作法。
- 学习如何编辑已有的边倒圆特征。

相关知识

边倒圆用于在体边缘上进行圆角过渡操作。边倒圆类型包括恒定半径、变化半径、三边顶点回退、带有停止位 4 种边倒圆方式，如图 4.28 所示。在实际应用中，恒定半径和变化半径边倒圆是最为常见的。

可以在一次倒圆操作中选择多个不同半径的“边缘集”。当选择一个边缘集并输入半径之后，单击 MB2 可以完成此边缘集并开始下一个边缘集的选择。

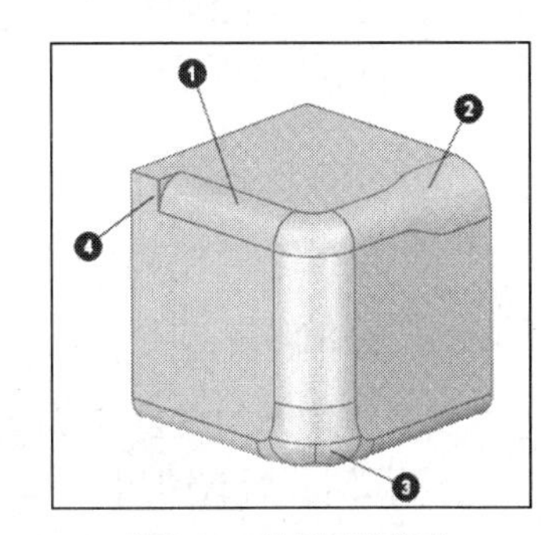

图 4.28　边倒圆的类型

操作步骤

1. 创建恒定半径的边倒圆

（1）打开文件 Edge_blend，启动建模环境。

（2）单击“边倒圆”按钮→输入半径为 10→选择图 4.29（a）所示的边缘→单击“Apply”。

图形窗口中的动态手柄用于调整半径的大小。

2. 创建变化半径的边倒圆

（1）选择多个边缘集：选择图 4.29（b）所示的相切边缘①→单击 MB2（完成此边缘集）→选择边缘②→输入半径为 12 并按下<Enter>→单击 MB2→选择边缘集③→输入半径为 15。不要应用圆角，继续下面的操作。

非活动边缘集上显示一个球形动态手柄，用于激活此边缘集进行编辑。

（2）单击对话框中的“变化半径”按钮→选择边缘①的端点→在动态输入栏内输入半径为 15，如图 4.29（c）所示→继续选择下一点为“线上点”→输入“%圆弧长”为“25”，继续定义其他 3 个半径控制点，如图 4.29（d）、（e）所示。不要应用圆角，继续下面的操作。

一旦为某个边缘集添加了变化半径点，则原来作用的恒定半径值将不再起作用。定义错误的控制半径点可以在动态控制手柄上单击 MB3，选择“删除”。立方形手柄用于调整点的位置。

3. 创建带有“回退（Setback）”的边倒圆

单击对话框中的按钮→选择底部应用边倒圆的三边交点→输入希望的“SB”数值→OK，完成所有边倒圆操作，如图 4.29（f）所示。

4. 编辑圆角并创建“停止”位置的边倒圆

双击第一步创建的边倒圆→单击对话框中的“停止位”按钮→选择倒圆边的一个端点→输入或拖动“停止”的位置，如图 4.29（g）所示。

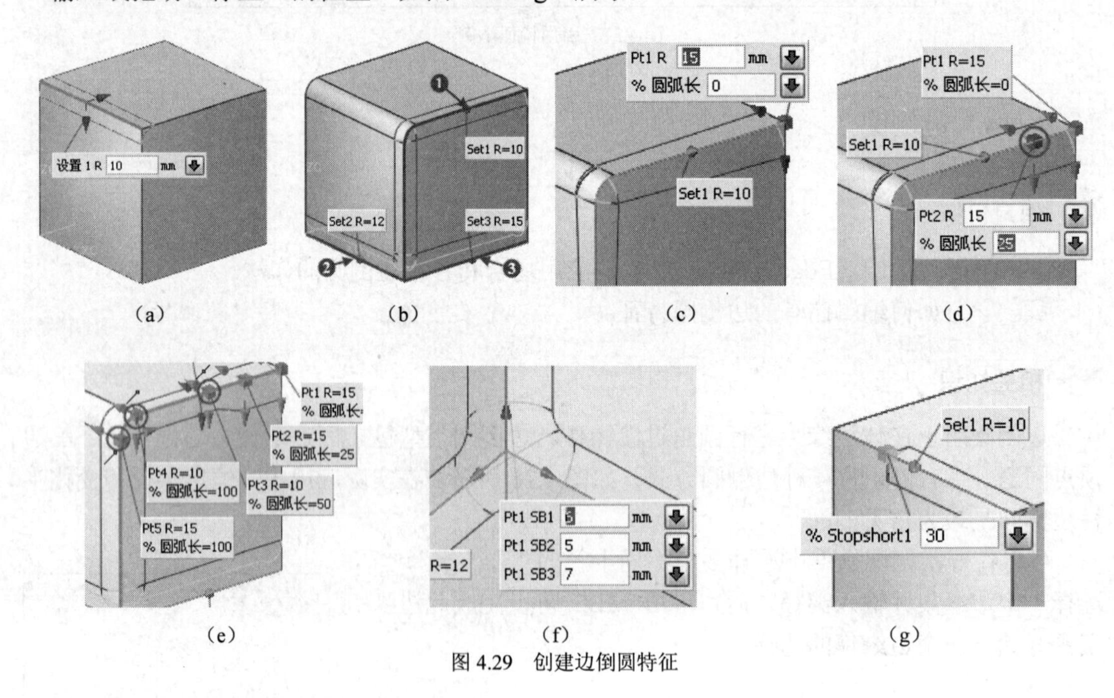

图 4.29 创建边倒圆特征

拓展知识

1. 边倒圆的更多选项

（1）倒圆所有引用（Blend All Instance）：当选择的边属于矩形阵列或圆周阵列时，打开此选项，则所有引用特征同时应用相同的边倒圆。

（2）在圆角溢出处的处理：“溢出”可以理解为圆角超出选中边缘的相邻表面，与其他边缘相交。根据溢出的不同类型有如表 4.3 所示 3 种方式。

表 4.3　　边倒圆的溢出选项

溢出选项	图　例	说　明
在光顺边上滚动（Roll Over Smooth Edges）		当圆角在光顺边上溢出： ❶圆角在另一个圆角边上溢出 ❷选项被打开：产生光顺边 ❸选项被关闭：产生尖锐的边
滚动到边上（Roll Onto Edges）		当圆角在陡峭边上溢出： ❶选项被打开：保留溢出边缘，放弃相切 ❷选项被关闭：保留相切，更改溢出边缘
保持圆角并移动尖锐边（Maintain Blend And Move Sharp Edges）		当圆角在缺口处溢出： ❶溢出的边缘 ❷保留圆角相切 如果选项关闭，则无法完成圆角

2. 倒斜角

在两个面之间沿其共同的边构造“斜角”特征。倒斜角（Chamfer，）包括 3 种方式（见图 4.30）：

（1）对称偏置（Symmetric Offset）：两个偏置量相等。

（2）非对称偏置（Asymmetric Offset）：指定两个不同的偏置量。

（3）偏置和角度（Offset and Angle）：指定偏置量和角度。

倒斜角操作在图形窗口中会显示动态操作手柄和动态输入框，在动态手柄上单击 MB3 可以打开快捷菜单，用于在不同的倒角类型之间切换，对于“非对称偏置”与“偏置和角度”两种方式还包括“反向”操作选项。

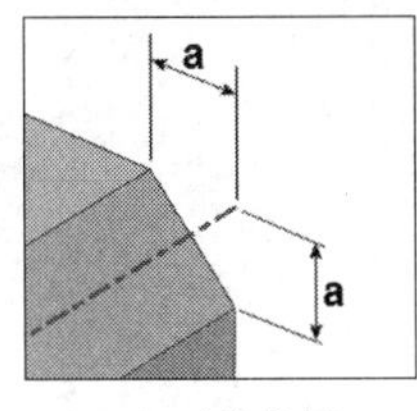

（a）对称偏置

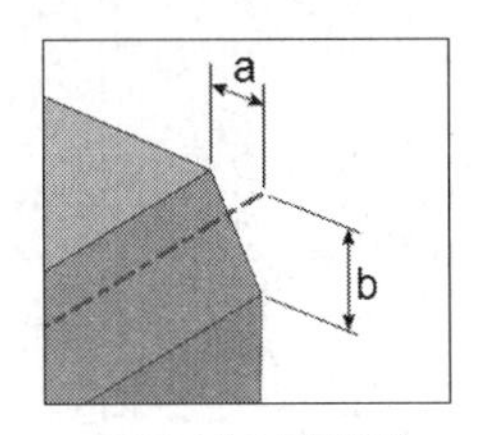

（b）非对称偏置

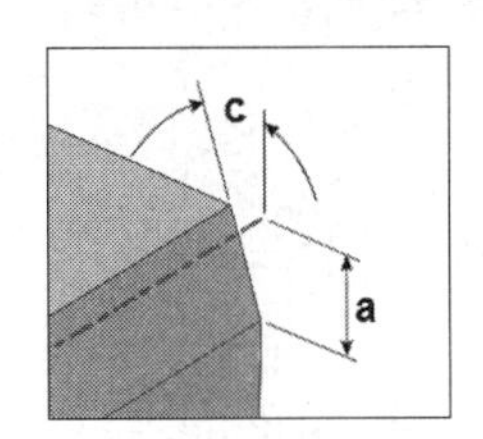

（c）偏置和角度

图 4.30　倒斜角的类型

4.4.5　面倒圆

学习目标

📖 学习“面倒圆”（Face Blend，）的基本操作和掌握各种“面倒圆”的做法。

📖 了解“面倒圆”与“边倒圆”的区别以及“面倒圆”的应用场合。

相关知识

“面倒圆”能够在两组表面之间产生圆角过度。

1. “面倒圆”与“边倒圆”的区别

“面倒圆”的适用范围更广。例如，倒圆两组某些表面可以不相邻，也可以在不同的体上。面倒圆不需要跟随边缘，所以某些边倒圆失败的情况，面倒圆却可以成功完成。例如，可能需要移除整个表面的某些倒圆操作。

2. “面倒圆”的应用场合

在多数情况下，既可以应用边倒圆，也可以应用面倒圆。但是，面倒圆可以提供更多的可控制参数以满足设计意图。在下述的一些情况，应该使用面倒圆：

- 已存在的表面必须被倒圆去除。
- 恒定半径和变化半径边倒圆已经不能满足圆角半径的需要。
- 希望使用曲线控制倒圆的相切位置。
- 需要倒圆的表面属于多个体的情况。

操作步骤

1. 创建简单的面倒圆

（1）打开文件 Faceblend1.prt，并启动建模环境。

（2）选择【特征操作】工具条中的“面倒圆”命令，按如下步骤创建恒定半径面倒圆：

- 选择第一组面（First Chain Face）：选择如图 4.31（a）所示的圆台相切面，注意使箭头指向外侧。

如果在第一组面的步骤选择对象为边缘，则会马上预览倒圆，这与边倒圆情况类似。

- 选择第二组面（Second Chain Face）：选择如图 4.31（b）所示的相切表面，注意使箭头指向圆心。
- 设置面倒圆参数：输入半径为 10 并接受其他默认选项，单击“Apply”。完成结果如图 4.31（c）所示。

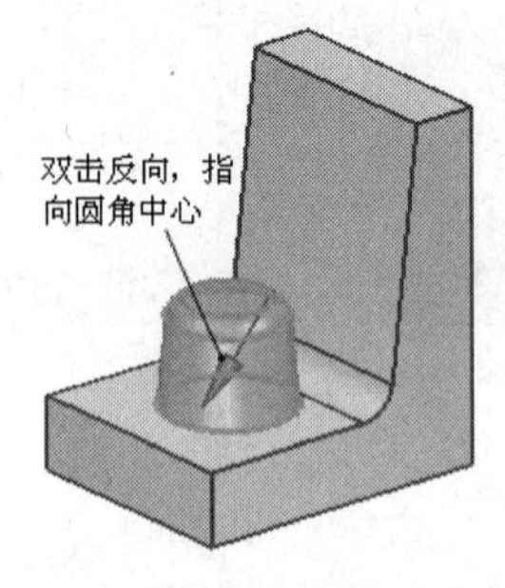

（a）选择第一组面

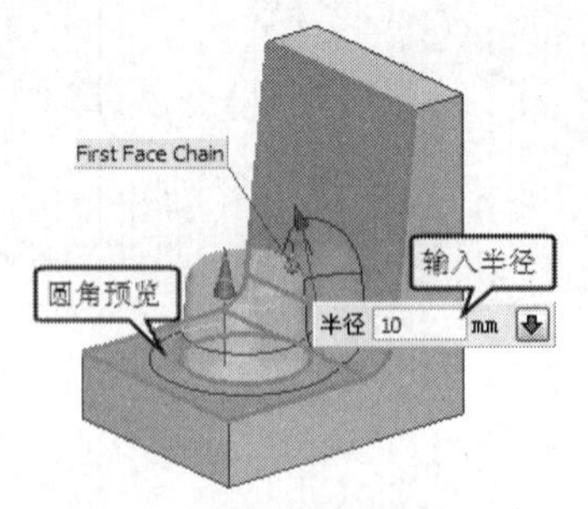

（b）选择第二组面

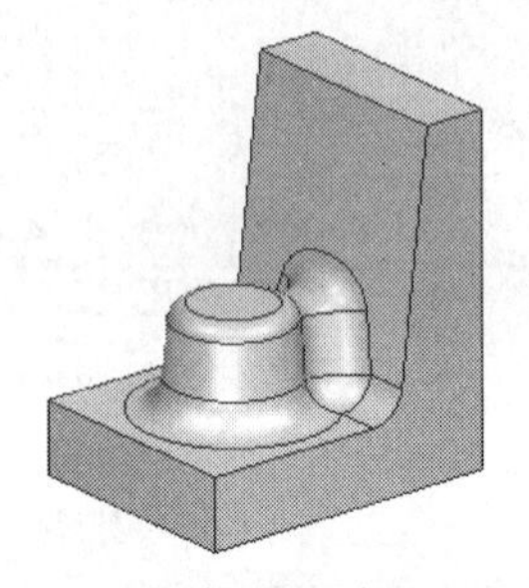

（c）完成的面倒圆

图 4.31　简单面倒圆的操作步骤

2. 使用重合边控制的面倒圆

（1）打开文件 faceblend2.prt，如图 4.32（a）所示。执行面倒圆命令，分别选择需要倒圆的两组表面，拖动半径控制手柄调整圆角尺寸。

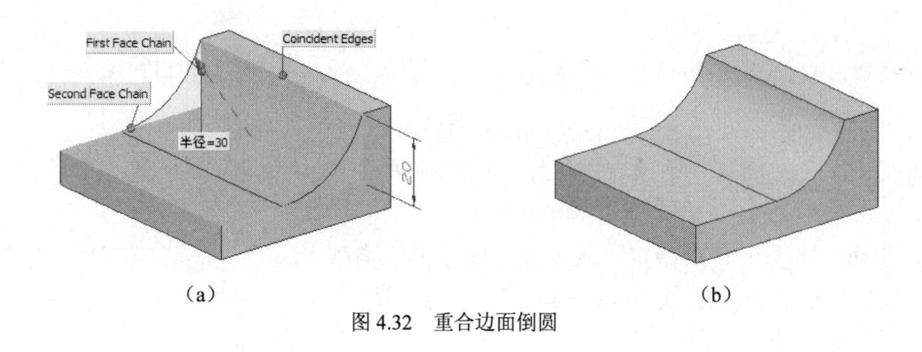

（a）　（b）

图 4.32　重合边面倒圆

如果创建与两组表面都相切的倒圆，由于受到短面的长度限制，最大可以完成与短面长度相等半径的圆角。如果选择短面的外部边界作为重合边（Coincident Edge），则可以创建更大半径的圆角，但需要圆角与短面不再相切。

（2）单击“重合边”按钮，选择短面的外部边界，输入倒圆半径为 30，单击“Apply”。完成结果如图 4.32（b）所示。

3．使用相切线控制面倒圆

（1）打开文件 faceblend3.prt。执行面倒圆命令，分别选择需要倒圆的两组表面，如图 4.33（a）所示。

（2）单击“相切线”按钮，选择直立表面上的曲线，并设置半径方式为“相切约束”，系统自动判断圆角尺寸，如图 4.33（b）所示。

（3）单击“OK”，完成面倒圆，如图 4.33（c）所示。

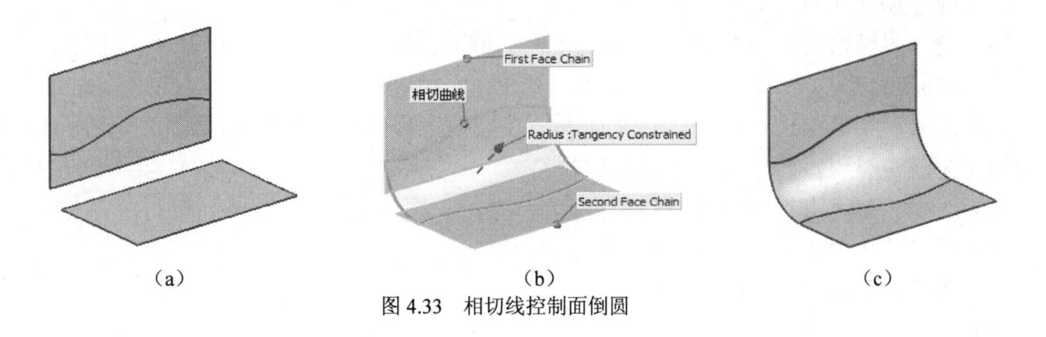

（a）　（b）　（c）

图 4.33　相切线控制面倒圆

4.4.6　拔模

学习目标

- 学习“拔模”（Draft，）的基本功能和应用场合。
- 掌握各种类型“拔模”的作法。

相关知识

“拔模”是将表面更改为相对于指定拔模方向成一角度的斜面。通常对模型的竖直面应用拔模，以便从模具中顺利脱模。可以为“拔模”操作选择一个或多个面，但它们必须属于同一个实体。

操作步骤

1. 从固定平面（From Stationary Plane）拔模

此方式用于使表面从一个垂直于拔模方向的固定平面开始拔模。

（1）打开文件 Draft，启动建模应用环境。

（2）选择“拔模”，指定“从固定平面拔模”类型。

（3）接受默认的拔模方向（+ZC 轴）。可以利用矢量方式指定新的拔模方向。

（4）选择零件的底平面作为固定平面。如果没有平面可供选择，也可以选择一点，则固定平面通过此点并垂直于拔模方向。

（5）选择零件的两个侧面。输入拔模角度为 5 并按<Enter>→单击 MB2→选择前侧和后侧端面，输入拔模角度为 10 并按<Enter>→单击“Apply”，如图 4.34 所示。

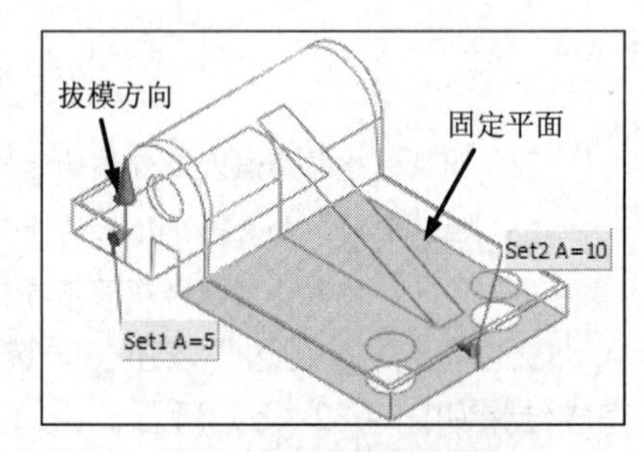

图 4.34　从固定平面拔模

2. 从固定边缘（From Stationary Edges）拔模

当需要应用拔模的边缘不在一个垂直于拔模方向的平面内，且希望在拔模后这些边缘保持不变时，可以使用“从固定边缘拔模”方式。

（1）选择“拔模”，指定“从固定边缘拔模”类型。

（2）接受默认的拔模方向（+ZC 轴）。

（3）选择加强筋斜面上的两条斜边。

（4）输入拔模角度为 10，单击“Apply”，如图 4.35 所示。

3. 对面进行相切（Tangent To Faces）拔模

如果需要对相切面进行拔模，并希望表面在拔模之后仍然保持相切，则可以使用“对面进行相切拔模”类型。此方式只允许增加材料。

（1）选择“对面进行相切拔模”类型。

（2）接受默认的拔模方向（+ZC 轴）。

（3）选择图 4.36 所示的相切面。

（4）输入拔模角度为 15，OK。

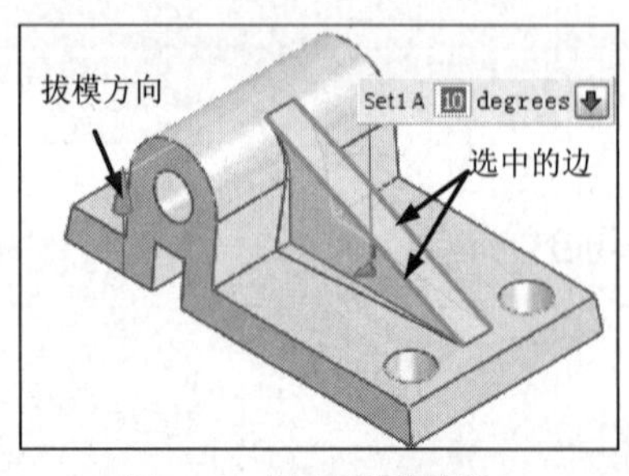

图 4.35　从固定边缘拔模

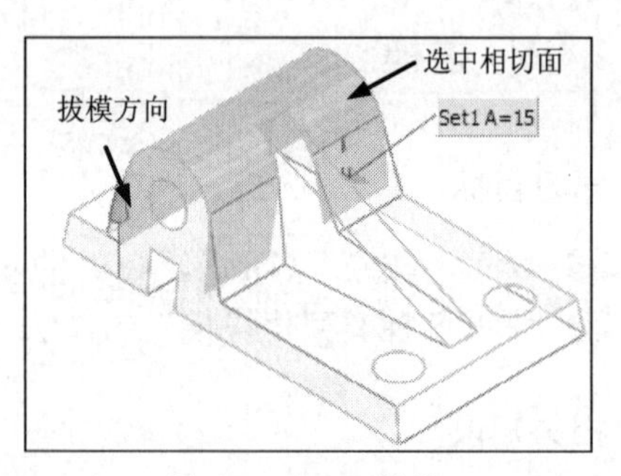

图 4.36　相切面拔模

4.4.7　偏置面

学习目标

🕮 如何偏置一个或多个表面以满足设计意图。

相关知识

“偏置面”（Offset Face，）是指沿面的法向偏置一个或多个表面区域，并保持实体的拓扑结构不变。

操作指导

（1）打开文件 Offset_Face，如图 4.37（a）所示。加强筋实体与原来实体切于一条直线，这导致“布尔操作”失败。

（2）单击“偏置面”按钮→选择加强筋实体的竖直表面→输入偏置值为 2→OK，如图 4.37（b）所示。

（3）对两个实体执行求和运算，结果如图 4.37（c）所示。

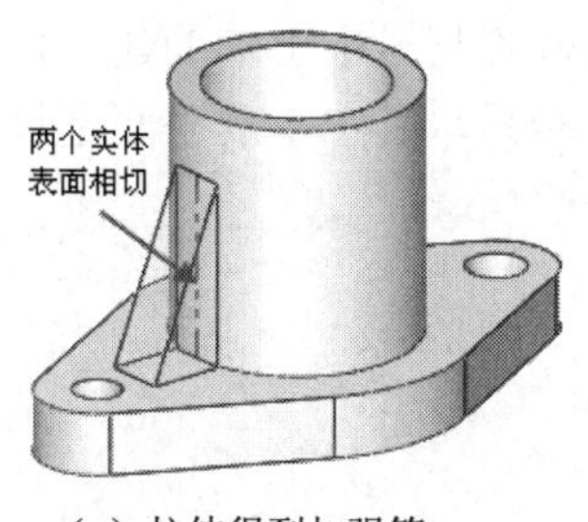

（a）拉伸得到加强筋

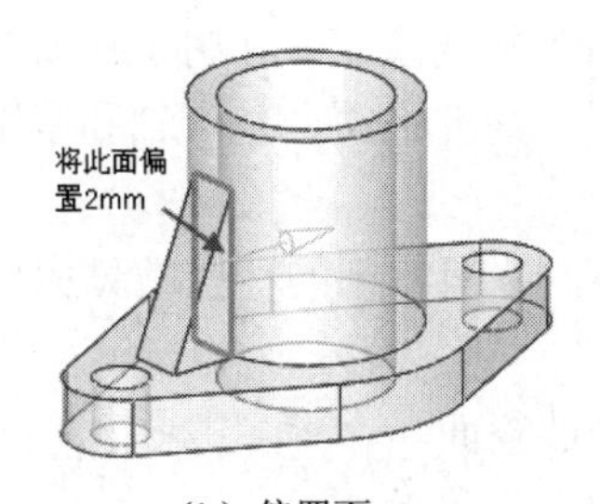

（b）偏置面

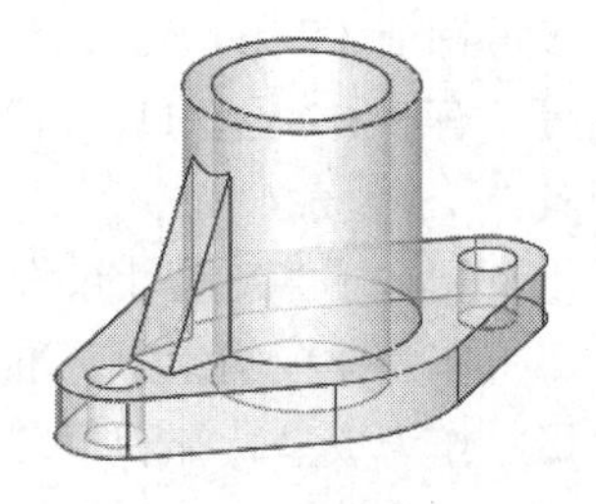
（c）布尔操作

图 4.37　偏置面应用实例

4.4.8　抽壳

学习目标

🕮 学习“抽壳”（Shell，）命令的基本功能和应用场合。

🕮 掌握使用“抽壳”功能来构建壳状实体的方法。

相关知识

以指定的壁厚对实体表面进行偏置从而形成“壳”状实体，可以指定等厚或不等厚抽壳。

操作步骤

1．创建等壁厚抽壳

打开文件 shell_hair_dryer，启动建模环境。单击“抽壳”按钮→在“移除面”选择步骤，选择图 4.38 所示的平面①和②→输入厚度为 2 并按下<Enter>→OK。

2. 不等壁厚抽壳

打开文件 shell_alternate_thickness。单击“抽壳”按钮→在“移除面”选择步骤，选择图 4.39 所示实体的三个相切表面→输入厚度为 4 并按下<Enter>→单击对话框中的“备选壁厚”按钮，选择实体底部平面→输入厚度为 8 并按下<Enter>→OK。

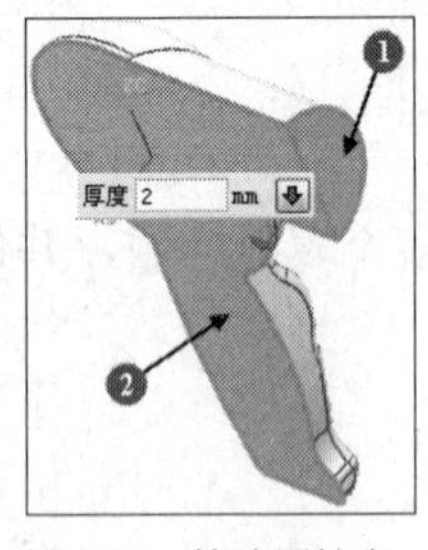

图 4.38　等壁厚抽壳

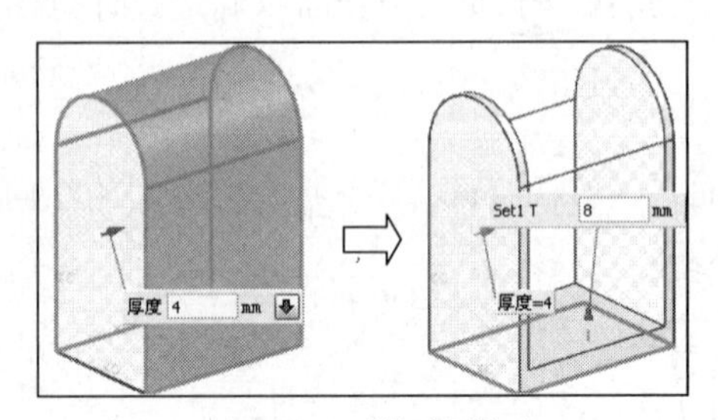

图 4.39　不等壁厚抽壳

4.5　参考特征

参考特征（Reference Feature）是构造工具，用于在要求的位置与方位上辅助建立特征和草图等。有 3 种类型的参考特征：基准平面、基准轴和基准坐标系，其中基准平面是最常用的工具。

以下列举了 NX 设计过程中，参考特征的一些常见应用：

- ❑ 作为建模的参考基准。
- ❑ 作为成型特征和草图的放置面。
- ❑ 作为草图或成型特征的定位参考。
- ❑ 作为镜像操作的对称平面。
- ❑ 作为修剪平面。
- ❑ 作为基本扫描特征的拉伸方向或旋转轴。

4.5.1　基准平面

基准平面（Datum Plane，）以边框（或半透明）方式显示，包括相关基准平面和固定基准平面两类。NX4 允许控制基准平面的显示大小，如图 4.40 所示。基准平面的创建方法与相关说明列于表 4.4 中。

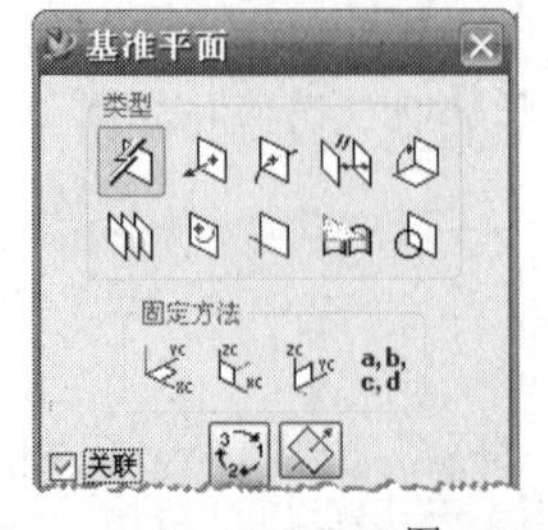

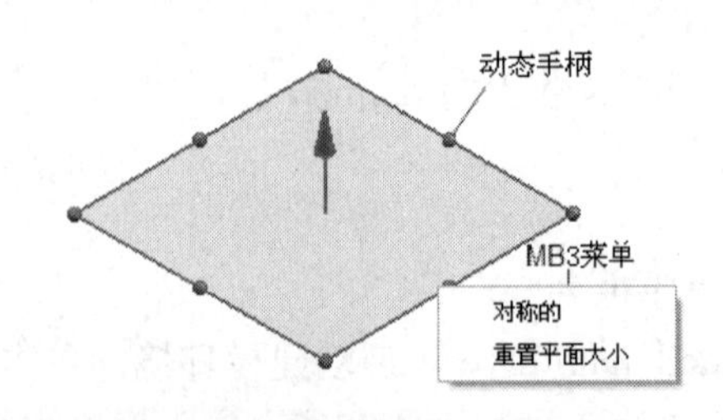

图 4.40　平面对话框和动态基准平面

表 4.4　　构造基准平面的方法

图　　标	平 面 类 型	平面描述和构造方法
	自动判断	系统根据选择的对象，决定最可能使用的平面类型
	点和方向	通过指定的参考点并垂直于定义矢量的基准平面
	曲线上的平面	创建一个与曲线/边上一点的法线或切线相垂直的基准平面
	按某一距离	通过选择平面对象和指定距离创建偏置基准平面
	成一角度	通过指定的旋转轴并与一个选定的平面成一角度的基准平面
	平分平面	选择两个平行平面，创建与它们等距离的中心基准平面
	曲线和点	通过一个指定的点，并通过选择另外一个条件确定基准平面的法向
	两条直线	通过选择两条直线定义一个基准平面
	相切平面	与选中的曲面相切并受限于另外一个选中对象的基准平面
	对象平面	根据选中的对象自动创建基准平面
	固定基准平面	创建工作坐标系的主平面或利用系数确定基准平面

各种相关基准平面的创建方法请参阅配套素材中的相关演示。

4.5.2　其他参考特征

1. 基准轴（Datum Axis）

基准轴是以一条带有箭头的直线表示一个矢量。基准轴最主要的应用是作为方向参考和旋转轴。

2. 基准坐标系（Datum Csys）

一个基准坐标系包含 3 个基准平面、3 个基准轴、一个原点和一个 CSYS，如图 4.41 所示。一般建议在建模开始时创建绝对坐标系（ACS）的基准坐标系，作为建模基准位置参考。

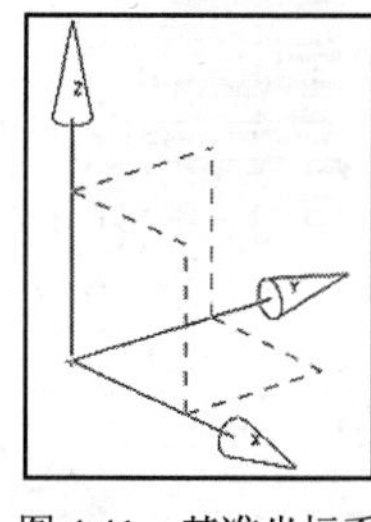

图 4.41　基准坐标系

4.6　参数化设计工具

4.6.1　表达式简介

学习目标

- 学习参数化设计工具—表达式编辑器的使用。
- 学习通过“用户表达式”来关联特征设计参数。

相关知识

表达式是指为定义特征属性而定义的算术或条件规则。选择菜单命令【工具】/【表达式】，系统打开“表达式编辑器”对话框，如图 4.42 所示。定义一个表达式的要素包括：名称、公式、量纲和单位。

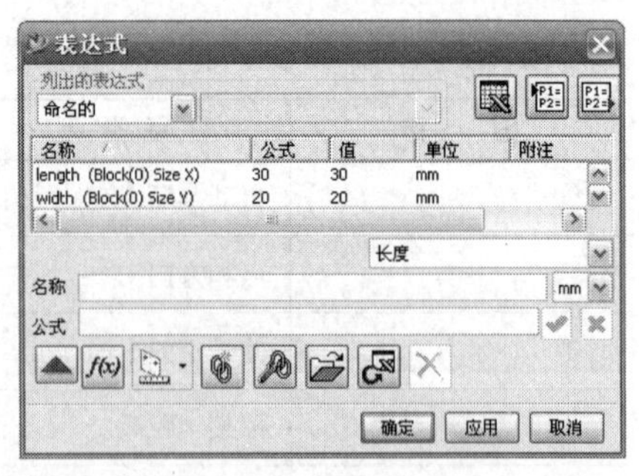

图 4.42 表达式对话框

1. 系统表达式

系统在建模过程中自动创建的表达式，称为系统表达式。如草图尺寸、特征参数、定位尺寸等。系统表达式的命名规则为：小写字母“p”后跟一数字，如“p10”。系统表达式可以被重新命名。

2. 用户表达式

由用户通过“表达式编辑器”创建的各种表达式称为用户表达式。用户表达式包括：算术表达式、条件表达式和几何表达式。

（1）算术表达式：通过一个等式表达，格式为 Var=Exp1（变量=表达式），例如 Width=50，Length=2*Width。

（2）条件表达式：通过使用“If Else”语句来定义，格式为 Var=If（exp1）（exp2）else（exp3），如 Width=if(length<8)(2)else(3)。

（3）几何表达式：利用 NX 的测量功能来获得几何表达式，如距离、长度、角度等。

操作步骤

1. 使用“表达式编辑器”检查已有的表达式

（1）打开文件 Express_1，如图 4.43 所示。启动建模环境。

（2）选择【工具】/【表达式】命令，系统缺省显示“命名的”表达式。执行以下操作：

- ❑ 设置“列出的表达式”为“用户定义”，查看由用户定义的表达式。
- ❑ 设置“列出的表达式”为“All”，查看当前部件中的所有表达式。
- ❑ 设置“列出的表达式”为“按名称过滤”，输入“p*”并按<Enter>，如图 4.44 所示。

图 4.43 范例视图

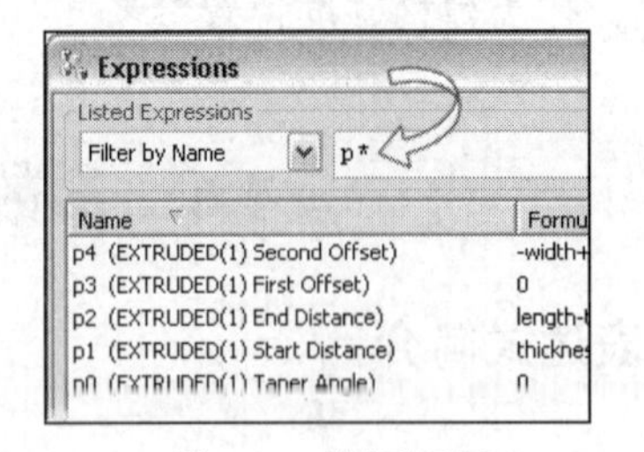

图 4.44 按名称列表

2. 重命名表达式

（1）在表达式列表框中选中“p0”。

（2）修改表达式的名称为“ext_angle”并按<Enter>，如图 4.45 所示。

（3）继续重命名其他表达式：p1→ext_start，p2→ext_end，p3→ext_off1，p4→ext_off2。

（4）当完成重命名之后，设置名称过滤为“ext*”。

3. 建立零件内外倒圆半径的关联

（1）设置“列出的表达式”为“All”，

（2）选择表达式“blend_outside”。

（3）在表达式“blend_inside”上单击 MB3，在弹出菜单中选择“插入名称”，如图 4.46 所示。

（4）输入“+”，然后在“thickness”上的右键菜单中选择“插入名称”。

（5）检查当前输入的公式应为“blend_inside+thickness”。单击按钮，接受表达式的编辑。

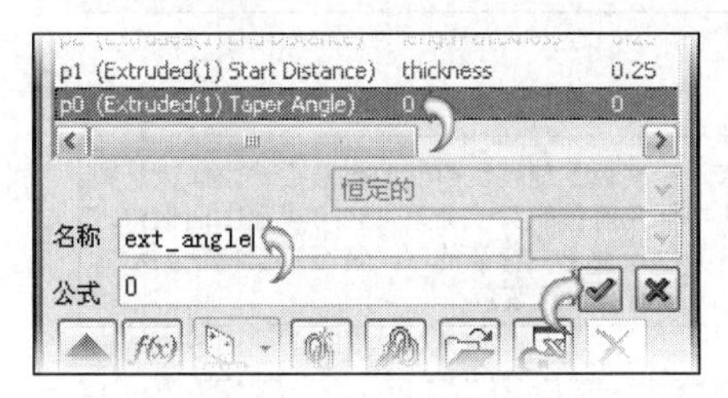

图 4.45　重命名表达式

图 4.46　编辑表达式

4. 检查表达式的关联性

（1）打开部件导航器，展开“用户表达式”节点。

（2）双击“thickness=0.25”，输入数值为 0.5 并按<Enter>，查看零件的更新。

4.6.2　设计逻辑（Design Logic）

“设计逻辑”为用户提供了一个快速访问参数化工具的手段。在特征创建过程中，当需要指定特征参数时，使用“设计逻辑”功能可以方便地定义参数化模型。“设计逻辑”包含很多参数化设计工具选项，关于这些选项的详细说明见表 4.5。“设计逻辑”选项以图标的方式显示在建模对话框中参数输入区域的后面，通过单击它可以弹出一个下拉菜单。

表 4.5　　**设计逻辑选项**

直径 20 mm 测量(M)... 公式(F)... 函数(U)... 参考(R)... sin(30) 78 p15 设为常量(C)	测量（Measure）	通过测量模型中的长度或距离来输入相关参数
	公式（Formula）	启动表达式编辑器编辑公式
	函数（Function）	插入系统函数，如数学函数、几何函数等
	参考（Reference）	引用其他选中特征中的参数表达式
	最近使用的参数	选择曾经使用过的数值、函数或表达式等
	设为常量（Make Constant）	切换为常数输入方式

4.7　部件导航器（Part Navigator）

部件导航器以一个详细的树状结构来显示部件的特征结构。用户可以使用部件导航器了解部件的基本结构和编辑特征的参数。部件导航器可以管理特征、视图、制图、用户表达式引用集、未使用的项目等。在资源条中单击图标，可以打开部件导航器窗口，部件导航器一共包括 4 个显示面板，如图 4.47 所示。

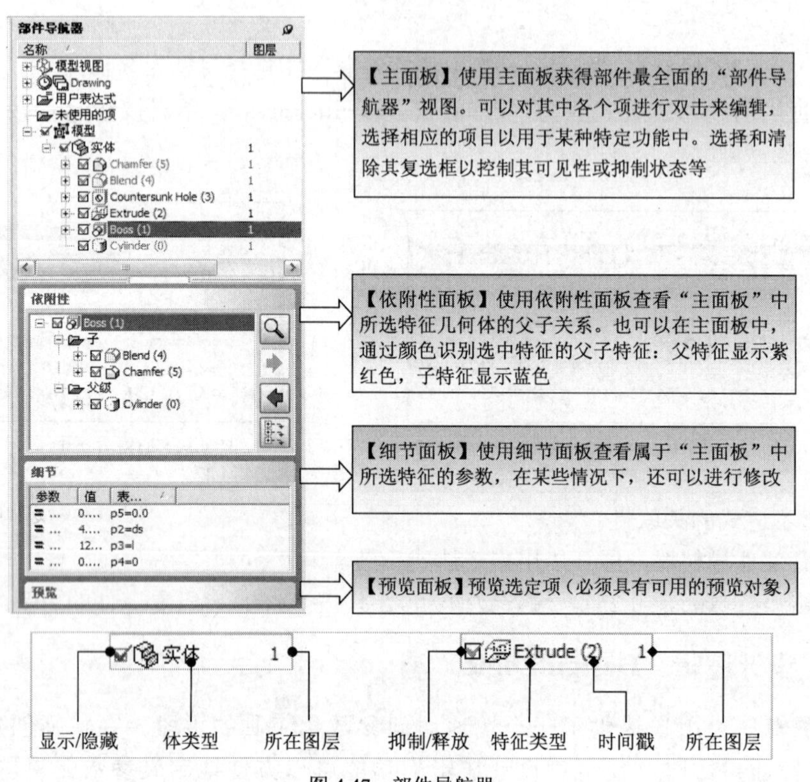

图 4.47　部件导航器

4.7.1　部件导航器的显示模式

部件导航器的主面板有两种显示模式：一种是较为详细的“设计视图”模式；另外一种是较为简单的“时间顺序”模式。在部件导航器的背景上单击 MB3，在弹出菜单中勾选“时间戳记顺序”则切换到“时间戳记顺序”模式；取消选择，则显示“设计视图”模式。

1. 设计视图模式

使用树状结构显示模型中的所有体及其所包含特征和相关操作，如图 4.48 所示。导航器首先在顶部显示最新创建的特征，按相反的时间戳记顺序显示体中的所有元素。如果需要以时间戳记顺序显示特征，请单击“名称”标题栏。

2. 时间戳记顺序模式

在这种模式下，部件导航器以创建时间戳记的历史顺序列出工作部件中的每个特征，如图 4.49 所示。如果要以相反的时间戳记顺序显示特征，请单击“名称”标题栏。

部件导航器中灰色的节点表示该特征所属于的对象被隐藏或位于不可见的层。

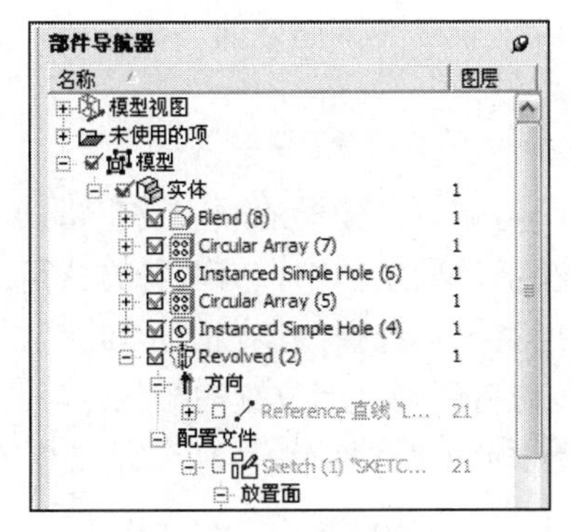

图 4.48　设计视图模式

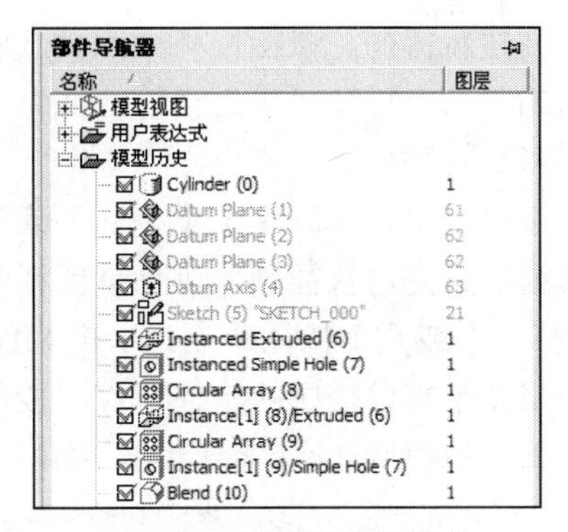

图 4.49　时间戳记顺序模式

4.7.2　使用部件导航器进行编辑操作

1．模型的显示与隐藏

利用部件导航器可以控制当前部件中几何对象的显示与隐藏状态。

（1）方法 1：利用复选框控制实体或片体的显示与隐藏。在“设计视图”模式下，模型以及模型所包括的实体或片体复选框用于控制它们的显示/隐藏状态，勾选复选框显示对象，反之则隐藏对象。这种类型的复选框以红色的“√”表示。

（2）方法 2：特征所基于的体和父级对象的显示与隐藏。MB3 单击某个特征节点，在弹出菜单中选择“显示/隐藏”，在二级弹出菜单中，可以选择隐藏体或隐藏该特征的父级几何，反之亦然，如图 4.50 所示。

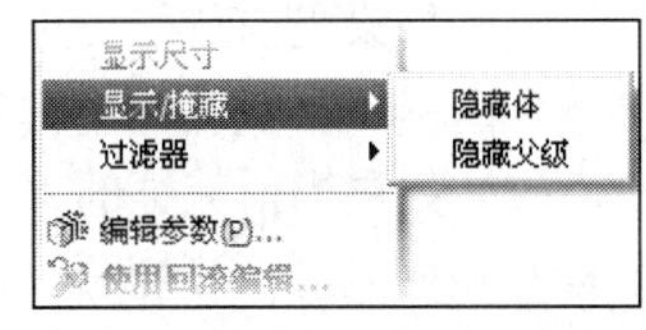

图 4.50　基于特征体的显示/隐藏

2．特征的抑制与释放

抑制特征是指临时从目标体中移除一个或多个特征，以方便模型的编辑。利用特征节点前面的复选框控制特征的抑制/释放。

抑制特征会同时抑制与其相关联的子特征；同理，取消抑制会同时取消抑制与其相关联的父特征。抑制的特征同样会影响模型。

3．编辑特征参数

在某个特征的节点上单击 MB3，可以快速打开特征的编辑参数对话框。

如果只需要编辑特征的表达式，则可以在“细节面板”中双击选中特征的一个表达式以实现快速编辑。当存在用户表达式时，可以在主面板的“用户表达式”项目下进行参数编辑。

4．使用回滚编辑特征

与编辑特征参数功能选项相同，但使用这种功能进行选中特征参数编辑时，系统会回滚到该特征创建的时间，即使该特征成为当前特征进行编辑，此特征以后的所有特征也被暂时屏蔽。此命令是双击一个特征节点的缺省操作。

5．编辑定位

对于定位类型的成型特征，可以在 MB3 菜单中启动“编辑定位”功能来编辑特征定位。

6．插入特征

如果需要插入特征，可以使用 MB3 菜单的“使成为当前特征”功能。具体做法是使此特征的前一个相邻特征成为当前特征，则其后的所有特征都将标记为不活动状态“◌”。此时就可以创建新特征，该特征将插入到当前特征之后，非激活特征之前。插入特征完成后，再使后面的某一个特征“成为当前特征”。

7. 特征重排序

在建模过程中，有时由于模型复杂或考虑不周，可能会使建模的顺序发生错误，此时无需删除特征，只需对特征顺序进行重新调整即可。在部件导航器中，有两种方式可以实现此操作：选择一个或几个特征节点→单击 MB3→在弹出菜单中选择“排在前面”或“排在后面”；选择一个或几个需要排序的特征节点，按住 MB1 拖动它们到目标位置的插入点。

进行特征重排序时需要注意特征的依附性，父子特征的顺序一般不能颠倒。例如不能将特征排在其父特征之前，同理，也不能排在其子特征之后。

8. 在更新时编辑

在进行模型编辑的过程中，当完成一个编辑操作之后，系统会更新模型。当更新失败时，系统会弹出一个“在更新时编辑（Edit During Update，简称 EDU）”对话框，并暂停模型更新，如图 4.51 所示。在对话框顶部窗口中提示更新错误的特征和错误信息。此时通常首先进行原因分析，并使用“显示当前模型”和“更新失败的区域”选项在图形窗口中检查设计模型，然后有针对性地选择如下操作：

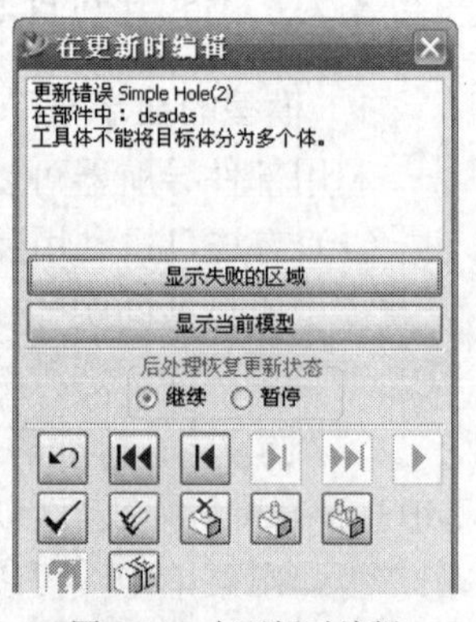

图 4.51 在更新时编辑

（1）如果当前特征发生错误，则选择对话框中的“编辑特征参数”图标，编辑当前出错的特征参数。

（2）如果当前特征的“父特征”发生错误：单击对话框中的图标返回到上一步特征，或者单击对话框中的图标，浏览选择前面的特征，然后进行编辑。

（3）如果暂时无法准确判断错误的原因或暂时不能进行处理，也可以采取下面的操作：

- 单击对话框中的图标，接受当前更新失败特征或单击图标，接受所有更新失败的特征。这些更新失败的特征被称为“过时（Out of Date）”特征，在部件导航器中显示状态为“”，单击此标记打开 EDU 对话框。
- 单击对话框图标，抑制当前特征或单击图标，抑制所有更新失败特征。

（4）单击图标，删除特征或单击图标，撤销编辑，但一般不建议这样做。

4.8 特征编辑应用案例

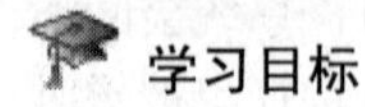

学习目标

- 掌握部件导航器的用法。
- 学习特征的各种编辑方法。

任务分析

打开素材目录下的 mobile.prt 部件，如图 4.52 所示。打开部件导航器，观察零件的建模过程，修改部件，使其符合如下设计意图。

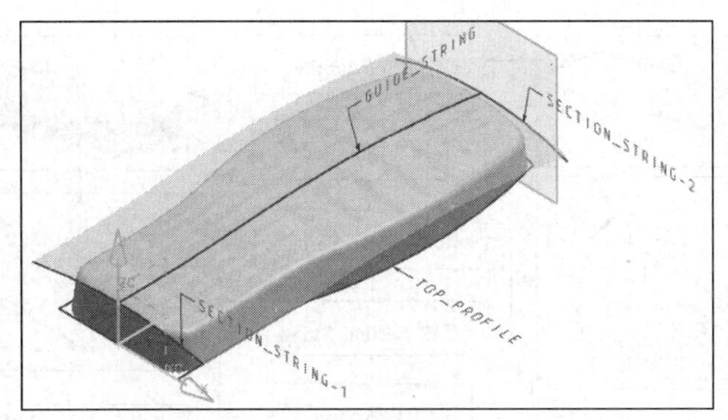

图 4.52　手机模型

- ❑ 创建 3 个表达式，分别代表手机的长，宽，高：length=170，width=70，height=18。
- ❑ 编辑各个决定手机外形尺寸的特征，使得手机的长、宽、高分别等于上述表达式。
- ❑ 编辑草图 Section_string-1 与草图 Section_String-2 的定位，使其能随草图 Guide_string 的形状和位置改变而改变。
- ❑ 编辑相应特征，使其通过草图 Section_String-2 曲线；
- ❑ 修改表达式：length=180，Height=20，手机模型应能顺利更新。
- ❑ 使手机在圆角处与整体具有相同的壁厚。

打开部件导航器，分别切换主面板到“设计视图”模式和“按时间戳记顺序”模式，可以获得手机部件的建模过程以及特征的时间戳等信息。选择菜单【编辑】/【特征】/【回放】命令，手机部件的建模流程如图 4.53 所示。按照设计意图，模型的修改过程以及要点如下：

（1）手机的外形由草图“Top_Profile”决定，修改草图的最大外形尺寸使其分别等于手机的长度公式“Length”和宽度公式“Width”。

（2）手机的顶部曲面由一个扫掠片体修剪得到，其引导线“Guide_String”的最高点位置决定了手机的高度，需要使用表达高度的公式“Height”作为变量；而扫掠片体必须保证足够大以完成修剪，故引导线和剖面线串的长度都需要大于或等于手机的长度和宽度。

（3）当草图“Section_String-2”作为扫掠片体的第二个剖面线串时，必须保证草图位置位于引导线的末端。

操作步骤

1. 创建表达式

（1）选择菜单命令【工具】/【表达式】，系统打开表达式对话框。

（2）创建表达式“length=170”：选择量纲为“长度”（缺省选择为长度）→选择单位为“mm”（缺省选择为 mm）→输入名称为“length”→输入公式为“170”→单击按钮☑，接受表达式。

（3）同理，创建另外两个表达式：Width=70，height=18。

（4）确定对话框，完成表达式的创建。

2. 编辑草图“Top_Profile”的参数

（1）打开部件导航器，确保部件导航器为“Timestamp Order”显示模式。

（2）编辑草图参数，使草图的长度和宽度分别使用前面定义的表达式来表达。

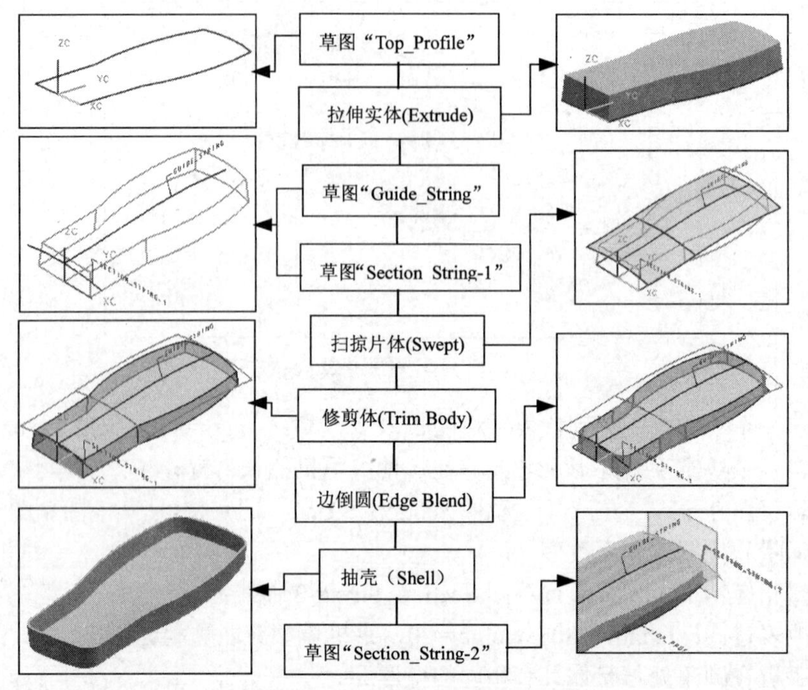

图 4.53　手机部件的建模流程

- MB3 单击节点 Sketch (1) "BASE-STRING" →在弹出菜单中选择 编辑参数(P)...，系统打开如图 4.54 所示的对话框，可以在图形窗口中预览草图的尺寸参数。
- 在对话框中选中“p7=170”，将“170”修改为“length”；选择“p4=70”，将“70”修改为“width”。
- 单击“OK”，完成草图编辑。

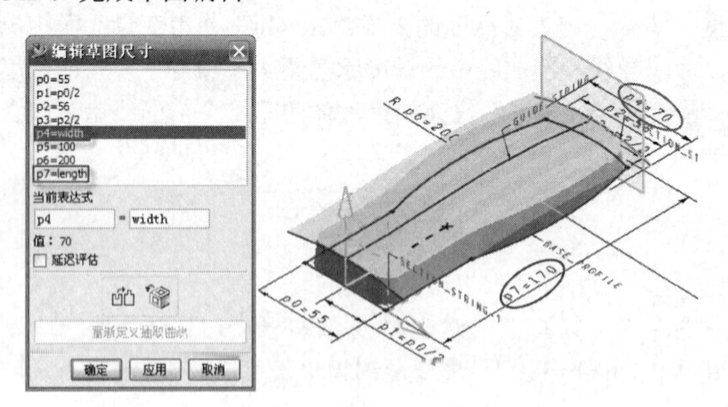

图 4.54　编辑草图参数

3. 编辑草图“Guide_String”的参数

参考步骤 2，编辑草图“Guide_String”的参数为：p10=height；p11=length。

4. 编辑拉伸特征的参数

（1）在部件导航器中选中拉伸特征的节点 Extrude (2)。

（2）单击“细节”标题打开细节面板，检查拉伸特征的参数表达式。

（3）双击“结束限制”节点，修改表达式为“height+2”，按<Enter>，如图 4.55 所示。

5. 编辑草图“SECTION_STRING−1”和“SECTION_STRING−2”的参数

参考步骤 2，编辑草图“SECTION_STRING-1”的参数为“p16=p15”；编辑草图“SECTION_STRING-2”的参数为“p23=p14”，如图 4.56 所示，其中 p15 和 p14 分别是草图“GUIDE_STRING”两端点的竖直定位尺寸。

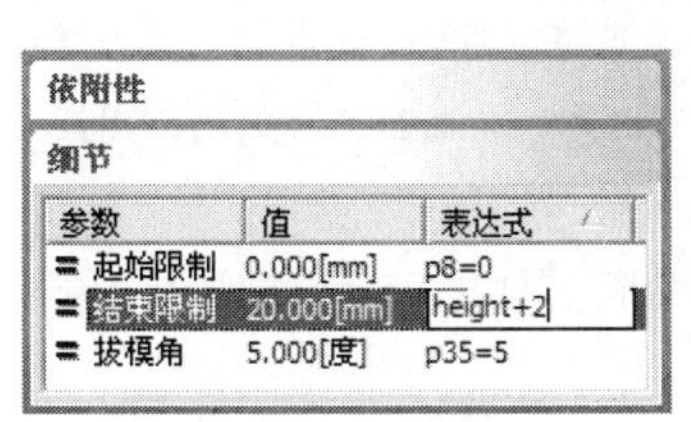

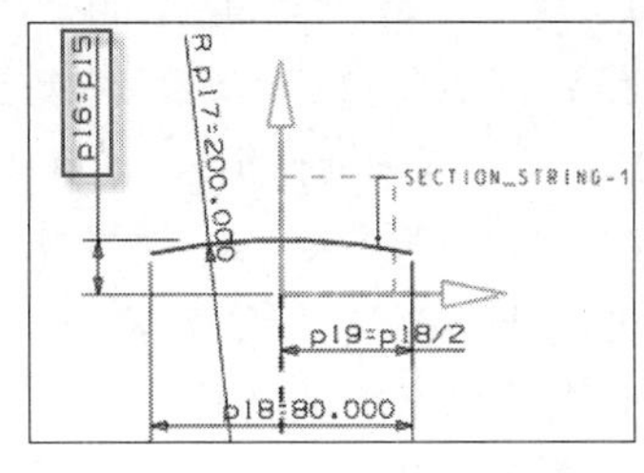

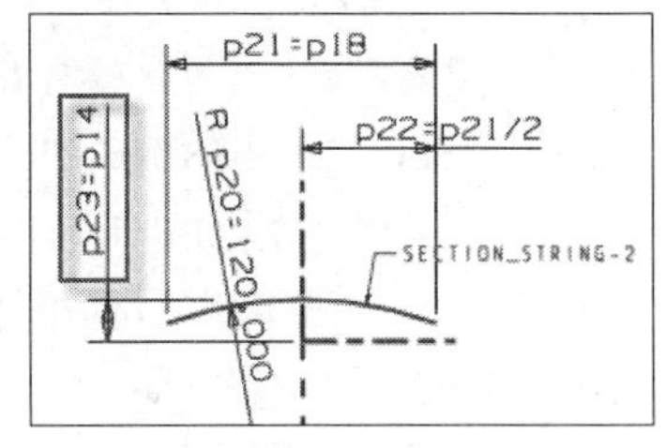

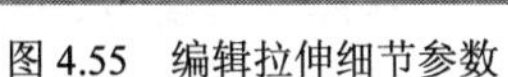

图 4.55　编辑拉伸细节参数　　　　图 4.56　编辑草图参数

6. 特征重排序

由于草图“Section_String-2”在扫掠特征之后创建，所以不能将其定义为扫掠剖面线串，必须进行特征“重排序”操作。

（1）打开部件导航器（确保为“Timestamp Order”显示模式）。

（2）如图 4.57（a）所示，在草图节点“Sketch (10) "SECTION_STRING-2"”上按住 MB1 不放，移动光标拖动此节点到第一个剖面草图节点“Sketch (4) "SECTION_STRING-1"”和扫掠特征节点 Swept (5) 之间，当出现插入符号时，释放 MB1。由于基准平面（草图平面）是草图的父特征，所以它被同时重排序。

特征重排序的另外一种方法是：MB3 单击“Sketch (10) "SECTION_STRING-2"”，在弹出菜单中将光标移至“排在前面”选项，在弹出的级联菜单中选择“Swept(5)”，如图 4.57（b）所示。

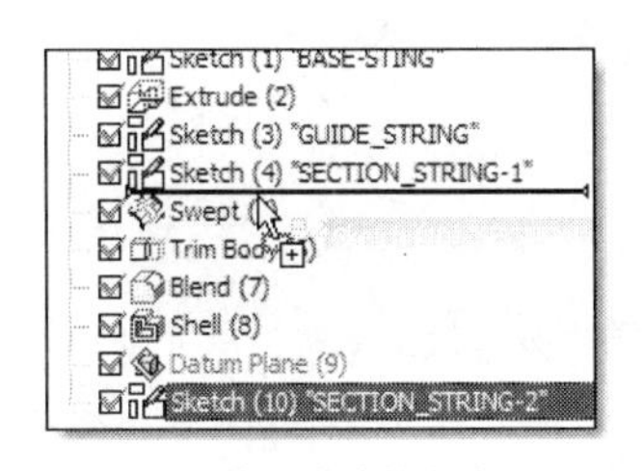

（a）使用拖放的方式

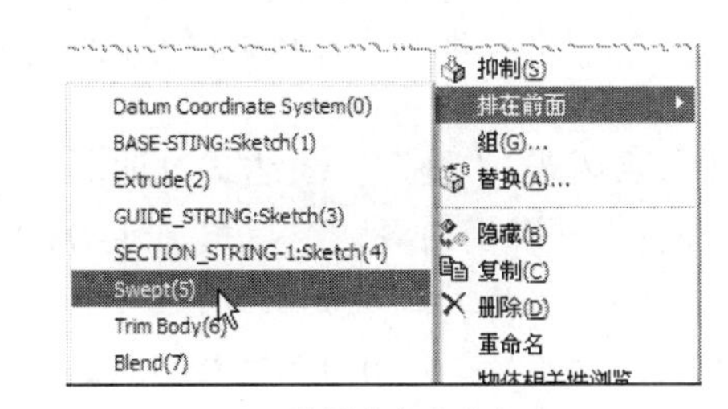

（b）使用弹出菜单方式

图 4.57　特征重排序

7. 编辑扫掠特征

（1）在部件导航器中双击扫掠特征节点 Swept (7)。

（2）在编辑参数对话框中选择“添加线串”选项。

（3）选择草图“SECTION_STRING-1”，以确定插入与其相邻的剖面线串。

（4）在出现的对话框中选择“在第一个线串之后”。

（5）选择草图“SECTION_STRING-2”，注意选择的起点应该与原始剖面一致，OK。

（6）在草图附近会显示标记“Section#2”，且箭头方向一致。

（7）“确定”编辑参数对话框，扫掠片体会发生更新。

8. 编辑表达式，更新模型

（1）打开部件导航器，单击“用户表达式”前面的展开标记⊞，查看用户表达式。

（2）双击表达式节点 length=170 →输入数值为 180→<Enter>，模型发生更新错误，系统弹出“EDU”对话框。

分析更新失败的原因：系统提示“更新错误：Trim Body，非歧义实体”，在对话框中分别单击“显示当前模型”和“显示失败区域”选项，可以看到，由于片体不够大以致于不能修剪实体。这主要是因为扫掠片体所定义的“剖面线串 2”的位置没有发生相应改变。“剖面线串 2”是由草图“SECTION_STRING-2”定义的，而草图的位置是由草图平面（相关基准剖面）决定的，因此我们只需要将草图平面的偏置距离应用长度表达式，即可解决此问题。

（3）单击“EDU”对话框中的图标⏮，在特征列表中没有我们需要的节点，因此，单击“EDU”对话框中的图标☑，接受当前更新失败特征。

9. 编辑草图平面位置，使其符合手机的长度

（1）在部件导航器中，双击草图“SECTION_STRING-2”的放置面“☑ Datum Plane (5)”。

（2）在图形窗口中，单击“偏置”动态输入框区域右侧的“设计逻辑”符号⬇。

（3）在弹出的菜单中选择“公式”选项，系统打开表达式对话框。

（4）在“length”表达式上单击 MB3，选择“插入名称”，如图 4.58 所示。

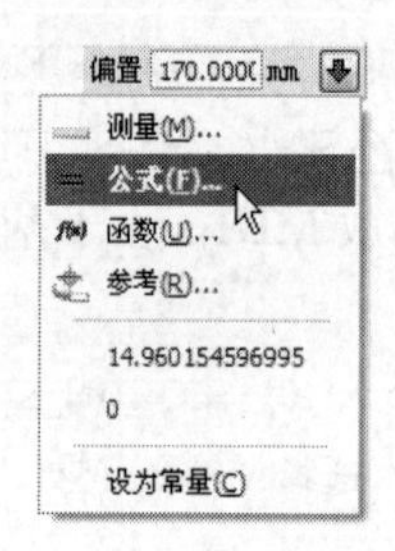

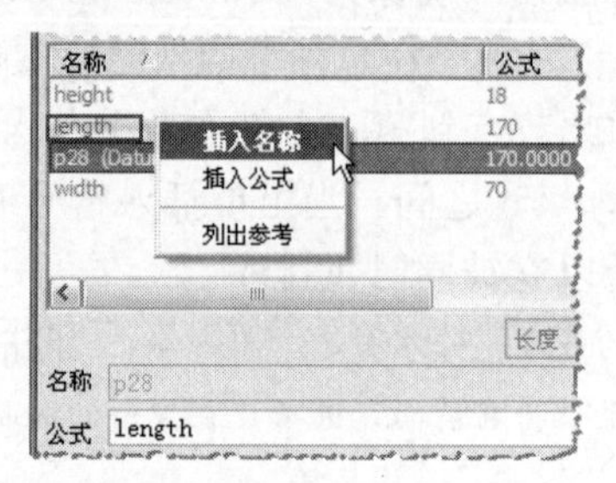

图 4.58 使用设计逻辑选项输入参数

（5）接受表达式，“确定”表达式对话框。

（6）“确定”基准平面对话框，系统开始更新模型。

由于我们已经建立了扫掠的剖面草图与手机长度的关联，因此模型重新生成（自动更新前面过时的“修剪体”特征）。修改表达式：Length=200，Height=20，看工程模型能否顺利更新。

10. 插入边倒圆特征

为了使顶部边倒圆之后的手机具有均匀的壁厚，需要在抽壳之前插入顶部边缘的倒圆角。具体操作步骤如下：

（1）在部件导航器中，MB3 单击抽壳特征 ☑ Shell (10) 之前的相邻特征节点 ☑ Blend (9)。

（2）在弹出菜单中选择“使成为当前特征”选项。

（3）选择边倒圆命令：确保使用“相切曲线”选择意图，选择实体顶部边缘，输入半径为 3，确定边倒圆对话框。

（4）使抽壳特征 Shell (10) 成为当前特征。

修改高度表达式为 height=20，模型应该能够顺利更新。

4.9　实体建模的思路

4.9.1　建模常见问题

用户在基本掌握了 NX 的基础知识以后，在实际设计过程中往往会遇到以下一些问题：

（1）拿到图纸之后，无从下手；

（2）部件的编辑修改非常困难；

（3）部件的数据非常混乱。

对于第 1 个问题，大多数情况下是由于不了解 NX 系统的一般建模流程。有关这个问题将在 4.10.2 中进行详细的阐述。

对于第 2 个问题，一般往往出现在操作层面上。这既可能是由于操作不熟练，也有可能是执行了一些非法的操作。下面将举例说明：

- 在建模过程中使用了一些非参数化的操作，如“【编辑】/【变换】”（应该使用“引用”功能）、复制对象到其他层（应该使用“抽取”功能）、分割体（应该使用“修剪体”）等，这些操作会使模型非参数化。
- 由于建模没有统一规划，创建了许多重复的对象。比如一般在一个模型中，建议只创建三个固定基准平面（或一个 ACS 基准坐标系），其他应该使用相关基准平面。清理不需要的重复对象的一个简单方法是：在部件导航器“设计视图”模式下，检查“未使用的项”。
- 在对模型进行特征编辑的过程中，抑制了某些特征而没有及时释放它们；在模型更新过程中，当更新失败时，没有进行相关的参数化编辑，而是一味地“接受”等。

对于第 3 个问题，一般是因为没有正确使用图层进行对象分类。许多初学者在建模过程中，往往只使用两个层（一层放实体，其他对象统统放入另外一层），甚至根本就只使用一个层（其他对象统统隐藏）。设想一下，对于一个复杂产品的设计，往往需要使用大量的构造对象（草图、曲线、参考特征、片体等）和经常的编辑操作，那么如何去查询已有的数据？如何快速找到所需要的对象？建议初学者重视图层的应用，在设计之前做统一规划。

4.9.2　实体建模的一般过程

在全面了解 NX 的主要建模功能之后，需要了解实体建模的一般过程，如图 4.59 所示。零件的建模一般可以分成 4 个阶段，如下所述。

1．分析零件图纸，零件特征的分解阶段

分析零件的形状特点，把它隔离成几个主要的特征区域。接着对每个区域进行粗线条分解（“去精留粗”），直到在脑子里有一个总体的建模思路以及一个粗略的特征图，同时要辨别出难点以及容易出问题的地方。

在对特征进行排序时，应该注意以下一些基本原则：

（1）先粗后细：先作粗略的形状，再逐步细化；

（2）先大后小：先作大尺寸形状，再完成局部的细化；

（3）先外后里：先作外表面形状，再细化内部形状。

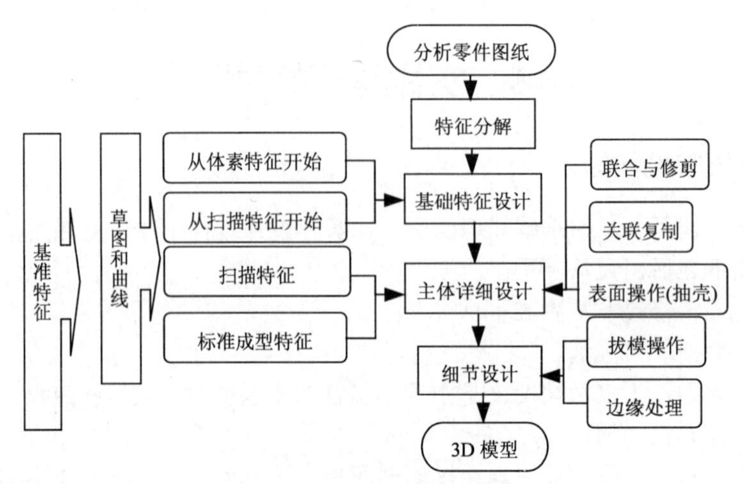

图 4.59　实体建模的一般过程

2. 零件基础特征（或称为“根特征”）的设计阶段

作出零件的毛坯形状。一般可以通过两种方法进行构造：

（1）由草图/曲线扫描生成（拉伸、旋转等）。

（2）使用体素特征（构造简单的形体）。

3. 零件主体的详细设计阶段

在基础实体上添加/移除材料，这是建模的核心阶段。一般通过以下方法实现：扫描特征、标准成型特征、关联复制操作以及其他一些必要的特征操作，如抽壳、修剪、联合体等。

在主体特征的设计阶段，有以下一些建议：

（1）建立模型的关键结构，如主要轮廓，关键定位孔等。确定关键结构对建模过程起到关键作用。

（2）如果一个结构不能直接用三维特征完成，则需要找到结构的某个二维轮廓特征。然后用拉伸或旋转扫描的方法，或者用自由形状特征去建立模型。

（3）用实体建模，曲面可作为辅助体来修剪实体（Trim Body）。

（4）确定的设计部分，先造型，不确定的部分放在造型的后期。

（5）设计基准（Datum）通常决定设计思路，好的设计基准将会简化造型过程并方便后期设计的修改。通常，大部分的造型过程都是从设计基准开始的。

4. 零件的细节设计阶段

利用特征操作功能进行零件的细节设计。主要包括对零件的倒圆角、倒角、拔模等操作。

4.10 本章小结

本章通过实例介绍了 NX 特征建模系统的基本功能与应用。通过本章的学习读者应该对 NX 的特征建模系统进行全面的了解，并根据不同的特征类型进行分类学习，区别各种特征的应用场合与一般用法，并通过练习掌握实体建模的一般流程，尤其应该掌握如何利用部件导航器等编辑工具对模型进行相应的编辑操作。

4.11　思考与练习

1．成型特征的定位方法有哪些？分别用于哪些情况？

2．由曲线（或草图）可以创建哪些主要的特征？

3．NX 包括哪些类型的表达式？

4．可以通过部件导航器进行哪些特征编辑操作？

第 5 章　实体建模项目实践

本章将以工业钻孔发动机（如图 5.1 所示）的部分零件建模任务作为主线，介绍使用 UG NX 进行零件设计的一般方法和常用实体建模命令的使用技巧。

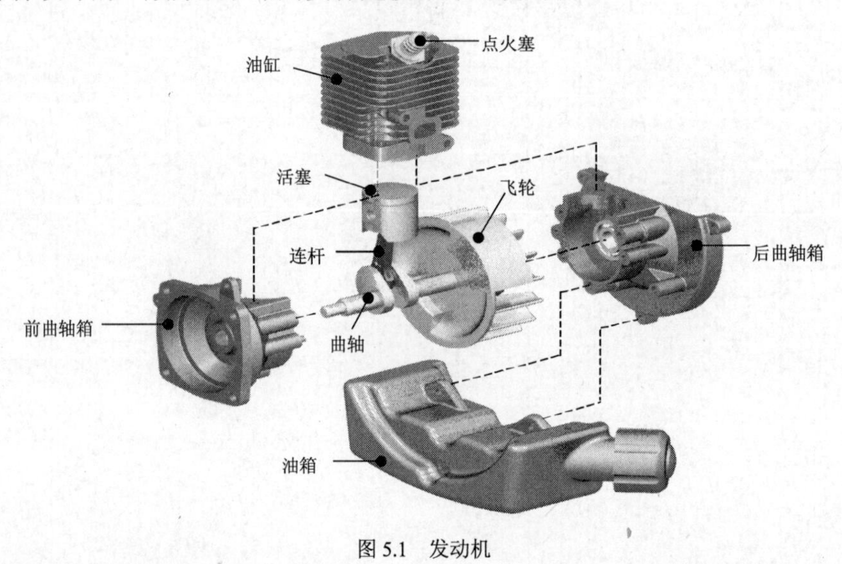

图 5.1　发动机

【教学目标】通过具体的设计项目实践，掌握实体建模的一般过程和各种操作技巧。

【知识要点】本章主要包括以下内容：

- ❑　实体建模的基本思路和一般流程；
- ❑　用于实体建模的各种类型特征的综合应用。

为了充分介绍实体建模的具体方法，本章采用以下实例进行讲解。

- ❑　螺母零件建模；
- ❑　活塞零件建模；
- ❑　点火塞零件建模；
- ❑　曲轴零件建模；
- ❑　连杆零件建模；
- ❑　油箱盖零件建模；
- ❑　异形螺母零件建模；
- ❑　飞轮零件建模；

- ❑ 曲轴箱零件建模；
- ❑ 汽缸零件建模。

本章大部分任务均需要在建模前，在 61 层创建 ACS 基准坐标系作为设计的参考基准。基于此，用户根据要求可以创建一个种子部件。本书配套素材中提供了一个公制种子文件 Seed_part_mm，可以打开此文件并换名另存。

5.1　螺母零件建模

学习目标

本任务将重点学习以下建模功能的应用：

- 旋转特征（Revolved）
- 拉伸（Extrude）

任务分析

完成图 5.2 所示的螺母零件的建模。

通过对构成零件的特征进行分析，根据对基础特征的不同了解，可以有以下两种建模方案：

❑ 建模思路一

零件的基础特征（毛坯）为旋转体，在毛坯上移除材料—带偏置的六角拉伸特征。零件建模流程如图 5.3 所示。

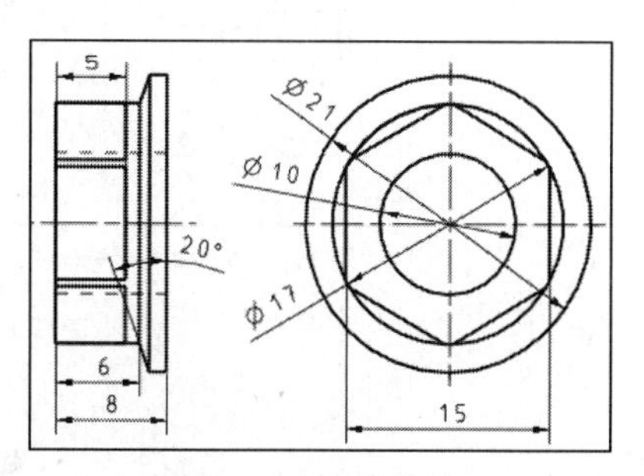

图 5.2　螺母零件图

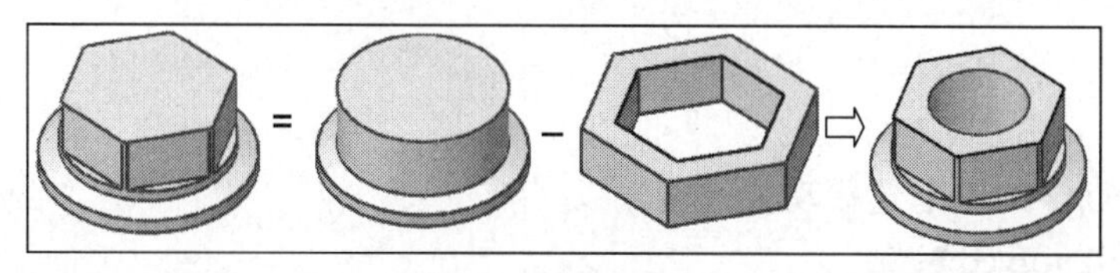
图 5.3　建模思路一

❑ 建模思路二

零件的基础特征（毛坯）为旋转体，在毛坯上添加材料—六角拉伸特征。零件建模流程如图 5.4 所示。

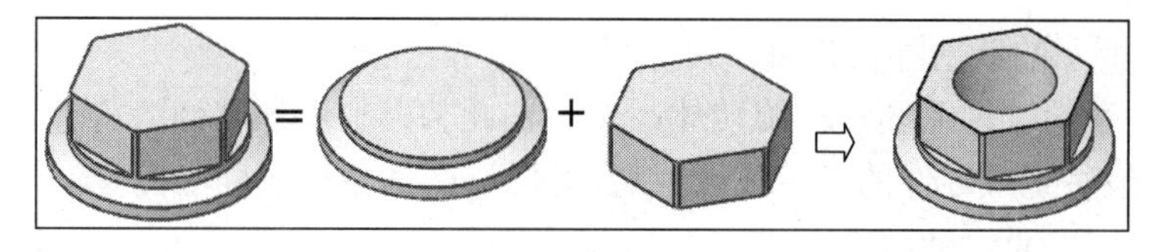
图 5.4　建模思路二

通过上面的分析可以看出，完成一个零件的建模可以有多种建模方案。下面给出思路一的操作步骤，思路二的操作过程请读者自行完成。

操作步骤

打开种子文件 Seed_part_mm，另存为 Nut。启动建模环境。

1．创建基础特征—旋转体

选择“旋转”命令→选择“YC-ZC”基准平面（系统自动启动草图环境）→在草图环境旋转体剖面草图→完成草图→单击按钮：选择 ZC 基准轴→旋转角度为“0～360”→单击按钮确定，完成旋转体的创建，如图 5.5 所示。

2．创建带偏置的拉伸特征

选择“拉伸”命令→在对话框中单击“草图”按钮→选择旋转体的上表面为草图平面，选择 XC 轴为水平参考→在草图环境完成草图设计→单击按钮完成草图→拉伸方向为指向实体内部，深度为 5→打开“偏置”选项，接受默认偏置参数→选择“求差”操作→OK，完成拉伸特征的创建，如图 5.6 所示。

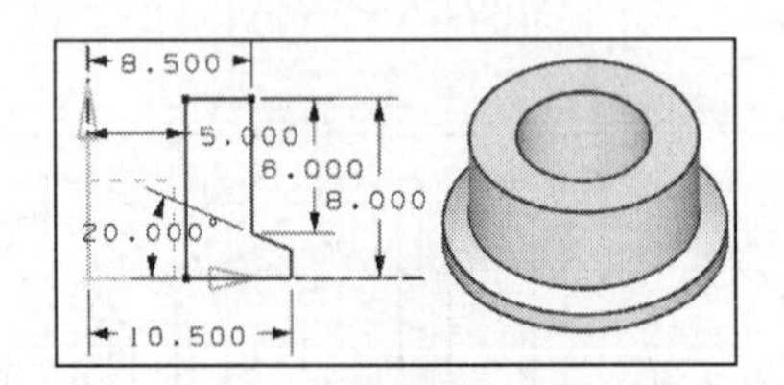

图 5.5 创建旋转体

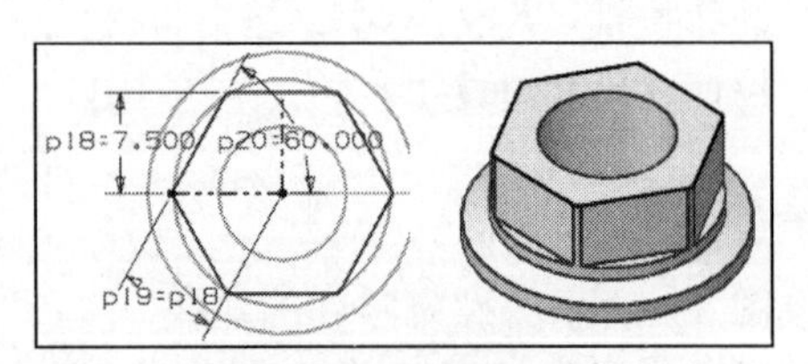

图 5.6 创建拉伸特征

5.2 活塞零件建模

学习目标

本任务将重点学习以下建模功能的应用：

- 旋转（Revolved）
- 拉伸（Extrude）
- 圆台（Boss）
- 边倒圆（Edge Blend）

任务分析

完成图 5.7 所示的活塞零件建模。

首先构建活塞的零件毛坯——旋转体，然后在此基础上添加其他的构造特征（如扫描、成型特征等），最后完成零件的细节设计（边倒圆等），其建模思路如图 5.8 所示。

操作步骤

打开种子文件 Seed_part_mm，另存为 piston。启动建模环境。

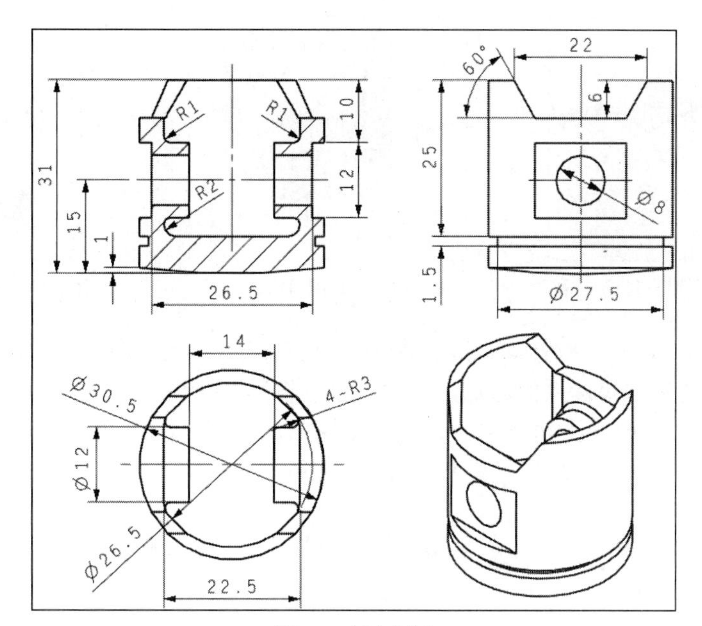

图 5.7　活塞图纸

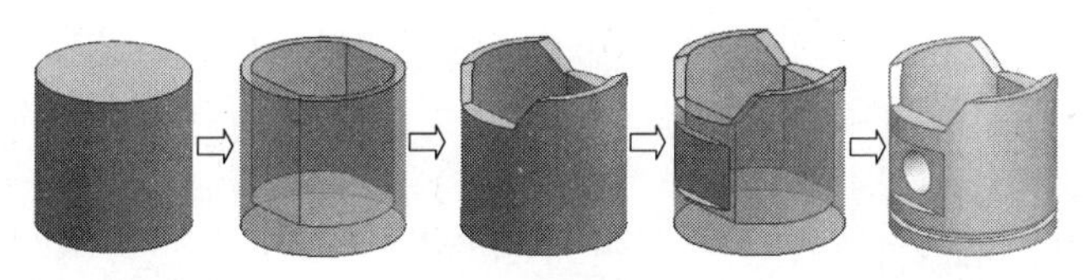

图 5.8　建模思路

1. 创建基础特征—旋转体

工作层=1。草图平面为 XC-ZC 平面，旋转轴为 ZC 轴，创建图 5.9 所示的旋转体。

2. 活塞的详细设计

（1）创建图 5.10 所示的拉伸特征：草图平面为实体上表面，与原实体“求差”。

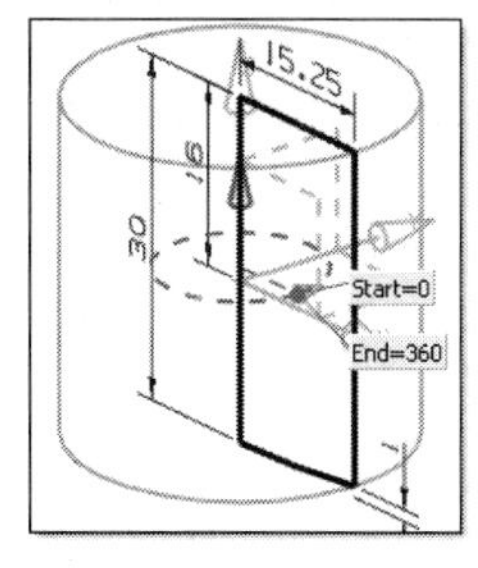

图 5.9　创建旋转体

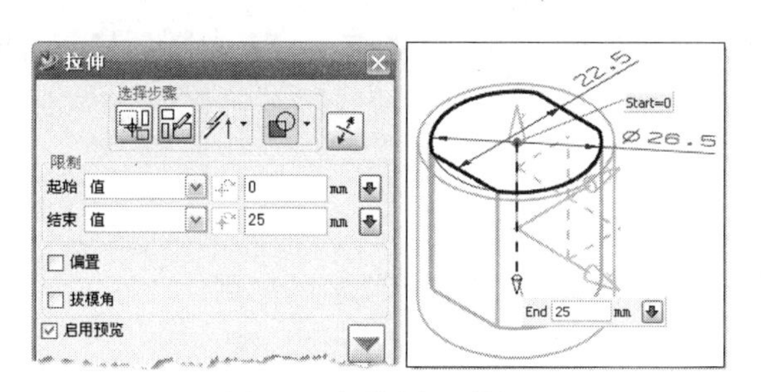

图 5.10　拉伸内部孔特征

（2）顶部槽口：草图平面为 XC-ZC 平面，拉伸限制选择“对称值”方式，与原实体执行“求差”操作，如图 5.11 所示。

（3）侧面槽口：草图位于 YC-ZC 平面上，拉伸参数为对称拉伸，与原实体执行“求差”操作，如图 5.12 所示。

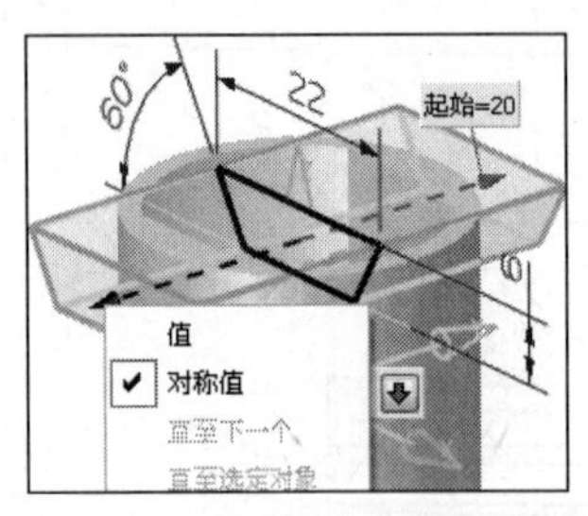

图 5.11 创建顶部槽口拉伸特征

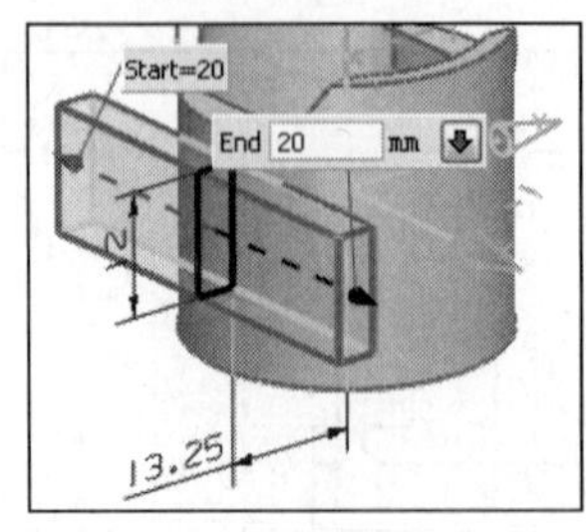

图 5.12 创建侧面槽口特征

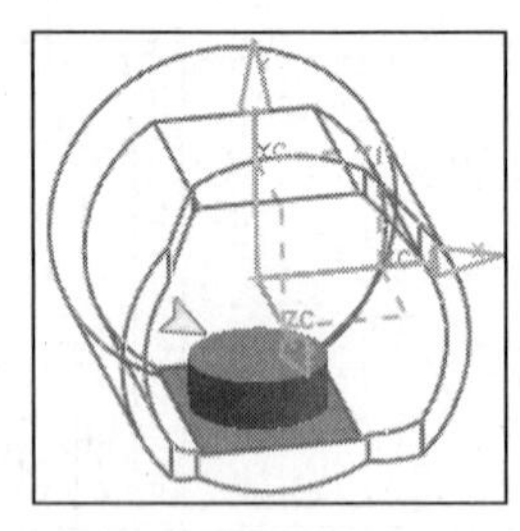
图 5.13 创建圆台特征

（4）创建圆台（Boss）特征：放置面为活塞内部的一个侧平面，将圆台使用“点到点”定位方式定位到基准坐标系的原点，创建过程如图 5.13 所示。

（5）以 XC-ZC 平面作为镜像平面，创建侧面槽口和圆台的镜像特征，如图 5.14 所示。

（6）按照图纸的尺寸创建销轴安装通孔和沟槽特征。

3. 细节设计

单击“边倒圆”按钮→输入“Set1”的半径“R=3”→选择活塞内壁 4 条竖直边→单击 MB2→输入“Set2”的半径“R=1”→选择两个圆台与内壁的交边→OK，完成边倒圆的创建，如图 5.15 所示。同理，完成活塞内侧底部相切边的 R2 的倒圆角。

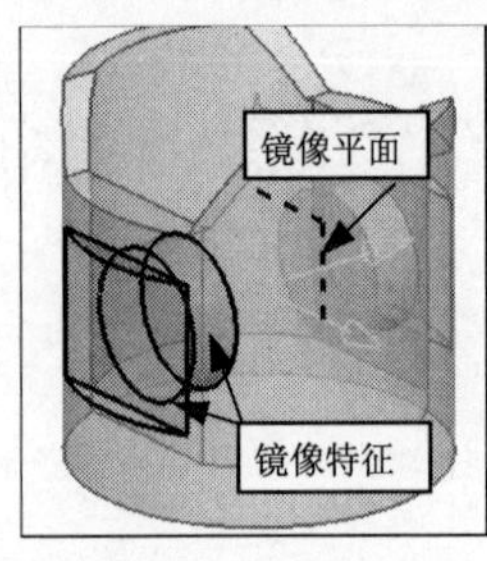

图 5.14 镜像特征

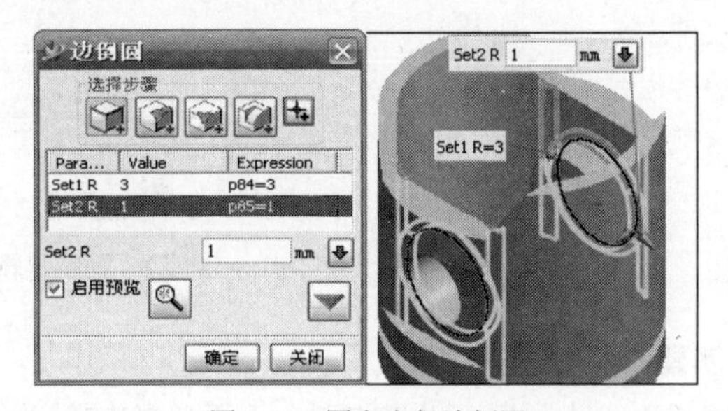

图 5.15 固定半径边倒圆

边倒圆的顺序一般为从大半径到小半径，相切链应该同时进行倒圆。

5.3 点火塞零件建模

学习目标

本任务将重点学习以下建模功能的应用：

- 矩形阵列（Rectangular Array）
- 倒角（Chamfer）
- 偏置基准平面（At Distance）
- 所有引用特征的边倒圆（Blend All Instance）

任务分析

完成图 5.16 所示的点火塞零件的建模。

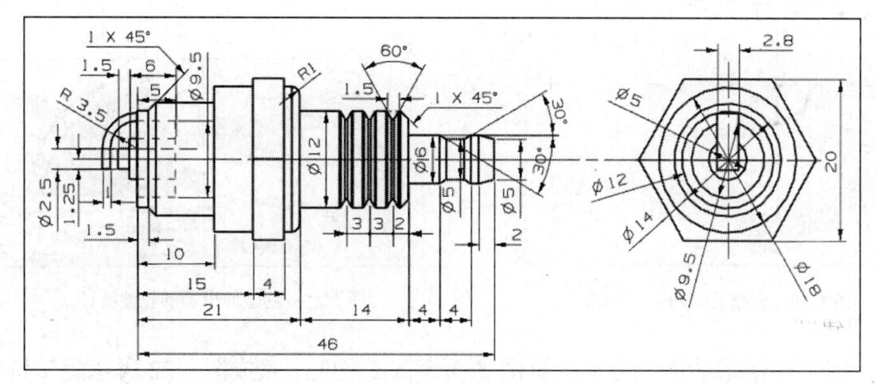

图 5.16　点火塞零件图

本例为一轴类零件，可以考虑使用旋转特征创建基础实体。在创建草图时，应该仔细分析包括哪些部分曲线。一般草图应该包括零件的主体部分，诸如倒角、圆角等一般细节特征不作在草图中，这样可以简化草图，提高效率。这些细节特征将在后续操作中，进一步细化。图 5.17 给出了本任务的一种建模思路。

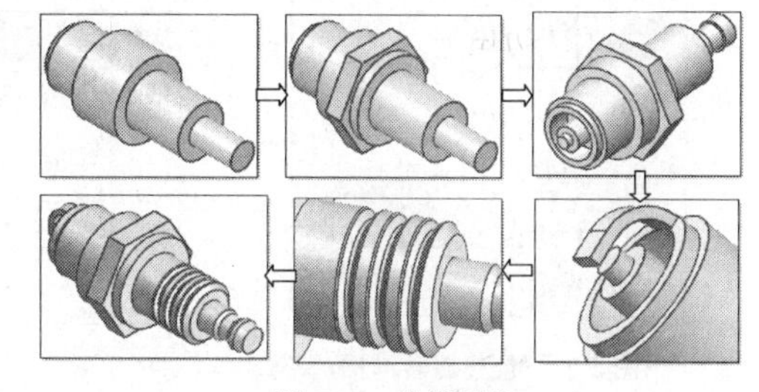

图 5.17　建模思路

操作步骤

打开种子文件 Seed_part_mm，另存为 plug_spark。启动建模环境。

1. 创建基础特征——旋转体

旋转特征的草图位于 XC-YC 平面上，旋转轴为 XC 轴，完成的旋转体如图 5.18 所示。

2. 点火塞零件的详细设计

（1）创建螺母部分的拉伸特征：创建距离左侧端面为 15 的偏置基准平面，然后将此平面作为拉伸的草图平面，完成图 5.19 所示拉伸特征，与原实体执行“求和”操作。

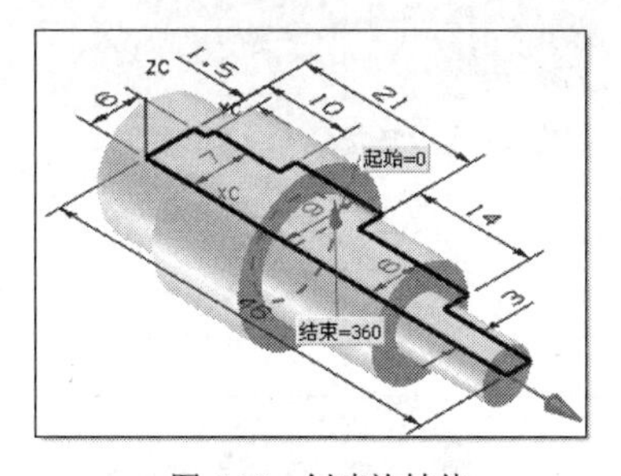

图 5.18　创建旋转体

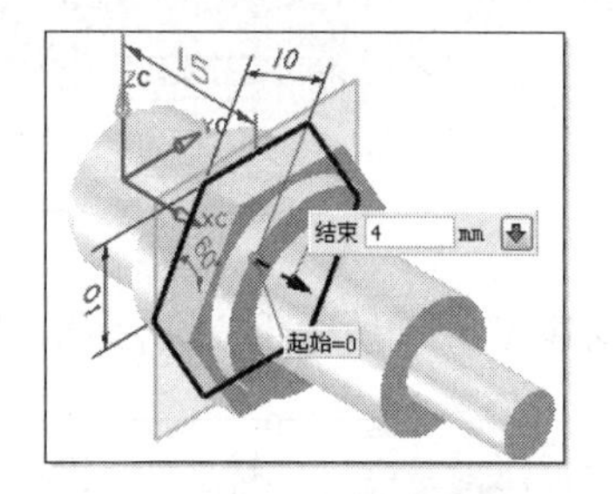

图 5.19　创建拉伸“求和”

（2）创建左侧的 3 个标准成型特征：一个孔和两个圆台，均采用“点到点”的定位方法定位到旋转体中心；在零件右侧创建一个“矩形”沟槽特征，结果如图 5.20 所示。

（3）创建顶部伸出部分的拉伸特征：拉伸特征的草图平面为 XZ 平面，在草图中插入了孔边缘的“交点交”，并利用此交点进行草图约束，如图 5.21 所示；拉伸限制为对称拉伸

=1.4，与原实体执行“求和”操作。

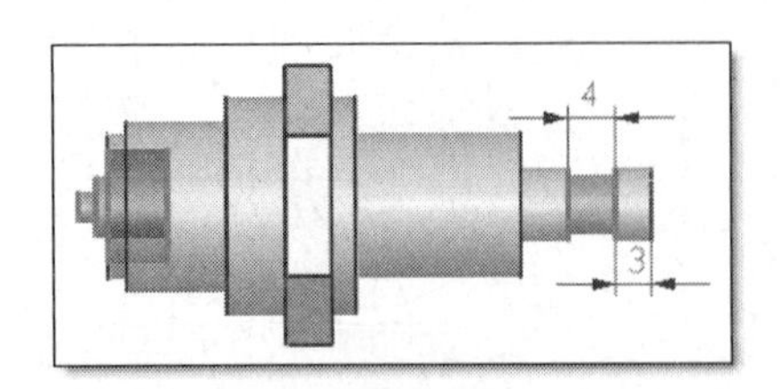

图 5.20　创建孔、圆台和沟槽

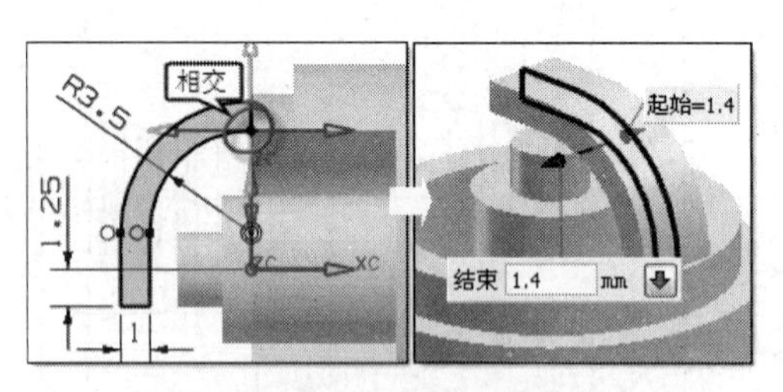

图 5.21　创建伸出顶的拉伸特征

（4）创建三角形槽的旋转特征：草图平面为 XZ 平面，完成图 5.22 所示旋转特征，与原实体执行“求差”操作。

（5）创建图 5.23 所示的“矩形阵列”特征。

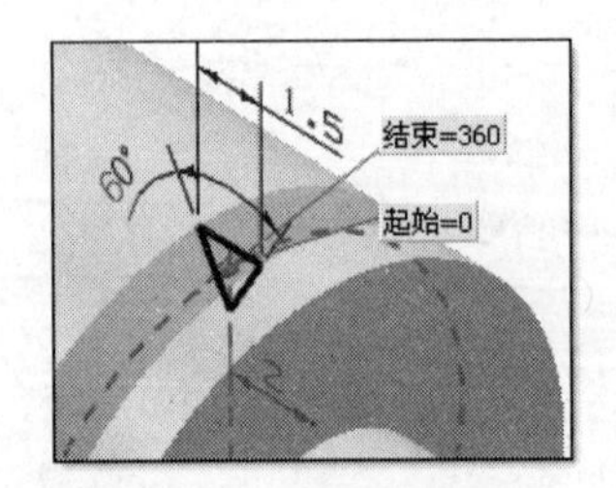

图 5.22　创建旋转沟槽

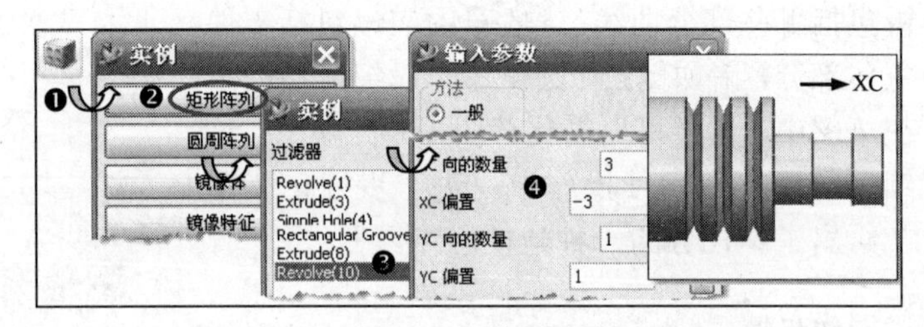

图 5.23　创建矩形阵列

3. 细节设计

（1）在如图 5.24 所示沟槽的 3 条边添加“边倒圆”（R=0.25），激活对话框中的“更多”选项→选中“倒圆所有引用（Blend All Instance）”→OK，则所有沟槽都被添加了边倒圆。

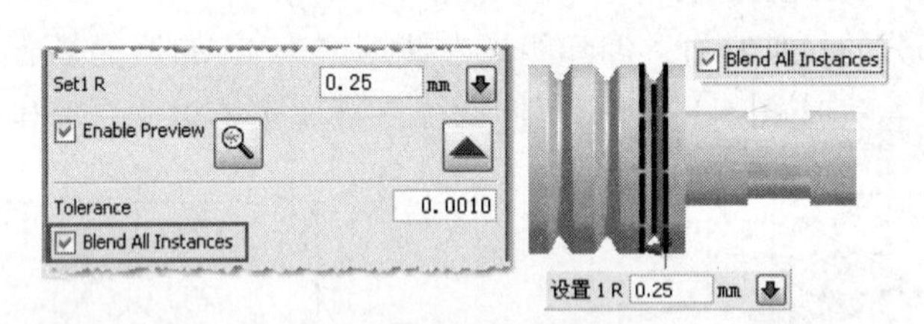

图 5.24　所有引用边倒圆

（2）创建图 5.25 所示倒斜角特征，完成建模。

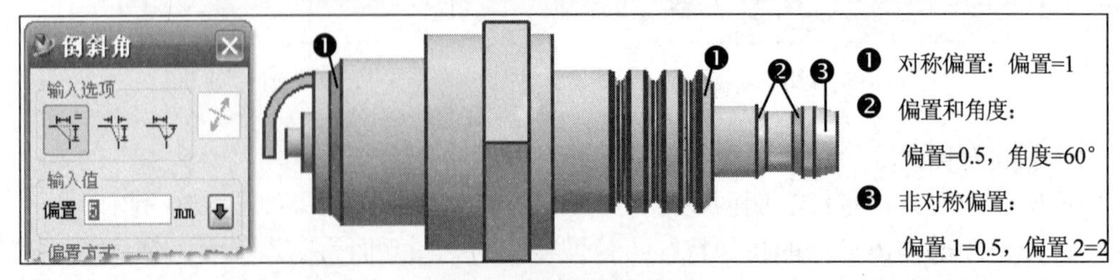

图 5.25　创建倒斜角特征

5.4　曲轴零件建模

学习目标

本任务将重点学习以下建模功能的应用：

- 布尔操作——求交（Subtract）与求和（Unite）
- 引用特征——镜像体（Mirror Body）
- 矩形腔体（Rectangular Pocket）

任务分析

完成图 5.26 所示曲轴零件的三维建模。

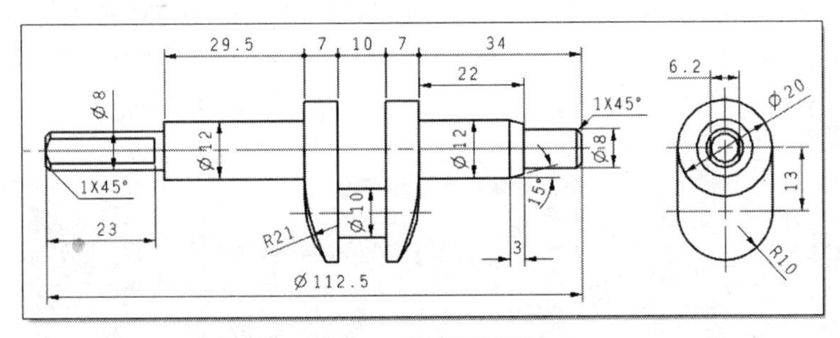

图 5.26　曲轴零件图纸

曲轴建模的难点在于曲轴转接部分的建模。通过对图纸的分析，此部分应该由两个拉伸体和旋转体“相交”得到，如图 5.27～图 5.30 所示。

操作步骤

1．曲轴转接部分的建模

（1）创建图 5.27 所示的拉伸体：草图平面为 XZ 平面。

（2）创建图 5.28 所示的旋转体：草图平面为 YZ 平面，草图圆弧与拉伸实体端面相切。

（3）单击布尔预算“求交”按钮，分别选择两个实体，运算结果如图 5.29 所示。

（4）选择“引用”命令→选择“镜像体”→选择已完成的实体→OK→选择 XZ 基准平面作为镜像平面，完成结果如图 5.30 所示。

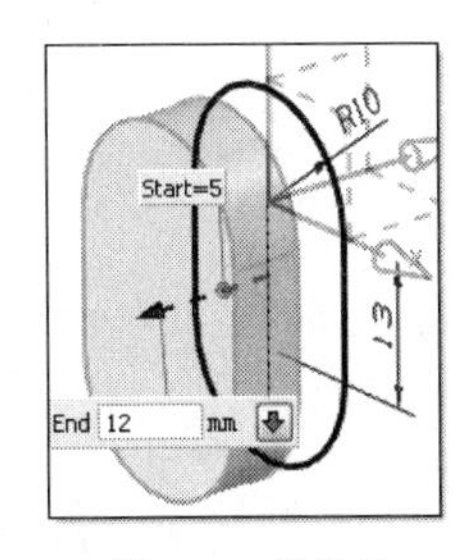

图 5.27　拉伸体

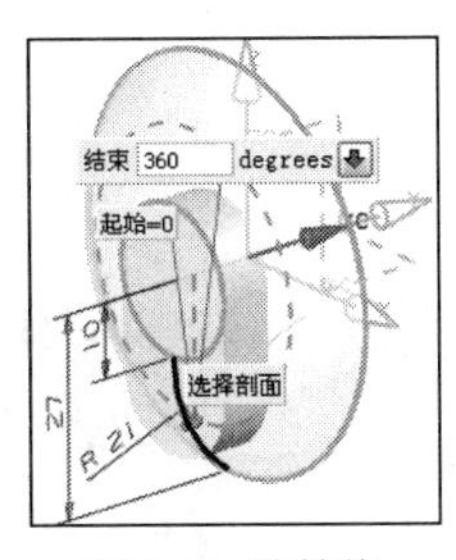

图 5.28　旋转体

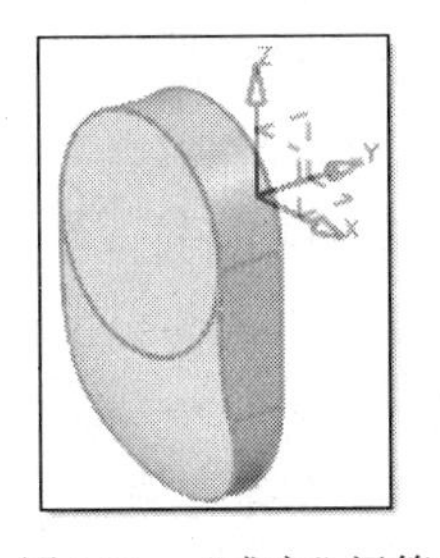

图 5.29　“求交”运算

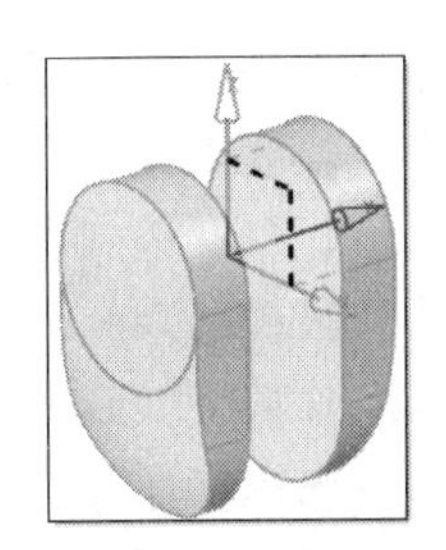

图 5.30　镜像体

2. 详细设计

（1）创建尺寸如图 5.31 所示的 5 个圆台特征。

（2）单击布尔预算“求和”按钮，分别选择两个实体进行运算，获得单一实体模型。

（3）创建如图 5.31 所示的三处倒斜角：1 和 2 为对称偏置方式；3 为偏置和角度方式。

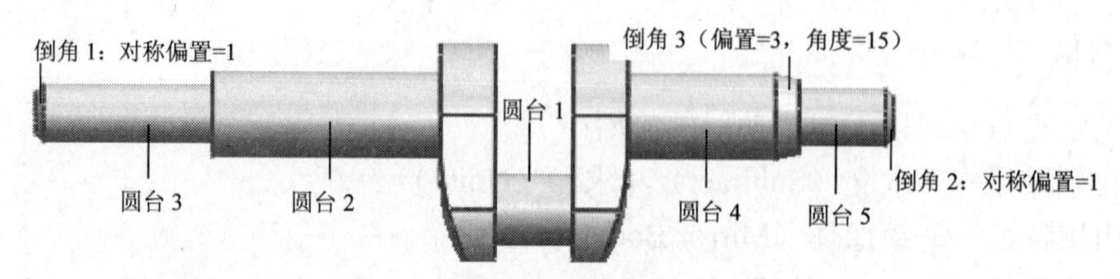

图 5.31 创建圆台、布尔操作和倒角

3. 创建曲轴头部的两个止口特征，完成建模

（1）选择“腔体”命令→选择“矩形”→选择曲轴端面为放置面→选择 ZC 轴为水平参考→输入腔体参数→OK→定位腔体：选择“远距平行”→选择 ZC 轴作为目标边→选择腔体内侧边作为工具边→输入距离为 3.1→单击两次“OK”，如图 5.32 所示。

（2）以 YZ 平面为对称平面，镜像此腔体特征，完成零件的建模。

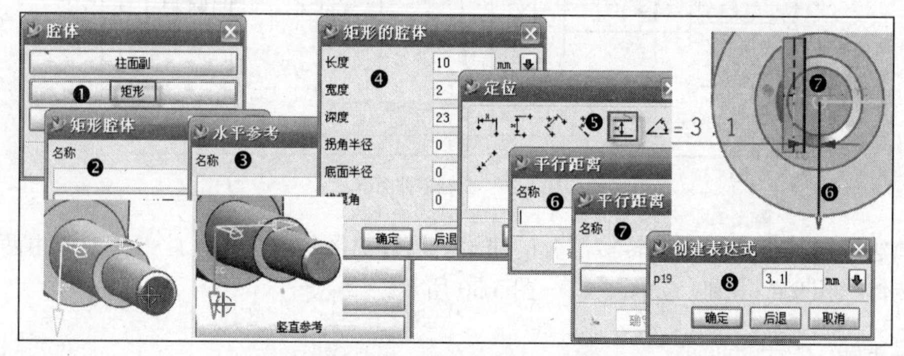

图 5.32 创建矩形腔体的步骤

5.5 连杆零件建模

学习目标

本任务将重点学习以下建模功能的应用：

- 偏置表面（Offset Face）
- 矩形凸垫（Rectangular Pad）
- 拔模（Taper）
- 修剪体（Trim Body）
- 布尔操作-求差（Subtract）
- 螺纹特征（Thread）

任务分析

完成图 5.33 所示连杆零件的建模。

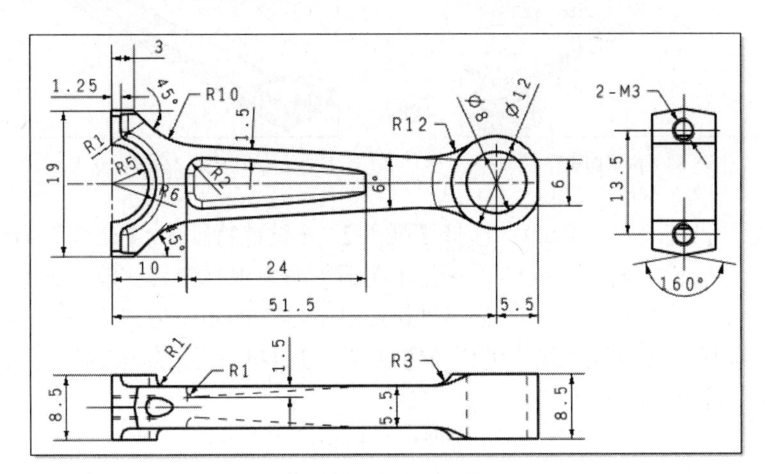

图 5.33　连杆零件图纸

此零件为上下、左右对称，为了简化建模过程，只作零件的四分之一，然后利用镜像体和布尔操作功能完成整个零件的建模，如图 5.34 所示。

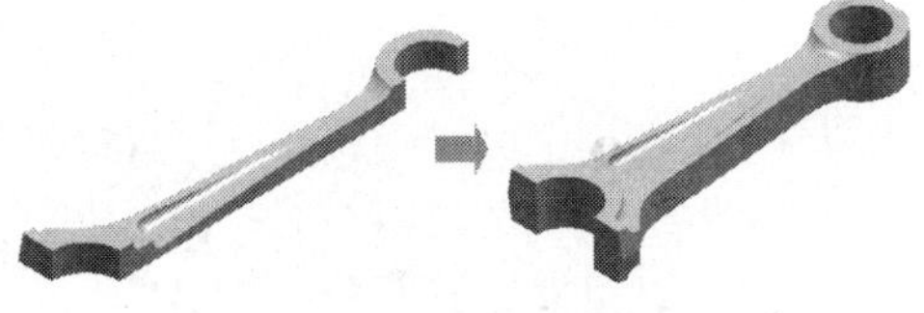

图 5.34　连杆建模过程

操作步骤

打开种子文件 Seed_part_mm，另存为 Connection。启动建模环境。

1. 创建基础特征——拉伸特征

以 XC-YC 为草图平面，完成图 5.35 所示的拉伸实体的创建。

2. 连杆基体的详细设计

（1）创建图 5.36 所示的两个圆台特征：两个圆台的尺寸均为“直径=12，高度=1.5”；圆台❶的定位方式为同心约束；圆台❷的定位方式为“点到点”，定位到基准坐标系原点。

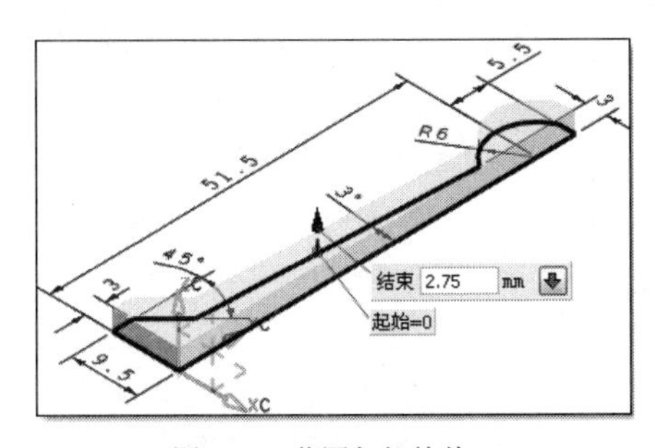

图 5.35　草图与拉伸体

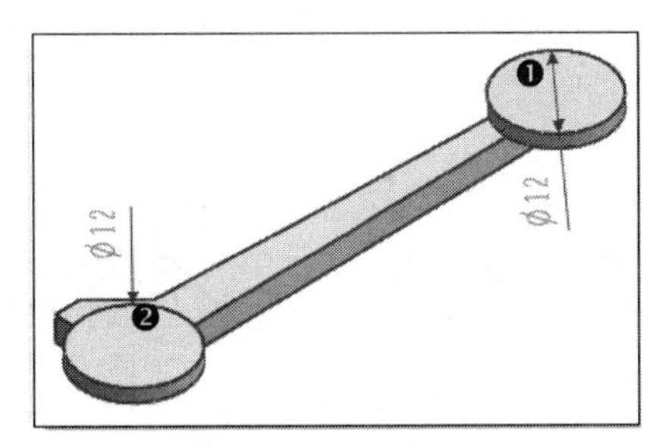

图 5.36　创建圆台特征

（2）创建偏置面特征：选择【插入】/【偏置/比例】/【偏置面】命令→选择图 5.37 所示的两个圆台的底面→输入偏置距离为−5→OK，完成结果如图 5.38 所示。

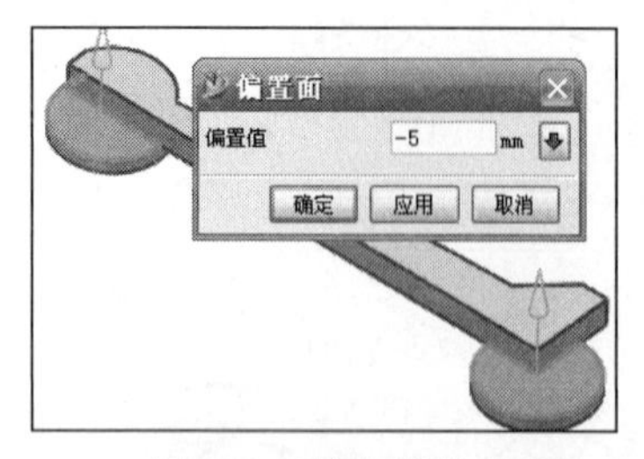

图 5.37 偏置面操作

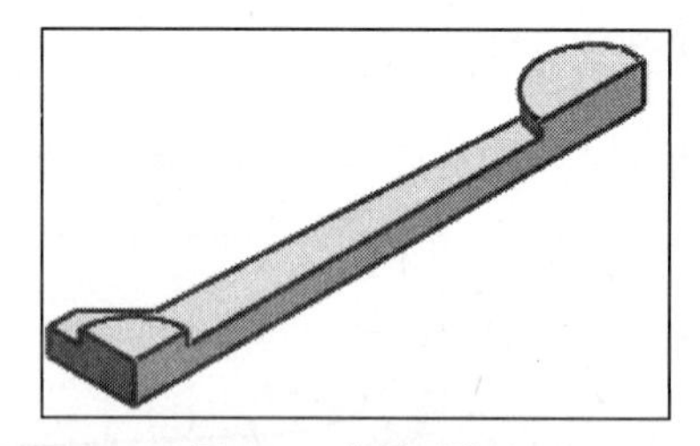
图 5.38 偏置面结果

（3）创建矩形凸垫特征（Pad）：选择【插入】/【设计特征】/【凸垫】命令→选择“矩形”凸垫→选择连杆臂上端面为放置面→选择端部平面为水平参考→输入参数（长度=5，宽度=1.25，高度=1.5）→定位凸垫（①选择“直线到直线”的定位方式→选择目标边 1→选择工具边 1；②选择“直线到直线”的定位方式→选择目标边 2→选择工具边 2），完成矩形凸垫的创建，如图 5.39 所示。

（4）创建图 5.40 所示的两个直径分别为 10 和 8 的通孔特征，与圆台同心约束。

（5）为图 5.41 所示的侧面添加“10°”的拔模特征：使用“从固定平面拔模”方式，拔模方向为默认的+ZC 轴，以连杆的底平面为作为固定平面。

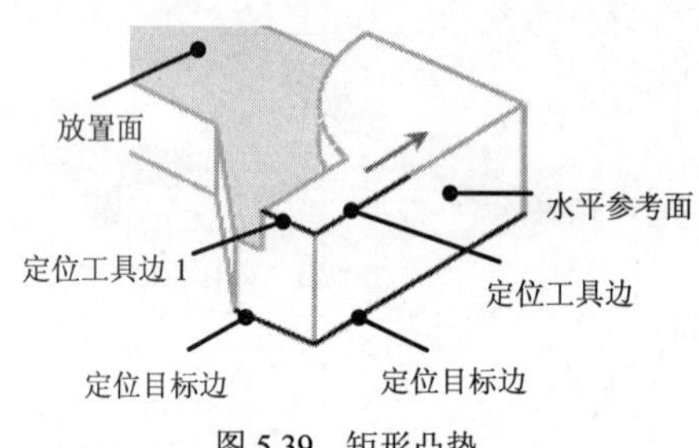

图 5.39 矩形凸垫

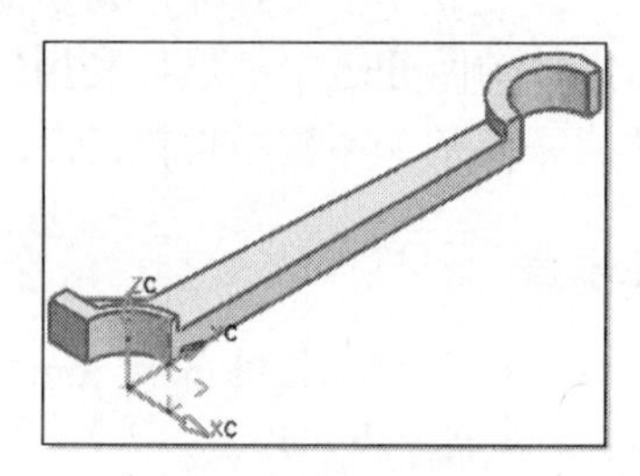

图 5.40 创建孔特征

3. 构建连杆中间的凹槽

（1）工作层=2。创建拉伸特征：草图平面为实体的上表面，草图水平方向为+YC 轴，拉伸方向为指向实体内部，拉伸距离为 0～1.5，创建图 5.42 所示的新实体。

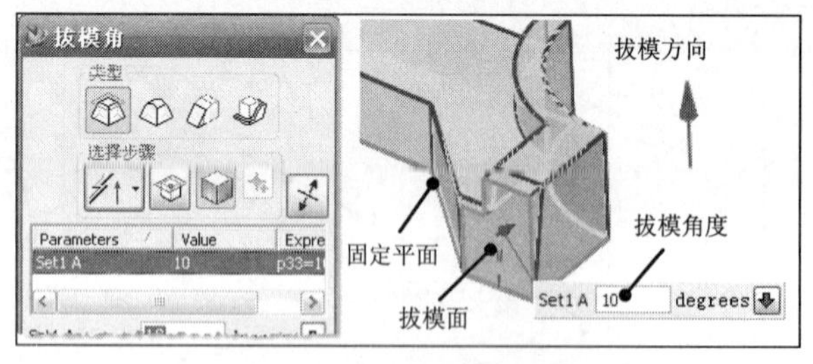

图 5.41 从固定平面拔模

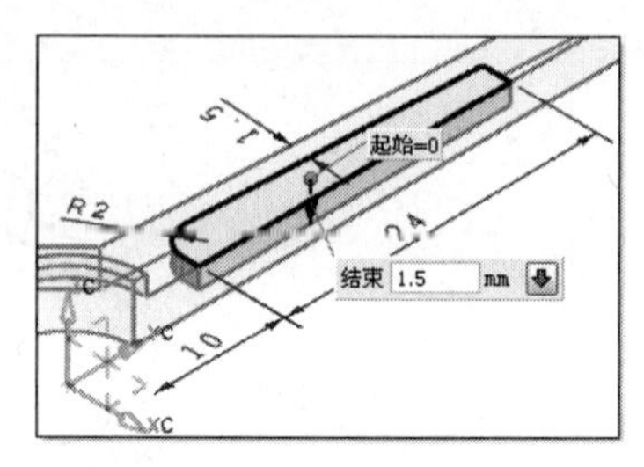

图 5.42 创建拉伸体

（2）设置 1 层为“不可见”，创建修剪特征：单击“修剪体”命令按钮→选择上一步完成的拉伸体为目标体→单击工具体下拉选项中的“平面”按钮→在平面选项的下拉菜单条中选择“两直线”方式→选择直边❹和直边❺→确认正确的修剪方向→OK，修剪过程如图 5.43 所示。

（3）工作层为第 1 层。以原来实体为目标体，上一步完成的修剪体为工具体，执行布尔操作“求差”，完成结果如图 5.44 所示。

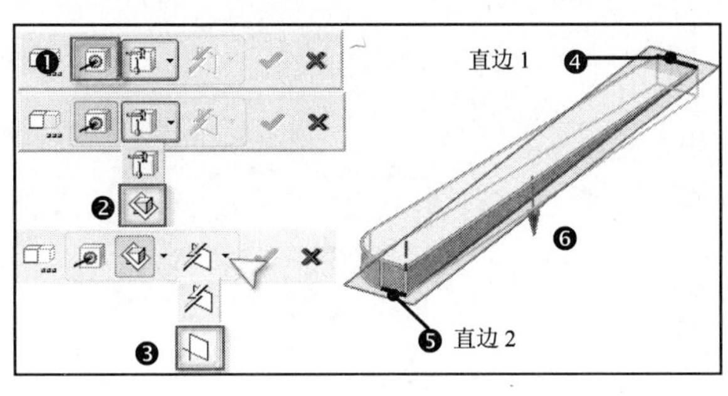

图 5.43　修剪体

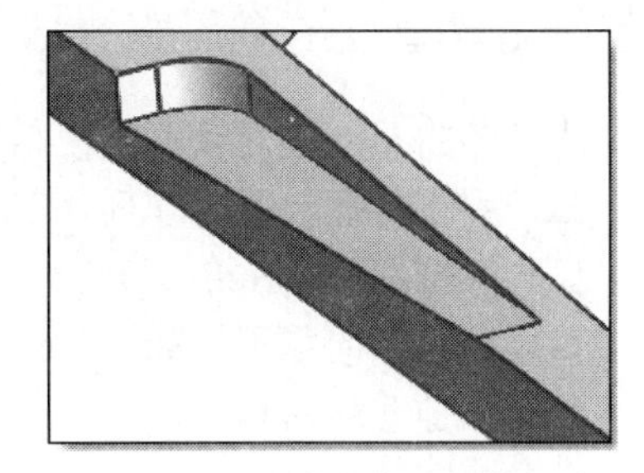

图 5.44　布尔操作—求差

4. 连杆的细节设计并完成整个实体

（1）创建图 5.45 所示的边倒圆。

（2）分别以 YZ 基准平面和 XY 基准平面完成实体的两次镜像操作。

（3）以原实体作为目标体，其他镜像的实体作为工具体，完成“求和”操作，如图 5.46 所示。

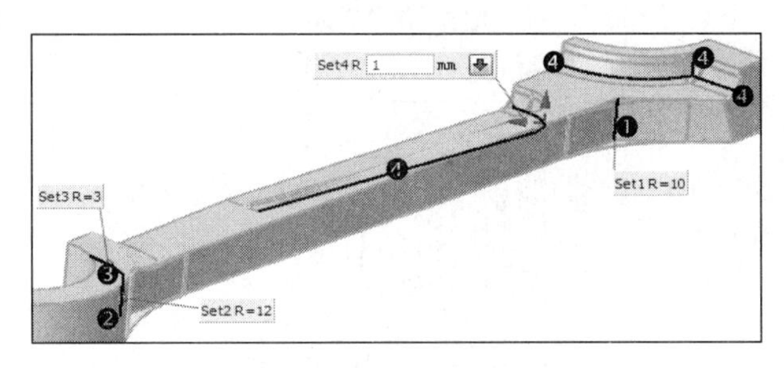

图 5.45　创建边倒圆

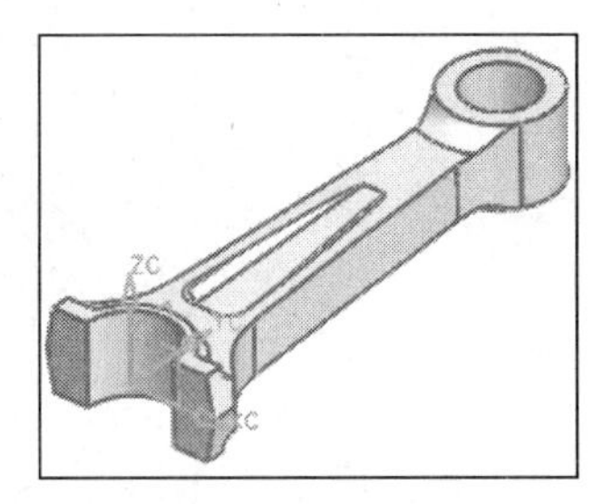

图 5.46　镜像和求和结果

5. 创建两个螺纹孔

（1）创建图 5.47 所示的两个直径为 3 的通孔。

（2）创建符号螺纹：选择【插入】/【设计特征】/【螺纹】命令→选择螺纹类型为“符号”并勾选“完整螺纹”选项→选择两个孔的圆柱面（靠端面选择）→选择“从表格中选择”→在螺纹表格中选择“M3×0.5”→OK，返回上一步对话框→OK，完成符号螺纹的创建，如图 5.47 所示。

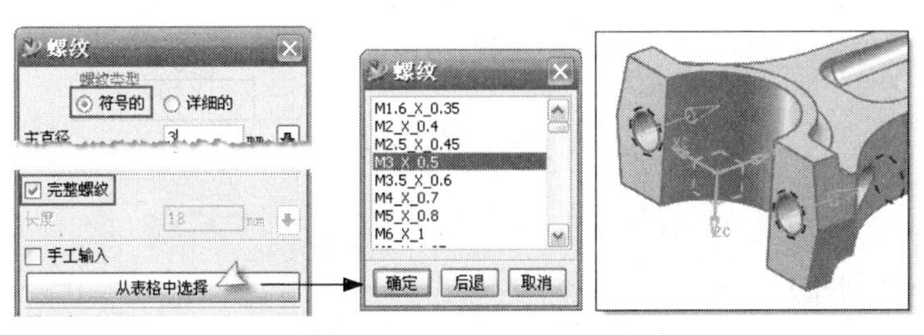

图 5.47　创建孔和螺纹特征

5.6 油箱盖零件建模

学习目标

本任务将重点学习以下建模功能的应用：

- 引用特征－圆周阵列（Circular Array）
- 螺旋曲线（Helix）
- 路径上的草图（Sketch on Path）
- 扫掠（Swept）

任务分析

完成图 5.48 所示油箱盖零件的三维建模。

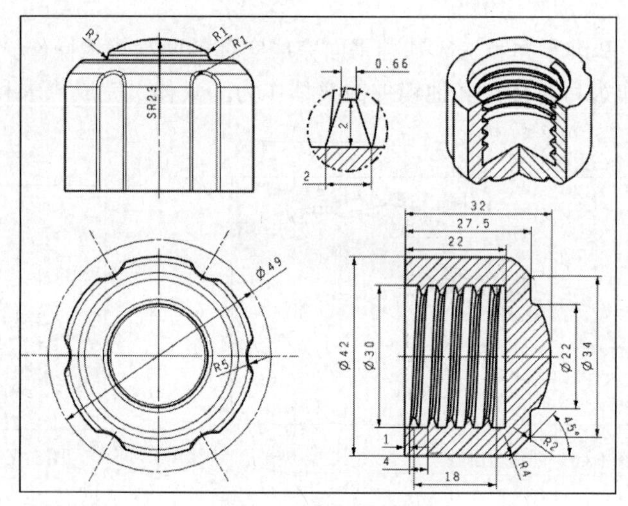

图 5.48 油箱盖零件图纸

油箱盖零件的建模难点是内侧螺纹的构造。由于是非标准螺纹，不能由螺纹特征直接获得，但可以通过构造螺旋线和螺纹剖面形状，然后使用扫掠（Swept）特征来实现建模。零件的建模过程如图 5.49 所示。

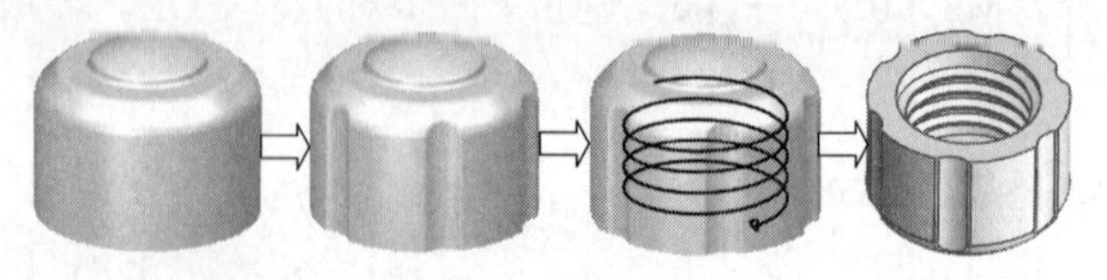

图 5.49 建模过程

操作步骤

1．创建零件的基体

（1）创建旋转特征：草图平面为 XC-ZC 平面，草图及完成的旋转体如图 5.50 所示。

（2）创建图 5.51 所示的偏置为 4 的“对称”倒斜角。

（3）创建图 5.52 所示 3 组恒定半径边倒圆。

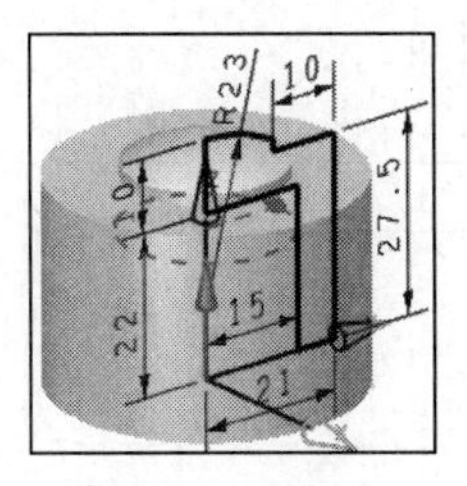

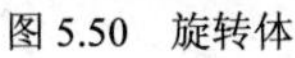

图 5.50 旋转体

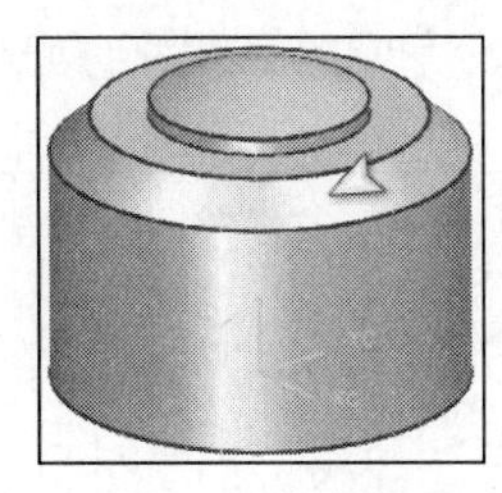

图 5.51 倒斜角

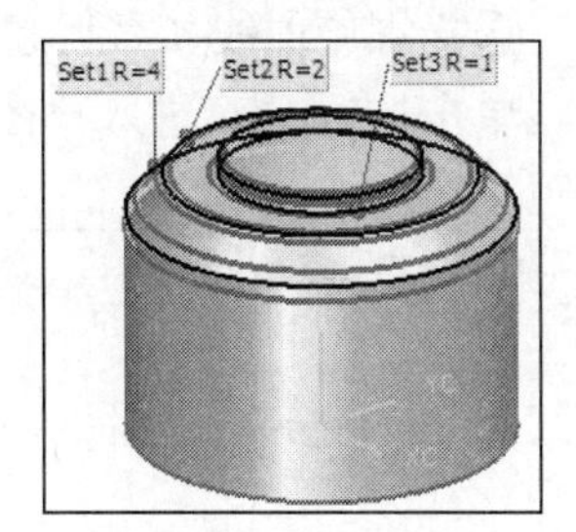

图 5.52 边倒圆

2. 创建孔特征并进行圆周阵列

（1）创建图 5.53 所示的直径为 10 的“简单孔”。

（2）以+ZC 轴为旋转轴，创建图 5.54 所示的圆周阵列。

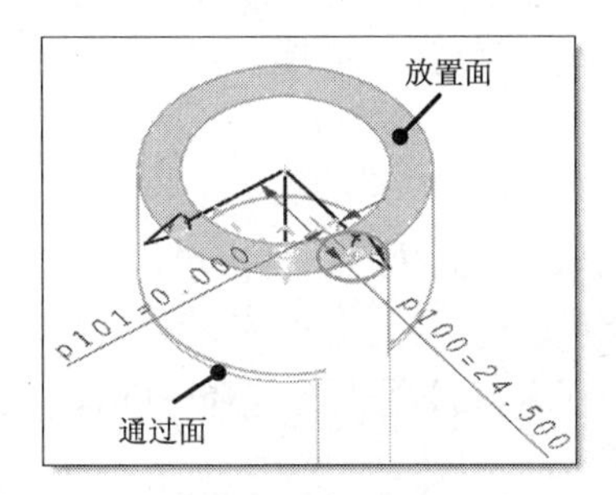

图 5.53 创建孔特征

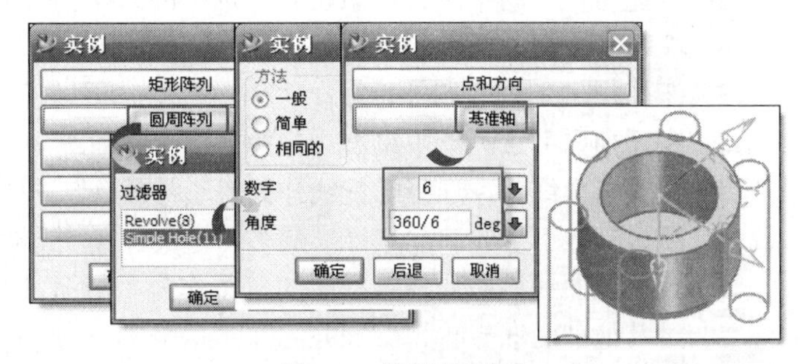

图 5.54 创建圆周阵列

（3）创建图 5.55 所示所有阵列的边倒圆（R=1）。

3. 创建内部螺纹

（1）工作层=41。绘制螺旋曲线：

- ❑ 选择菜单【插入】/【曲线】/【螺旋线】命令。
- ❑ 输入螺旋线参数：转数=4.5，螺距=4，半径=15，其他接受默认设定。
- ❑ 指定原点：单击“点构造器”→输入基点坐标“0，0，2”→OK，完成螺旋曲线的绘制，过程如图 5.56 所示。

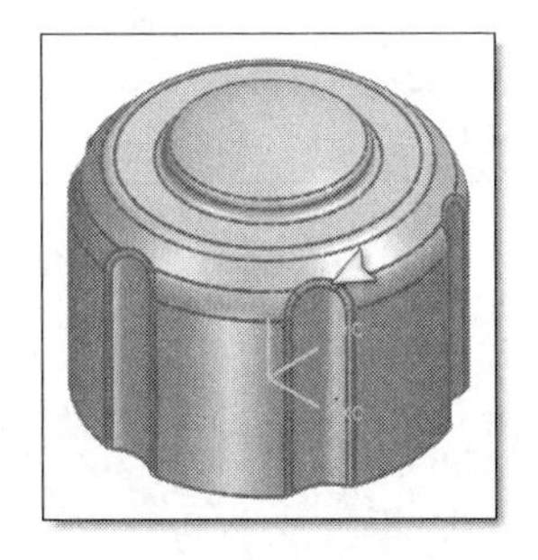

图 5.55 所有引用边倒圆

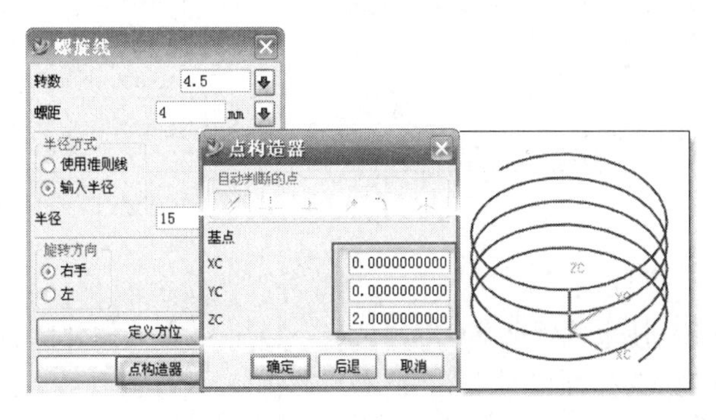

图 5.56 绘制螺旋线

（2）工作层=21。创建路径上的草图：

- 选择草图命令→单击草图类型下拉选项中的“路径上的草图”按钮。
- 选择螺旋曲线（靠近起点的位置）→输入弧长为 0→<Enter>。
- 单击按钮，进入草图环境，完成图 5.57 所示的草图剖面。

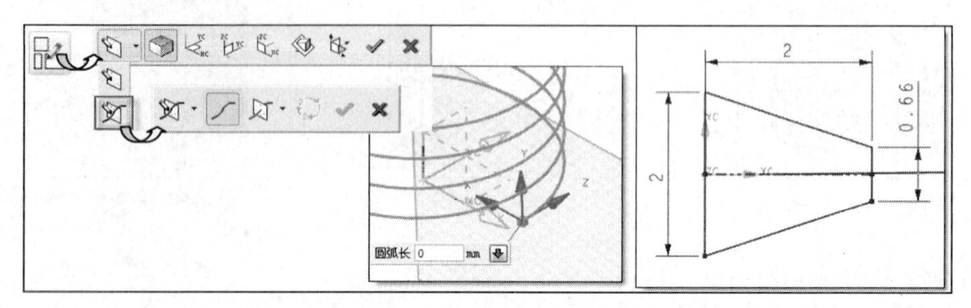

图 5.57　路径上的草图

- 创建路径上的草图时，系统会在选中的路径“百分比弧长”点处创建如下对象：一个基准平面、两个基准轴和一个关联点，这些对象用于辅助约束草图。

（3）工作层=2。创建扫掠特征：

- 在【曲面】工具条中单击“扫掠”命令按钮。
- 定义引导线串：选择螺旋线作为“引导线 1”→OK，接受引导线→再次单击 OK，跳过其他引导线串的选择（最多可定义 3 条引导线串）。
- 定义剖面线串：选择路径上的草图作为“剖面 1”→OK，接受剖面选择→OK，跳过其他剖面选择。
- 指定扫掠参数：单击 OK，接受缺省扫掠参数。
- 选择定位方法：选择“矢量方向”选项→在矢量构造器中选择“+ZC 轴”。
- 选择比例方法：选择“恒定的”选项→输入比例为 1→OK。
- 选择布尔操作：选择“创建”方式，完成扫掠实体的创建，过程如图 5.58 所示。

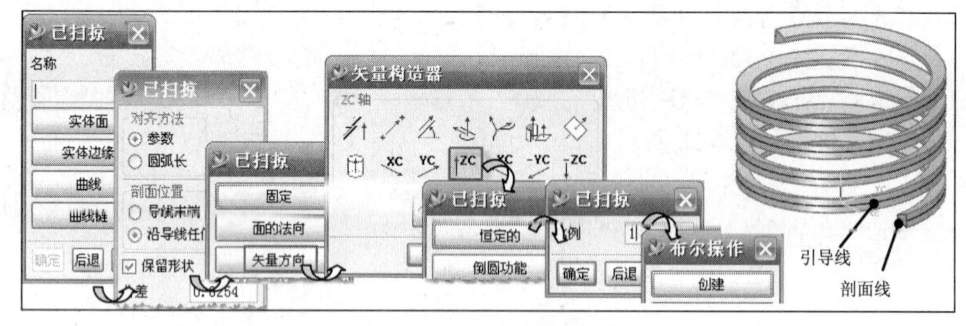

图 5.58　创建扫掠特征

4. 完成建模

（1）使用偏置面（Offset Face，）将实体的外侧表面“偏置”0.1，如图 5.59 所示。

（2）选择原实体为目标体，扫掠实体为工具体，完成“求和”操作，结果如图 5.60 所示。

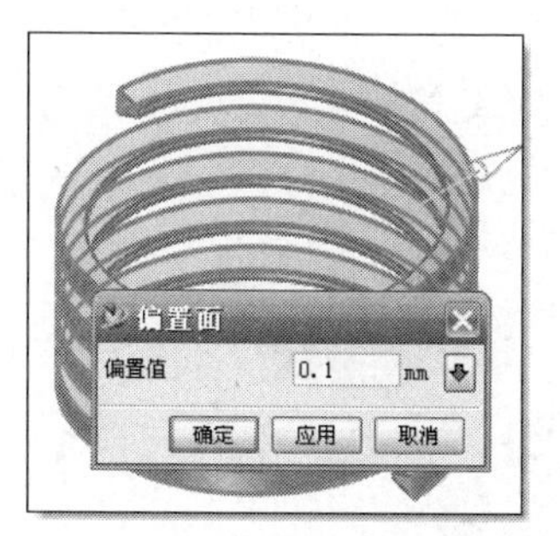

图 5.59　偏置面操作

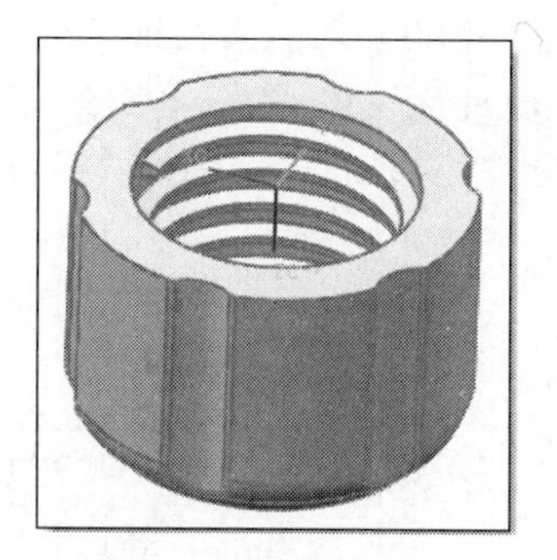
图 5.60　完成的结果

5.7　异形螺母零件建模

学习目标

本任务将重点学习以下建模功能的应用：

- 直纹曲面（Ruled）
- 变半径边倒圆（Variable Edge Blend）
- 抽壳（Shell）

任务分析

完成图 5.61 所示的异形螺母的三维建模。

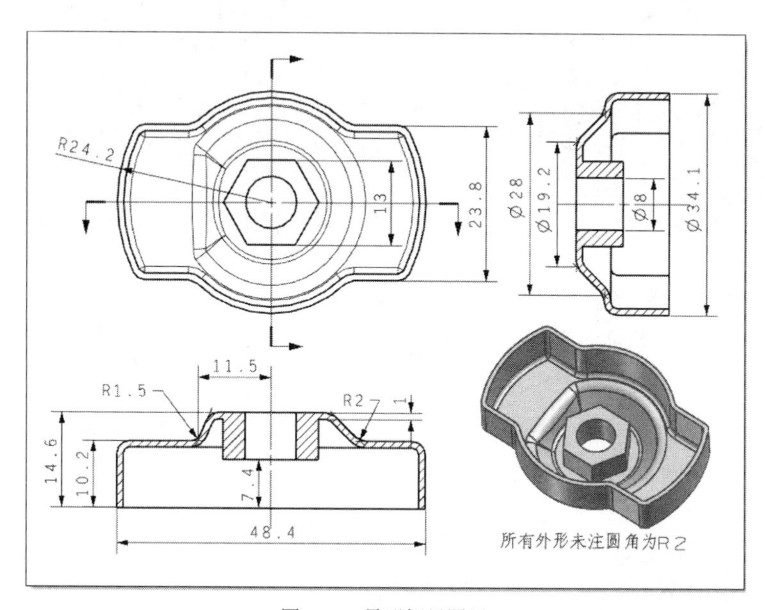

图 5.61　异形螺母图纸

此零件除中间六角螺母部分外，其他部分具有均匀的壁厚。因此首先构造实心物体，然后利用抽壳（Shell）功能来实现壳体特征。零件顶部形状为一个上下形状不同的异形体，这可以使用直纹曲面（Ruled）来构建。零件的建模流程如图 5.62 所示。

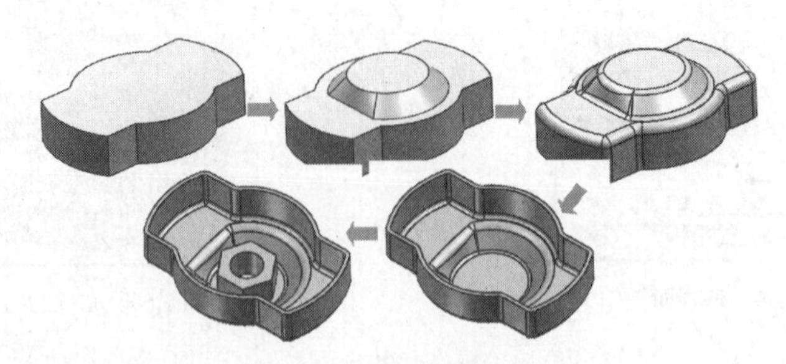

图 5.62　零件建模流程

操作步骤

打开种子文件 Seed_part_mm，另存为 abnormity_nut。启动建模环境。

1. 创建基础特征——拉伸特征

工作层=1。草图平面为默认的 XY 平面，创建图 5.63 所示的拉伸体。

2. 创建上部直纹体

（1）工作层=21。创建图 5.64 所示的两个草图："草图 1"为直纹体的底部轮廓，位于拉伸体的上表面；"草图 2"为直纹体的顶部轮廓，位于距离上表面为 4.35 的偏置基准平面上。为了获得高质量的曲面特征，草图 2 是由两段圆弧构成一个圆，断点如图中所示。

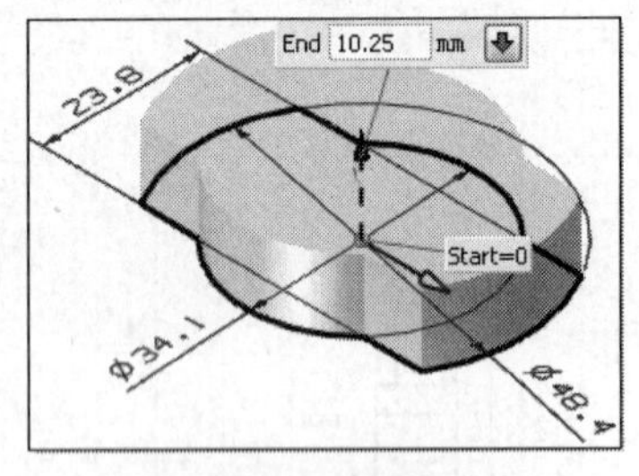

图 5.63　拉伸体

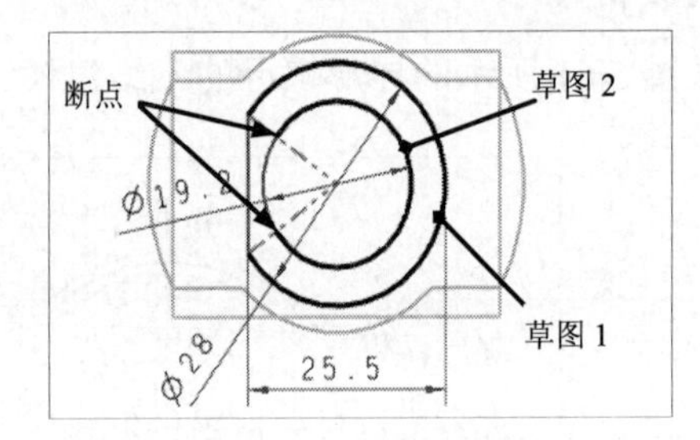

图 5.64　直纹体的草图剖面

（2）创建直纹曲面特征：

- 工作层=1。在【曲面】工具条中单击直纹（Ruled）按钮。
- 定义剖面 1：选择"草图 1"作为剖面线串 1→单击 MB2。
- 定义剖面 2：选择"草图 2"作为剖面线串 2（注意光标的选择位置，使得两组曲线起点和方向一致）。
- 设置直纹曲面参数："参数对齐，保留形状，接受缺省公差"。
- 单击"OK"，完成直纹特征的创建，如图 5.65 所示。

（3）将模型中的两个实体进行"求和"操作。

参数对齐方式通常要求每组曲线有相等数量的曲线（除非两组曲线具有完全对称形状），否则不能获得高质量的曲面。此时可以尝试选择其他对齐方式，如弧长对齐、根据点对齐等。

保留形状：当使用参数对齐和点对齐方式时此选项有效，其功能是为了实现精确对齐，表现形式为成形时保留陡峭边。在早期版本中，输入“0”公差，将获得同样的效果。

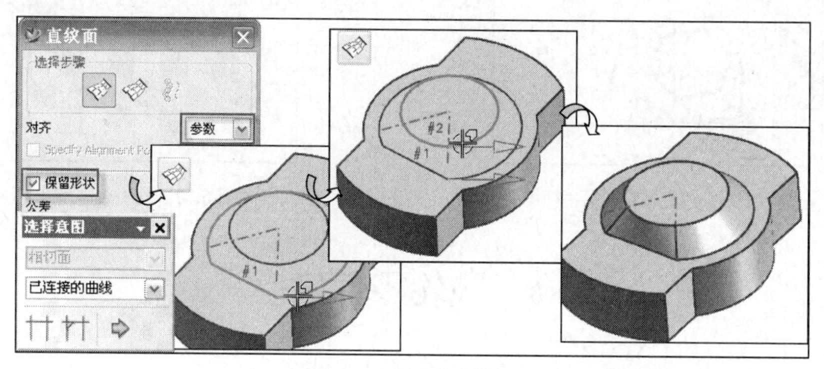

图 5.65　创建直纹特征

3. 细节设计

（1）创建固定半径边倒圆：完成图 5.66 所示的所有边固定半径为 R2 的边倒圆。

（2）创建变半径边倒圆：选择边倒圆命令→选择两个实体的结合边缘（选择意图：相切曲线）→在对话框中选择“变半径”→依次选择图 5.67 所示的四个端点 Pt1，Pt2，Pt3，Pt4，并依次输入各点半径值为“2，2，1.5，1.5”→OK，完成变半径倒圆。

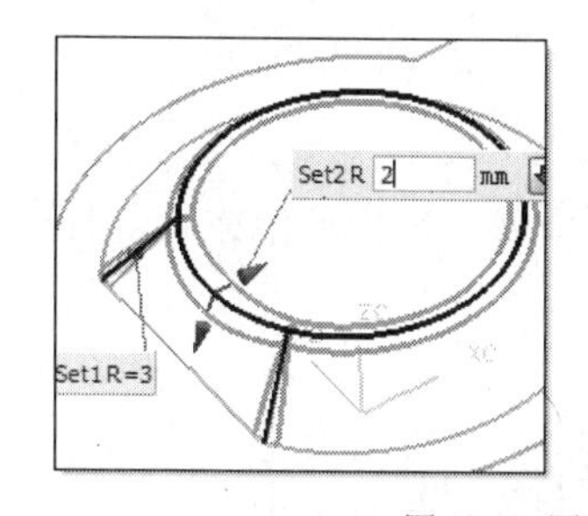

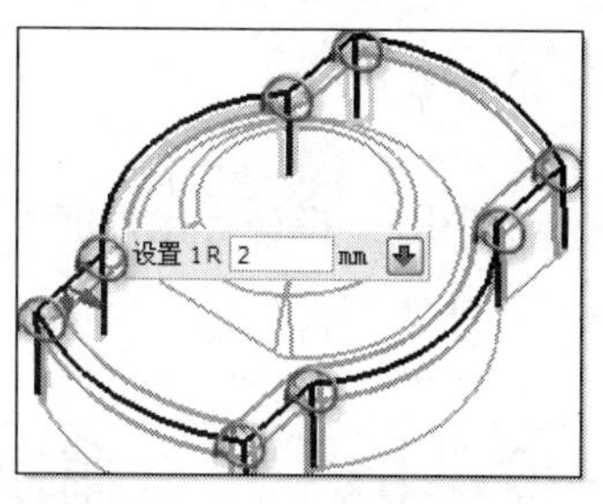

图 5.66　固定半径边倒圆

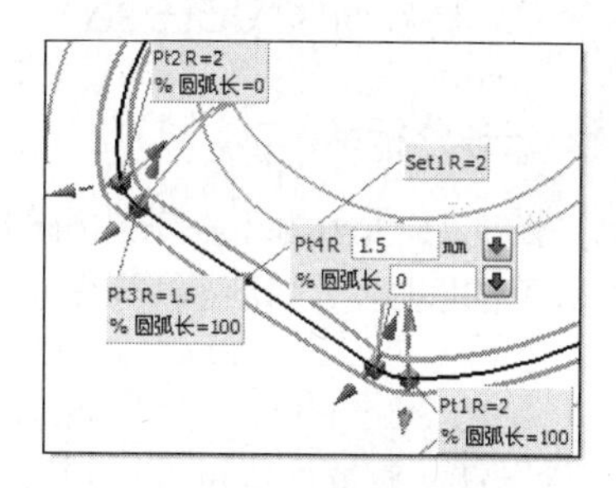

图 5.67　变半径边倒圆

（3）选择底平面为移除面，创建“厚度=1”的“抽壳”特征，如图 5.68 所示。

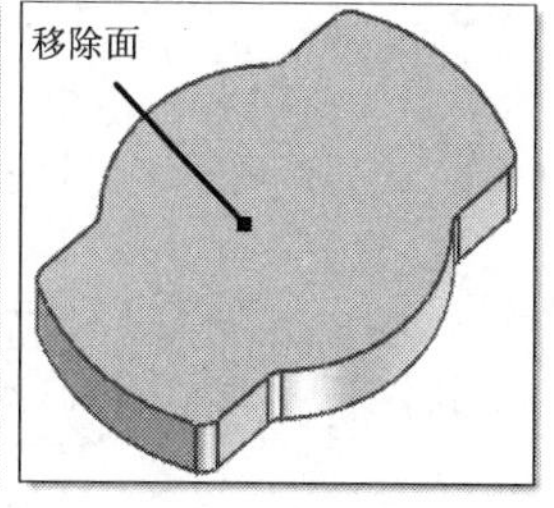

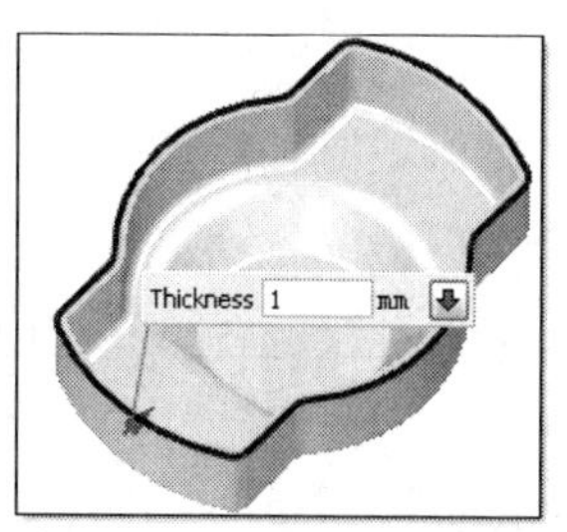

图 5.68　抽壳特征

4. 创建其他特征，完成建模

在零件内部创建图 5.69 所示的拉伸“求和”特征；在中心创建如图 5.70 所示的通孔。

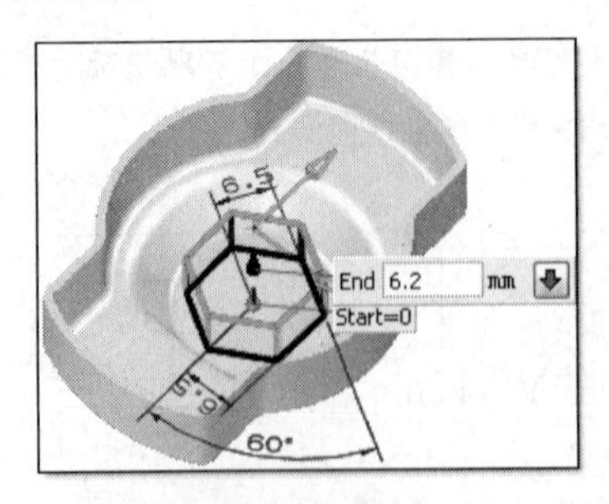

图 5.69　拉伸特征

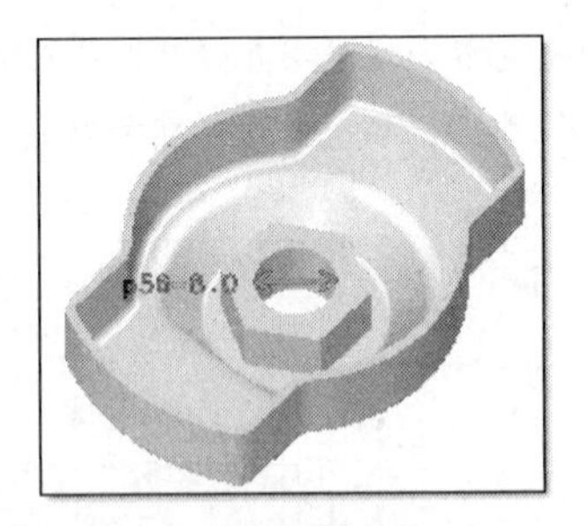

图 5.70　孔特征

5.8　飞轮零件建模

学习目标

本任务将重点学习以下建模功能的应用：

- 阵列的高级应用技巧
- 加厚片体（Thicken Sheet）
- 角度基准平面（At Angle）
- 表达式（Expression）的简单应用
- 特征组（Feature Set）

任务分析

图 5.71 所示为工业钻孔机的飞轮附件图纸。设计要求叶片的数量可根据使用要求进行任意数量的匹配，且始终以等角度间隔的方式排列。

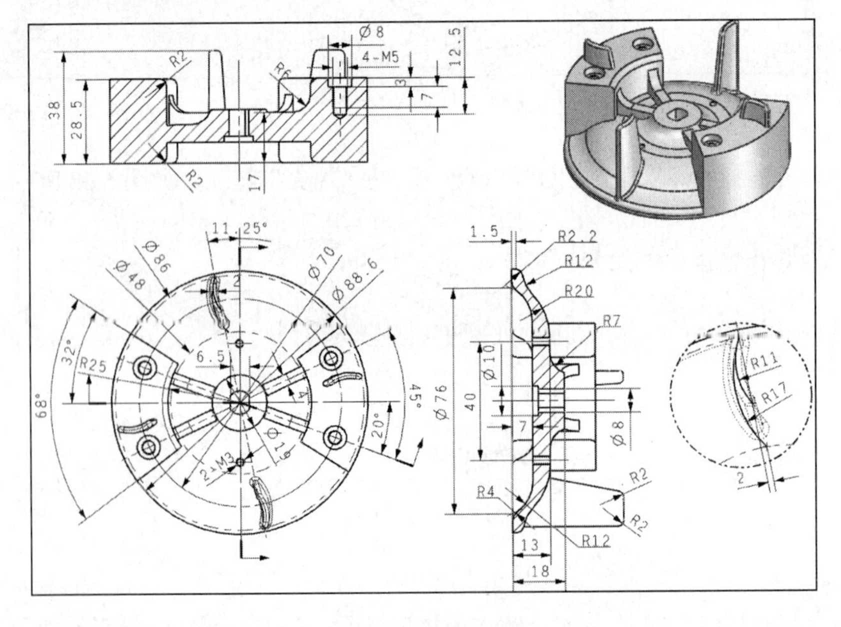

图 5.71　飞轮零件图纸

飞轮零件建模的难点在于叶片部分的构造。对于单一叶片而言，已知叶片上下表面的形状，考虑使用直纹曲面功能构建主片体，然后使用“加厚片体”功能将片体转化为实体；而对于其他叶片而言，为了符合设计要求，必须使用“圆周阵列”实现全参数化。但由于叶片的构成较为复杂，不能直接进行引用，解决方法是使用“特征组”功能将构成叶片的特征成组，并利用表达式实现辅助设计。飞轮零件的建模流程如图 5.72 所示。

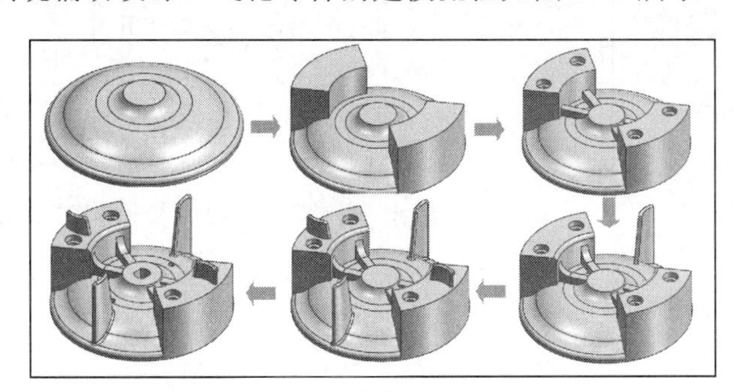

图 5.72　飞轮建模流程

操作步骤

1. 创建基础特征——旋转体

创建如图 5.73 所示的旋转体：草图平面为 XZ 平面，旋转轴为 Z 轴。

2. 飞轮基体的详细设计

（1）创建图 5.74 所示的拉伸特征：草图平面为 XY 平面，与原实体执行“求和”操作。

（2）将拉伸特征绕 ZC 轴进行 180° 的圆周阵列，结果如图 5.75 所示。

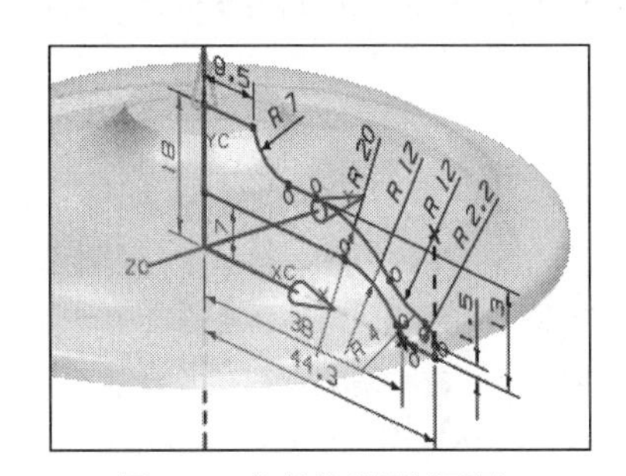

图 5.73　旋转体草图剖面图

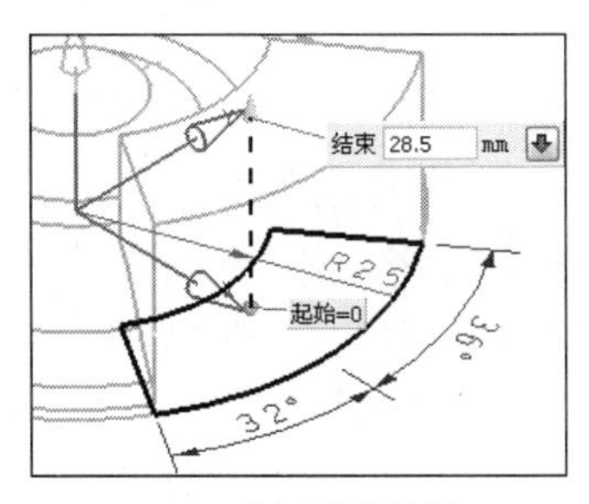

5.74　创建拉伸特征

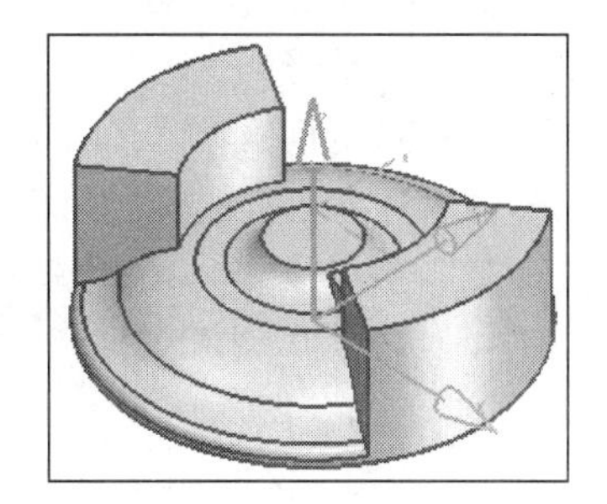

图 5.75　创建圆周阵列

（3）建立“成一角度”基准平面：工作层=62。选择“基准平面”命令→选择“成一角度”类型→选择 XZ 平面和 X 轴作为参考→输入角度为 20→OK，如图 5.76 所示。

（4）创建加强筋—带偏置的拉伸特征：草图平面为上一步创建的基准平面，草图为一直线；拉伸方向为“-ZC 轴”，打开“偏置”选项（对称偏置=2），拉伸起始限制=0，结束限制为“直到下一个”，与原实体执行“求和”操作，如图 5.77 所示。

（5）创建并编辑圆周阵列：

- 将上一步完成的拉伸特征绕+ZC 轴进行圆周阵列（数量=4，角度=45）。在圆周阵列的结果中，第 3、4 个特征的角度不符合设计要求。
- 双击第 3 个阵列特征→选择“旋转实例”→输入角度为 90→单击两次 OK。

❑ 同理，编辑第 4 个圆周阵列“旋转实例”角度为 90。

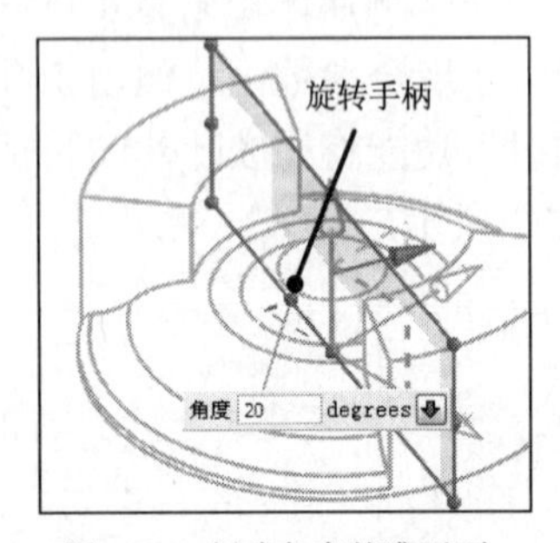

图 5.76 创建角度基准平面

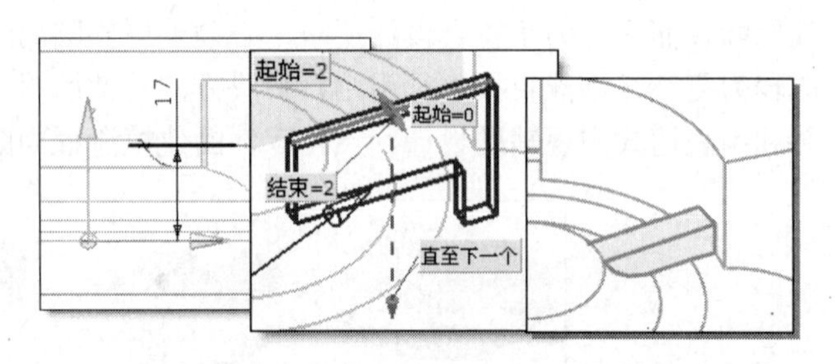

图 5.77 使用拉伸特征构建加强筋

阵列特征的编辑过程如图 5.78 所示。

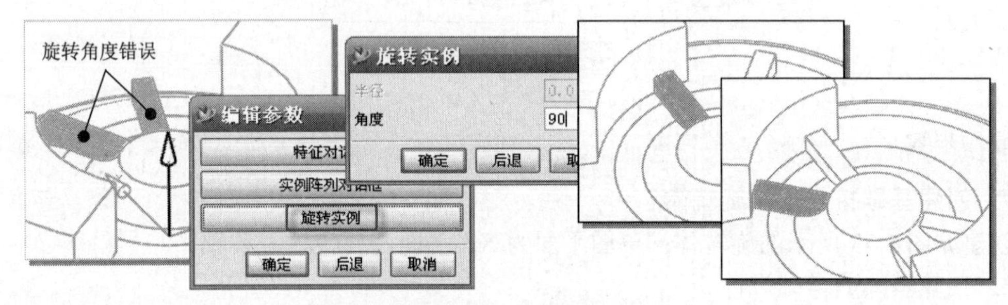

图 5.78 创建并编辑圆周阵列

（6）按照图 5.79 所示的步骤创建沉孔特征，沉孔距离原实体的几何中心为“35”并位于“20°”的基准平面上。

（7）创建并编辑沉孔的圆周阵列：

❑ 对沉孔特征执行图 5.80 所示的圆周阵列。

创建阵列特征，当阵列方法为“一般”时，将会有两个“实例”脱离目标实体，导致操作无法完成。解决方法：将阵列方法改为“简单”。“简单”阵列会消除多余的数据，但仍然会在“部件导航器”中创建节点。由于第 3、4 个引用特征没有显示在图形窗口中，故需要在“部件导航器”中分别选择 Instance[3] 和 Instance[4]节点进行“旋转实例”编辑，旋转角度均为 90°。

矩形阵列与圆周阵列具有相似的操作方法。

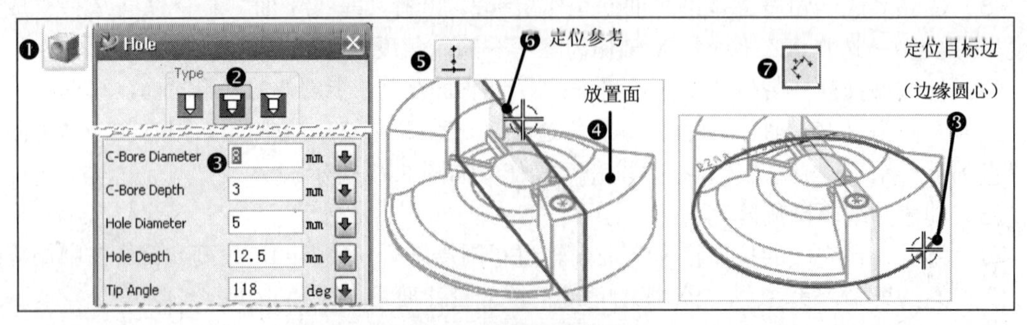

图 5.79 创建沉孔特征

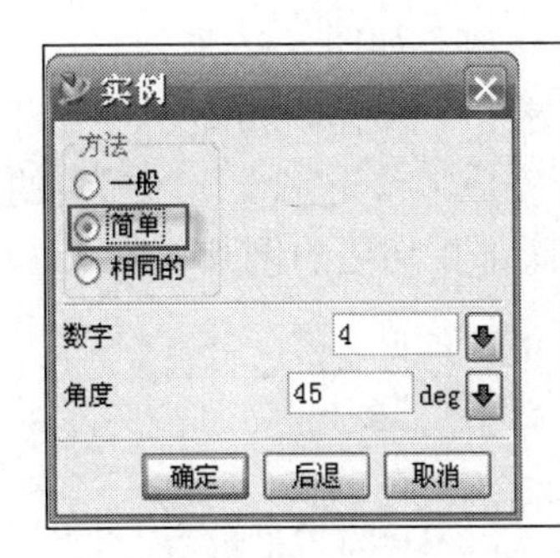

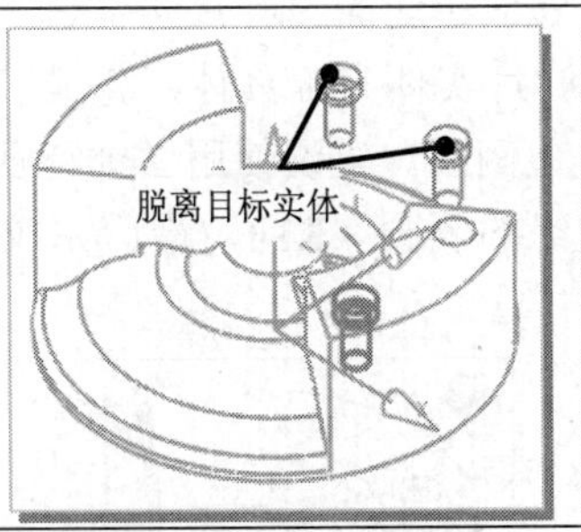

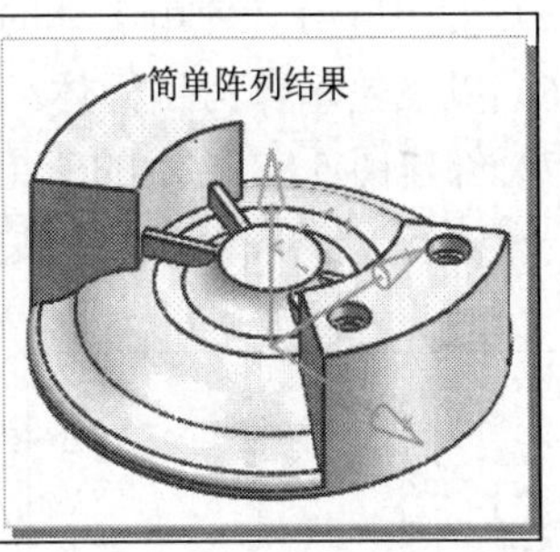

图 5.80　创建“简单”阵列

（8）为以下边缘添加边倒圆（如图 5.81 所示）：

- 凸台内侧上下两个边缘，半径为 R2；
- 加强筋与凸台相交边缘，半径为 R6，打开“Blend All Instance”复选框。

3. 构建单一叶片造型

（1）创建“成一角度”方式基准平面：选择 YZ 平面和 ZC 轴作为参考对象，修改旋转角度为“−11.25”，如图 5.82 所示。

（2）工作层=22。创建叶片上下形状的两个草图：R17 的圆弧草图位于 XY 平面；R11 的草图位于距离 XY 平面为 38 的偏置基准平面上（将草图中的辅助曲线转化为“参考”），如图 5.83 所示。

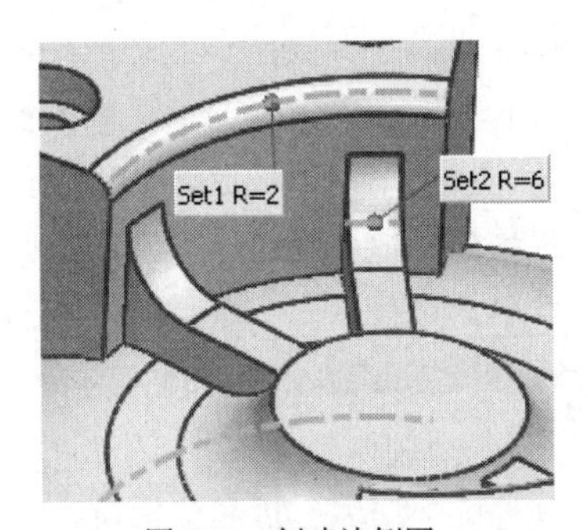

图 5.81　创建边倒圆

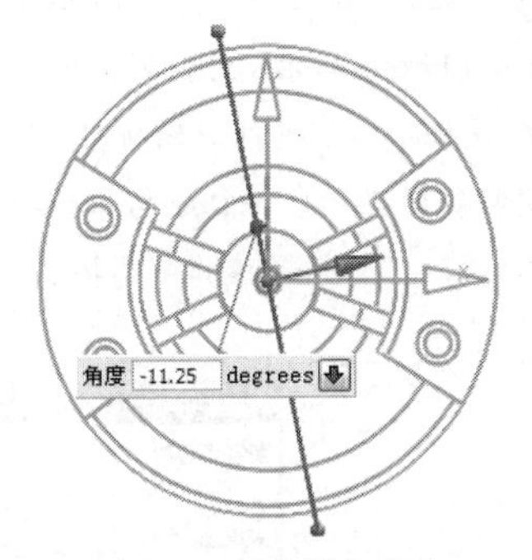

图 5.82　创建基准平面

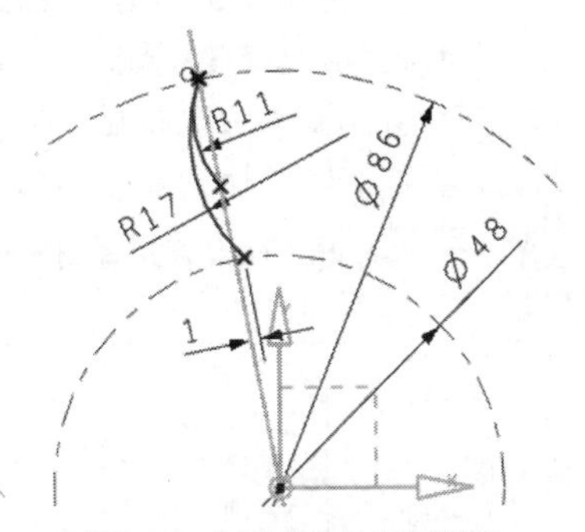

图 5.83　创建直纹的草图剖面

（3）工作层=81。分别选择两个草图为剖面，创建图 5.84 所示的直纹曲面。

（4）片体加厚—构建叶片实体：工作层=2。选择菜单【插入】/【偏置/比例】/【片体加厚】命令→选择上一步完成的直纹片体→输入偏置参数（第一偏置=1，第二偏置=−1）→OK，完成实体构建，如图 5.85 所示。

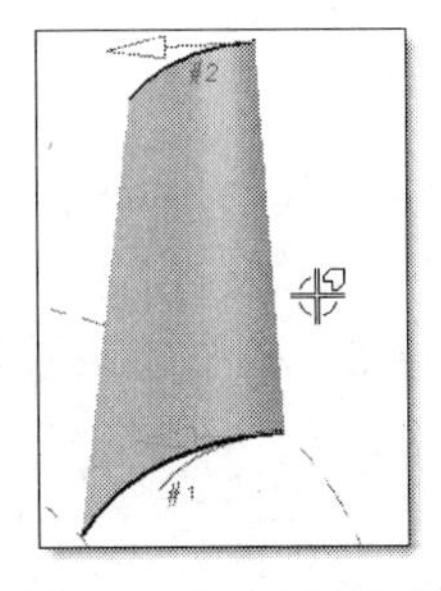

图 5.84　创建直纹曲面

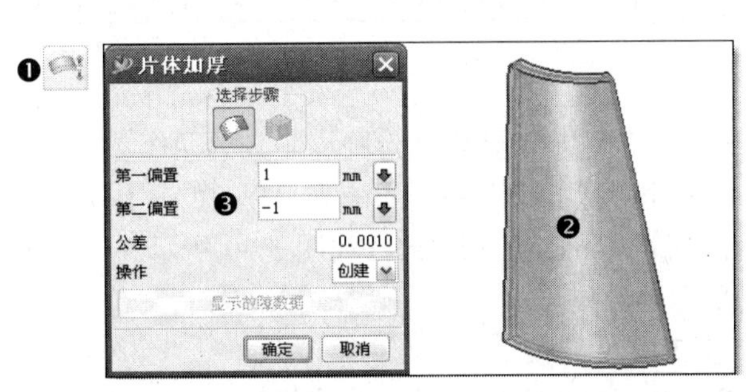

图 5.85　片体加厚

（5）工作层=1。使用实体的外部相切面对叶片实体进行修剪，如图 5.86 所示。

（6）以飞轮基体为目标体，叶片实体为工具体，完成“求和”操作，如图 5.87 所示。

（7）创建图 5.88 所示的三组边倒圆。建议使用 3 个特征完成：首先完成顶部拐角的倒圆（R2），然后完成侧面两组相切边缘的倒圆（R1），最后完成底部相切边的倒圆（R1）。

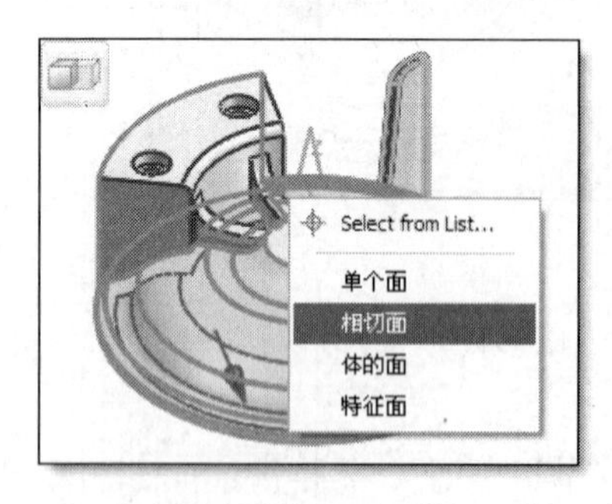

图 5.86　修剪叶片实体

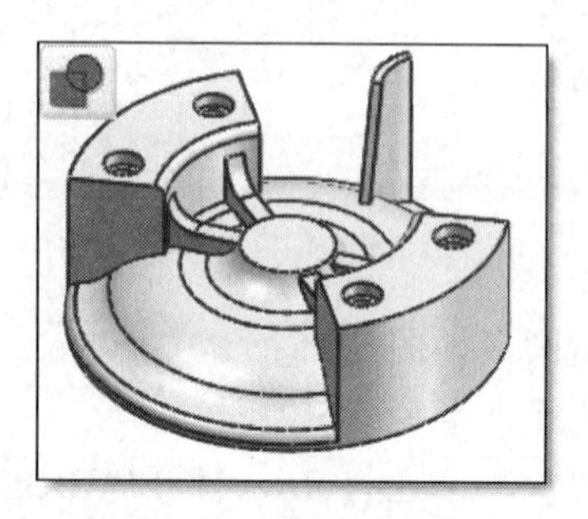

图 5.87　布尔操作—求和

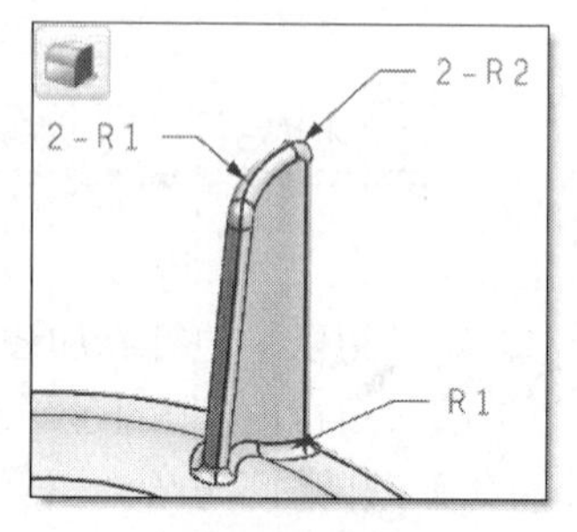

图 5.88　边倒圆

4. 创建叶片的圆周阵列

（1）创建“特征组”：打开部件导航器→选择构成叶片的所有特征（加厚片体、修剪体、求和、三个边倒圆）的节点→单击 MB3→选择“组”→在“特征组”对话框中输入名称为“rib”→OK，完成特征组的创建（Feature Set (32) "rib"），过程如图 5.89 所示。

也可以选择【格式】/【组特征（Group Feature）】命令打开“Group Feature”对话框，在对话框中通过▶和◀向特征组中添加或移除当前部件中的特征。可以选中特征组对话框中“隐藏特征组成员”，以简化部件导航器中特征的显示。特征组与原始特征具有关联性，可以通过编辑来添加/移除特征组成员。当删除特征组时，必须释放其中的特征，否则将会删除特征组中的所有成员。

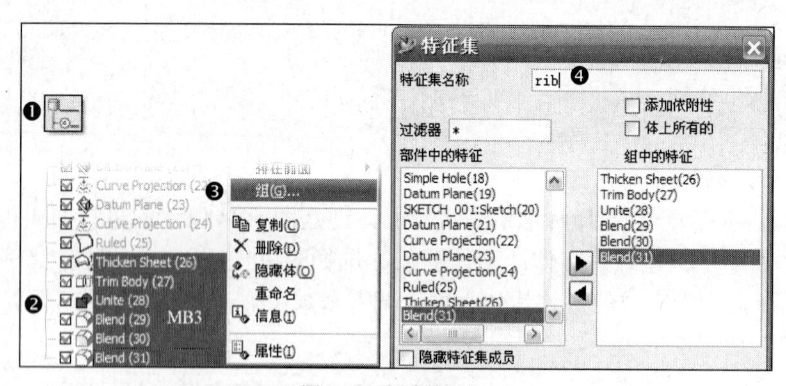

图 5.89　创建特征组

（2）使用表达式编辑器创建圆周阵列的两个参数表达式：n=4，spacing_angle=360/n。

（3）创建“特征组”的圆周阵列：以 ZC 轴作为旋转轴，创建特征组“rib”的圆周阵列（数量=n，角度=spacing_angle），如图 5.90 所示。修改表达式值 n=16，模型应该顺利更新为图 5.91 所示的结果。

5. 完成零件建模

请读者自行完成飞轮安装孔等其他部分的建模，结果如图 5.92 所示。

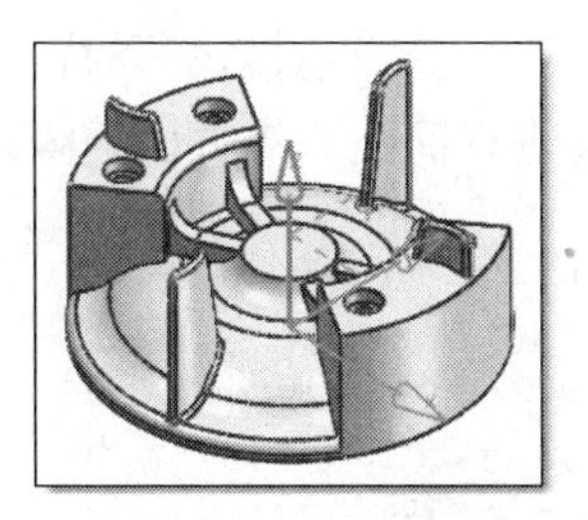
图 5.90　圆周阵列

图 5.91　修改叶片数量

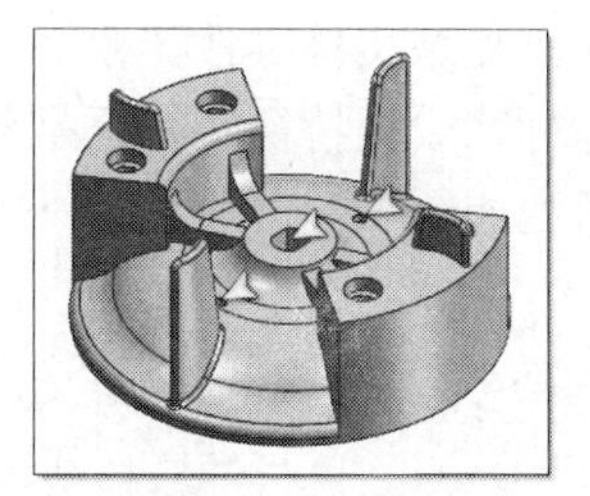
图 5.92　完成的零件

5.9　曲轴箱零件建模

学习目标

本任务将重点学习以下建模功能的应用：

- 桥接曲线（Bridge Curve）
- 镜像曲线（Mirror Curves）
- 通过曲线网格（Through Curve Mesh）
- 有界平面（Boundary Plane）
- 缝合（Sew）

任务分析

完成图 5.93 所示的曲轴箱零件的三维建模。

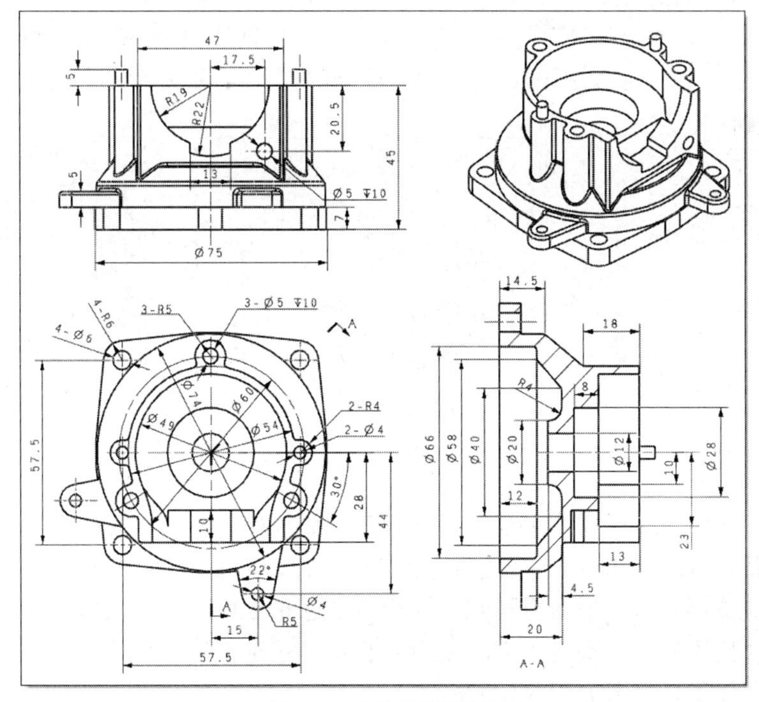

图 5.93　曲轴箱零件图纸

对于复杂实体零件建模而言，正确作出零件的基体非常重要。分析建模过程时，可以考虑去除标准成型特征和特征操作部分的内容，从而将实体零件进行简化。零件的建模思路和基本流程如图 5.94 所示。

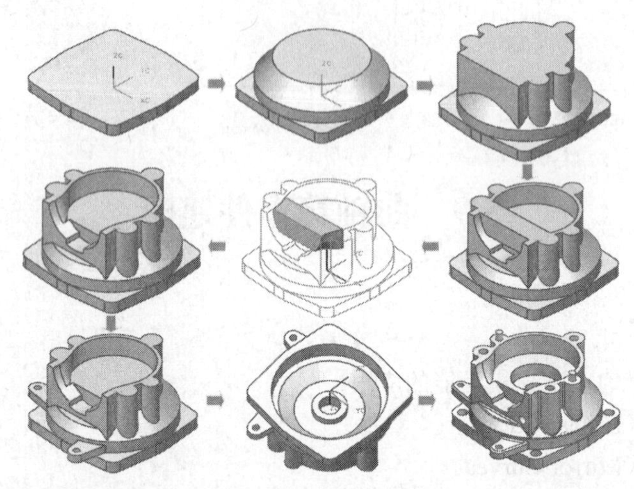

图 5.94　建模思路与流程

操作步骤

1. 创建零件基础特征

工作层=1。创建如图 5.95 所示的拉伸体：草图平面为默认的 XY 基准平面。

2. 零件基体的详细设计

（1）创建图 5.96 所示的圆台特征（直径=74，高度=20），并定位圆台中心到原实体直径为 75 的圆弧中心。在圆台顶边添加非对称倒角：10×12.5，如图 5.97 所示。

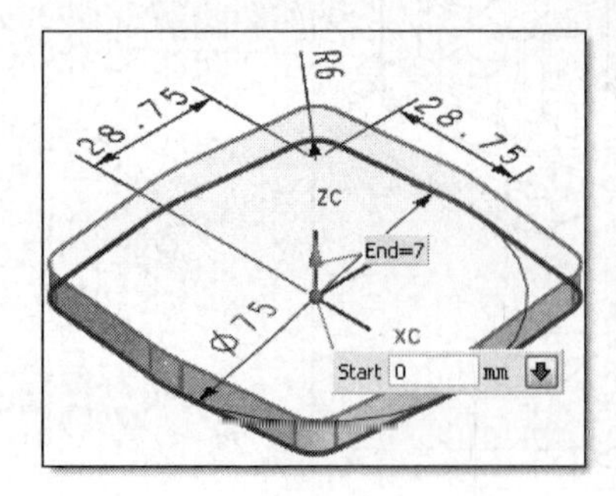

图 5.95　底座的拉伸特征

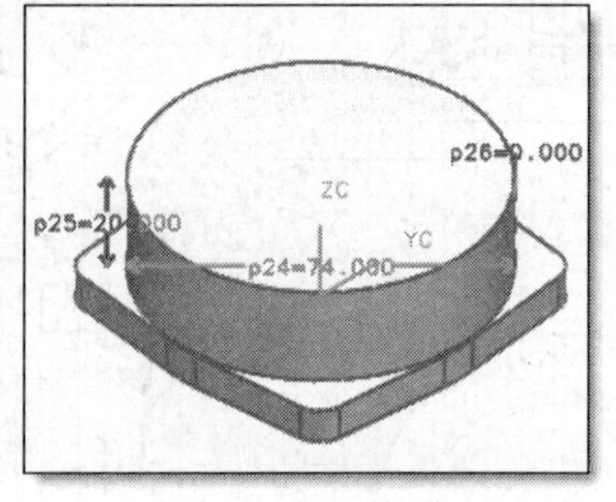

图 5.96　创建圆台特征

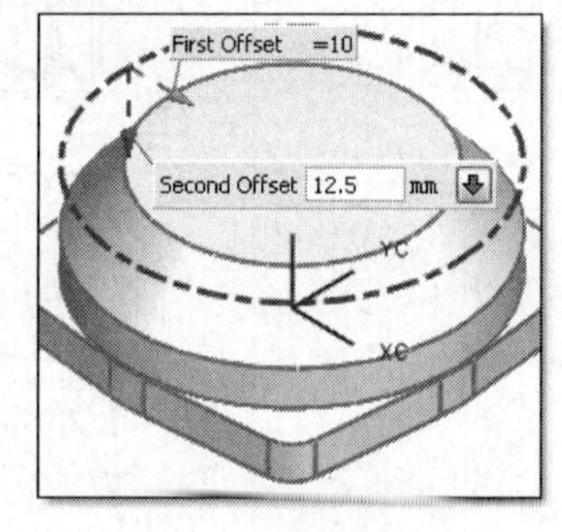

图 5.97　创建倒角特征

（2）创建图 5.98 所示的拉伸特征：草图位于 XY 基准平面，与原实体“求和”。

（3）创建图 5.99 所示的一个圆台特征（直径=12，高度=38）并正确定位。然后以+ZC 轴作为旋转轴完成圆台特征的圆周阵列（数量=3，角度=120）。

（4）创建“直径为 10，高度为 38”的圆台特征并正确定位。然后以 YZ 基准平面为对称平面对圆台进行镜像，结果如图 5.100 所示。

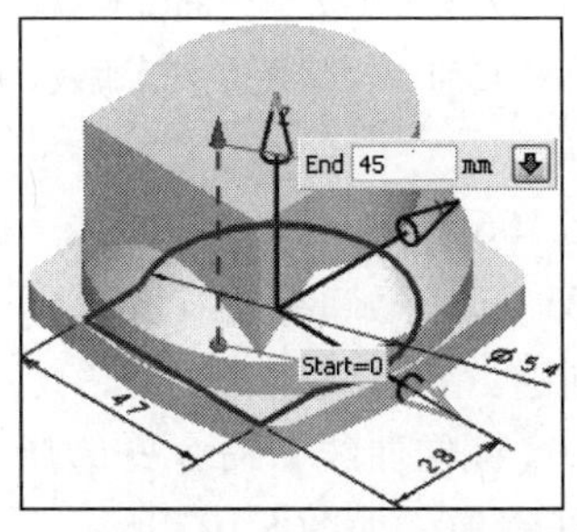

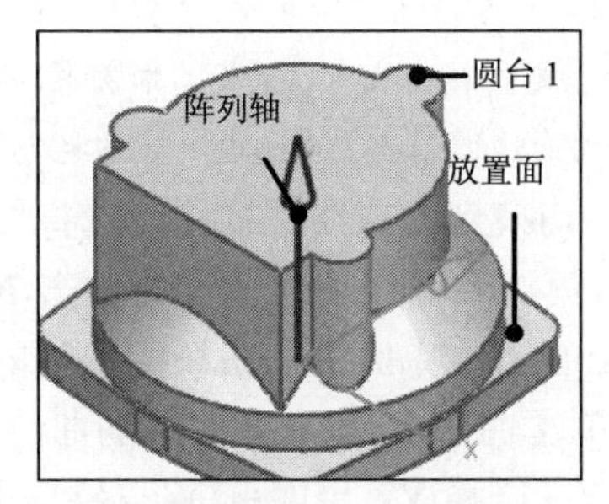

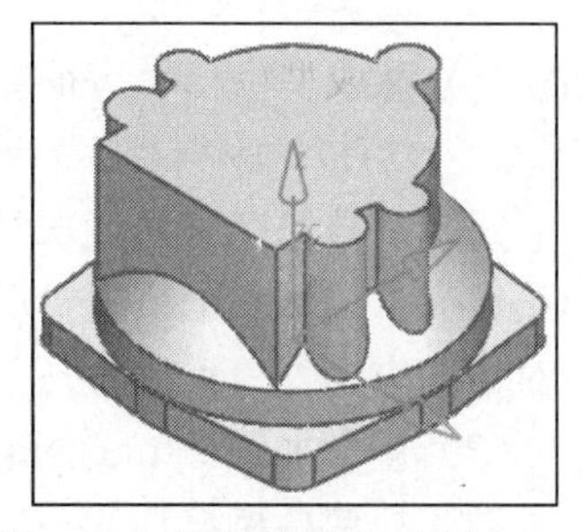

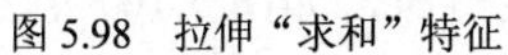

图 5.98　拉伸“求和”特征　　图 5.99　创建圆台的圆周阵列　　图 5.100　创建直径为 10 的圆台

（5）创建图 5.101～图 5.103 所示的拉伸特征，均与原实体执行“求差”操作。

（6）创建图 5.104 所示的孔特征，定位至上一步侧面拉伸特征的一个圆弧中心。

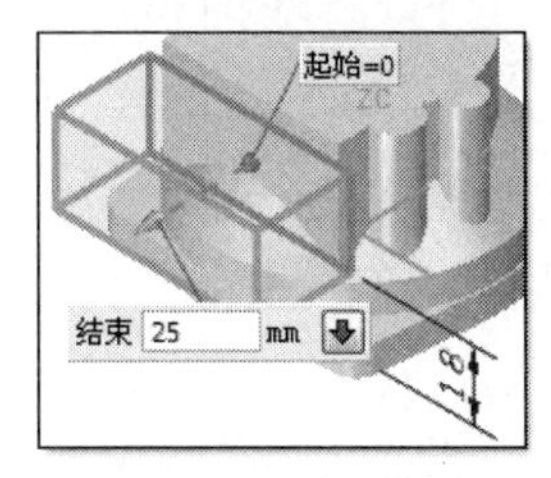

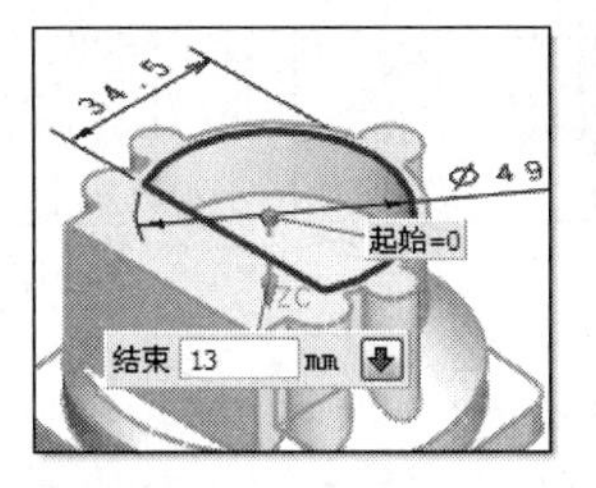

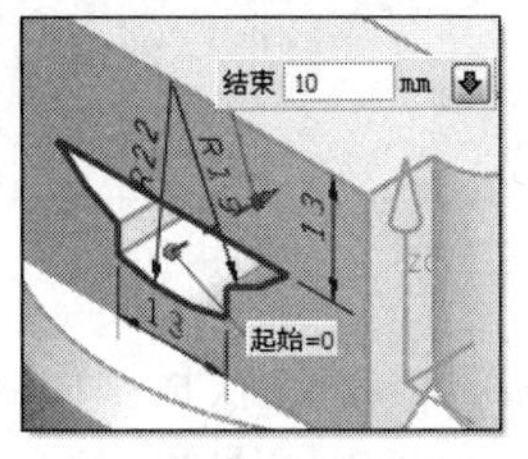

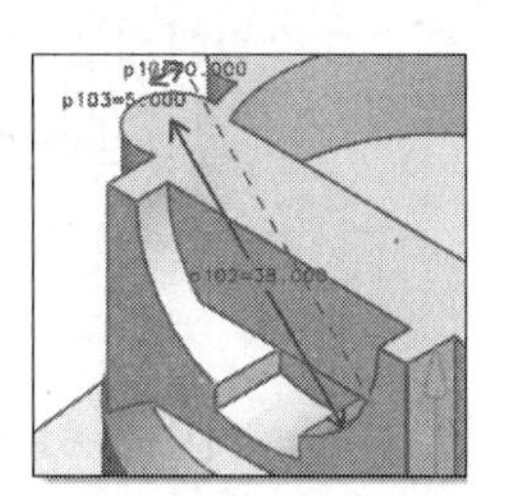

图 5.101　拉伸“求差”　　图 5.102　顶面拉伸　　图 5.103　侧面拉伸　　图 5.104　简单孔特征

3. 创建曲轴箱口部的曲面造型

（1）工作层为“41”。创建第一条桥接曲线：

桥接曲线（Bridge Curve）：此功能用来在两曲线/边上的定义点之间生成光顺连接的样条曲线。

- 选择【插入】/【来自曲线集的曲线】/【桥接】命令。
- 定义“第一曲线”：选择如图 5.105（❶）所示的圆弧边。
- 定义“第二曲线”：选择如图 5.105（❷）所示的直边，系统预览显示桥接曲线。
- （可选）选择“约束面”：选择如图 5.105（❸）所示的上平面。
- OK，完成桥接曲线的创建。

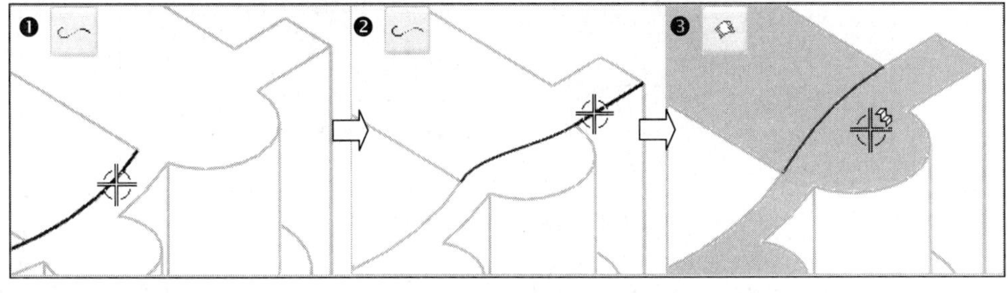

图 5.105　建立桥接曲线 1

系统建立桥接曲线时，会自动连接两条曲线/边在选择时靠近的端点，并自动判断切向。如果要更改各曲线的起点和终点位置或切向，可以打开第一曲线或第二曲线步骤，移动“起始/结束位置”滑块，或者输入 0.0（%）到 100（%）之间的值，也可以选择“反向”选项来切换相切斜率方向。

“参考形状曲线”和“约束面”步骤为可选步骤：“参考形状曲线”选项用于继承一条已知曲线的形状；“约束面”步骤用于指定桥接曲线所在的面。本例中，因为桥接的输入曲线为平面曲线，所以得到的新曲线同样为平面曲线，因此“约束面”步骤也可省去。

（2）创建第二条桥接曲线：切换到静态线框视图→选择图 5.106 所示的第❶条曲线→选择第❷条曲线→预览结果发现与第二条曲线切向错误→单击 MB1 选择第二条曲线步骤→在对话框中选择“反向”→“Apply”，完成第二条桥接曲线的创建。

（3）镜像曲线：选择菜单【曲线】/【来自曲线的曲线】/【镜像曲线】命令→选择上一步创建的两条桥接曲线→MB2→选择 YZ 平面→OK，完成曲线镜像，如图 5.107 所示。

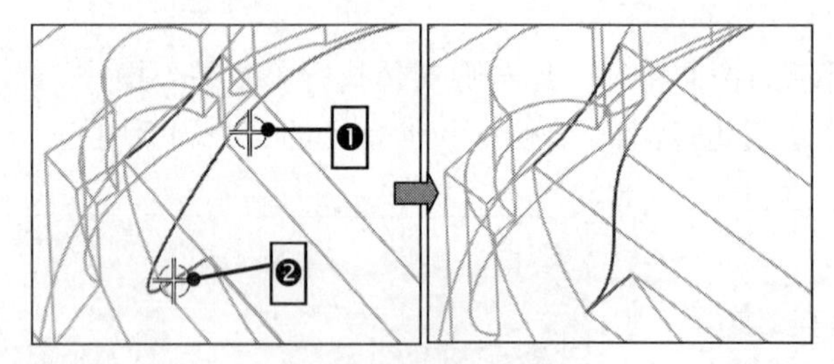

图 5.106　建立桥接曲线 2

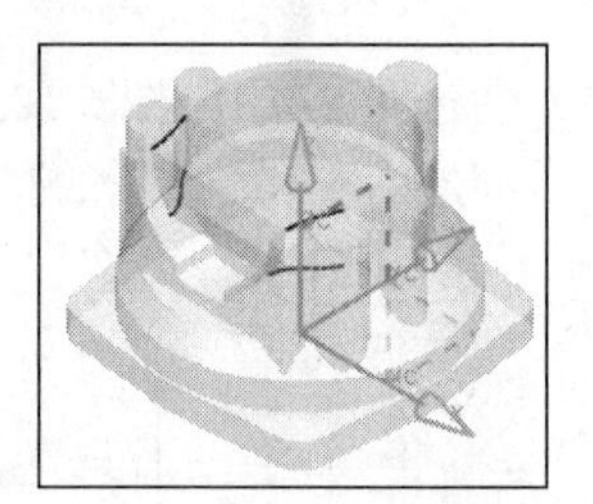

图 5.107　镜像曲线

（4）工作层=81。创建图 5.108 所示网格曲面：

- ❑ 选择【插入】/【网格曲面】/【通过曲线网格】命令，或者单击按钮“”。
- ❑ 定义“主线串”：选择实体边缘❶→MB2→选择实体边缘❷→MB2。
- ❑ 定义“交叉线串”：选择桥接曲线❸→MB2→选择桥接曲线❹→MB2。
- ❑ 设置参数选项：在对话框中设置主线串“起始”和“结束”约束为“G1”→选择“起始”选项的“约束面”按钮→选择实体表面❺→选择“结束”选项的“约束面”按钮→选择实体表面❻。其他接受默认参数。
- ❑ OK，完成网格曲面的创建。

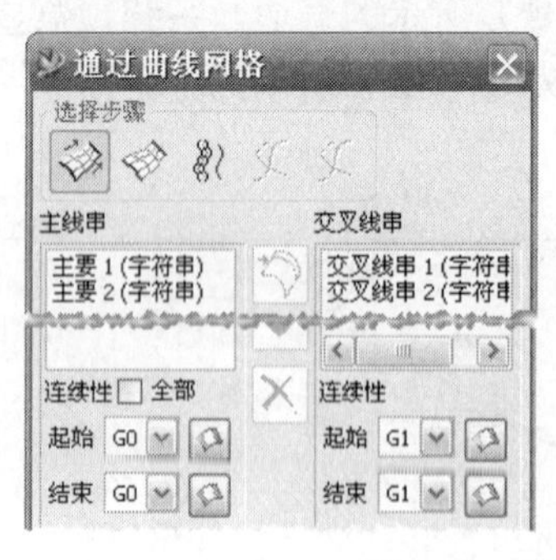

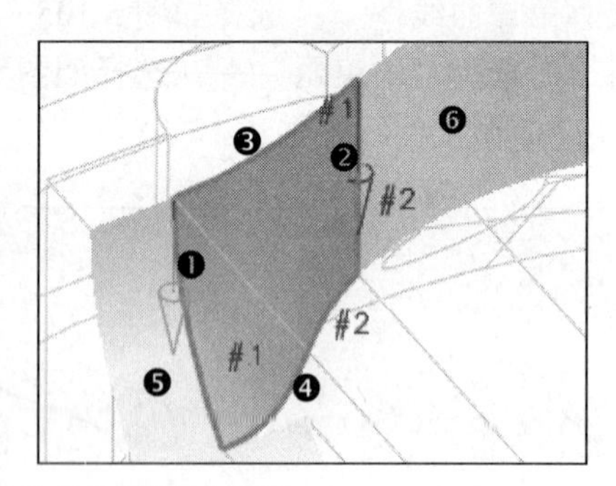

图 5.108　创建边界约束的网格曲面

选择主曲线时，注意光标的位置应该靠近曲线的起点处。如果选择错误，可以使用对话框中的按钮删除错误的曲线，然后重新选择。曲面边界的连续方式有三种：G0，G1 和 G2，其中 G0 表示边界重合，G1 表示相切连续，G2 表示曲率连续。

（5）使用“引用”中的“镜像体（Mirror Body）”功能完成网格曲面关于 YZ 平面的镜像。

（6）依次选择网格曲面的两组侧边，创建图 5.109 所示的两个直纹特征。

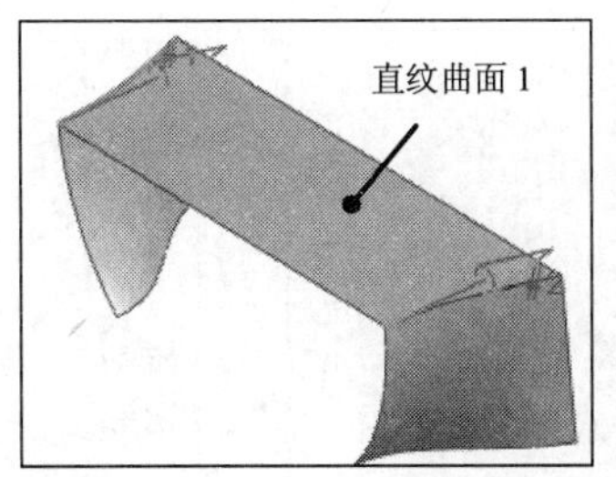

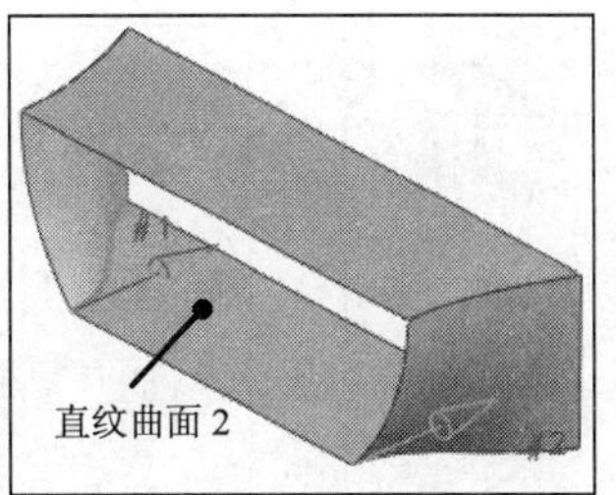

图 5.109　创建直纹曲面

（7）创建有界平面（Boundary Plane）。选择菜单【插入】/【曲面】/【有界平面】命令→依次选择图 5.110 所示的四条边界→OK。同理，完成另外一侧的有界平面 2。

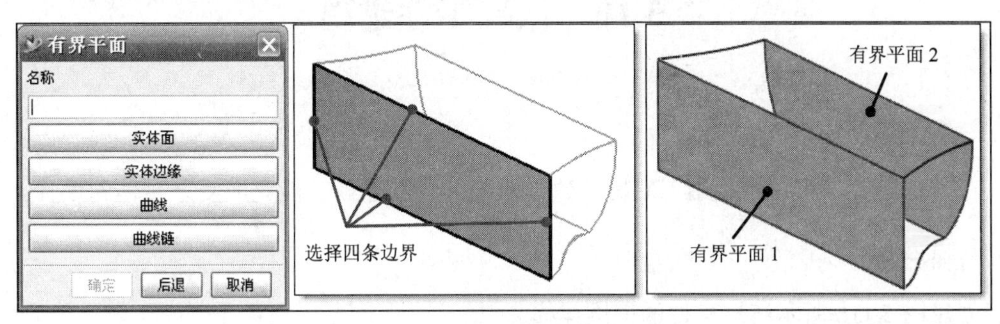

图 5.110　创建两个有界平面

有界平面是构造曲面最简单的一种方法，此方法要求定义曲线必须完全共面且形成闭合的区域。

（8）片体转化为实体

- 选择“缝合”命令，将所有片体缝合成为一个实体，如图 5.111 所示。
- 以原实体作为目标体，缝合实体作为工具体，完成“求差”操作，如图 5.112 所示。

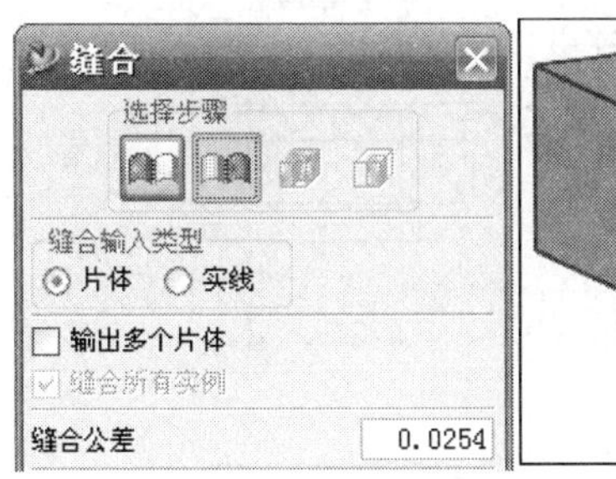

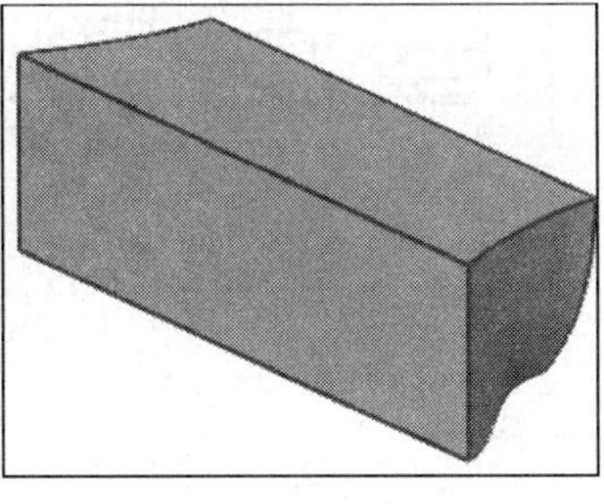

图 5.111　缝合操作

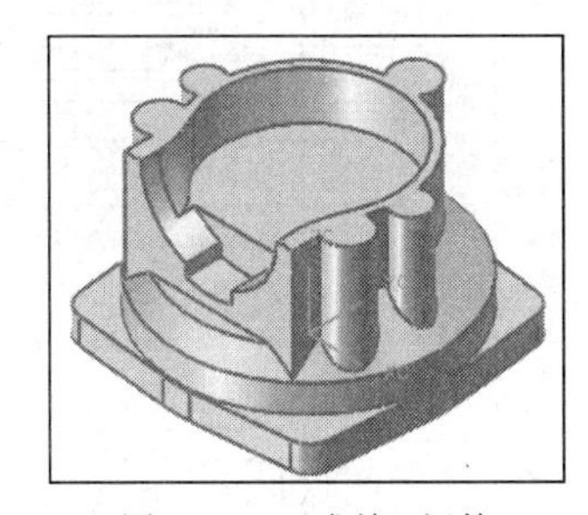

图 5.112　“求差”运算

4. 创建其他部分造型

（1）创建图 5.113 所示的拉伸特征：草图平面为基座上表面，水平参考为 X 轴，与原实体进行“求和”操作。

（2）以 Z 轴为旋转轴，对拉伸特征进行圆周阵列（数量=2，角度=−90），如图 5.114 所示。

（3）创建如图 5.115 所示的底部旋转体，与原实体进行“求差”操作。

5. 完成零件建模

请读者根据图纸自行创建零件其他部分的建模。

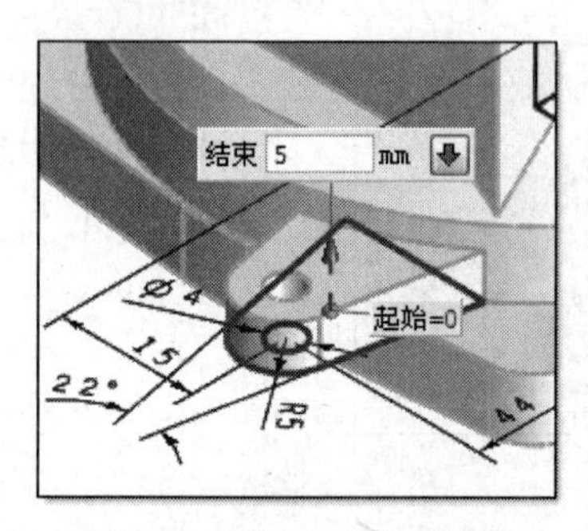

图 5.113　拉伸“求和”特征

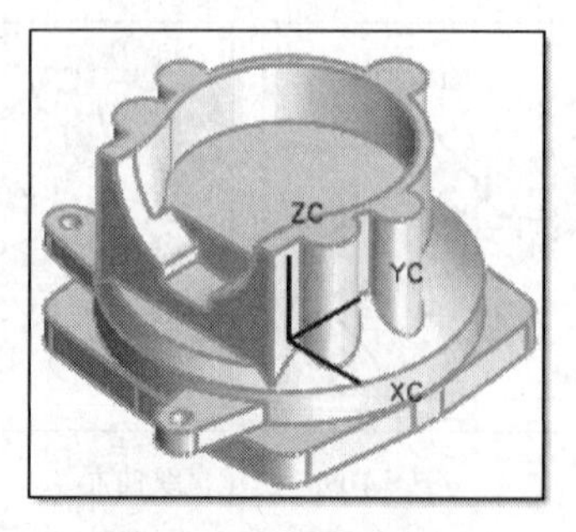

图 5.114　圆周阵列结果

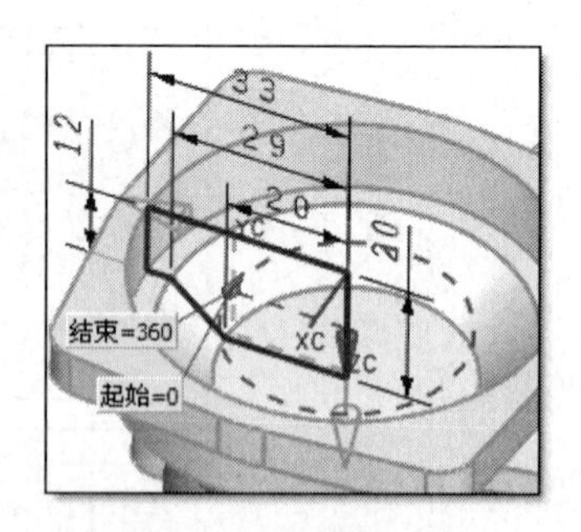

图 5.115　旋转体特征

5.10　汽缸零件建模

学习目标

在本任务中，将综合利用 NX 特征建模系统的各种建模功能完成复杂实体的设计。

任务分析

创建图 5.116 所示汽缸零件的三维建模。

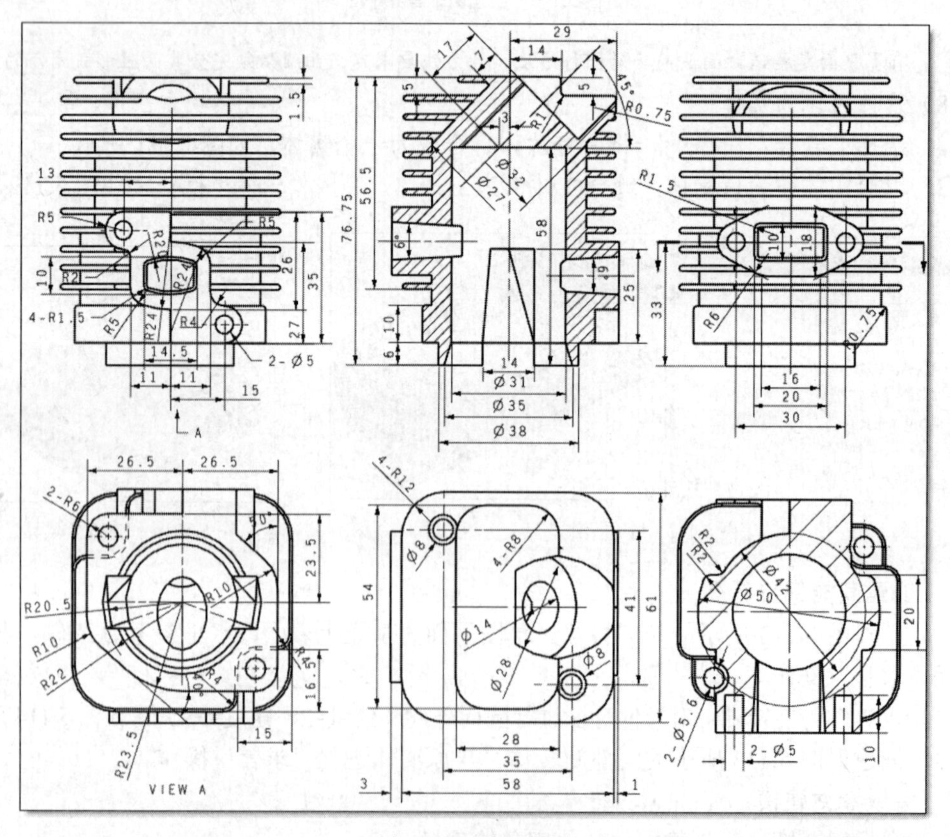

图 5.116　汽缸零件图

汽缸零件是一个复杂的实体零件，建模的关键是找出它的基体形状。在分析的过程中，可以首先暂时屏蔽散热片以及其他细节部分的造型，从而简化得到基本模型为由拉伸和旋转特征构成的实体。本任务的建模思路和一般流程如图 5.117 所示。

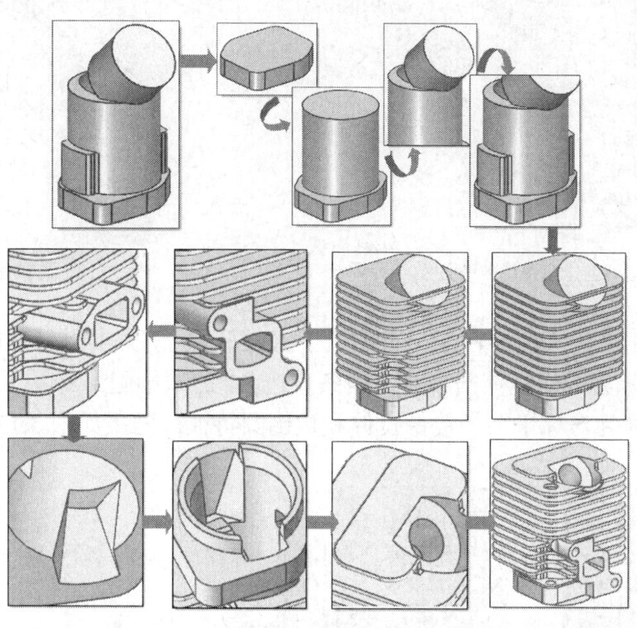

图 5.117　建模流程

操作步骤

1．创建基础实体

首先创建图 5.118（a）、（b）所示的拉伸实体。然后创建图 5.118（c）所示的圆台特征：直径=42，高度=45，定位方式为“点到点”，将圆台定位到直径为 47 圆弧的中心。

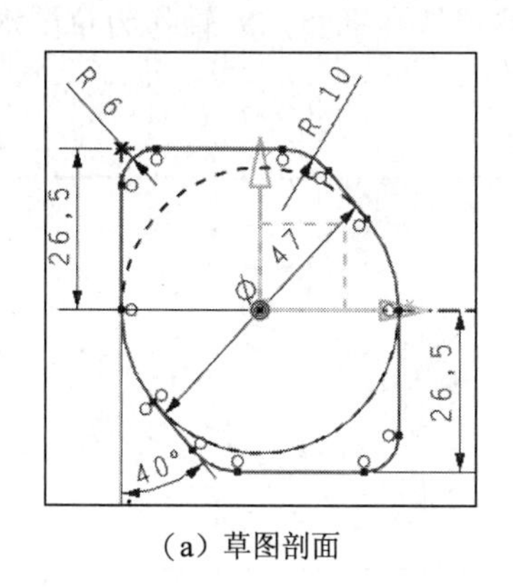

（a）草图剖面

（b）拉伸特征

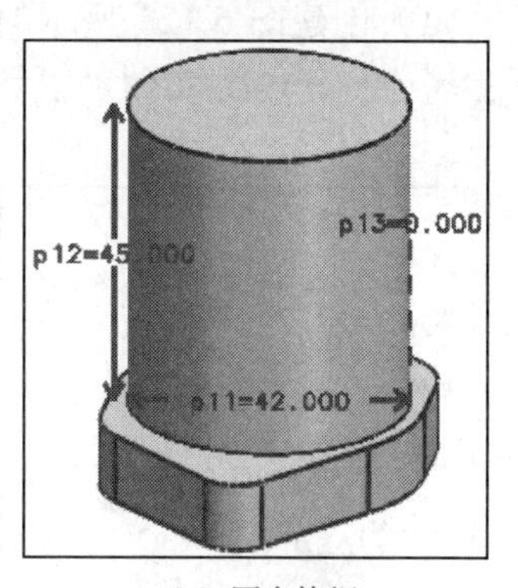

（c）圆台特征

图 5.118　创建基础实体

2．汽缸基体的信息设计

（1）创建图 5.119 所示的偏置基准平面：以拉伸实体的上表面为基准，偏置=42。

（2）创建图 5.120 所示基体顶部的旋转特征：草图平面为 XZ 平面，与原实体“求和”。

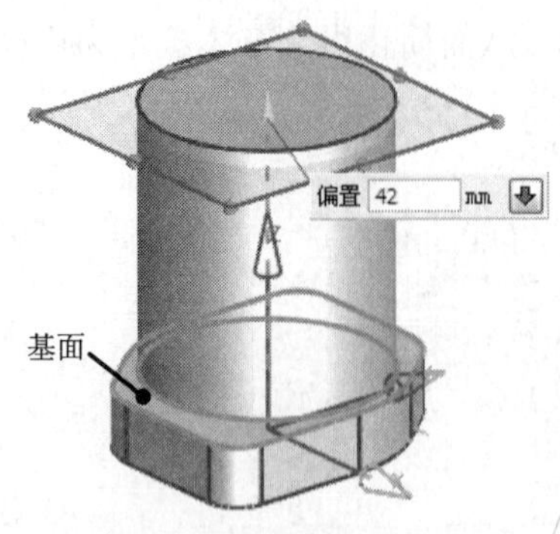

图 5.119 创建偏置基准平面

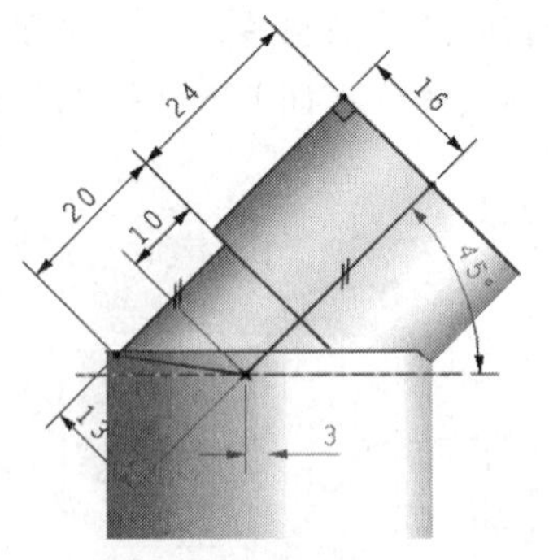

图 5.120 旋转体特征

（3）创建图 5.121 所示拉伸特征：草图位于 XY 平面上，与原来实体“求和”。

（4）完成上一步完成的拉伸凸台侧面四条直边 R2 的边倒圆。

（5）以 XZ 平面为对称平面，镜像拉伸和边倒圆特征，结果如图 5.122 所示。

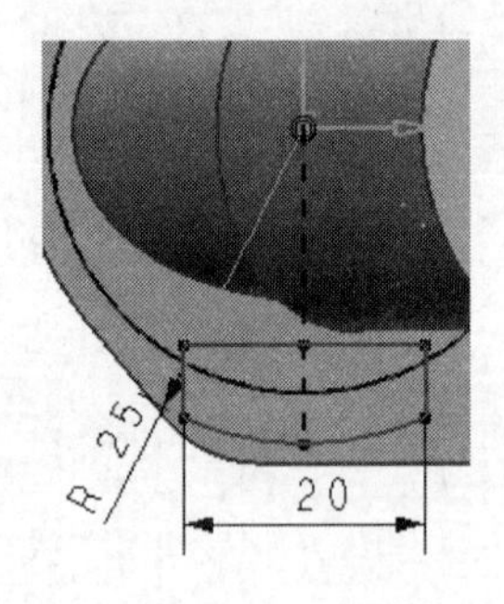

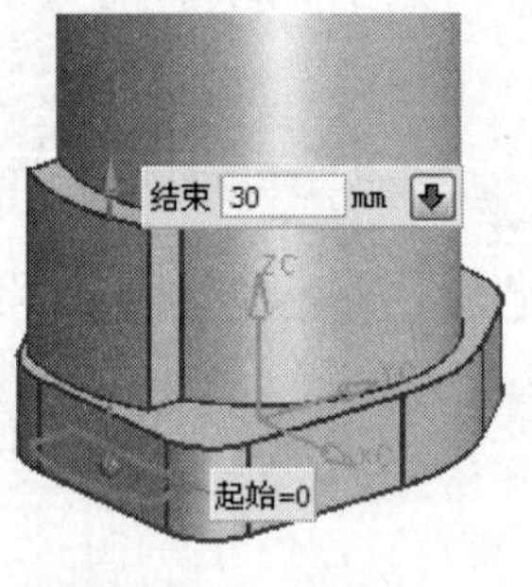

图 5.121 拉伸特征

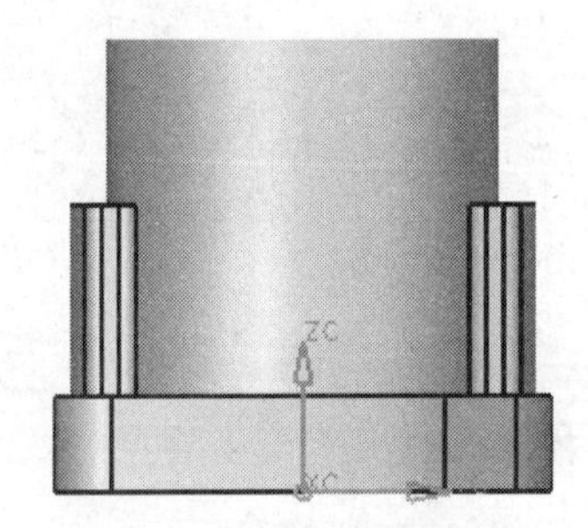

图 5.122 镜像特征

3. 创建散热片造型

（1）创建图 5.123 所示的拉伸特征：草图平面为新建的偏置基准平面，X 轴作为草图水平参考方向，与原实体“求和”。

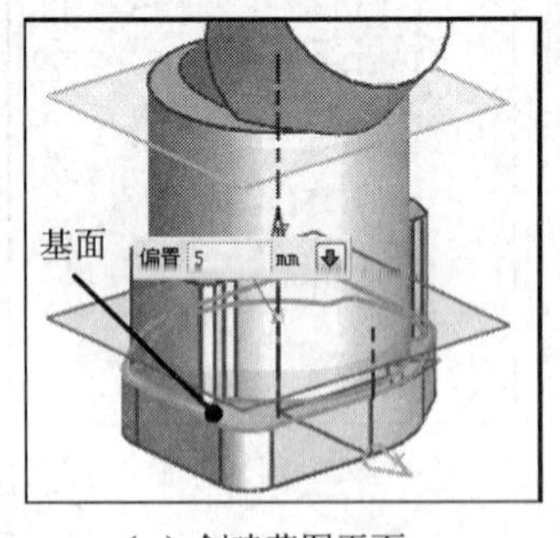

（a）创建草图平面

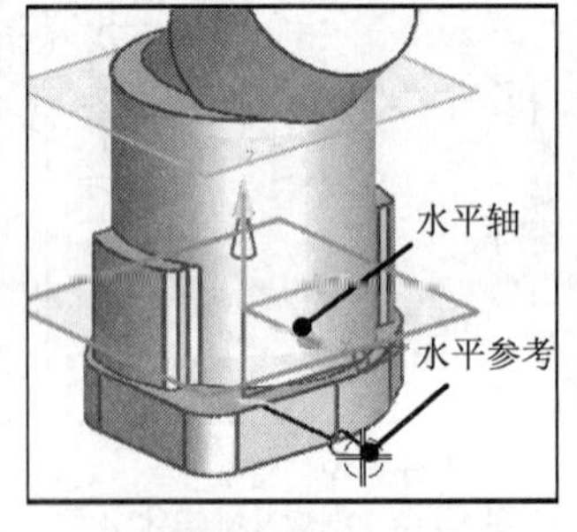

（b）指定草图水平参考

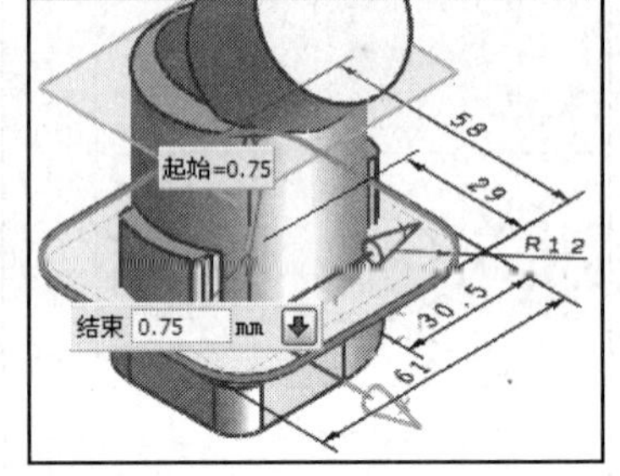

（c）拉伸预览

图 5.123 散热片的拉伸特征

（2）激活动态 WCS，将坐标系绕 YC 轴旋转－90°，如图 5.124 所示。

（3）创建散热片特征的矩形阵列：参数和阵列结果如图 5.125 所示。

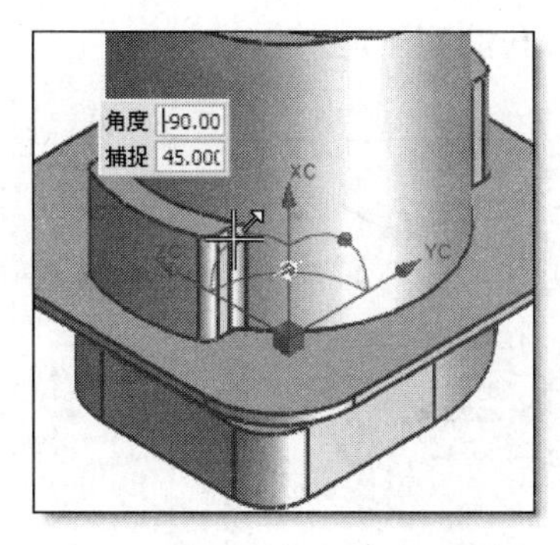

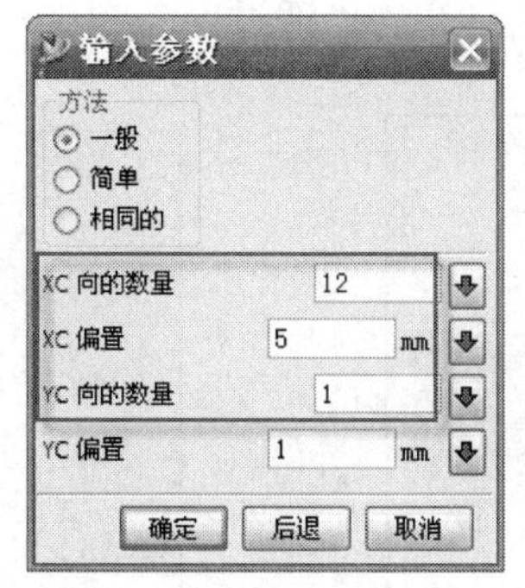

图 5.124　旋转 WCS

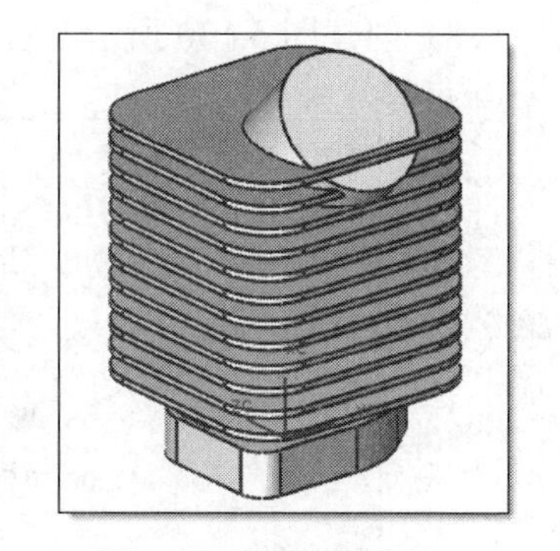

图 5.125　创建阵列特征

（4）创建图 5.126 所示的拉伸特征：草图位于最下面散热片的底平面。拉伸高度必须满足能够贯穿最下面的 5 个散热片，与原实体执行“求差”操作。

（5）以 Z 轴作为旋转轴，对上一步所创建的拉伸特征进行圆周阵列：数量=2，角度=180，结果如图 5.127 所示。

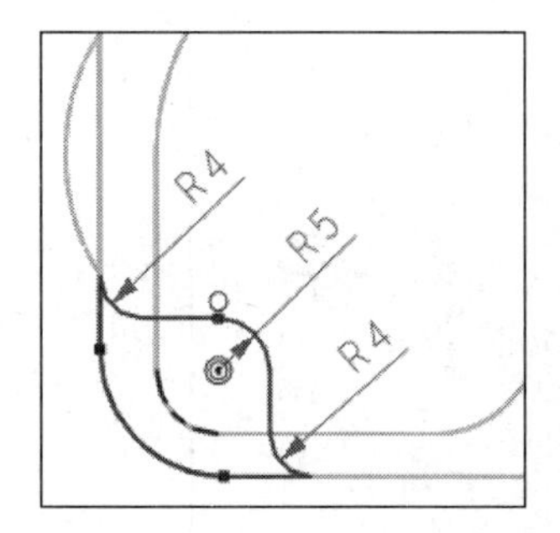

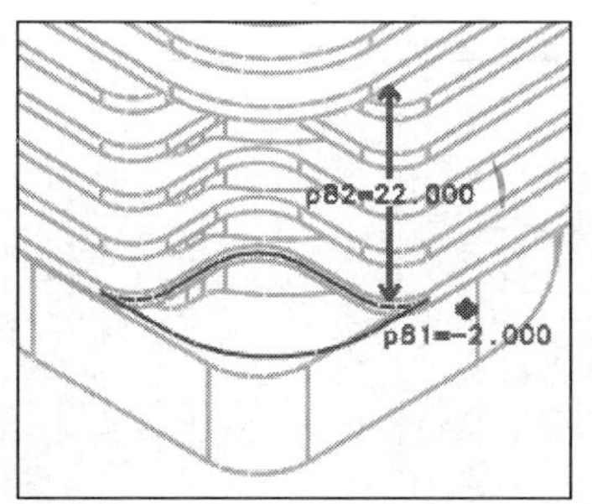

图 5.126　创建拉伸特征

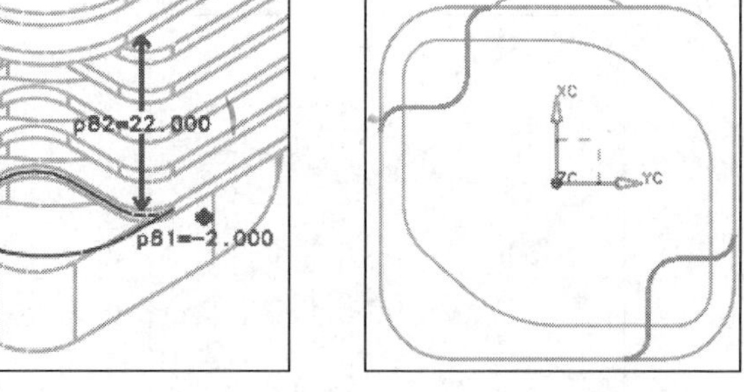

图 5.127　创建圆周阵列

（6）创建散叶片边缘的边倒圆 R0.75：在对话框中设置“倒圆所有引用”和取消“滚动到边上”复选框。选择图 5.128 所示的 4 条“相切曲线”（最底部叶片的两条边缘和上面第二个叶片的两条边缘），即可完成全部散热片的倒圆角。

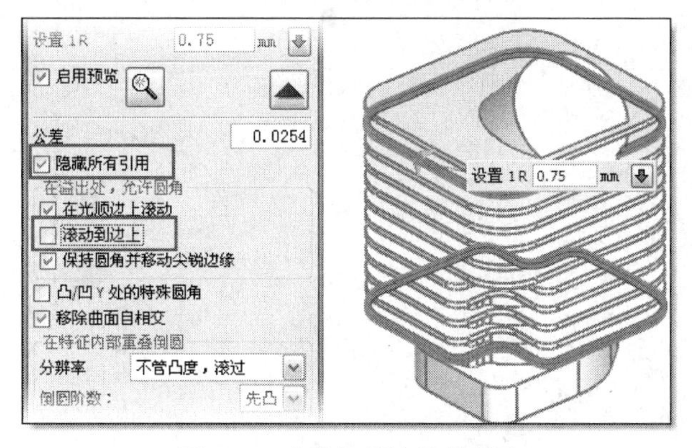

图 5.128　为所有叶片添加边倒圆

（7）创建图 5.129 所示的简单孔：定位方式为“点到点”定位到底面大圆弧的中心。

（8）创建图 5.130 所示的沉孔：孔的“通过面”为上一个孔的底平面。

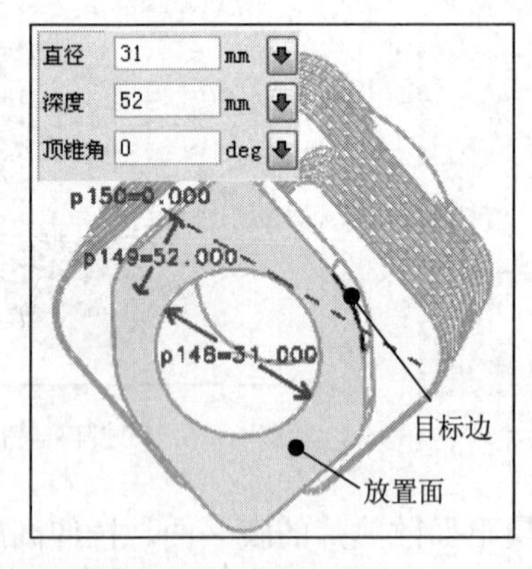

图 5.129 简单孔特征

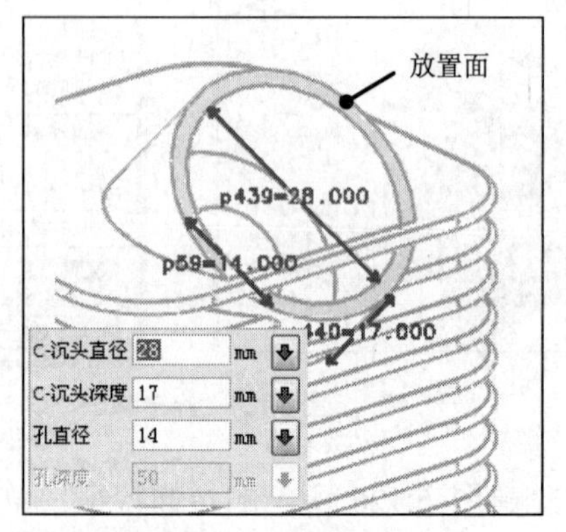

图 5.130 沉孔特征

（9）设置工作层为 81，创建图 5.131 所示的拉伸片体。

（10）使用上一步完成的拉伸片体裁剪掉实体的上面部分，如图 5.132 所示。

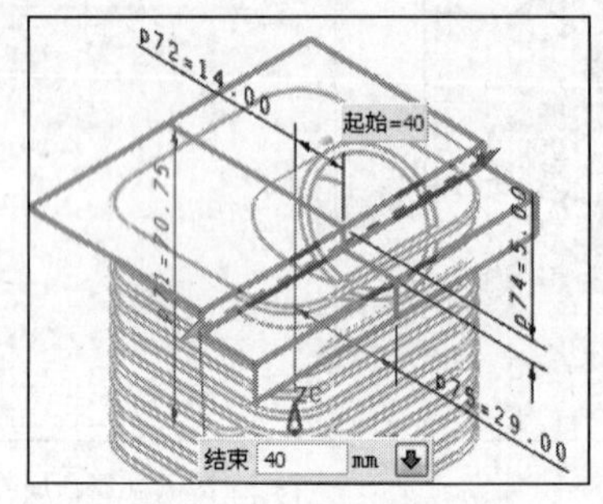

图 5.131 创建拉伸片体

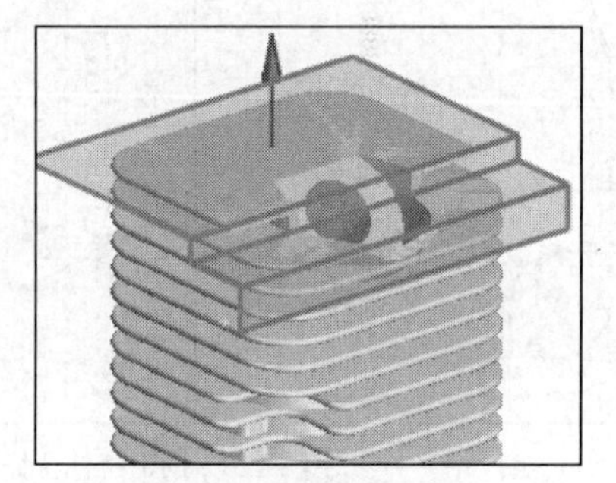
图 5.132 裁剪实体

4. 创建零件侧面连接缓冲器部分的造型

（1）工作层=1，创建图 5.133 所示的拉伸特征：草图平面为从 YZ 平面创建一个偏置为 30 的基准平面，拉伸方向指向实体，拉伸“结束”为“直到下一个”，与原实体“求和”。

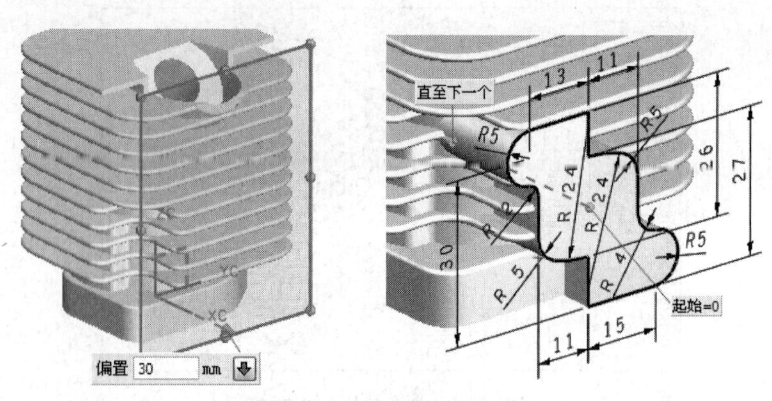

图 5.133 创建侧面拉伸特征

（2）创建图 5.134 所示的中间槽的拉伸特征：拔模角为 3°，与原实体“求差”。

（3）创建两个简单孔特征：直径为 5，深度为 10，如图 5.135 所示。

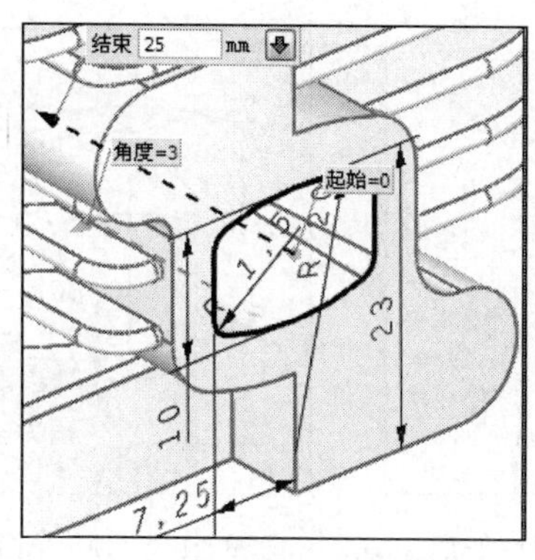

图 5.134　拉伸特征—求差

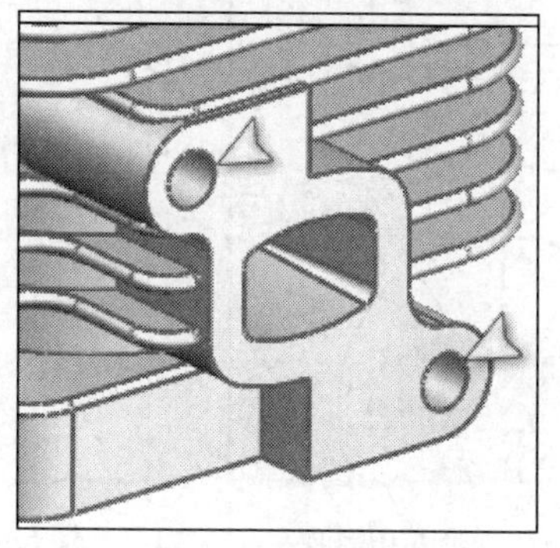

图 5.135　创建孔特征

5. 创建另外一侧的造型

另外一侧的造型与步骤 3 的建模过程类似，请读者根据图 5.136 所示的操作步骤自行设计完成。

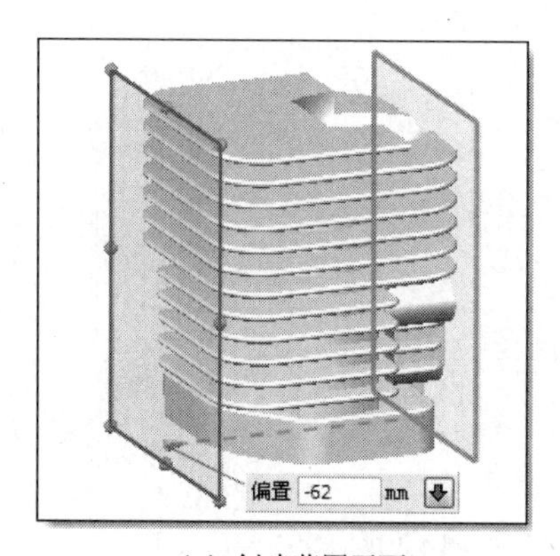

（a）创建草图平面

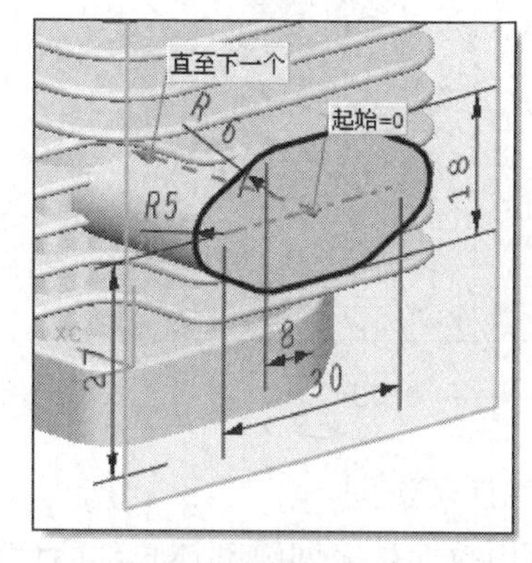

（b）创建拉伸特征—求和

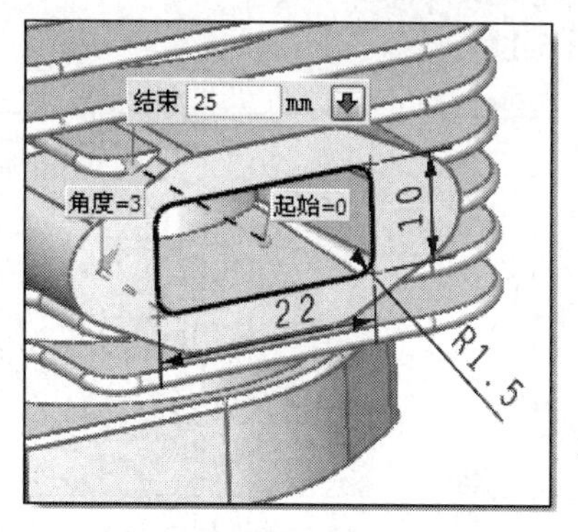

（c）拉伸特征—求差

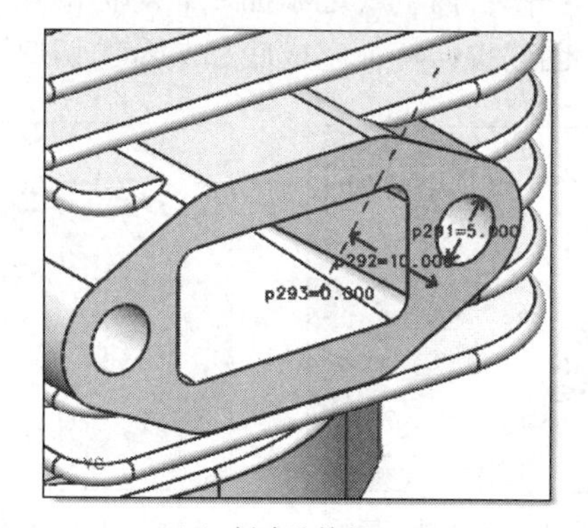

（d）创建孔特征

图 5.136　另一侧伸出部分造型

6. 创建内侧异形槽的造型

（1）在零件最底部平面上创建图 5.137 所示的草图；在位于距离底面为 25 的偏置基准平

面上（如图 5.138 所示），创建图 5.139 所示的草图。

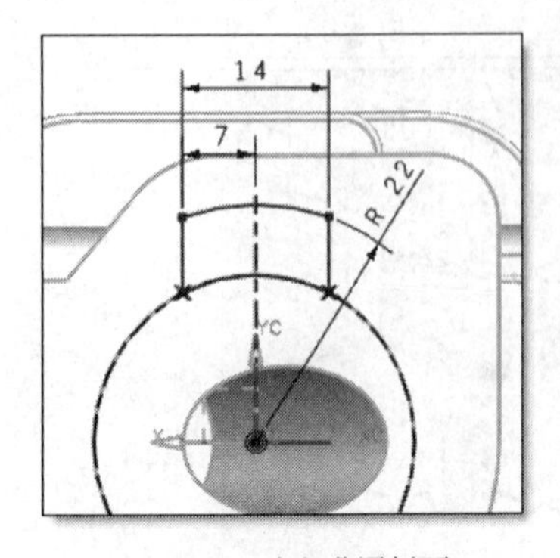

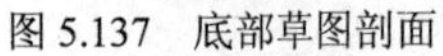
图 5.137　底部草图剖面

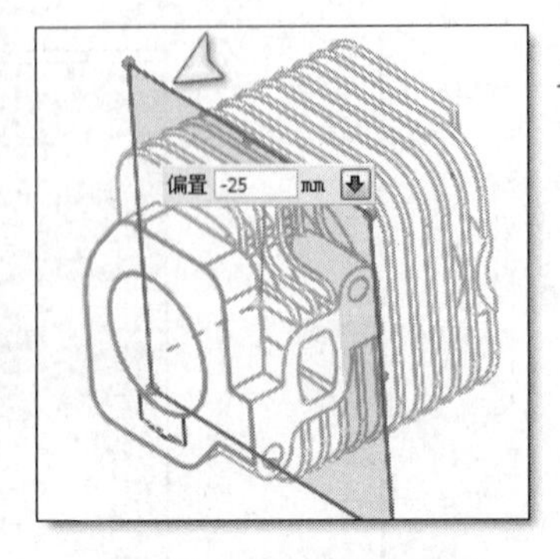

图 5.138　第二张草图平面

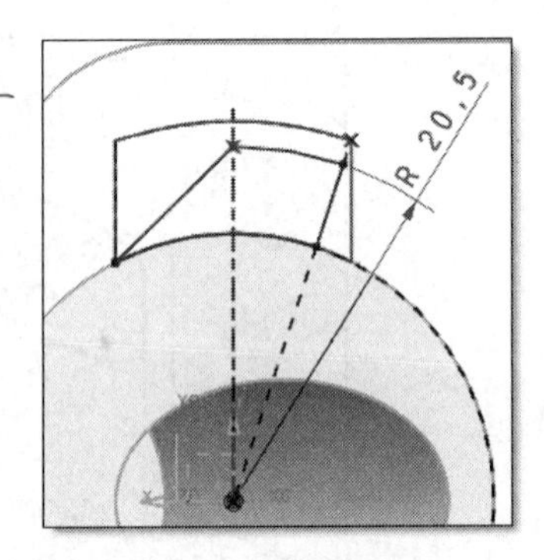

图 5.139　顶部草图剖面

（2）创建直纹曲面：利用上一步绘制的两组草图曲线创建直纹特征，如图 5.140 所示。

（3）执行布尔操作“求差”操作，然后完成特征镜像，如图 5.141 所示。

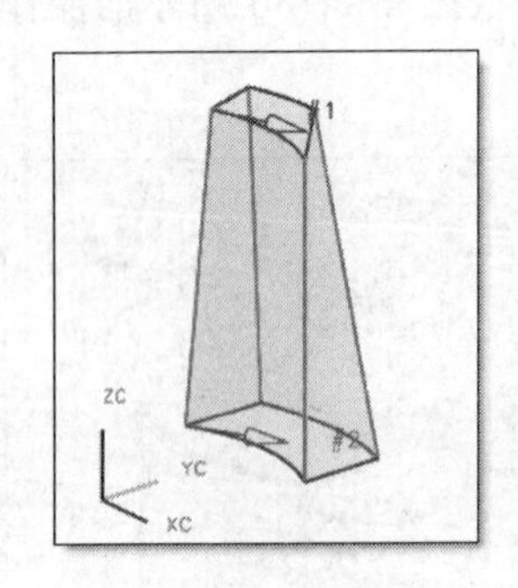

图 5.140　直纹特征

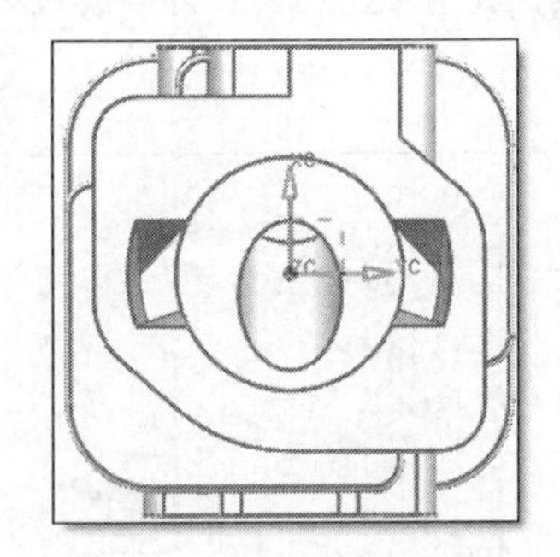

图 5.141　“求差”与特征镜像

7. 创建底部造型

（1）使用拉伸功能创建缸体底部凸台特征，如图 5.142 所示。

（2）在凸台内侧底边添加“非对称偏置”倒角，如图 5.143 所示。

（3）创建拉伸特征完成底部凸台的切口，如图 5.144 所示。

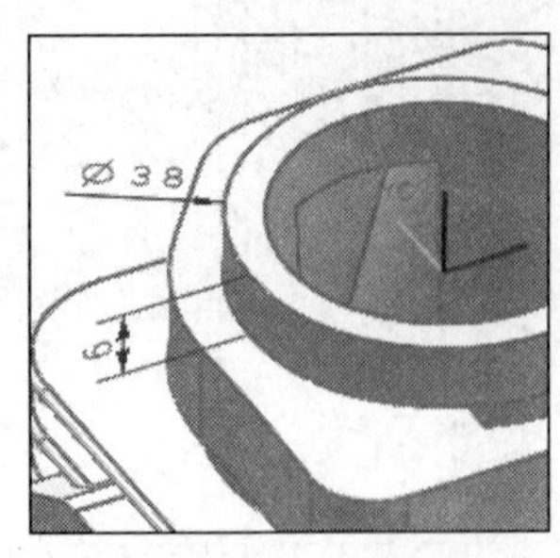

图 5.142　创建底部凸台特征

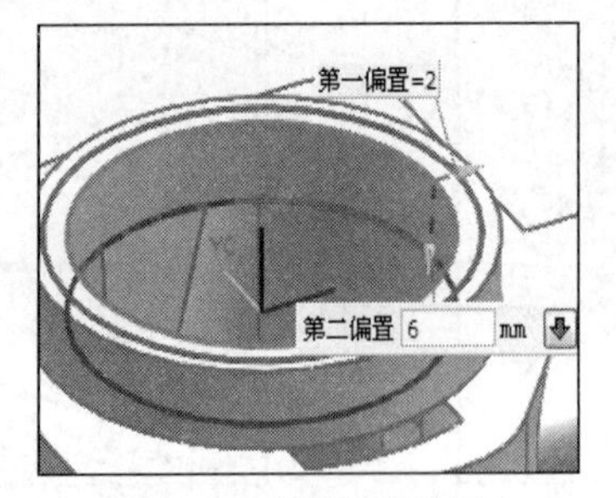

图 5.143　创建倒角特征

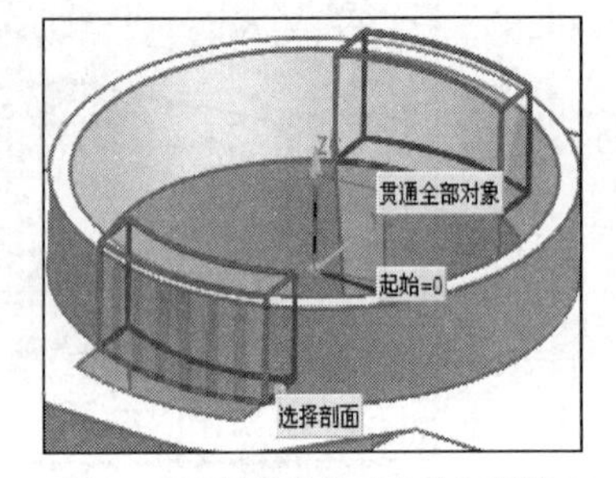

图 5.144　创建拉伸“求差”特征

8. 创建其他特征，完成建模

（1）创建图 5.145 所示的拉伸特征：草图平面为散热片顶面，使用带偏置的拉伸完成“求差”操作。

（2）为图 5.146 所示的边缘添加“边倒圆”特征。

（3）创建图 5.147 所示的沉孔特征。

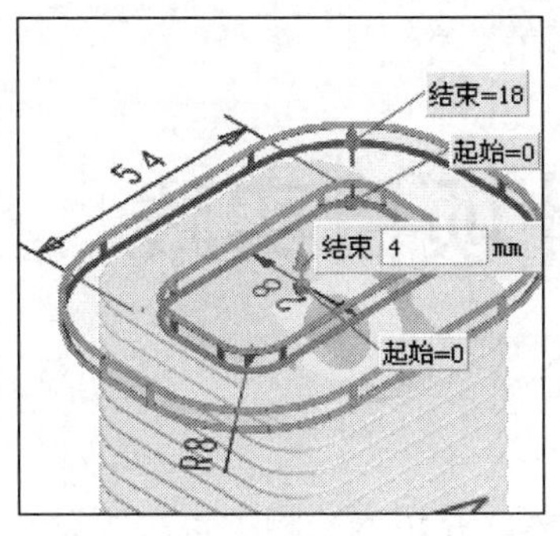

图 5.145　拉伸特征—求差

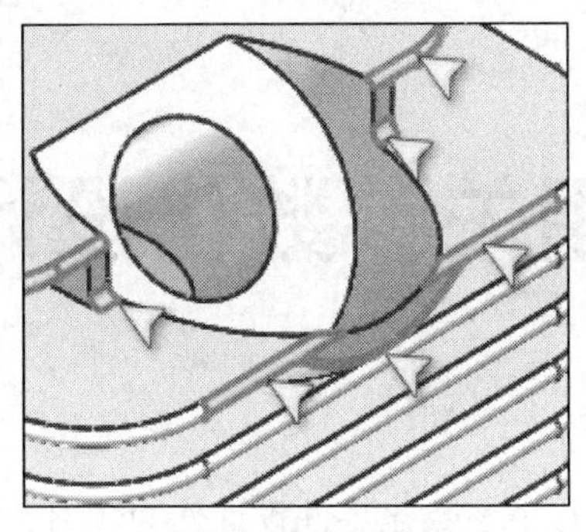

图 5.146　边倒圆

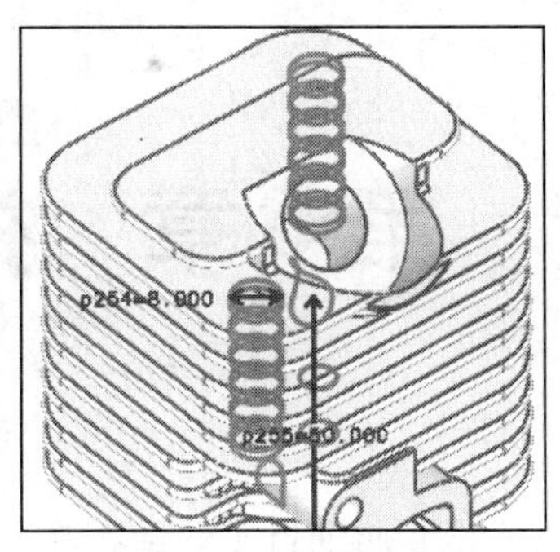

图 5.147　创建沉孔特征

5.11　本 章 小 结

本章通过发动机的主要零件建模，介绍了实体建模的一般思路和各种功能的应用技巧。在熟悉 NX 建模命令的前提下，通过独立完成练习培养良好的建模思路，这是非常重要的一点，好的建模思路是成功建模的一半。一般来说，实体建模过程是一个不断细化的过程，而其中第一个基体的构建很重要，它决定了后续的建模流程。另外，对于复杂的实体建模，还应该注意以下几个方面：

（1）当建模出现错误时，善于使用部件导航器和各种特征编辑功能，并尽可能避免使用“撤销”操作，因为它对大部分操作是不可逆的。

（2）当创建了大量的建模对象时，善于使用图层对部件进行有效的管理，而不是单纯地使用隐藏操作。

（3）本章的所有实践任务均给出了详细的建模过程，其目的是为了介绍建模命令的使用方法和演示各种操作技巧，起一个抛砖引玉的作用。读者需要“举一反三”，在课外独立完成更多的练习。

5.12　思考与练习

根据配套素材中给出的图纸，完成各零件的三维实体建模。

第 6 章　相关参数化设计项目实践

本章将通过工业钻孔机中几个参数化零件设计作为项目载体，介绍 NX 相关参数化设计的思想和方法。主要内容包括：

- ❑ 利用变量完成深沟球轴承的参数化设计；
- ❑ 内六角螺钉的标准件设计—创建和使用标准件库；
- ❑ 渐开线直齿圆柱齿轮的参数化设计；
- ❑ 弹簧零件的参数化设计，建立 UDF，并定义其在装配中可变形。

【教学目标】掌握相关参数化设计的一般过程。领悟参数化技术的思想，理解 NX 是如何通过草图、特征、定位及表达式等手段实现部件的全相关设计。

【知识要点】本章知识要点包括：

- ❑ 表达式的应用；
- ❑ 部件族及电子表格的应用；
- ❑ 相关曲线及方程曲线的创建；
- ❑ 建立用户自定义特征（UDF）和定义可变形组件。

6.1　深沟球轴承的参数化建模

学习目标

- 🕮 学习如何利用表达式编辑器定义参数化设计变量。
- 🕮 学习如何利用表达式定义草图和特征的尺寸关系，完成零件的相关参数化建模。

任务分析

工业钻孔机的曲轴装配需要使用一组深沟球轴承，图纸如图 6.1 所示，轴承各尺寸的关系见表 6.1。完成的零件需要满足以下设计要求：

- ❑ 通过修改轴承的几个变量（da、d、b、r），能够实现轴承的快速更新。
- ❑ 滚珠的数量取大于等于“滚珠中心圆周长”除以“1.5 倍滚珠直径”的最小整数。

由表 6.1 可知轴承的自由变化参数为 da、d、b、r，其他参数都与这几个参数相关。滚珠的数量可以使用 NX 内部函数“ceiling()”来实现。“ceiling()”用于返回一个大于等于给定数字的最小整数值，如“ceiling（7.2）=8”。利用表达式工具定义以上参数，并在建模中使用这些用户表达式定义零件的尺寸。

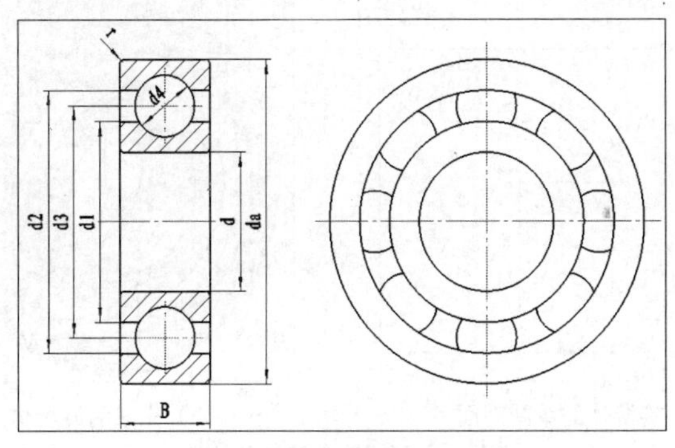

图 6.1　深沟球轴承零件图

表 6.1　　深沟球轴承各参数之间的关系

参数	da	d	b	d1	d2	d3	d4	r
公式	28	6	8	d+（da-d）/3	da-（da-d）/3	da-（da-d）/2	（da-d）/6	0.3
值	28	6	8	17.333	22.667	20	5.333	0.3

操作步骤

1．定义设计参数的“表达式”

（1）打开种子文件 Seed_part_mm，并另存为 Bearing.prt。启动建模环境。

（2）启动表达式编辑器，完成表 6.2 所有表达式的定义。

表 6.2　　UG NX 支持的表达式格式

名称	da	d	b	d1	d2	d3	d4	r	n
公式	28	12	8	d+（da-d）/3	da-（da-d）/3	da-（da-d）/2	（da-d）/3	0.3	ceiling((pi()*d3)/(1.5*d4))
量纲	长度	长度	长度	长度	长度	长度	长度	长度	常量
单位	mm	mm	mm	mm	mm	mm	mm	mm	无

pi()为圆周率，()内不要赋值。

2．零件建模

（1）创建图 6.2 所示的旋转体：草图平面为 YZ 平面，旋转轴为 YC 轴。

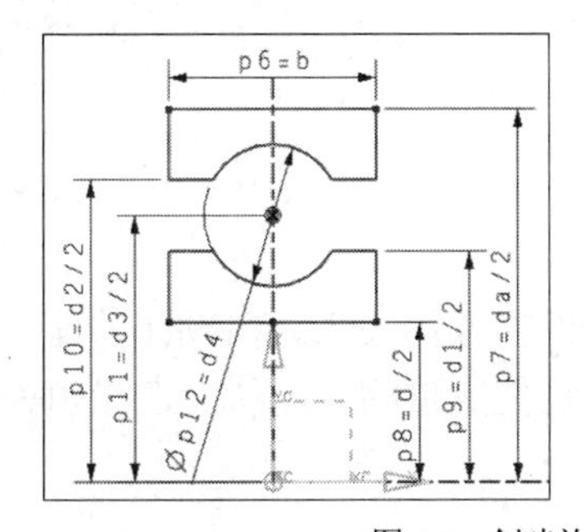

图 6.2　创建旋转特征

（2）创建图 6.3 所示滚珠的旋转体特征：草图平面为 YZ 平面，创建新实体。

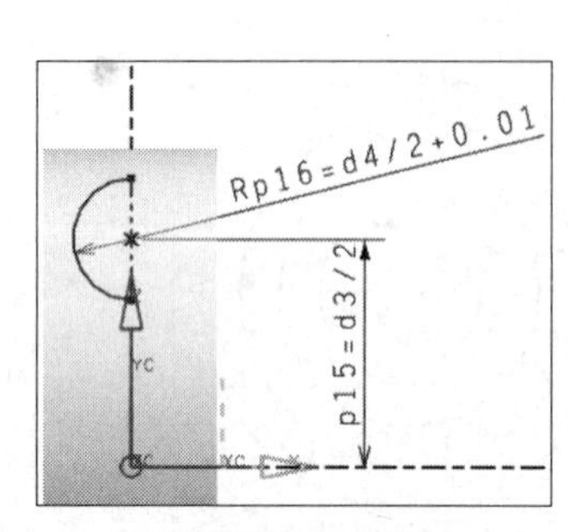

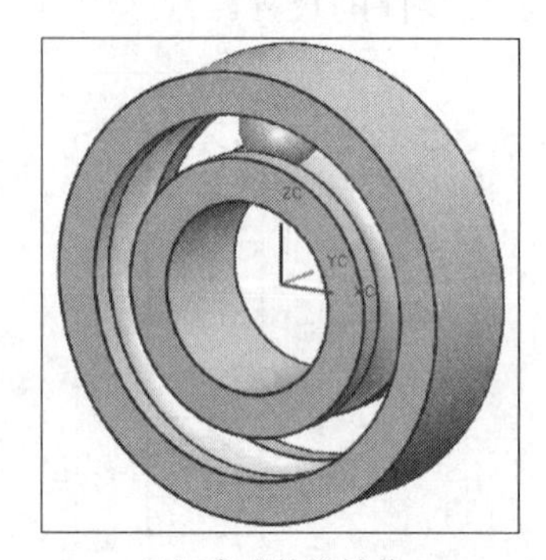

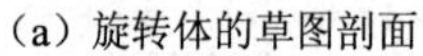

（a）旋转体的草图剖面　　（b）完成的旋转体

图 6.3　创建滚珠旋转体特征

如果滚珠半径尺寸为“d4/2”，则它与外部实体不相交，无法进行布尔操作，这样不能利用“引用功能”完成圆周阵列，所以在此处将其尺寸放大 0.01（大于距离公差即可）。

（3）创建布尔“求和”操作：选择最外侧实体为目标体，选择其他实体作为工具体。

（4）创建滚珠的圆周阵列：输入阵列参数为“数量为 n，角度为 360/n”，选择基准坐标系的 Y 轴作为旋转轴，完成圆周阵列的结果如图 6.4 所示。

（5）创建边倒圆：以半径为“r”对轴承的四条边缘进行圆角处理。

（6）保存部件，完成轴承的建模。

3. 验证零件

打开表达式对话框，修改参数“da=42，d=20，b=12，r=0.6”，检查部件是否能够顺利更新。如果能够顺利更新，结果应为图 6.5 所示；如果不能顺利更新，请检查表达式和草图。

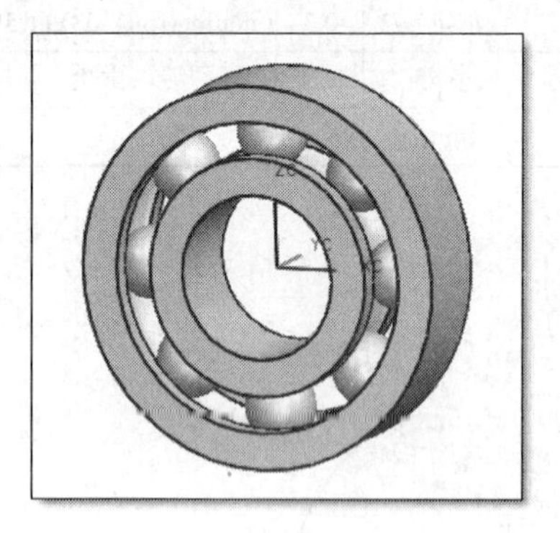

图 6.4　创建滚珠的圆周阵列

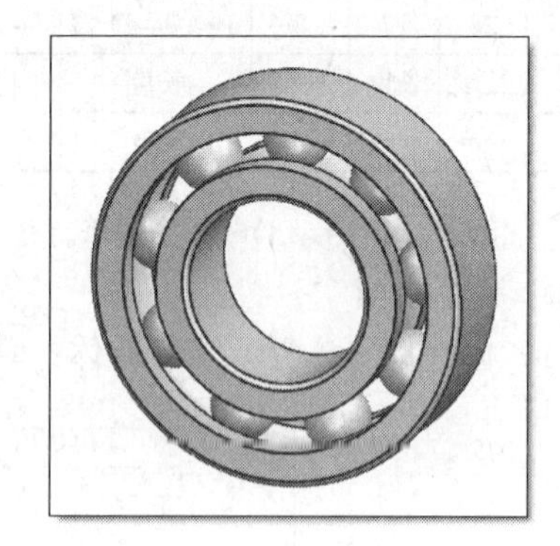

图 6.5　修改变量后的结果

本任务通过表达式建立了零件各个部分的参数化关系。在设计过程中，需要首先确定设计的关键尺寸变量，其他尺寸的表达式都和这些变量相关，从而建立相关性。这是参数化建模经常采用的一种设计思路。

6.2　创建螺钉标准件库

学习目标

- 学习如何利用表达式功能创建关键变量并利用表达式创建标准件模板文件。
- 学习如何使用“部件族”功能创建标准件库。
- 了解如何在装配中调用标准件。

任务分析

工业钻孔机需要使用标准内六角螺钉作为紧固件，其中一个规格“M4×12”的图纸如图 6.6 所示，总共需要 13 种这样规格的内六角螺钉，见表 6.3。要求利用“标准件”功能完成螺钉的建模。

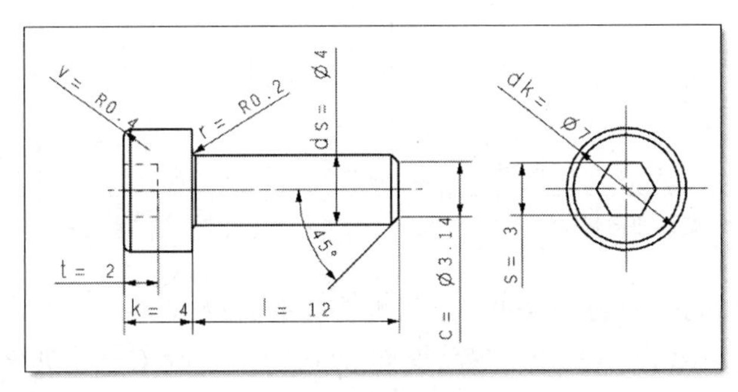

图 6.6　螺钉图纸

表 6.3　内六角螺钉参数表

序号	规格	dk	ds	k	s	t	v	r	c	l
1	M3×12	5	3	2.5	2.5	1.5	0.3	0.2	2.37	12
2	M4×12	7	4	4	3	2	0.4	0.2	3.14	12
3	M4×15	7	4	4	3	2	0.4	0.2	3.14	15
4	M4×18	7	4	4	3	2	0.4	0.2	3.14	18
5	M5×15	8.5	5	5	4	2.5	0.5	0.2	4.02	15
6	M5×18	8.5	5	5	4	2.5	0.5	0.2	4.02	18
7	M5×24	8.5	5	5	4	2.5	0.5	0.2	4.02	24
8	M5×28	8.5	5	5	4	2.5	0.5	0.2	4.02	28
9	M5×50	8.5	5	5	4	2.5	0.5	0.2	4.02	50
10	M5×60	8.5	5	5	4	2.5	0.5	0.2	4.02	60
11	M6×15	10	6	6	5	3	0.6	0.25	4.77	15
12	M6×20	10	6	6	5	3	0.6	0.25	4.77	20
13	M6×36	10	6	6	5	3	0.6	0.25	4.77	36

由于内六角螺钉是一种标准件，不同尺寸的螺钉外形完全相同。因此我们只需要完成其

中一个零件的建模，然后使用 NX 的“部件族”功能创建内六角螺钉的标准件库。这种方法只需要我们指定关键变量作为表达式，然后利用电子表格（NX 使用 Microsoft Excel）管理表达式并输入零件的数据，即可完成标准件库的建立。NX 的“部件族”是一种简单有效的建立标准件库方法。

操作步骤

1. 螺钉模板零件参数化建模

（1）打开种子文件 Seed_part_mm，并另存为 Bolt.prt。启动建模环境。

（2）定义设计变量：启动表达式对话框，创建图 6.6 所示表达式。

（3）工作层=1。在缺省位置创建“直径=dk，高度=k”的圆柱体。

（4）在圆柱体底部中心创建“直径=ds，高度=l”的圆台特征，建模结果如图 6.7 所示。

（5）创建内六角部分的拉伸特征：剖面草图如图 6.8 所示，深度为“t”，“求差”操作。

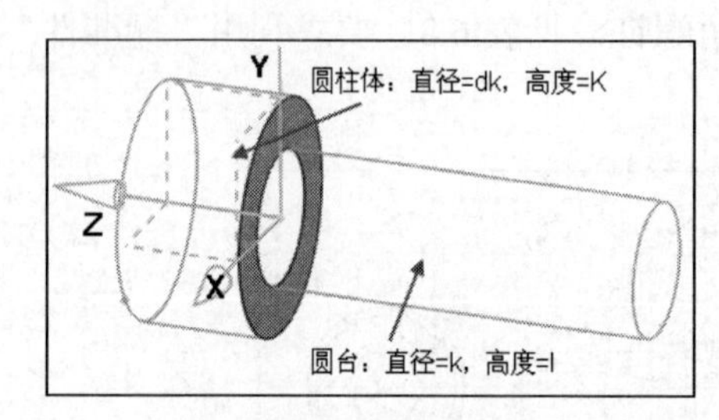

图 6.7 圆柱体和圆台特征

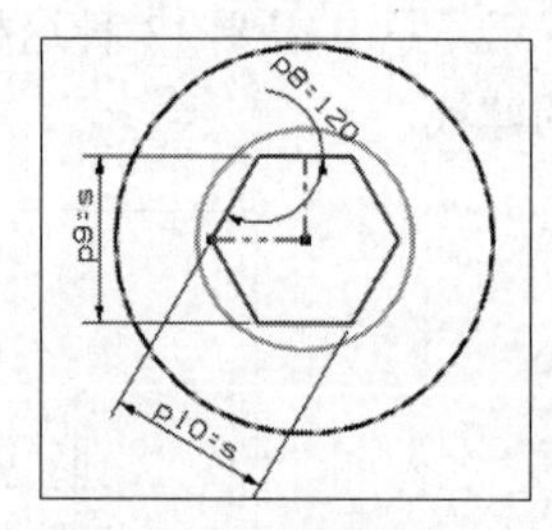

图 6.8 拉伸草图剖面

（6）创建用户表达式：e=s*sin(60)（e 为埋头孔的直径）。

（7）创建内六角顶部的“埋头孔”特征：C－埋头直径=e，C－埋头角度=120，孔直径=s，孔深度=t，顶锥角=0，结果如图 6.9 所示。

（8）创建螺钉的边倒圆和倒斜角：螺钉顶部边缘圆角半径为“v”；结合部分边缘圆角半径为“r”；底部边缘为对称偏置倒角，偏置为“（ds-c）/2”，完成结果如图 6.10 所示。

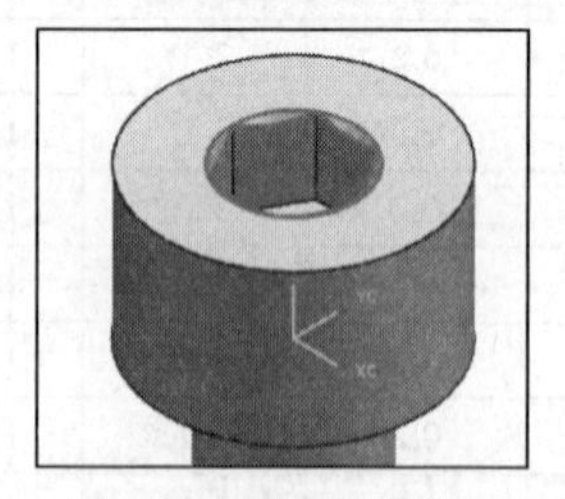

图 6.9 创建“埋头孔”

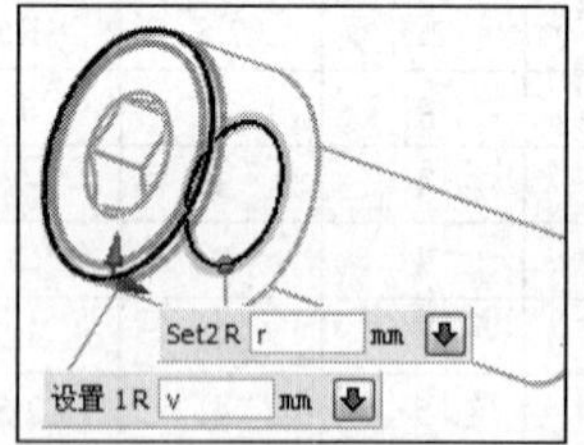

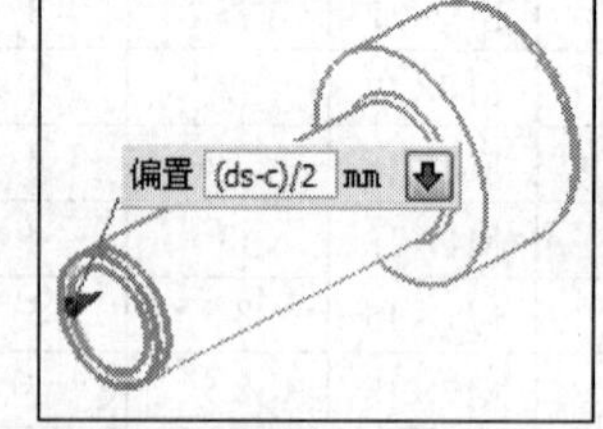

图 6.10 螺钉的边缘处理

（9）保存零件，完成 M4×12 内六角螺钉的参数化建模。

2. 根据模板创建“部件族”

（1）定义部件族变量。

- ❑ 启动“部件族”工具：选择【工具】/【部件族】命令，启动如图 6.11 所示的对话框。
- ❑ 添加变量到“选定的列”列表中：依次选择 dk，ds，k，s，t，v，r，c，l，单击“添加列”按钮，将它们按顺序添加到列表中。

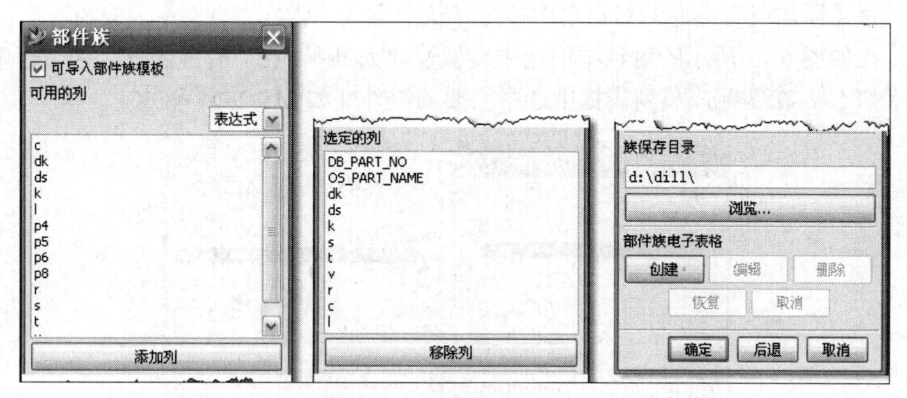

图 6.11　“部件族”对话框

注意：如果添加了错误的表达式变量，可以使用“移除列”按钮将它们移除，其中“DB_PART_NO”和“OS_PART_NAME”为系统定义变量，不可以移除。

（2）使用电子表格定义“部件族”。

- 启动电子表格：在“部件族对话框”中设置“族保存目录”，然后单击“创建（Create）”按钮，系统启动 Excel 电子表格。
- 编辑部件族中的工作表：根据表 6.3 完成工作表的编辑，结果如图 6.12 所示。

Microsoft Excel - 工作表 在 Part Family - BOLT

文件(F)　编辑(E)　视图(V)　插入(I)　格式(O)　工具(T)　数据(D)　窗口(W)　帮助(H)　部件族

	A	B	C	D	E	F	G	H	I	J	K
1	DB_PART_NO	OS_PART_NAME	dk	ds	k	s	t	v	r	c	l
2	1	M3-12	5	3	2.5	2.5	1.5	0.3	0.2	2.37	12
3	2	M4-12	7	4	4	3	2	0.4	0.2	3.14	12
4	3	M4-15	7	4	4	3	2	0.4	0.2	3.14	15
5	4	M4-18	7	4	4	3	2	0.4	0.2	3.14	18
6	5	M5-15	8.5	5	5	4	2.5	0.5	0.2	4.02	15
7	6	M5-18	8.5	5	5	4	2.5	0.5	0.2	4.02	18
8	7	M5-24	8.5	5	5	4	2.5	0.5	0.2	4.02	24
9	8	M5-28	8.5	5	5	4	2.5	0.5	0.2	4.02	28
10	9	M5-50	8.5	5	5	4	2.5	0.5	0.2	4.02	50
11	10	M5-60	8.5	5	5	4	2.5	0.5	0.2	4.02	60
12	11	M6-15	10	6	6	5	3	0.6	0.25	4.77	15
13	12	M6-20	10	6	6	5	3	0.6	0.25	4.77	20
14	13	M6-36	10	6	6	5	3	0.6	0.25	4.77	36

Sheet1

图 6.12　部件族工作表

- 选择 Excel 电子表格的菜单命令【部件族】/【保存族】，系统保存并返回到 NX 环境。此时，“部件族”对话框的“编辑”按钮被激活。
- OK，完成“部件族”的定义。

通过工作表中的部件族下拉菜单还可以进行“验证部件（Verify Part）、应用值（Apply Values）、更新部件（Update Parts）、创建部件（Create Parts）”等操作。

- 保存零件，完成内六角螺钉的标准件库。

3. 在装配中调用标准件

（1）新建一个公制的部件，并启动【装配】应用环境。

（2）选择【装配】/【组件】/【添加现有组件】命令，选择上一步完成的部件族零件。

（3）在【添加现有组件】对话框中接受默认的参数，OK。

（4）在如图 6.13 所示的对话框中选中族属性（如 ds），在“有效的值”列表框中选中需要的值（如 5），在匹配成员列表框中选中需要的组件（如 M5-28）→OK。

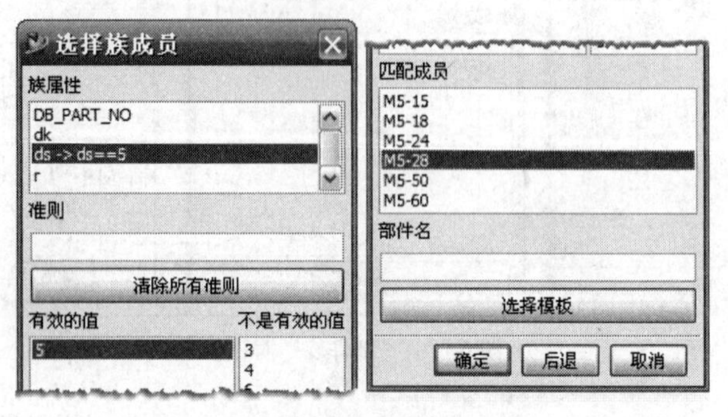

图 6.13 添加部件族成员到装配中

（5）输入坐标原点为组件的放置位置→OK。

6.3 渐开线直齿圆柱齿轮设计

学习目标

- 根据渐开线曲线方程推导适于 NX 使用的参数方程。
- 利用 NX 的规律曲线功能创建方程曲线。
- 学习如何使用一般曲线功能创建相关曲线以控制轮齿的外形。
- 学习如何进行曲线的相关编辑。

任务分析

在工业钻孔机中，需要设计一组直齿圆柱齿轮传动。已知齿轮参数为：模数 m=1，压力角 α=20°，z1=40，z2=16。零件图纸分别如图 6.14 和图 6.15 所示。完成两个零件的参数

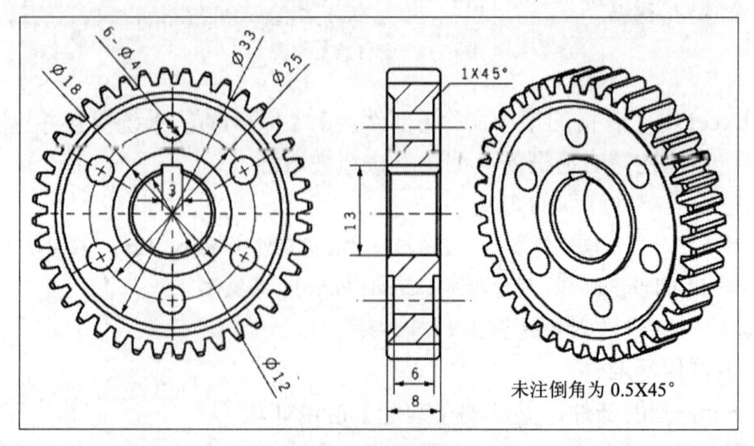

图 6.14 齿轮零件图

化建模，要求通过修改齿轮的齿数（z）和模数（m），齿轮能够顺利更新。

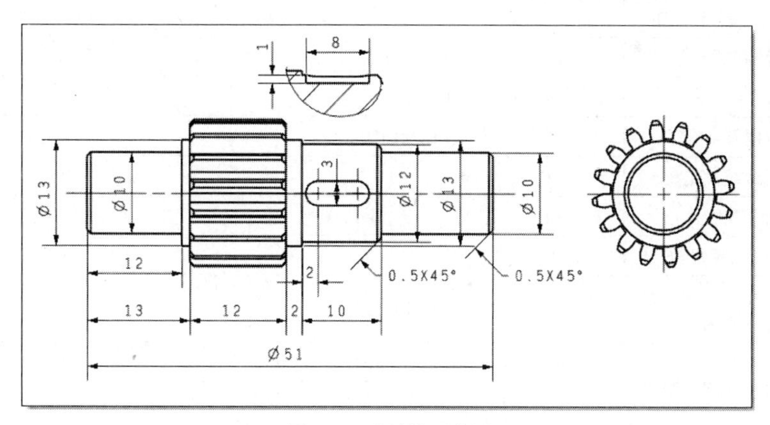

图 6.15　齿轮轴零件图

在齿轮造型设计中，关键的部分是轮齿的建模。由于 NX 的曲线工具中并没有直接绘制渐开线曲线的功能，因此我们需要根据渐开线曲线方程，使用 NX 的“规律曲线”功能来绘制。为了能够满足齿轮参数化的设计要求，曲线构造是必须使用“关联”曲线功能。

设计过程为：首先推导齿轮渐开线方程的 NX 参数表达式，并利用 “规律曲线”功能创建渐开线，然后进行轮齿部分的相关参数化设计，最后完成齿轮的细节设计。

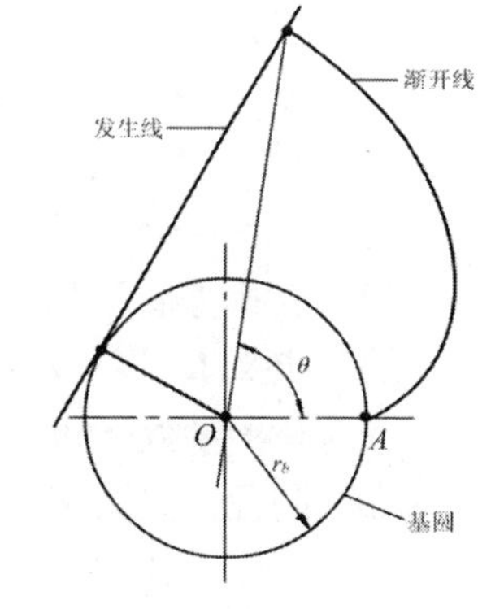

图 6.16　渐开线

操作步骤

1. 创建齿轮主体模板零件

渐开线的构成原理如图 6.16 所示，它的直角坐标方程为：

$$x = r_b \cos\theta + r_b \varphi \cos\theta \quad (1)$$

$$y = r_b \sin\theta - r_b \varphi \sin\theta \quad (2)$$

式中，r_b 为基圆半径，θ为渐开线展角。

根据渐开线方程和直齿圆柱齿轮的参数，推导出表 6.4 所示的齿轮渐开线的参数表达式。

表 6.4　　齿轮渐开线参数化

序　号	齿 轮 参 数	名　称	公　式	量　纲	单　位
1	模数	m	1	长度	mm
2	齿数	z	40（大齿轮）16（小齿轮）	恒定	
3	压力角	alpha	20°	角度	degree
4	齿宽	b	8（大齿轮）12（小齿轮）	长度	mm
5	齿顶高系数	ha	1	恒定	
6	顶隙系数	c	0.25	恒定	
7	分度圆半径	r	m*z/2	长度	mm

续表

序　号	齿轮参数	名　称	公　式	量　纲	单　位
8	基圆半径	rb	r*cos（a）	长度	mm
9	齿顶圆半径	ra	r+hak*m	长度	mm
10	齿根圆半径	rf	r-(hak+ck)*m	长度	mm
11	渐开线发生角	a1	0	角度	degree
12	渐开线终止角	a2	90	角度	degree
13	UG 系统参数	t	1	恒定	
14	渐开线方程的展角自变量	s	(1-t)*a1+t*a2	角度	degree
15	渐开线的参数方程	xt	rb*cos(s)+rb*rad(s)*sin(s)	恒定	
16		yt	rb*sin(s)-rb*rad(s)*cos(s)	恒定	
17		zt	0	恒定	

（1）打开种子文件 Seed_part_mm，并另存为 Gear.prt。启动建模环境。

（2）创建表 6.4 中所示的所有参数表达式。

所有表达式都可以使用无单位的“恒定”量纲，以简化表达式的编辑。此步骤也可以单击“从文件导入表达式”按钮，来导入素材文件 Gear.exp。

（3）工作层=41，绘制渐开线：

- 选择【插入】/【曲线】/【规律曲线】命令，启动规律曲线（Law Curve）命令。
- 定义 X 分量规律：选择“根据方程（By Equation）”→OK，接受“t”作为 X 分量的参数→OK，接受“xt”作为 X 分量的表达式。
- 同理，定义 Y 分量规律为“yt”，定义 Z 分量的规律为“zt”。
- 在规律曲线方位定义对话框中单击“OK”，接受缺省选项创建渐开线，如图 6.17 所示。

图 6.17　绘制渐开线方程曲线

（4）绘制相关基本曲线——圆弧：

- 选择【曲线】工具条中的“圆弧”图标，确保打开“关联”选项。
- 选择“基于中心的圆弧”方式，激活“整圆”图标，如图 6.18 所示。
- 绘制节圆：捕捉 ACS 的原点为圆心，输入圆弧半径为 r，单击 MB2 接受圆弧。
- 同理，绘制齿根圆和齿顶圆曲线，半径分别为 ra 和 rf。

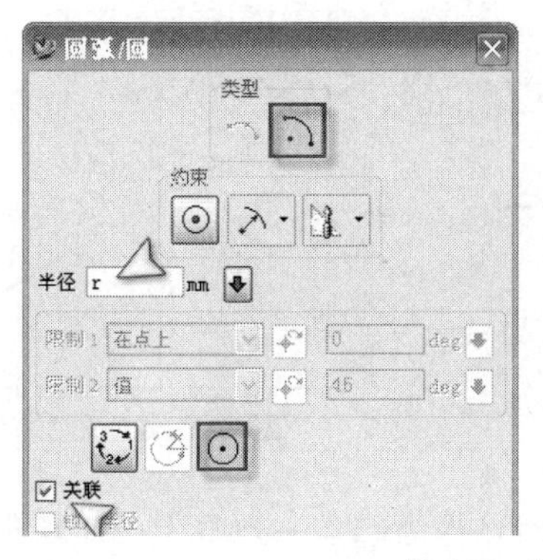

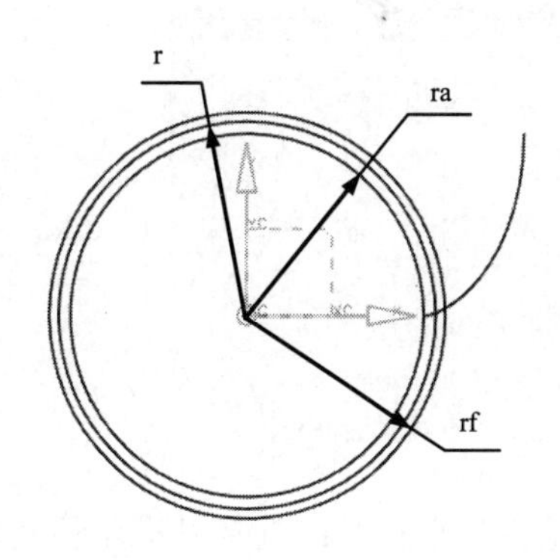

图 6.18　绘制相关圆弧

（5）选择【编辑】/【曲线】/【修剪曲线】命令，启动修剪曲线命令，如图 6.19 所示。

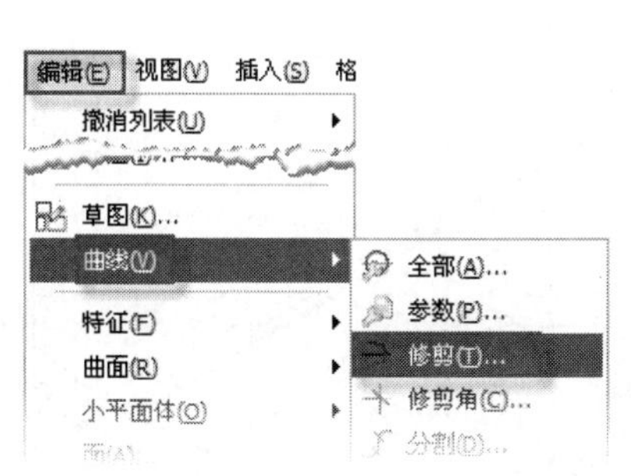

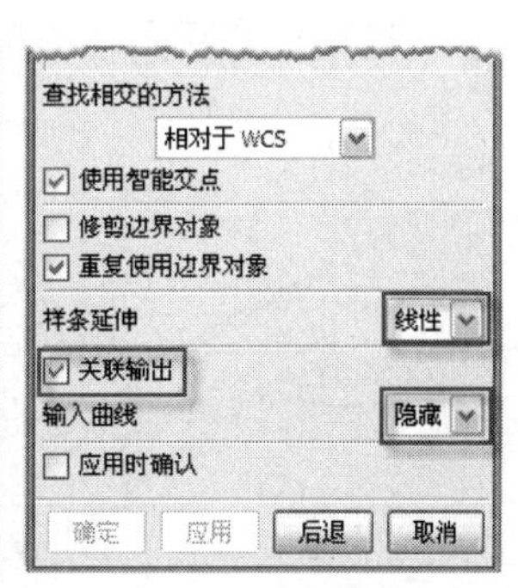

图 6.19　修剪曲线对话框

- 设定对话框参数：选中“关联输出”，样条延伸为“线性”，“隐藏”输入曲线。
- 选择被修剪曲线：如图 6.20（a）所示，选择要修剪曲线的被修剪端。
- 选择修剪第一边界对象：如图 6.20（b）所示，选择齿根圆作为第一修剪边界。
- 选择修剪第二边界对象：如图 6.20（c）所示，选择齿顶圆作为第二修剪边界。
- 完成结果如图 6.20（d）所示。

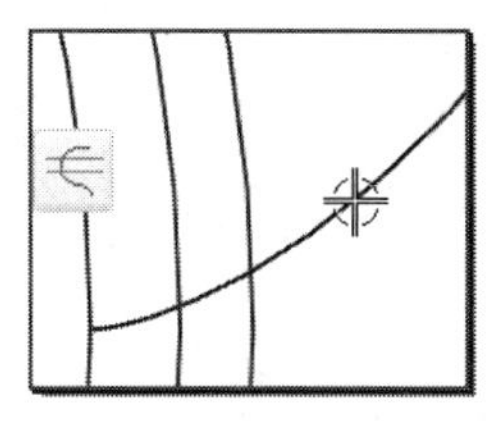

（a）选择要修剪的曲线

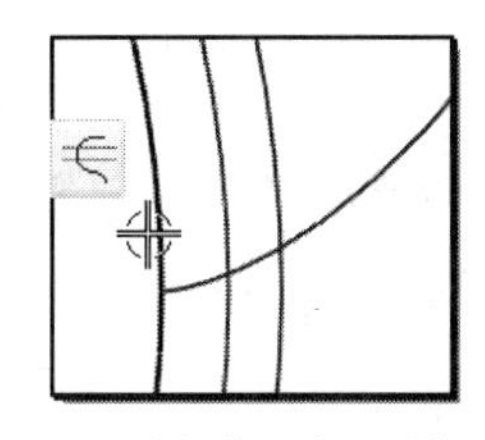

（b）选择第一边界对象

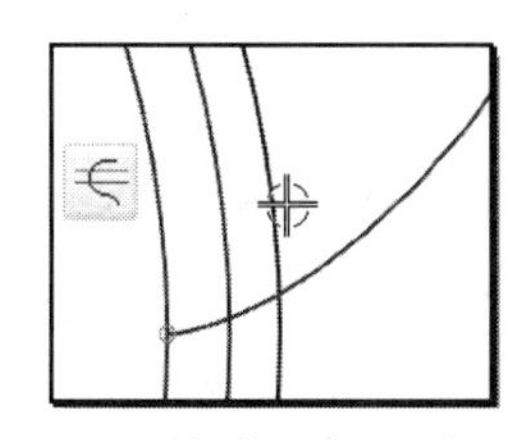

（c）选择第二边界对象

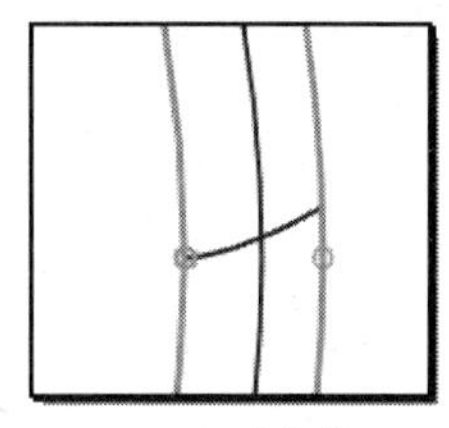

（d）完成修剪

图 6.20　曲线修剪过程

（6）在【曲线】工具条中单击“直线”按钮，启动对话框如图 6.21 所示。

- 绘制两点直线：起点为基准坐标系原点→终点为渐开线与分度圆的交点→单击 MB2，完成直线的绘制，如图 6.22 所示。

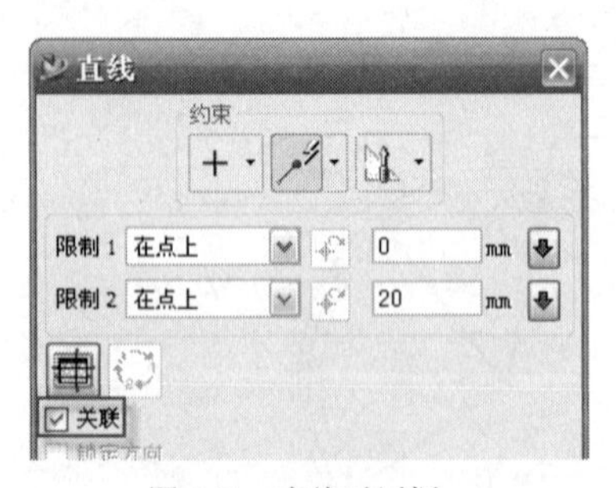

图 6.21 直线对话框

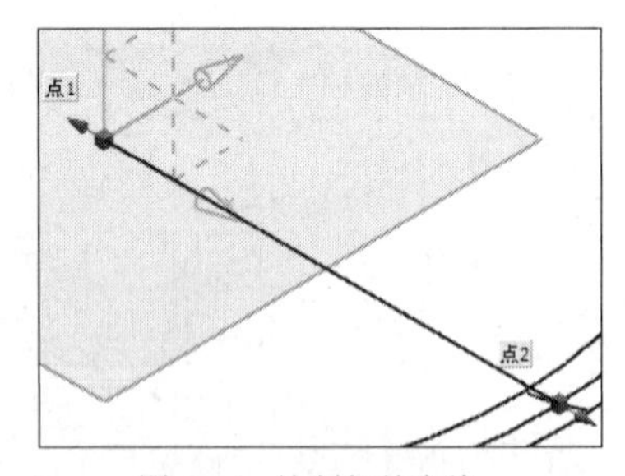

图 6.22 绘制相关直线

- ❑ 绘制轮齿中心直线：选择基准坐标系原点作为起点→选择上一步所创建的直线（不要选择在控制点上）→输入角度为“90/z”→<Enter>→拖动终点手柄直到与齿顶圆相交，如图 6.23 所示。
- ❑ 同步骤(4)创建一个齿槽的中心线，如图 6.24 所示。与步骤(3)直线的夹角为“−90/z”，拖动终点直到与齿根圆相交。

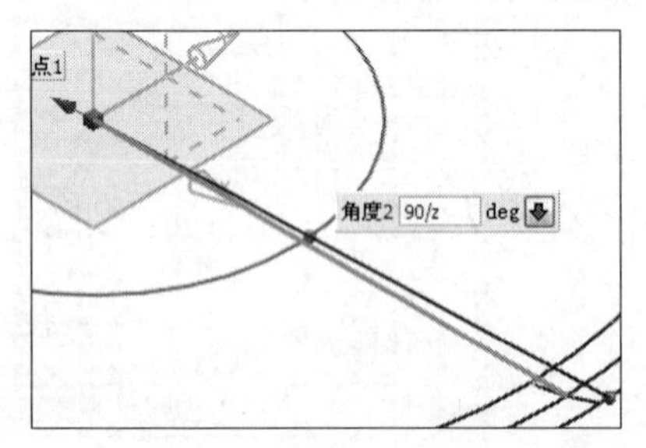

图 6.23 创建轮齿中心线

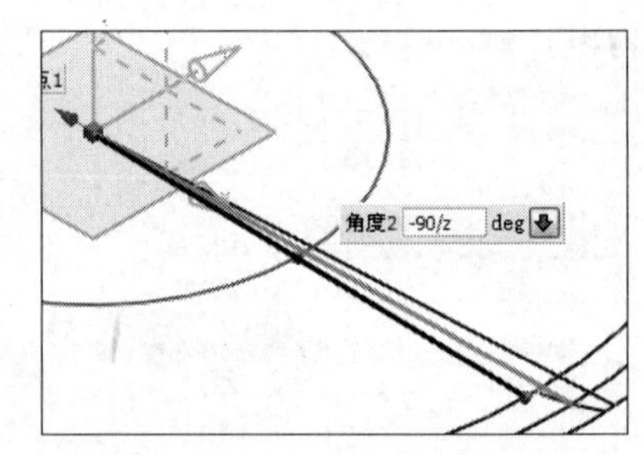

图 6.24 创建齿槽中心线

（7）选择【插入】/【来自曲线集的曲线】/【镜像】命令，启动图 6.25 所示对话框。

- ❑ ：选择修剪后的渐开线和齿槽中心线→单击 MB2，接受所有曲线的选择。
- ❑ ：选择平面方法为“基准平面”→在基准平面对话框中选择“两直线”方式→选择 Z 轴基准轴和上一步创建的角度直线→OK，返回镜像曲线对话框。
- ❑ “确定”镜像曲线对话框，完成曲线的镜像，如图 6.26 所示。

图 6.25 镜像曲线对话框

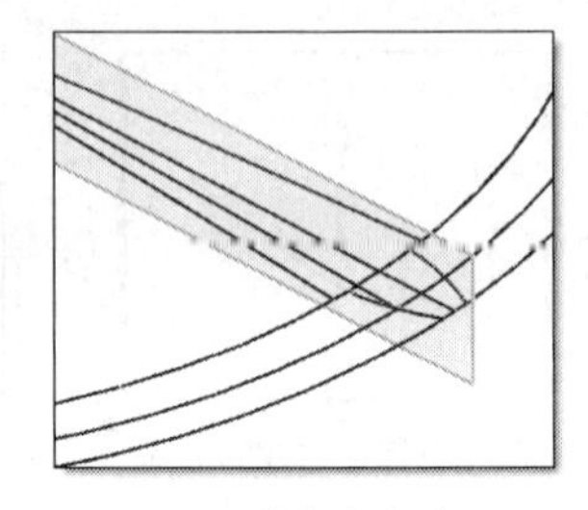

图 6.26 镜像曲线结果

- ❑ 隐藏辅助对象。

（8）完成齿轮主体的建模。

- ❑ 工作层=1。创建拉伸特征：选择意图为“单个曲线”，激活“在相交处停止”选项，选择图 6.27 所示的轮齿形状曲线，对称拉伸=b/2。完成结果如图 6.28 所示。

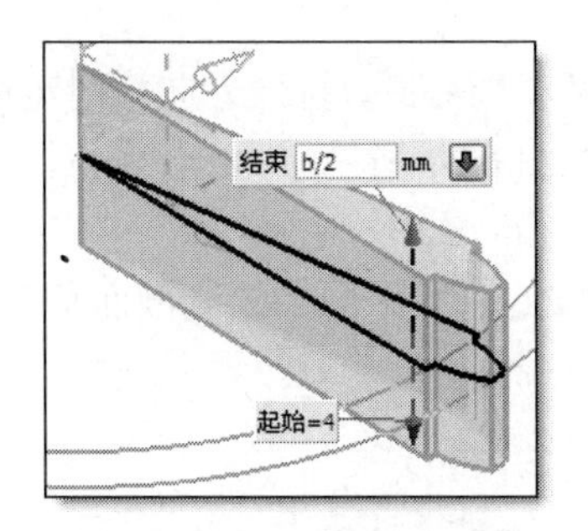

图 6.27　选择轮齿剖面形状

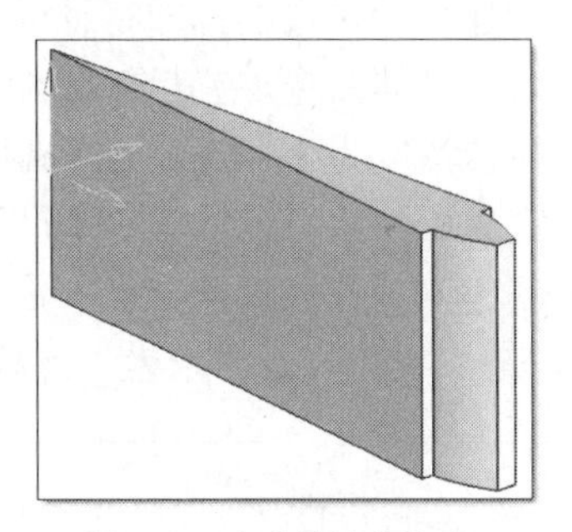

图 6.28　完成的轮齿模型

- 启动“引用”特征命令→选择“圆周阵列”→选择上一步的拉伸特征→单击 MB2→在圆周阵列对话框中输入阵列参数为：数字为“z”，角度为“360/z”→单击 MB2→基准轴→选择基 Y 轴→选择“是”，完成图 6.29 所示的齿轮主体模型。

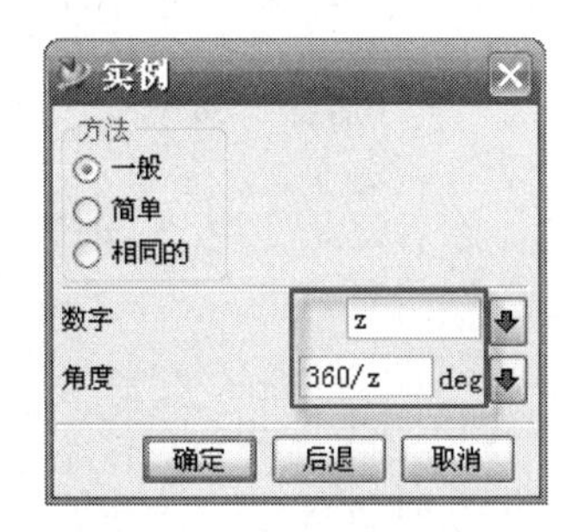

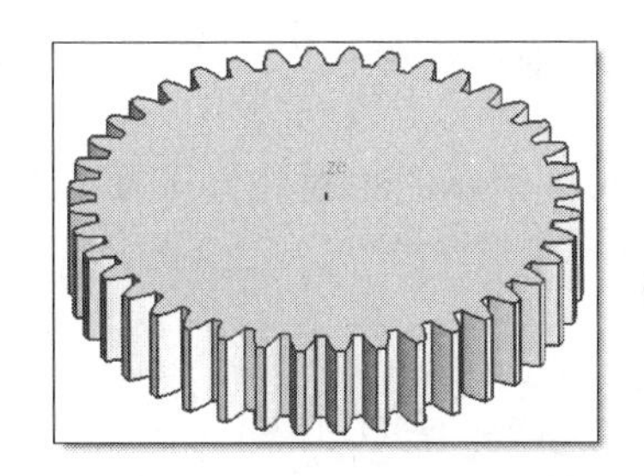

图 6.29　创建圆周阵列

（9）验证齿轮参数并保存模板文件。

- 验证此部件是否为一个全参数化的齿轮模型：修改表达式“z=16”，模型应该能够顺利更新为图 6.30（a）所示的模型；修改表达式“m=2”，模型应该能够顺利更新为图 6.30（b）所示的模型。

（a）z=16，m=1

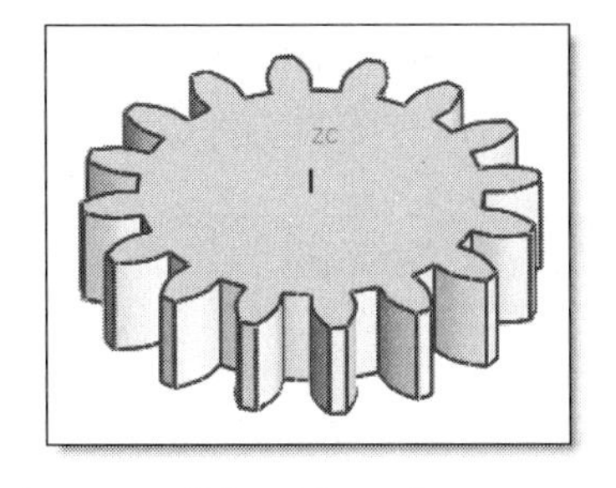

（b）z=16，m=2

图 6.30　验证齿轮参数

- 将齿轮参数修改回“m=1，z=40”，保存此零件。
- 再将文件另存为 Gear_Greater.prt。

2. 完成圆柱齿轮的建模

（1）创建齿轮轮毂的拉伸特征并完成镜像：

- 启动拉伸命令，在齿轮的侧面上绘制草图——两个同心圆，拉伸方向指向实体内部，拉伸深度为 1，与原实体执行“求差”操作，如图 6.31 所示。
- 完成后将此特征以 XY 基准平面进行镜像。

（2）创建安装孔的拉伸特征：启动拉伸命令，在缺省的 XY 平面上绘制剖面草图，对称拉伸=10，与原实体执行“求差”操作，如图 6.32 所示。

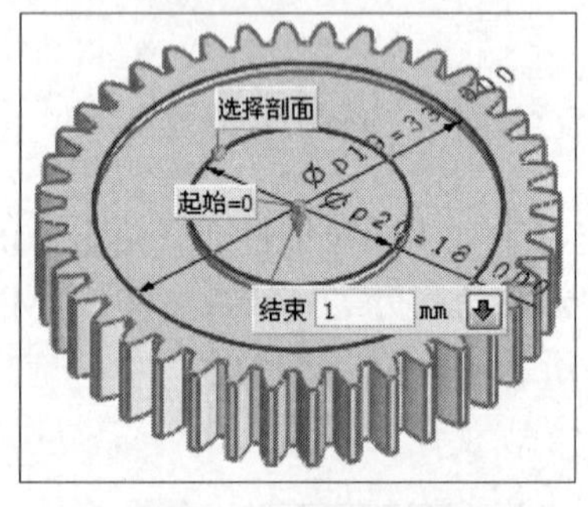

图 6.31 轮毂拉伸特征

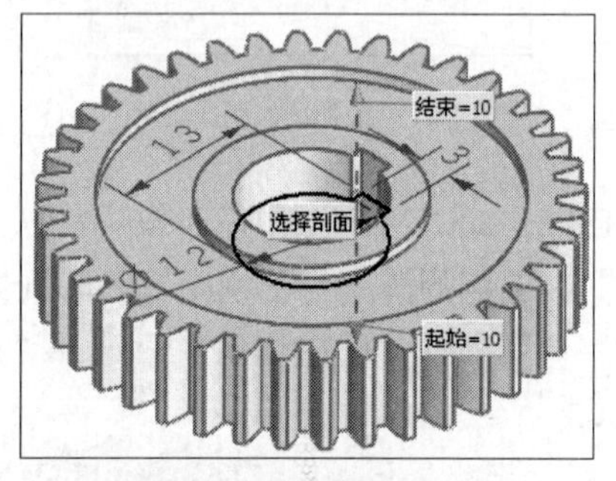

图 6.32 安装孔拉伸特征图

（3）创建图 6.33 所示的轮毂处直径为 4 的通孔，然后将此孔绕 ZC 轴进行圆周阵列，结果如图 6.34 所示。

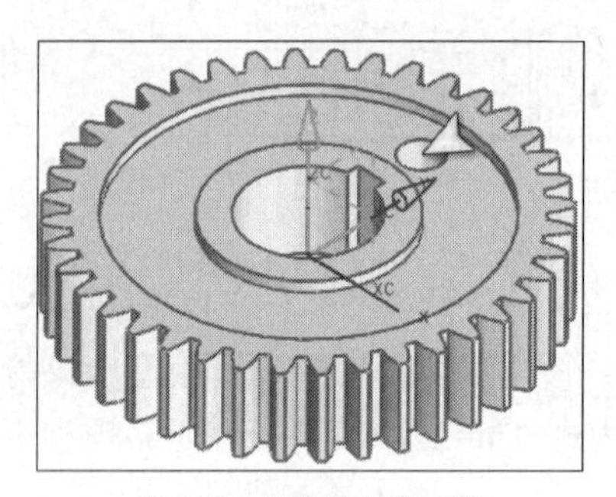

图 6.33 创建通孔特征图

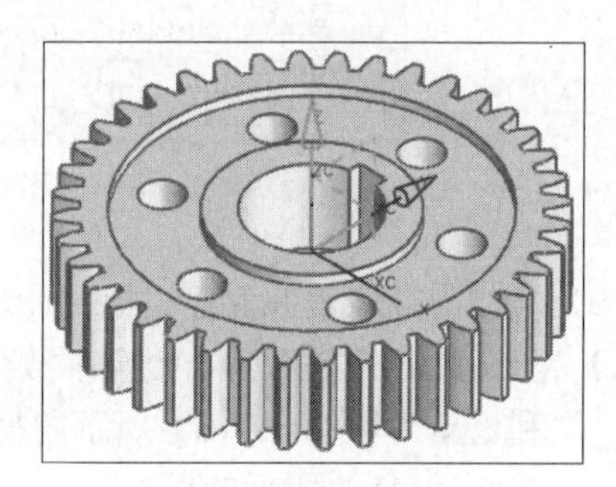

图 6.34 创建孔的圆周阵列

（4）创建图 6.35 所示的对称偏置倒斜角。对于轮齿上的倒角只需要选择一个轮齿的边缘，并打开对话框中的“对所有阵列实例进行倒斜角”选项，则所有轮齿全部应用倒斜角。

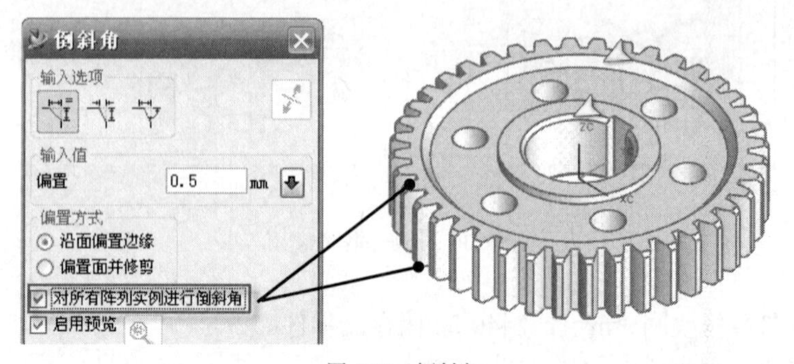

图 6.35 倒斜角

（5）保存并关闭零件，完成直齿圆柱齿轮的建模。

3. 完成齿轮轴的建模

（1）打开前面所完成的齿轮模板文件 Gear.prt，另存为 Gear_shaft.prt。

（2）修改齿轮参数：打开部件导航器，展开“用户表达式”完成以下编辑：在“z=40”的节点上双击 MB1，输入新参数为 16，同样将齿轮厚度表达式“b=8”修改为“b=12”，如图 6.36（a）所示。齿轮更新为图 6.36（b）所示的模型。

（a）在部件导航器中修改齿轮参数

（b）齿轮更新结果

图 6.36　修改齿轮参数

（3）完成齿轮轴的建模。

齿轮轴的其他部分均为标准的成型特征（圆台和键槽），其建模过程如图 6.37 所示。在创建键槽时，由于键槽所在位置为一圆柱面，不能直接作为该特征的“放置面”，所以需要首先构造一个与圆柱面相切的基准平面作为辅助“放置面”。

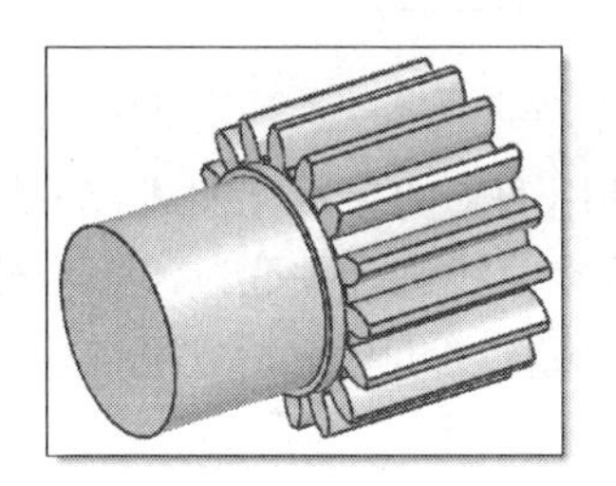

（a）两个圆台特征

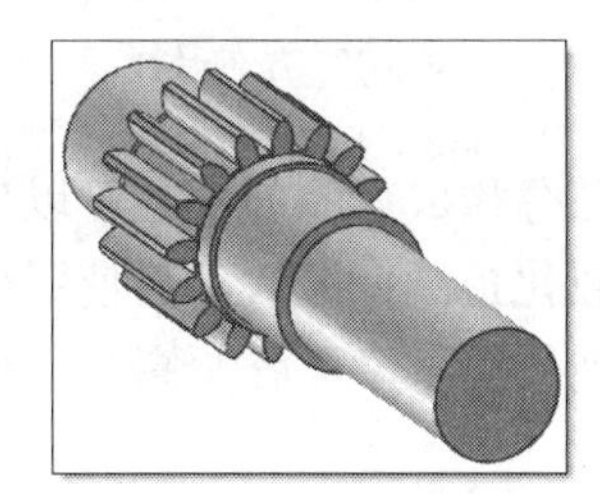

（b）三个圆台特征

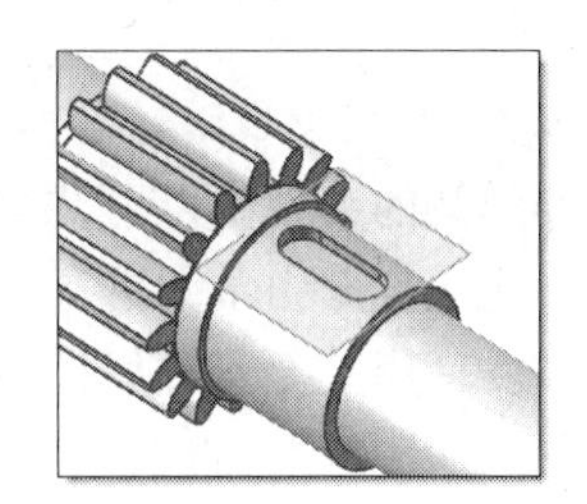

（c）基准平面与键槽特征

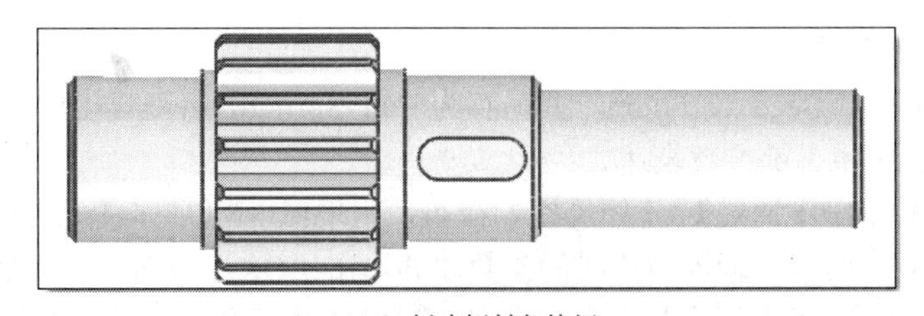

（d）创建倒斜角特征

图 6.37　齿轮轴的建模过程

6.4 拉伸弹簧的参数化建模

学习目标

- 建立参数化曲线——螺旋线，并利用变量表达式控制其参数。
- 利用草图约束和定位控制零件的参数化钩子外形。
- 利用桥接曲线构建相关联的曲线过渡。
- 利用表达式功能修正拉伸弹簧的参数，使其可全参数化驱动。
- 利用向导工具建立并使用用户自定义特征（UDF）。
- 利用向导工具定义拉伸弹簧为可变形组件。

任务分析

建立图 6.38 所示的参数化驱动的拉伸弹簧实体模型，并完成以下应用：

- 建立拉伸弹簧的用户自定义特征（UDF）。
- 定义拉伸弹簧为可变形组件。

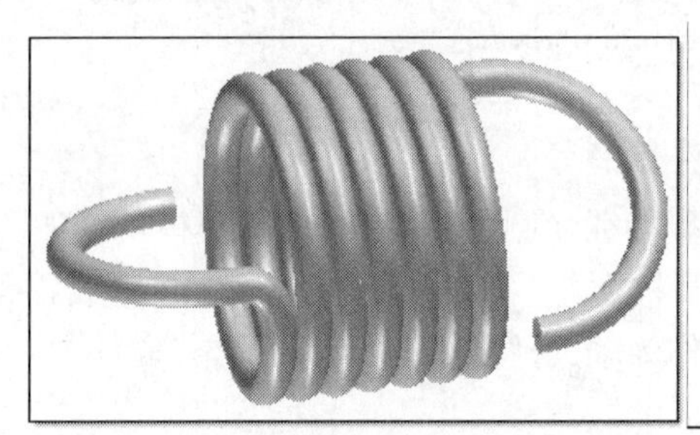

拉伸弹簧参数：

圈数：n=6.5

螺距：pitch=1

弹簧直径：R=4

弹簧线径：wire_dia=1

弯角系数：x=0.25

图 6.38　拉伸弹簧

拉伸弹簧的模型由以下几个部分构成：螺旋部分可以使用 NX 的参数化曲线——螺旋线来控制；钩子部分由草图进行参数化控制；过渡部分使用桥接曲线进行关联过渡。在建模过程中，需要使用关键变量如拉伸弹簧总长度、弹簧圈数、弹簧直径和弯角系数等进行全局参数化控制。

操作步骤

1．构建拉伸弹簧模型

（1）打开种子文件 Seed_part_mm，并另存为 Pull_Spring。启动建模环境。

（2）建立螺旋线和关键参数表达式：

- 选择【插入】/【曲线】/【螺旋线】命令，出现图 6.39 所示的螺旋线对话框。
- 按照图 6.39 所示，输入螺旋线的参数，并单击“OK”按钮，完成螺旋线的创建。
- 选择【工具】/【表达式】命令，弹出如图 6.40 所示的表达式对话框。
- 加入一个常量表达式 x=0.25。x 为控制拉伸弹簧在折弯处弯角大小的比例系数，与弹簧的材料、线径以及弹簧的半径有关，可根据实际情况改变。

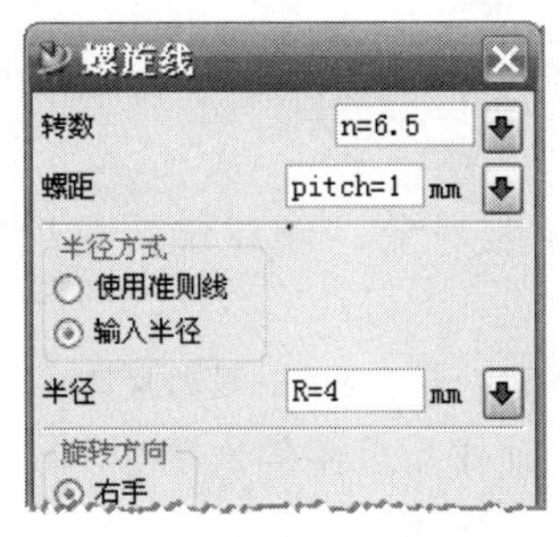

图 6.39　螺旋线对话框

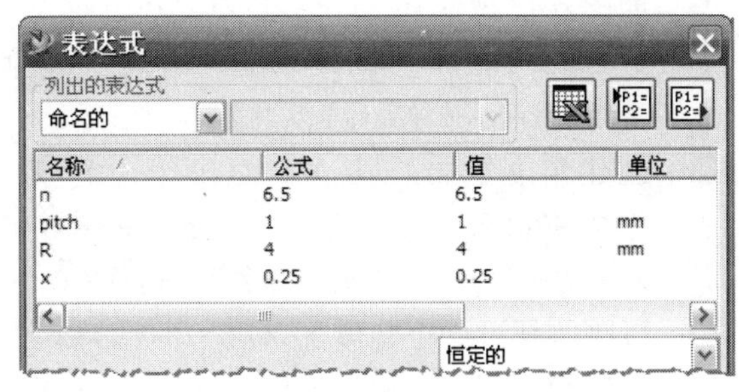

图 6.40　表达式对话框

（3）建立弹簧下端钩子的草图：

- ❑ 启动基准平面命令→选择 XZ 基准平面和 Z 基准轴→在动态输入栏中输入角度为“A1=90*x”→OK，如图 6.41 所示。
- ❑ 启动草图命令→选择刚刚创建的基准平面为草图平面，Z 基准轴作为草图的水平参考方向。
- ❑ 按照图 6.42 所示，绘制钩子外形轮廓曲线，捕捉或添加以下几何约束：竖直直线为过圆心的直线，圆心固定。

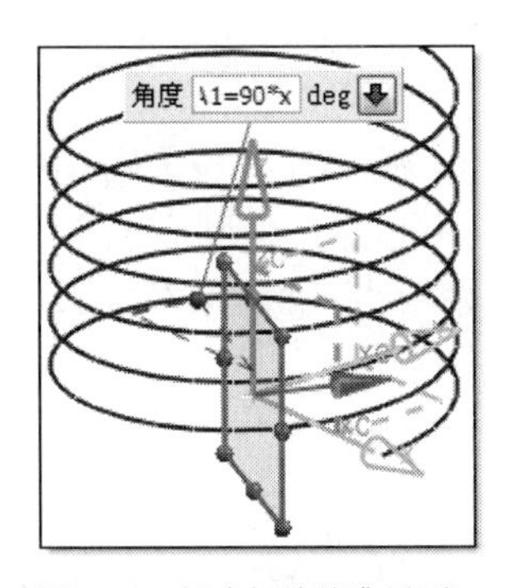

图 6.41　创建相关基准平面

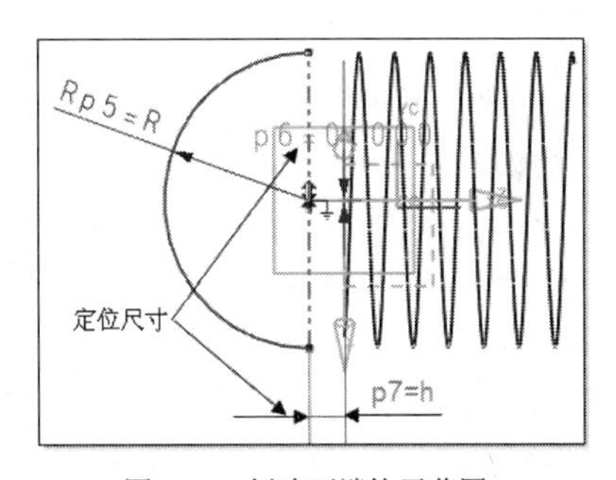

图 6.42　创建下端钩子草图

- ❑ 为草图添加尺寸约束：圆弧半径 Rp5=R。
- ❑ 为草图添加定位尺寸：选择【草图编辑器】工具条中的创建定位尺寸图标（默认没有打开，自定义打开此工具组），弹出“定位”对话框。
- ❑ 单击“点到线”按钮：选择 Z 基准轴→选择圆弧并指定圆心点，使圆心位于 Z 基准轴上。
- ❑ 单击“垂直”按钮：选择 XY 基准平面→选择草图圆弧的一个端点→在弹出对话框中输入一个距离值“h=R*x”。
- ❑ 单击按钮完成草图，退出草图环境。

因为拉簧的弯角是不规则的，所以要用桥接曲线的命令来生成这个弯角；草图平面建立在一个转过一定角度（命名为“A1”）的基准平面上，同样拉簧的钩子部分也将回退一段距离（命名为“h”）。这两个值都和前面所设定的拉簧弯角系数 x 有关。

（4）拉伸弹簧上端钩子草图的建立：

- 创建偏置平面：以 XY 基准平面作为参考创建距离为“n*pitch”的偏置基准平面，如图 6.43 所示。

创建偏置为 n*pitch 的相关基准平面，是为以后上端钩子的草图定位有一个目标对象，保证钩子上端的位置和拉伸弹簧的长度相关。

- 创建角度平面：以 XZ 基准平面和 Z 基准轴作为参照对象，创建旋转角度为“A2=−360*n−A1”的基准平面，如图 6.43 所示。

表达式中，“−360*n”是指弹簧转过的角度，“−”表示右旋，“−A1”表示圆角让过的角度。

- 以刚刚转过一个角度的基准平面作为草图平面，Z 基准轴作为草图的水平参考，绘制与弹簧下端相似的草图，如图 6.44 所示。

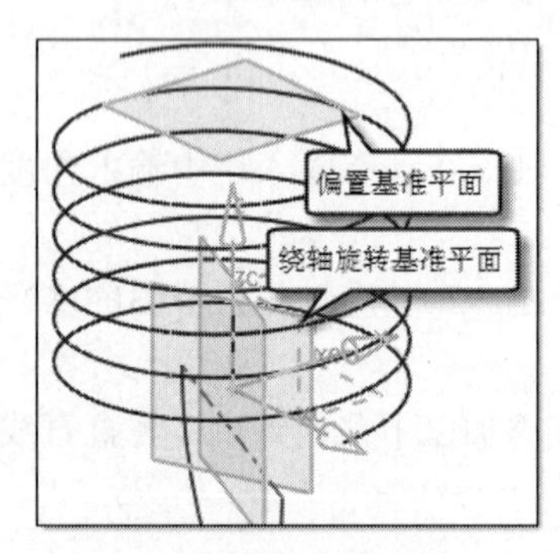

图 6.43 创建相关基准平面

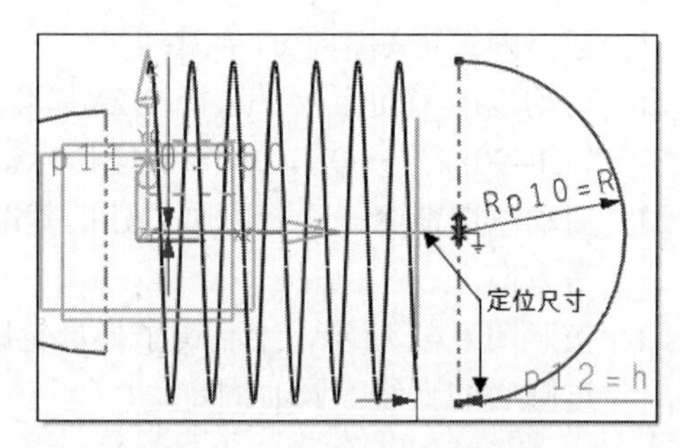

图 6.44 创建钩子上端草图

- 为草图添加定位尺寸：单击“创建定位尺寸”按钮，弹出【定位】对话框→单击“点到线”按钮：选择 Z 基准轴→选择圆弧并指定圆心点，使圆心位于 Z 基准轴上；单击“垂直”按钮：选择前面创建的偏置基准平面→选择草图圆弧的一个端点→在弹出的对话框中输入一个距离值“h”。
- 单击按钮完成草图，退出草图环境。
- 将所有基准特征移至 61 层，并设置 61 层为不可见状态。

（5）选择【插入】/【来自曲线集的曲线】/【桥接】命令，弹出桥接曲线对话框。在图形窗口中分别选择上端草图圆弧的端点和螺旋线的上端点，单击“Apply”。同理创建下端草图和螺旋线之间的桥接曲线，如图 6.45 所示。

（6）选择【插入】/【扫掠】/【管道】命令→输入管道的外直径为“wire_dia=1” →OK→选择所有相切曲线→OK。结果如图 6.46 所示。

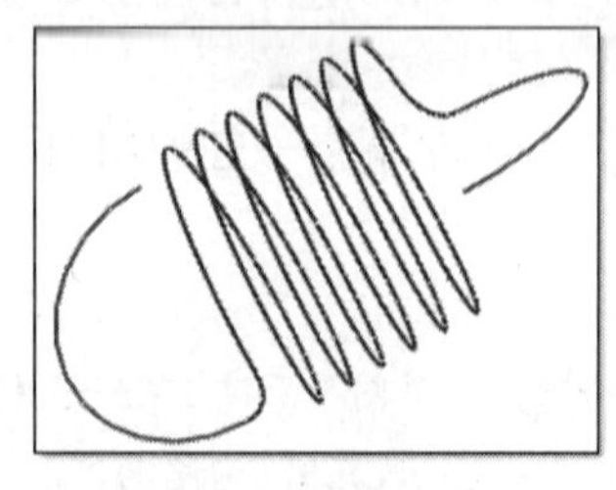

图 6.45 建立桥接曲线

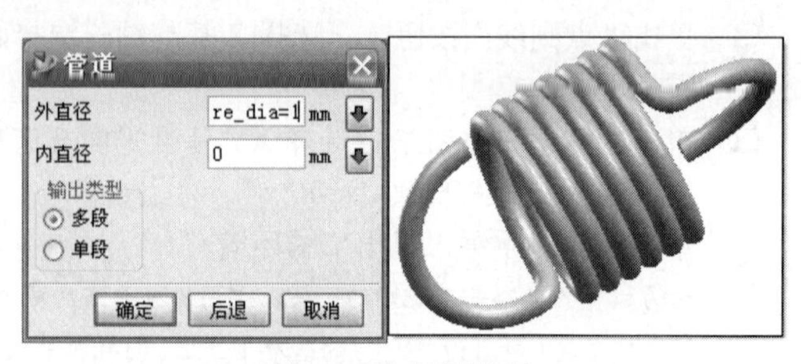

图 6.46 建立管道特征

（7）选择【格式】/【Move to Layer】命令，将所有曲线移至 21 层。

（8）将视图切换为图 6.47 所示的 TOP 视图。在此视图中可以发现，虽然指定拉伸弹簧的圈数 n=6.5，但由于钩子的草图转动了一定的角度，所以模型不是真正的 6.5 圈。

真实的圈数和先前定义的 n 差了一个值，此差值其实就是让出的弯角角度 A1，由于钩子有上下两个，所以圈数就差了“2*A1/360”，即“x/2”（A1=90*x）。

（9）修改拉伸弹簧的圈数。

- 选择【工具】/【表达式】命令，在表达式对话框中输入表达式“Number=6.5”。
- 修改原来的表达式：“n=6.5”改为“n=Number-x/2”。
- 单击“Apply”，拉伸弹簧模型更新为图 6.48 所示的结果。

（10）设置拉伸弹簧的长度与螺距的相关性。

如图 6.49 所示，弹簧长度的计算公式为：Length=pitch*n+2*(R+h)。在自然状态下，拉伸弹簧的螺距与线径相等，即 pitch=wire_dia，此时求得的弹簧最短长度为：Length_min= wire_dia *n+2*(R+h)=16.5。

图 6.47　TOP 视图

图 6.48　圈数修正后

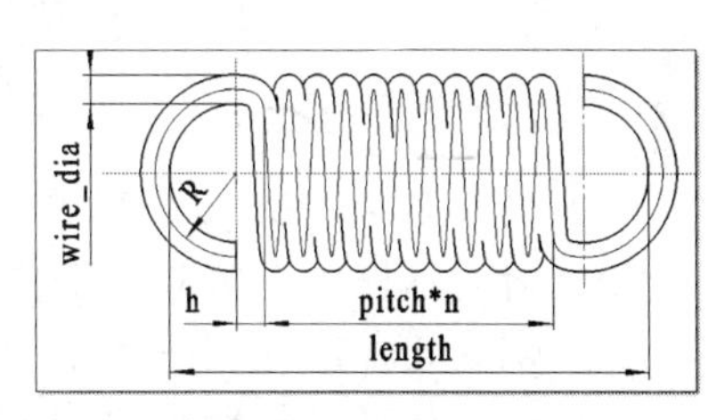

图 6.49　拉伸弹簧的长度定义

- 选择【工具】/【表达式】命令，创建表达式“Length_min= wire_dia*n+2*(R+h)”和“Length=16.5”。修改表达式“pitch=1”为 “pitch= (Length-2*(R+h))/n”。
- 修改表达式“Length=20”，观察模型的变化。

（11）保存文件，完成拉伸弹簧的参数化建模。

现在，已经完成了一个全参数化驱动的拉伸弹簧模型：拉伸弹簧的整个形状是由 4 个关键变量 length、Number、R 和 wire_dia 以及一个弯角系数 x 来控制的；拉伸弹簧钩子的形状是由草图轮廓控制的，改变草图轮廓的形状可以作出其他类型的拉伸弹簧。

2. 创建和应用用户定义特征（UDF）

（1）选择【工具】/【用户自定义特征】/【向导】命令，如图 6.50 所示。

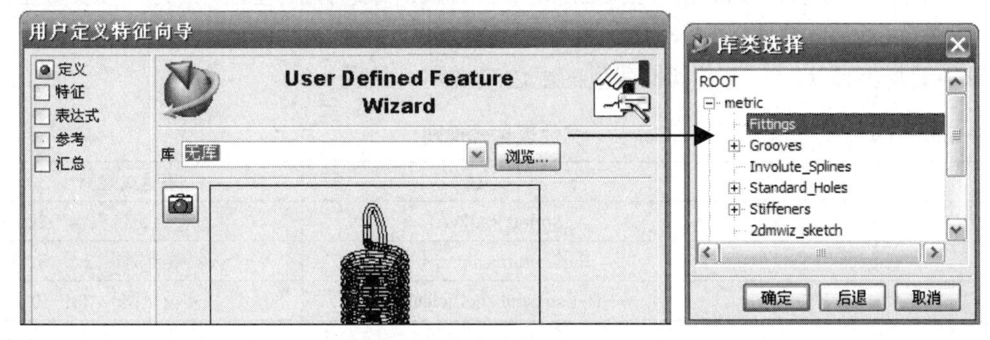

图 6.50　“用户定义特征向导”对话框

（2）在对话框中单击“浏览”按钮，选择库的路径\Metric\Fitting 作为拉伸弹簧的“放置库”。

（3）输入拉伸弹簧和部件名为“pull spring”→单击“下一步”按钮。

（4）添加“特征”到 UDF 中：在对话框中将左侧列表框内所有特征选中→单击，将所选特征添加到右侧列表中，如图 6.51 所示→单击“下一步”按钮。

图 6.51　添加“特征”到 UDF

（5）设置 UDF 中的可编辑表达式。

- 将对话框中左侧列表框内的表达式“Length=16.5，Number=6.5，R=4，x=0.25 和 wire_dia=1”选中→单击按钮→将它们添加到右侧列表中。然后按照如图 6.52 所示，利用“ ”按钮排列表达式的顺序。

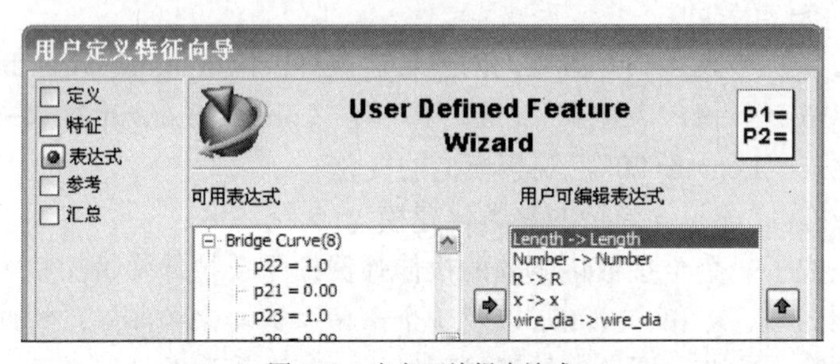

图 6.52　定义可编辑表达式

- 定义拉伸弹簧的长度范围：在右侧列表框中选中“length→length”→在表达式下方输入其描述为“Pull Spring Length”→<Enter>→选择表达式规则为“按实数范围”→输入实数范围：“最小值=12，最大值=200”。
- 重复步骤（2），定义其他变量的表达式规则，见表 6.5。

表 6.5　其他表达式规则

变　量	描　述	表达式规则
R	Spring Radius	“按实数范围”：4～20
Number	Spring turns number	“按实数范围”：2.5～30.5
x	Define bend coefficient	“按实数范围”：0.1～0.3

- 定义弹簧线径：在列表框中选中“wire_dia→wire_dia”→选择表达式规则为“按选项”→输入值选项为“0.8　1　1.2　1.4　1.6　2”→单击“下一步”。

每输入一个数值后单击 Enter 换行，最后单击“✓”确认所有数据。

（6）定义特征定位参考：由于拉伸弹簧是一个完整零件，没有相对于其他对象的定位，所以直接单击“下一步”按钮，跳过此步骤。

（7）系统显示 UDF 的汇总信息。单击“完成”按钮，完成弹簧 UDF 的建立。

3. 插入用户定义特征（UDF）

（1）新建一个公制的部件文件，启动建模应用环境。

（2）选择【插入】/【设计特征】/【用户定义特征】命令→在对话框中选择库的路径为\Metric\Fitting→单击拉伸弹簧的缩略图形。

（3）在弹出的“Pull spring”对话框中设置弹簧的参数为：“x=0.2，Number=6.5，Length=20，wire_dia=1，R=4”，图层选项为“原先的”。

（4）OK，系统创建一个新的拉伸弹簧特征。

4. 定义可变形组件

在装配环境中，拉伸弹簧可能会有不同的长度状态，此时可以利用“定义可变形组件”功能定义部件的可变形变量，然后在装配中使用此变量控制组件变形。

（1）打开前面完成的“pull_spring”文件，启动建模环境。

（2）选择【工具】/【可变形组件】命令，系统弹出【可变形组件】对话框。

（3）接受默认的名称，单击“下一步”按钮。

（4）添加可变形的“特征”：将对话框左侧列表框内所有特征选中→单击按钮➡→将所选特征添加到右侧列表中→单击“下一步”按钮。

（5）选中对话框中左侧列表框内的表达式“Length=16.5”→单击按钮➡→将其添加到右侧列表中。

（6）设置表达式规则为“按实数范围”并输入实数范围为“16.5～24”→单击“下一步”按钮。

（7）单击“下一步”按钮，跳过“参考”的定义。

（8）系统显示可变形的汇总信息，单击“完成”按钮，完成可变形组件的定义。

5. 在装配中使用可变形组件

（1）新建一个公制的部件，启动装配应用环境。

（2）选择【装配】/【组件】/【添加现有组件】命令，选择上一步完成的可变形组件。

（3）在【添加现有组件】对话框中接受默认的参数，OK。

（4）输入坐标原点为组件的放置位置，OK。

（5）系统弹出变形对话框：输入长度参数为 20→<Enter>→OK。

（6）观察拉伸弹簧长度的变化。如果需要修改变形参数，则使用 MB3 单击组件，在弹出菜单中选择“变形”。在弹出对话框中选中“编辑变形”图标，然后重新设置变形量。

6.5 本章小结

本章以几个相关参数化应用项目为例，介绍了参数化设计技术在机械设计方面的应用。读者应该熟练掌握这些工具，并深刻理解相关参数化设计的思想。

6.6 思考与练习

1．何谓参数化设计技术？UG NX 的参数化设计有哪些方式？
2．比较模板与零件库的优缺点，如何在一般机械设计中应用？
3．如何创建用户自定义特征（UDF），它有什么优点？
4．完成本章所有应用范例的操作。
5．建立六角螺母的三维标准件库，其结构形式如图 6.53 所示，规格见表 6.6。

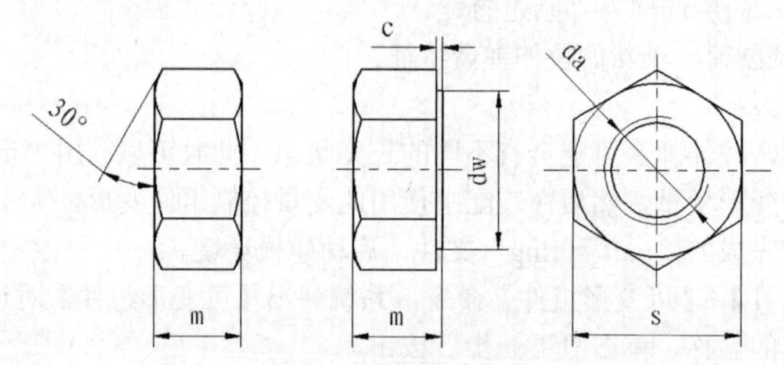

图 6.53 六角螺母的结构

表 6.6 六角螺母的规格

螺纹规格 D	p	da（min）	dw（max）	m（max）	s（max）	c （max）
M1.6	0.35	1.6	2.4	1.3	3.2	0.2
M2	0.4	2	3.1	1.6	4	0.2
M3	0.5	3	4.6	2.4	5.5	0.4
M4	0.7	4	5.9	3.2	7	0.4
M5	0.8	5	6.9	4.7	8	0.5
M6	1	6	8.9	5.2	10	0.5
M8	1.25	8	11.6	6.8	13	0.6
M10	1.5	10	14.6	8.4	16	0.6

第 7 章　装配应用基础与项目实践

通过前面几章的学习，我们已经可以建立单个的实体零件了。但对从事机械设计或相关工作的人员来讲，这是远远不够的，还需要进一步学习如何把单一的实体零件组合成装配，从而进行进一步的工程应用。本章将以工业钻孔机的装配为项目载体讲解 NX 的装配建模功能。

【教学目标】 掌握 NX 装配建模的基础知识；能够利用装配导航器对装配部件进行有效的管理；掌握“自下而上”的装配建模方法和正确定位组件的方法；掌握利用“自上而下”装配建模进行零件关联设计的一般方法；掌握装配部件在实际设计过程中的简单应用。

【知识要点】 本章主要介绍装配建模的下列相关知识内容：

- ❑ 装配的基本知识、基本术语与装配导航器；
- ❑ “自下而上”的装配建模和组件定位方式；
- ❑ “自上而下”的装配建模和 WAVE 几何连接器；
- ❑ 镜像装配、组件阵列和装配可变形组件；
- ❑ 装配建模的应用，包括装配爆炸视图、装配间隙分析。

7.1　装配功能模块概述

UG NX 的装配功能模块是集成环境中的一个应用模块。装配建模不仅能快速地将零部件组合成产品，而且可以在装配中参照其他组件进行部件的关联设计，并可以对装配模型进行干涉检查、间隙分析、重量管理等操作。装配模型产生后，可以建立爆炸视图，也可以生成装配和拆卸动画等。

新建一个装配部件或打开一个已存在的装配文件，选中“起始→装配（Assemblies）”，可以启动装配环境。装配的下拉菜单和工具条如图 7.1 所示。

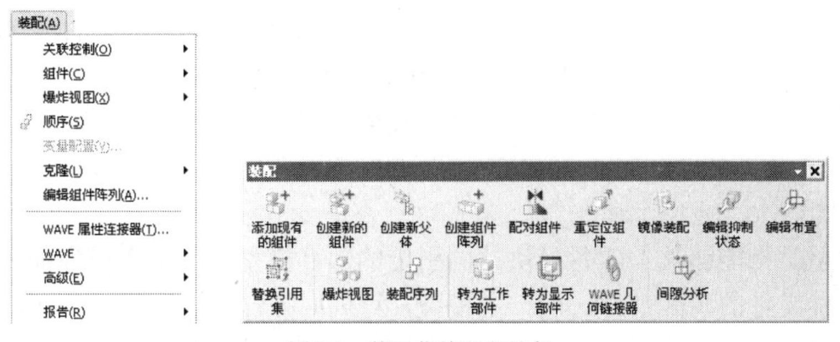

图 7.1　装配菜单和工具条

7.1.1 装配术语

图 7.2 表达了装配、子装配和组件之间的关系，下面介绍装配的相关术语。

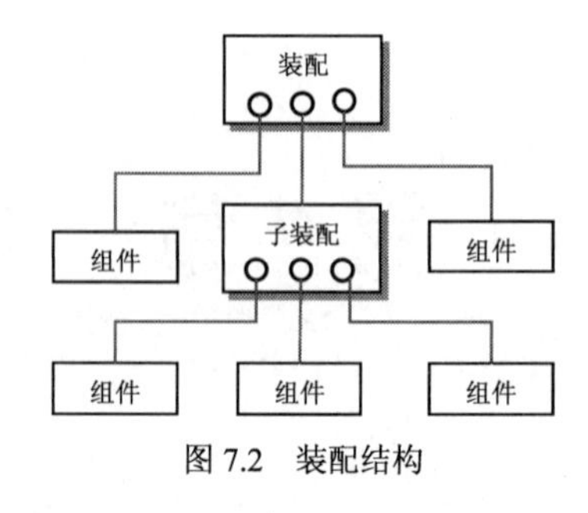

图 7.2 装配结构

1. 装配部件（Assembly）

装配部件是由零件和子装配构成的部件，是一个指向零件和子装配的指针的集合，也是一个包含组件的部件文件。装配过程是在装配中建立部件之间的链接关系，通过关联条件在部件间建立约束关系以确定部件在产品中的位置。在装配中，零件的几何体是被装配引用，而不是复制到装配中。不管如何编辑部件和在何时编辑部件，整个装配部件都保持关联性。

当保存一个装配时，各部件的几何数据并不是保存在装配部件中，而是保存在相应的零件文件中。

2. 子装配（Subassembly）

子装配是在高一级装配中被用作组件的装配，子装配拥有自己的组件。子装配是一个相对的概念，任何一个装配部件都可以在更高级装配中用作子装配。

3. 组件（Component）

组件是装配中由组件对象所指的部件文件。组件可以是单个部件（即零件），也可以是一个子装配。组件是由装配部件引用而不是复制到装配部件中。

4. 组件对象（Component Object）

组件对象是一个从装配部件链接到部件主模型的指针。一个组件对象记录的信息有：部件名称、层、颜色、线型、线宽、引用集、配对条件等。

5. 引用集（Reference Set）

引用集是指在一个部件中已命名的几何体集合，用于在较高级别的装配中简化组件的图形显示。对于一个部件而言，系统缺省创建的引用集被描述为：

（1）Model：模型，部件中的第一个实体模型。

（2）Entire Part：整个部件，部件中的所有数据。

（3）Empty：空的，不包括任何模型数据。

6. 加载选项（Load Option）

当一个装配部件被打开时，系统需要搜索并加载所引用的组件。加载选项用于控制从哪里加截和如何加载组件部件。选择菜单【文件】/【选项】/【加载选项】命令，系统打开图 7.3 所示的对话框。缺省的情况下，系统从装配部件相同的目录加载组件，即“从目录（From Directory）”方式。如果装配部件和其所引用的组件不在同一个目录下，则需要设定加载方式为“搜索目录”，然后再“定义搜索目录…”，图 7.3 表达了定义搜索目录的一般过程。

7. 主模型（Master Model）

所谓主模型是指能够被 UG 各模块共同引用的部件模型。应用主模型的表现形式为一个包含主模型部件文件的装配部件。同一主模型，可同时被制图、装配、加工、分析等模块引用，当主模被修改时，相关引用自动更新，主模型的应用如图 7.4 所示。

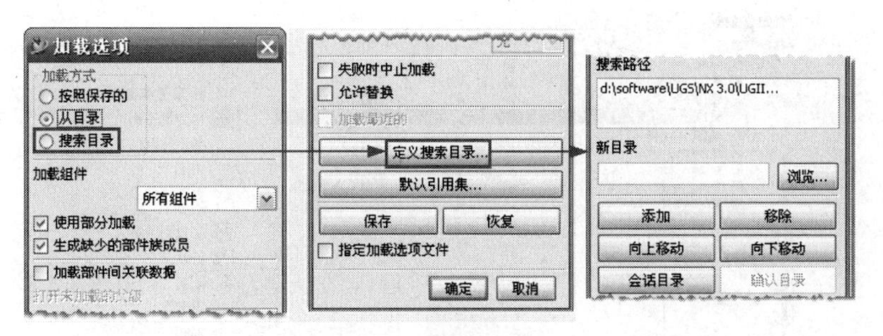

图 7.3　加载选项对话框

初学者经常容易犯的一个错误是在创建好的零件中直接添加组件进行装配。虽然在 UG 中可以这么做，但一般在实际工作中是不被允许的。这不但会引起装配的循环结构错误，而且会给零件的编辑带来困难。

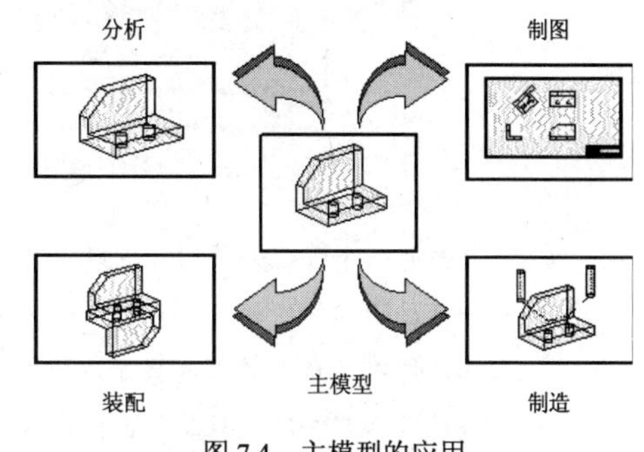

图 7.4　主模型的应用

8. 装配建模方法

装配建模方法主要包括用于添加已有组件的“自下而上（Bottom_up）”装配建模和用于在装配环境中创建新组件的“自上而下（Top_down）”装配建模。在很多设计应用中，常常混合使用两种方法。

7.1.2　装配导航器（Assembly Navigater）

学习目标

- 学习如何使用装配导航器来查询装配部件结构。
- 学习如何使用装配导航器来改变一个装配的显示。

相关知识

1. 装配导航器简介

装配导航器以树状方式显示装配部件的结构，并提供了在装配中操控组件的方法。装配导航器窗口以及组件的 MB3 菜单如图 7.5 所示。

2. 在“上下文”中设计（Design in Context）

在“上下文”中设计的含义是使装配为显示部件而组件为工作部件，按照组件几何体在装配中的显示而对它直接进行编辑的建模方法。可链接其他组件中的几何体来辅助建模，一般也称为“就地编辑”。

- 显示部件（Displayed Part）：指在图形窗口中显示的部件、组件和装配。显示部件用于显示装配和组件的关系。在 UG 的主界面中，显示部件的名称会显示在标题栏中。
- 工作部件（Work Part）：指正在操作的部件，可以在工作部件中创建和编辑几何体。工作部件的文件名称显示在图形窗口的标题栏上。

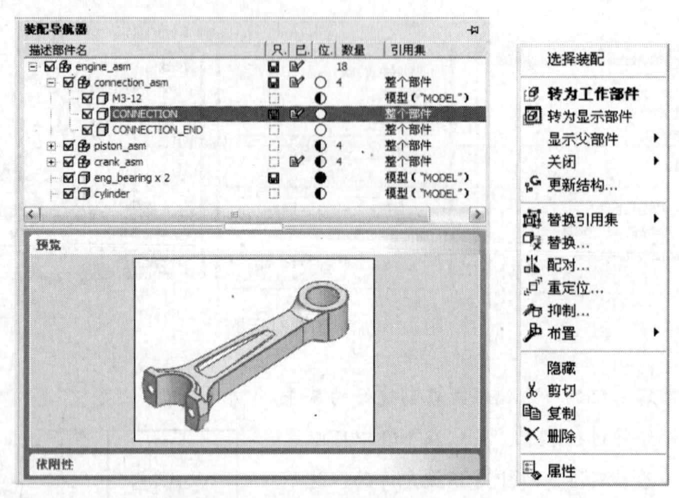

图 7.5 装配导航器和 MB3 菜单

当打开一个装配部件时，它既是工作部件又是显示部件。工作部件可以是显示部件，也可以是包含在显示部件中的任一部件。如果显示部件是一个装配部件，工作部件是其中一个部件，此时工作部件以其自身的颜色显示以示加强，其他显示部件变为灰色以示区别。

如果显示部件的上级装配已被载入，则其保留返回到上一级装配的指针。具体操作方法是：在装配导航器中，MB3 单击显示部件的根节点，选择“显示父部件”。

操作步骤

1. 打开装配部件

（1）选择菜单命令【文件】/【选项】/【加载选项】，确认加载选项为“从目录”方式。

（2）打开配套素材中的文件 doorlatch_assembly，启动装配环境。

2. 使用装配导航器查看装配组件

（1）打开部件导航器，在装配导航器中选择不同的节点，观察组件颜色的变化。

（2）在导航器窗口的空白处单击 MB3，选择“全部展开”，再次单击 MB3，在弹出菜单中选择“全部打包（Pack All）”。

（3）在部件导航器中选择 doorlatch_plate 节点，打开导航器下面的【预览】面板。

3. 使用“拖放”的方法调整装配结构

在装配导航器中选择 doorlatch_rail 节点。按住 MB1 拖动这个节点到 doorlatch_headassm 上，释放 MB1，在出现的警告对话框中单击“OK”按钮，如图 7.6 所示。

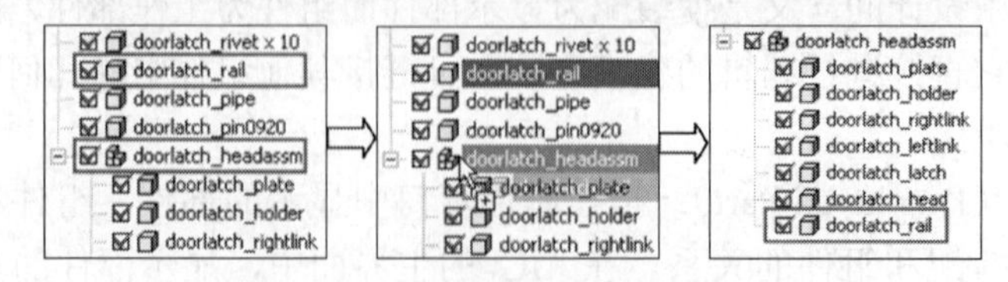

图 7.6 使用“拖放”操作调整装配结构

4. 控制装配部件的显示

（1）MB3 单击装配导航器中的“doorlatch_leverassm×2”节点，选择“解包（Unpack）”。

（2）MB3 单击装配导航器中的“doorlatch_leverassm”节点，选择“转为工作部件”选项（或者双击此节点）。观察操作导航器的节点和图形窗口中组件的颜色变化。

（3）MB3 单击装配导航器中的“doorlatch_rodassm”节点，在弹出菜单中选择“转为显示部件”。则此组件以单独窗口显示，但工作仍然没有变化。

（4）选择【首选项】/【装配】命令，在“工作部件设置”中取消选择“保持”选项。

如果此选项打开，则在转换显示部件时，工作部件保持不变；如果此选项关闭，则新的显示部件总是作为工作部件。

（5）在装配导航器中 MB3 单击根节点 doorlatch_rodassm，在弹出菜单中选择“显示父部件→doorlatch_assembly”，则主装配成为显示部件，同时成为工作部件。

（6）关闭所有部件，完成本练习。

7.2　自下而上装配建模

学习目标

- 学习通过“自下而上”装配建模方式添加现有组件的一般过程。
- 学习在装配中进行组件定位的各种方法。

相关知识

1. 自下而上建模（Bottom-up Modeling）

对数据库中已经存有的系列产品零件、标准件以及外购件可以通过自下而上的方法加入到装配部件中。此时，装配建模的过程是建立组件配对关系的过程。

2. 装配组件的定位方式

组件在装配中的定位方式主要包括：绝对定位和配对约束。绝对定位是以坐标系作为定位参考，一般用于第一个组件的定位。配对约束可以建立装配中各组件之间参数化的相对位置和方位关系，这种关系被称为配对条件，一般用于后续组件的定位。未被完全约束的组件还可以利用“重定位”工具动态调整其位置。

3. 配对类型

UG NX 共提供 8 种配对约束条件，如图 7.7 所示。

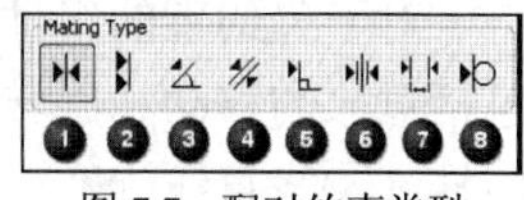

图 7.7　配对约束类型

（1）配对（Mate）：定位相同类型的两个对象，使它们重合。对于平面对象，其法向将指向相反的方向，如图 7.8 所示。

（2）对齐（Align）：对于平面对象，“对齐”将使它们共面且平面法向相同，如图 7.9 所示。对于轴对称对象，则对齐它们的中心轴，如图 7.10 所示。

（3）角度（Angle）：定义两个组件对象间的角度尺寸。如图 7.11 所示，在进行角度约束之前，应该首先添加两个平面的配对约束和边缘的对齐约束。

（4）平行（Parallel）：定义两个组件对象的方向矢量为互相平行。

（5）垂直（Perpendicular）：定义两个组件对象的方向矢量为互相垂直。

（6）中心（Center）：将一个组件的 1 或 2 个对象对中于另外一个组件的 1 或 2 个对象。

此定位方式包括 4 种类型：1 to 1、1 to 2（图 7.12）、2 to 1 和 2 to 2（图 7.13）。

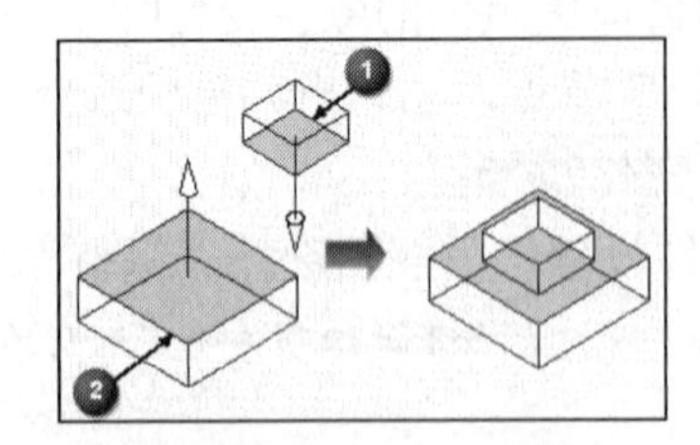

图 7.8　平面配对（Mate）

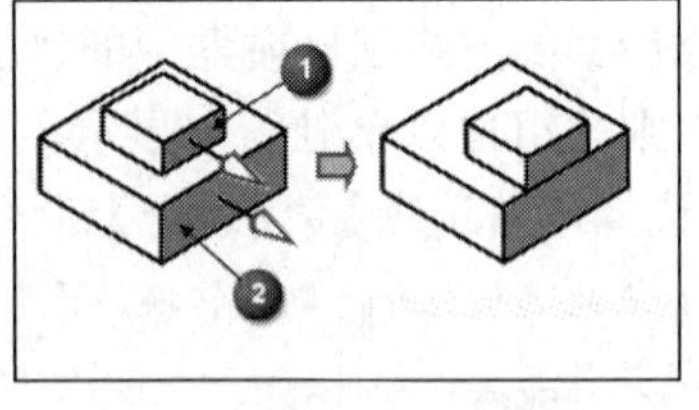

图 7.9　平面对齐（Align）

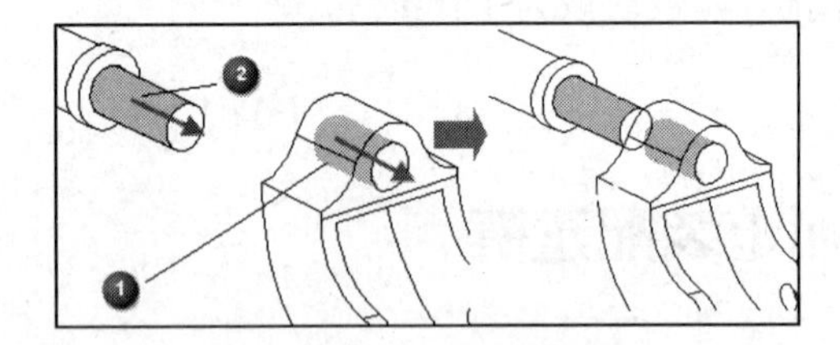

图 7.10　对齐圆柱面的轴线

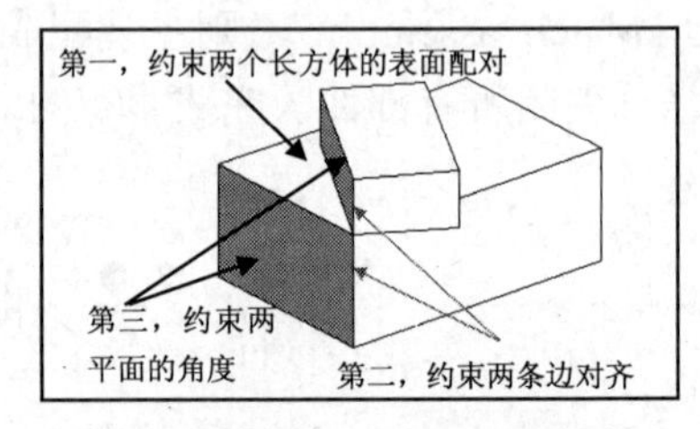

图 7.11　约束两个平面对象的角度

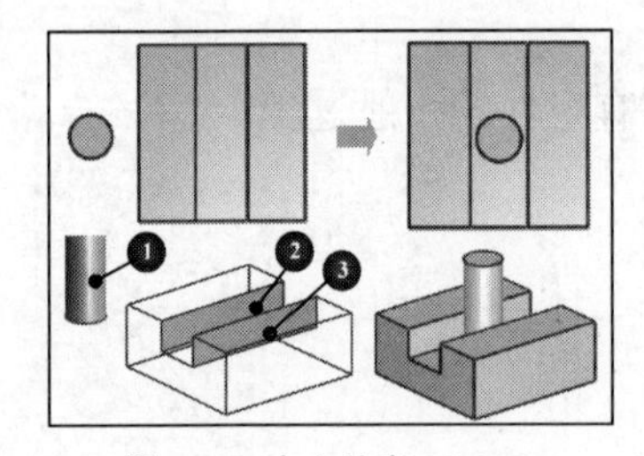

图 7.12　中心约束：1 to 2

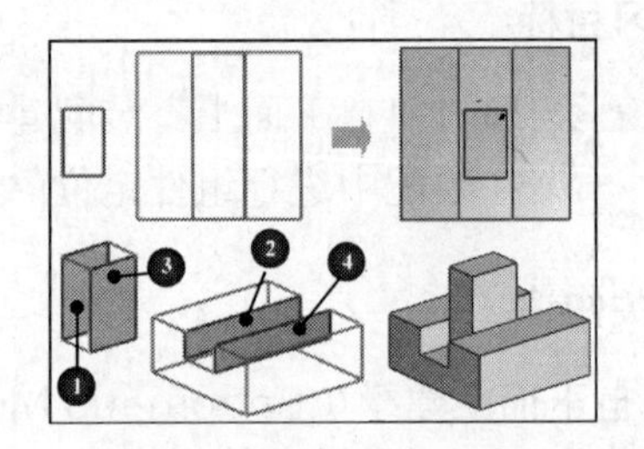

图 7.13　中心约束：2 to 2

（7）距离：指定两个组件对象之间的最小 3D 距离。

（8）相切约束：定义两个组件对象之间的物理相切。

4. 配对条件的管理

通过“配对条件”对话框上部的约束列表框可以管理已经添加的配对条件，如图 7.14 所示。图中：①展开约束；②被抑制的配对约束；③配对条件；④配对约束；⑤MB3 菜单。

5. 重定位组件

对于欠约束的组件可以在它们未被限制自由度的方向上进行重定位操作，这些操作主要包括对象的移动和旋转等，重定位对话框如图 7.15 所示。图中：①点到点；②平移；③绕点旋转；④绕直线旋转；⑤重定位；⑥在轴之间旋转；⑦在点之间旋转。

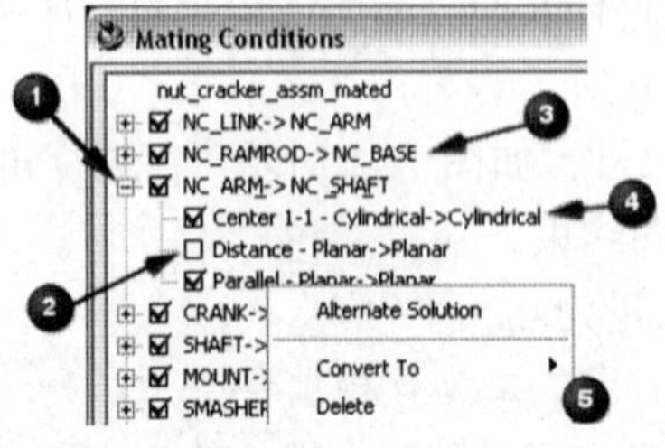

图 7.14　配对条件管理

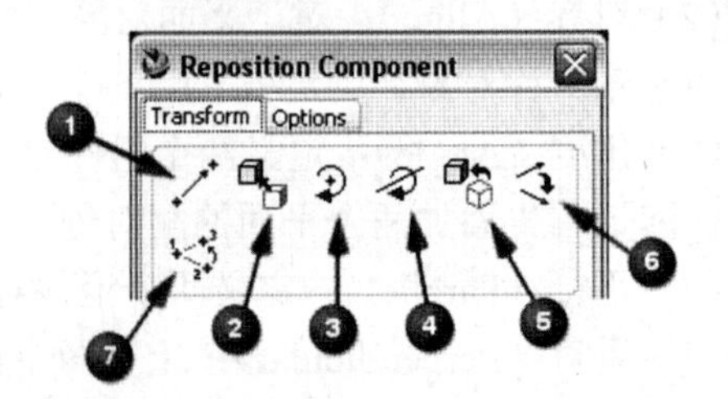

图 7.15　重定位组件

任务分析

在前面几章中，我们已经完成了工业钻孔机发动机部分零件的三维实体模型，现在需要完成这些组件的装配，以检查设计的正确性。发动机的装配爆炸图如图 7.16 所示。

对于复杂产品或运动机构而言，合理有序的装配结构是进行后续应用的基础。因此在装配或产品设计之前，需要对产品结构进行详细的分析，并善于使用子装配进行装配设计。

工业钻孔机的发动机是一个四杆运动机构——曲柄滑块机构。一般，曲柄滑块机构应包括以下 4 个部分：机架固定部分、曲柄部分、连杆部分和滑块部分。因此，我们可以根据曲柄滑块机构的构件组成情况来设计装配结构，本项目的装配结构分析如图 7.17 所示。

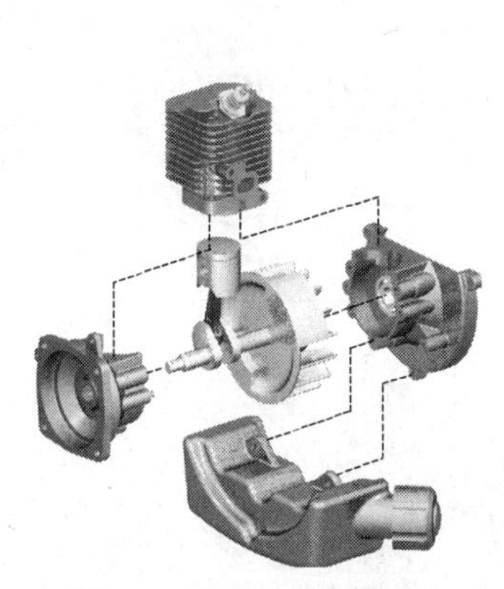

图 7.16　发动机装配爆炸图

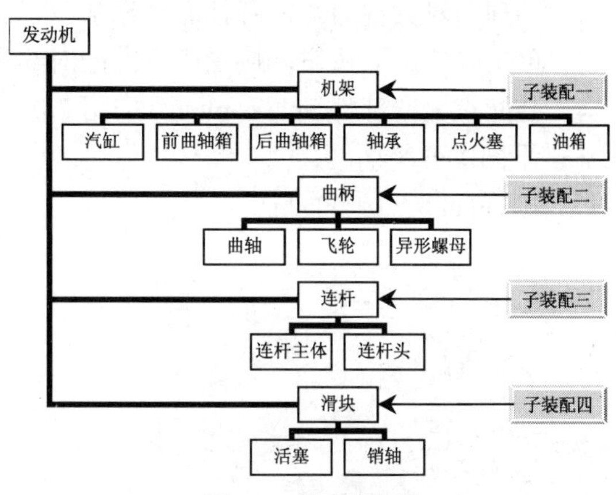

图 7.17　装配结构图

操作步骤

1. 创建机架子装配

（1）创建一个公制的部件文件 BASE_ASSM，启动装配环境。

（2）装配第一个组件：选择菜单命令【装配】/【组件】/【添加现有的组件】或单击按钮→在“选择部件”对话框中单击“选择部件文件”按钮→浏览并选中汽缸部件“Cylinder.prt”→在“添加现有部件”对话框中设置以下选项：引用集为“MODEL”，定位方式为“绝对”，图层选项为“原先的”→OK→在接下来的“点构造器”中接受缺省的坐标原点→OK，完成第一个组件的添加，其过程如图 7.18 所示。

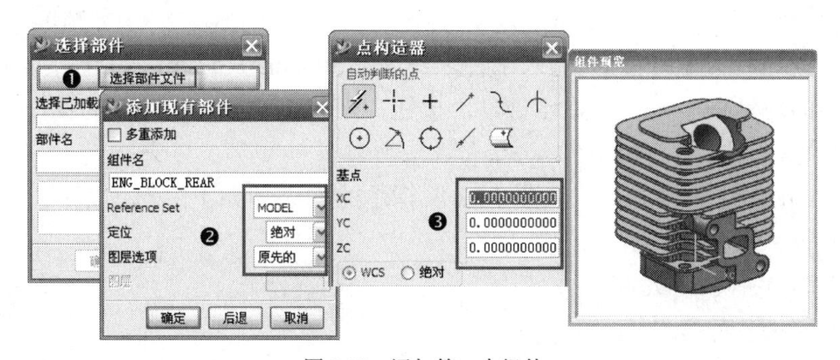

图 7.18　添加第一个组件

（3）添加“前曲轴箱”（engine_block_front），确保“添加现有部件”对话框中的“定位”方式设置为“配对”→OK，系统打开配对条件对话框，添加以下配对约束：

- “配对”组件平面：单击按钮→选择图 7.19 所示的组件预览窗口中前曲轴箱平面①→选择主窗口中汽缸底部平面④。

添加一个配对约束后，系统会以不同的颜色显示已经约束的和未被约束的自由度符号，包括线性自由度箭头和旋转自由度箭头。也可以单击对话框中的“预览”功能查看装配结果，确定无误后，选择“取消预览”使装配组件返回到“组件预览”窗口中。

在配对过程中，配对对象的选择顺序是：从装配组件到已装配组件。

- “对齐（Align）”圆柱面轴：单击按钮→选择圆柱面②→选择圆柱面⑤。
- 同理，对圆柱面③，圆柱面⑥添加“对齐”约束。
- 单击“应用”按钮，接受所有的配对约束。

（4）装配点火塞部件 Spark_plug，按图 7.20 所示的面添加以下配对约束：

：平面①→平面③；

：圆柱面②→圆柱面④。

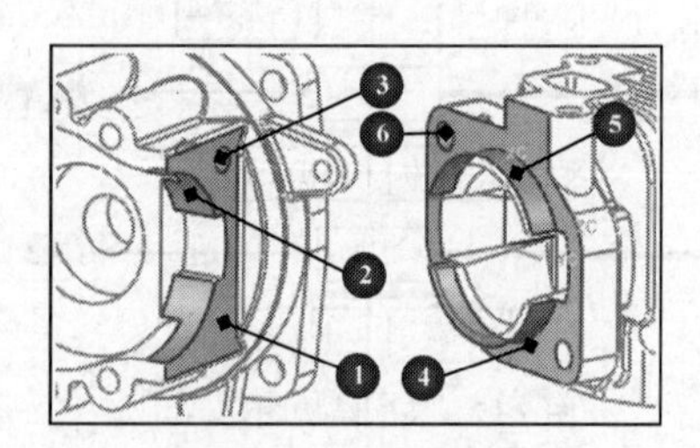

图 7.19　装配曲轴箱

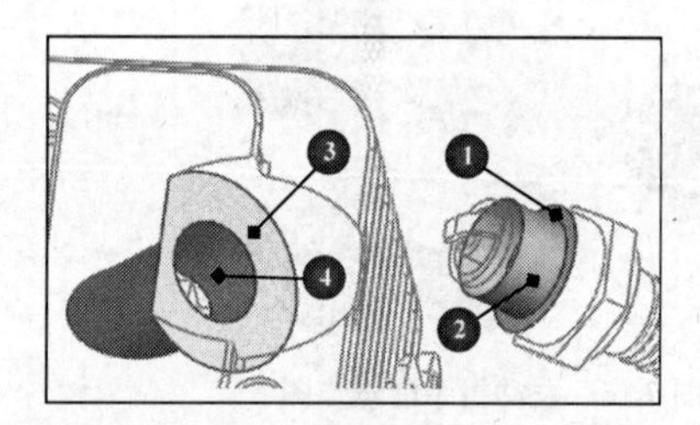

图 7.20　配对点火塞

（5）装配油箱部件 Fuel_tank，按照图 7.21 所示的面添加以下配对约束：

：平面①→平面⑤。

：圆柱面②→圆柱面⑥。如果方向有误，则单击“备选解”按钮。

“2to1”：平面③→平面⑦→平面④。

（6）使用配对和对齐约束装配轴承部件 Bearing 到曲轴箱的轴承孔中。

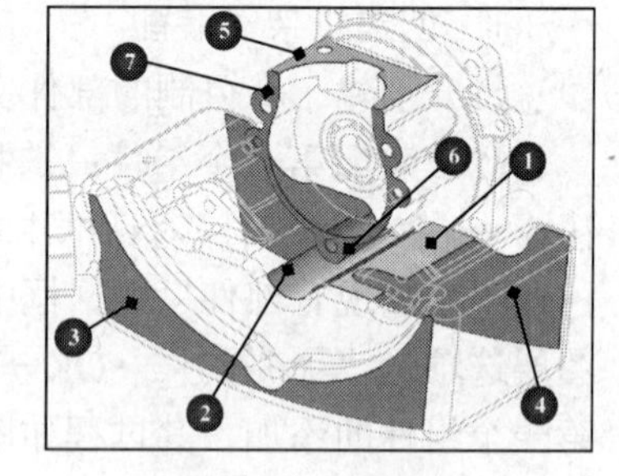

图 7.21　配对油箱

2. 创建曲轴子装配

（1）打开曲轴零件 Crankshaft.prt。

（2）选择【文件】/【新建】，输入部件名称为 Crankshaft_assm，勾选“非主模型部件”→OK，在弹出的对话框中单击“显示部件”按钮，则装载 Crankshaft 作为第一个组件，并以 ACS 原点进行绝对定位。

（3）装配飞轮部件 Flywheel，按图 7.22 所指示的面添加如下配对约束：

：平面①→平面④；

：圆柱面②→圆柱面⑤；

：平面③→平面⑥。

（4）装配异形螺母部件 ratchet.prt，按图 7.23 所指示的面添加如下配对约束：

：平面①→平面③；

：圆柱面②→圆柱面④。

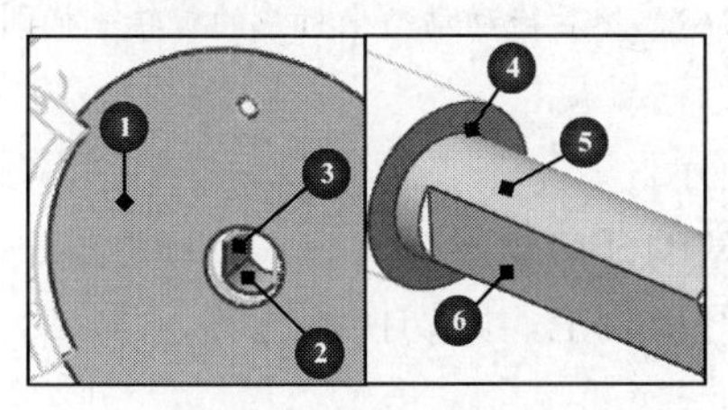

图 7.22　装配飞轮部件

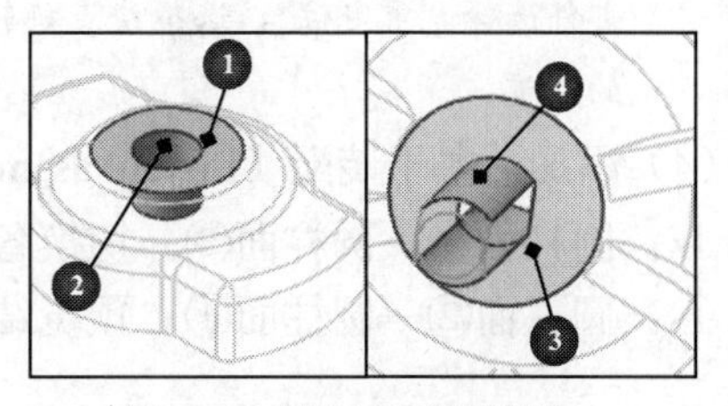

图 7.23　装配异形螺母部件

3. 创建连杆子装配

创建一个非主模型部件文件 Connection_assm，装配主模型部件 connection.prt。

4. 创建活塞子装配

（1）创建一个非主模型部件文件 Piston_assm，装配主模型部件 Piston.prt。

（2）装配销轴零件 Piston_pin.prt，按照图 7.24 所指示的面添加约束：

：圆柱面①→圆柱面④；

“2 to 2”：平面②→平面⑤→平面③→平面⑥。

（3）装配图 7.25 所示的密封圈（piston_ring.prt）。

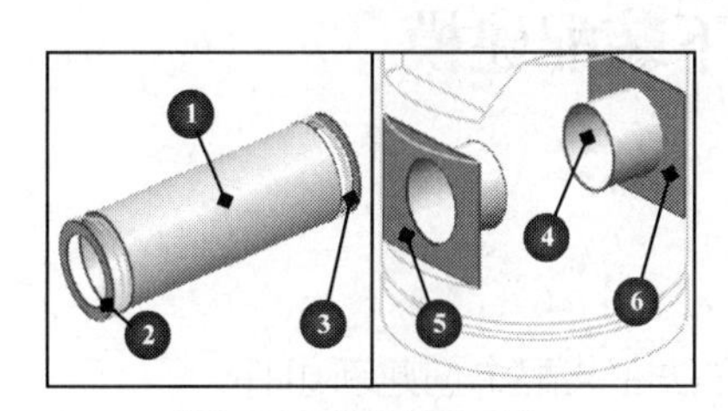

图 7.24　装载销轴零件

图 7.25　配对密封圈

5. 创建发动机总装配

（1）创建一个非主模型文件 Engine_assm，装配机架主模型部件 Base_assm。

（2）装配曲柄子装配（crankshaft_assm）：按图 7.26 所指示的面添加以下配对约束：

“2 to 1”：平面①→圆柱面③→平面②。

：对齐曲轴和轴承的轴线，如果方向错误，则切换“备选解”。

（3）装配连杆子装配（Connection_assm）：为了方便操作，隐藏机架，如图 7.27 所示。

“2 to 2”：平面①→平面④→平面②→平面⑤。

：圆柱面③→圆柱面⑥。

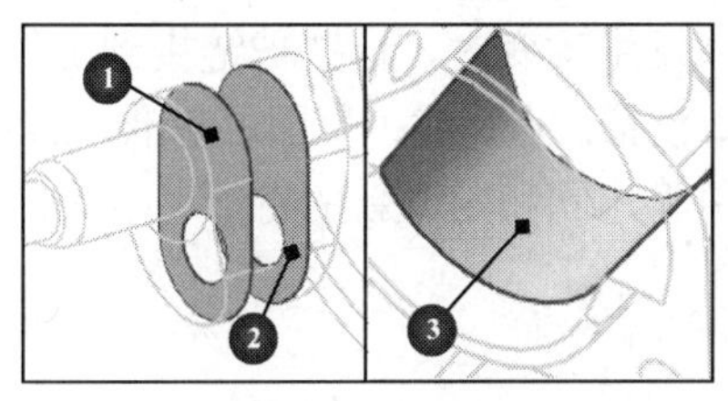

图 7.26　装配曲柄子装配

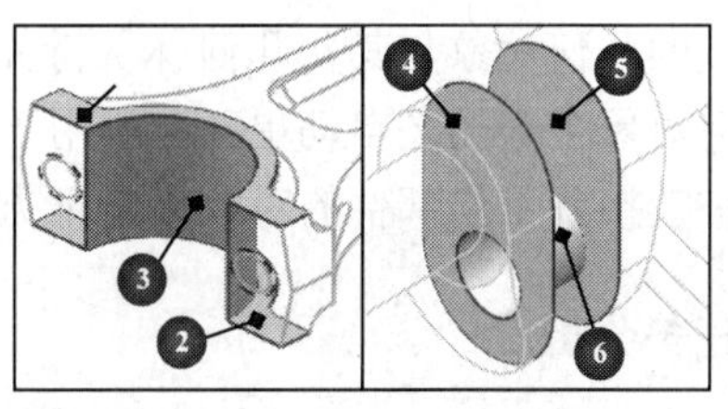

图 7.27　装配连杆子装配

如果连杆装配位置如图 7.28 左图所示，则需要将组件“重定位”到右图所示的大致竖直位置。这是因为下一步装载活塞时，可能会发生装配到机架外部的情况。具体操作方法是：右键单击连杆部件选择“重定位”，选择绕点旋转，选择曲轴中心，然后拖动动态坐标系的旋转手柄到大致的位置。

（4）添加活塞子装配（Piston_assm）：如图 7.29 所示。

：圆柱面①→圆柱面③。切换备选解，确保活塞的开口朝下。

：圆柱面②→圆柱面④。预览结果，如果活塞开口朝上，则切换备选解。

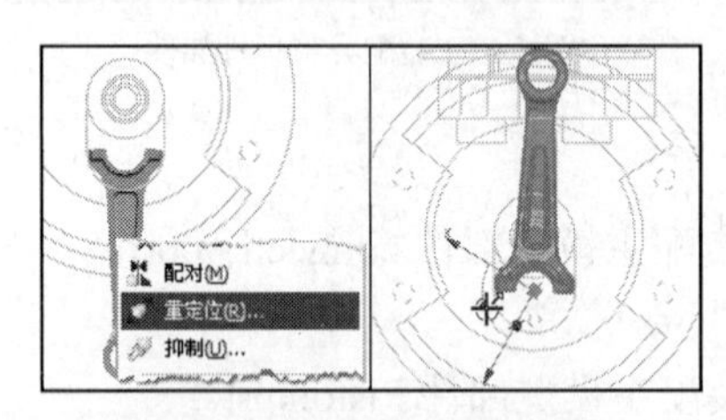

图 7.28　重定位连杆子装配组件

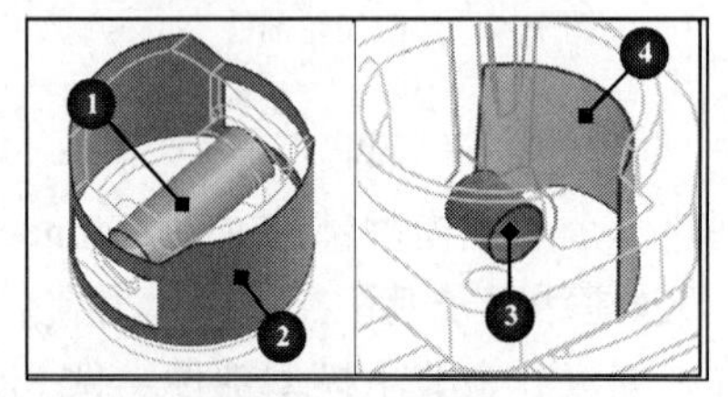

图 7.29　配对活塞

（5）保存装配部件，完成装配。

7.3　自上而下装配建模

学习目标

- 学习如何通过“自上而下”装配建模方法在装配中创建新组件。
- 学习如何使用 WAVE 几何连接器从装配组件中关联复制几何对象。

相关知识

1. 自上而下建模（Top-down Modeling）

自上而下装配建模是在装配级中建立新的并可以与其他部件相关联的部件模型，是在装配部件的顶级向下产生子装配和零件的建模方法。顾名思义，自顶向下装配是先在结构树的顶部生成一个装配，然后下移一层，生成子装配和组件，装配中仅包含指向该组件的指针。

2. WAVE 几何连接器

WAVE 几何连接器提供在装配环境中链接其他部件的几何对象到当前工作部件的工具。被链接的几何对象与其父几何体保持关联，当父几何体发生改变时，这些被链接到工作部件的几何对象全部随之自动更新。可用于链接的几何类型包括：点、线、草图、基准、面和体。这些被链接到工作部件的对象以特征方式存在，并可用于建立和定位新的特征。

任务分析

在发动机装配中，根据现有组件及其装配关系，设计图 7.30 所示的后侧曲轴箱零件。

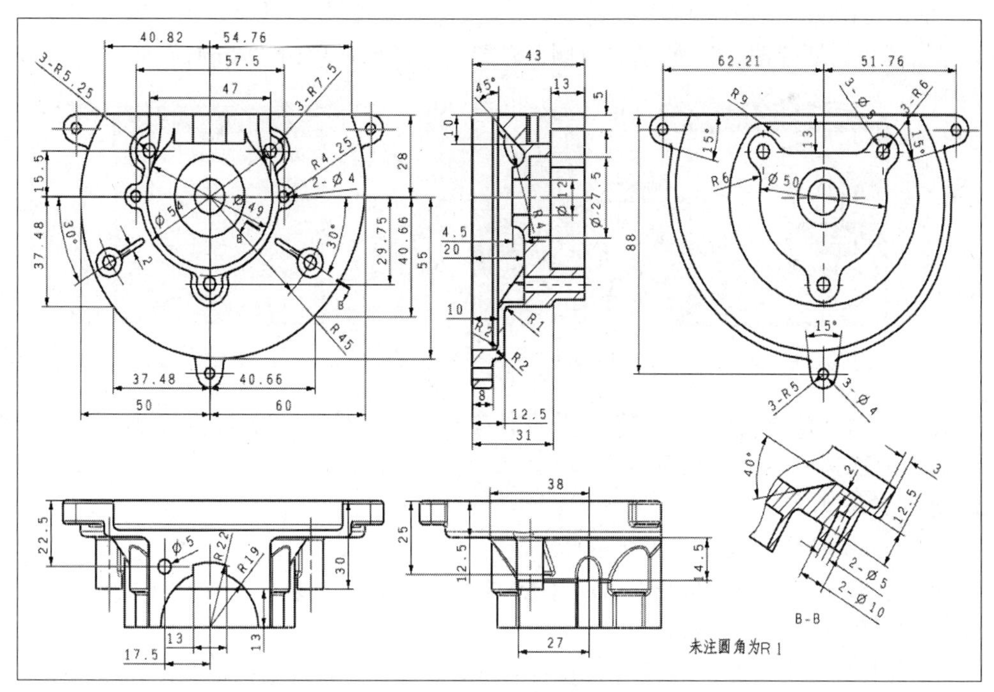

图 7.30　后侧曲轴箱零件图纸

后侧曲轴箱与前侧曲轴箱和汽缸有配合部分，可以根据这些配合关系在装配环境中进行关联设计。这需要在装配中创建一个新组件并作为工作部件，利用 WAVE 几何连接器链接关联的几何体到新组件中，然后利用这些链接几何体实现关联部位的建模。新组件与原来的装配部件具有关联性，即原来相关几何发生改变，则新的关联设计零件也会相应更新。

操作步骤

1. 在装配环境中创建一个新组件

打开装配 Base_assm，按照下面所述的步骤创建一个新的“空组件”，如图 7.31 所示。

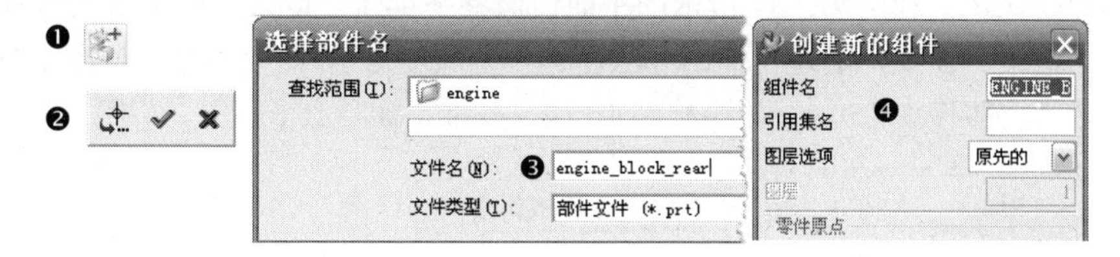

图 7.31　创建新组件的步骤

（1）单击“创建新组件”按钮，系统提示选择需要移动或复制到新组件中的对象。

（2）由于本项目需要创建一个“空组件”，所以单击按钮，跳过对象选择。

（3）输入部件文件名为 engine_block_rear，OK。

（4）接受“创建新的组件”对话框中默认选项，在装配导航器中查看新组件的节点。

2. 使用 WAVE 几何连接器创建关联几何体

（1）使新组件 engine_block_rear 成为工作部件。

（2）单击“Wave 几何连接器”按钮，在对话框中选择几何体类型为“体”，并勾选“按时间戳记”选项，选择图 7.32 所示的前侧曲轴箱实体，然后单击“Apply”。

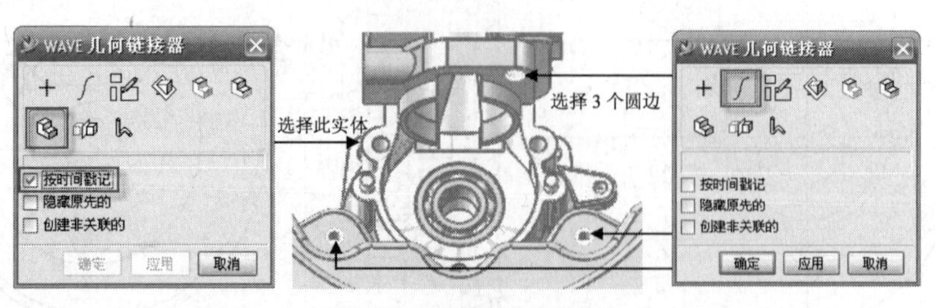

图 7.32　创建关联几何体

（3）在“Wave 几何连接器”中选择几何体类型为“曲线”，选择图 7.32 所示的 3 个安装孔的圆弧边→OK，完成关联几何体的创建。

3. 修整关联实体

（1）使 engine_block_rear 成为显示部件。

（2）双击部件导航器中的“LINKED_BODY”节点，在特征列表中选择“SUBTRACT(24)”，OK，链接的实体显示如图 7.33 所示。

（3）创建相关基准平面：选择对象基准平面类型，分别选取顶面和侧面以及中间的一个圆边创建 3 个相关基准平面，如图 7.34 左所示。

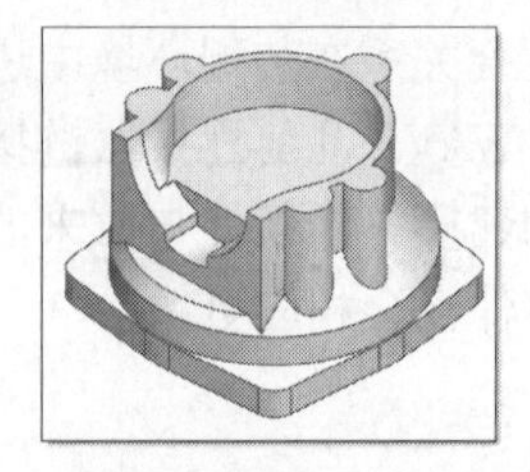

图 7.33　调整“时间戳”

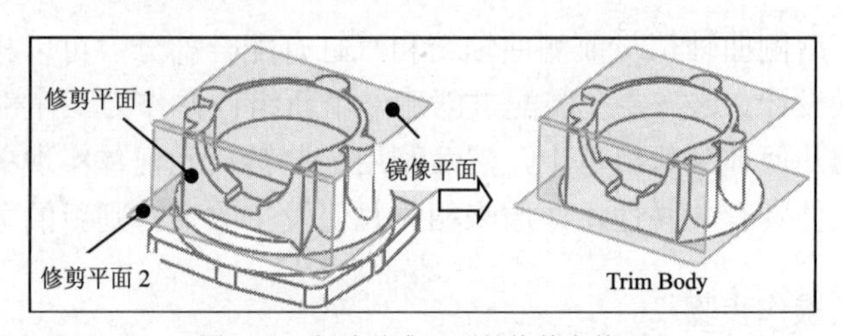

图 7.34　创建基准平面并修剪实体

（4）修剪实体：分别利用上面创建的两个基准平面修剪实体，结果如图 7.34 右图所示。

（5）创建镜像体：利用图 7.34 所示的平面镜像整个实体，镜像结果如图 7.35 所示。

（6）利用链接的曲线，通过拉伸的方法创建一个深度为 10 的安装孔，如图 7.36 所示。

（7）将链接实体移到 15 层，曲线移到 16 层，基准平面移到 61 层，结果如图 7.37 所示。

图 7.35　镜像实体

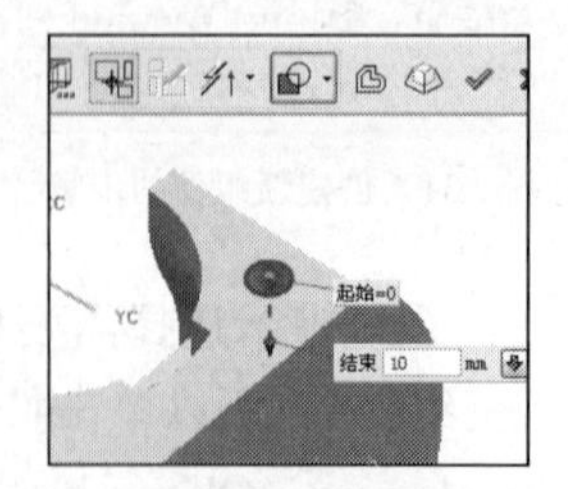

图 7.36　拉伸特征

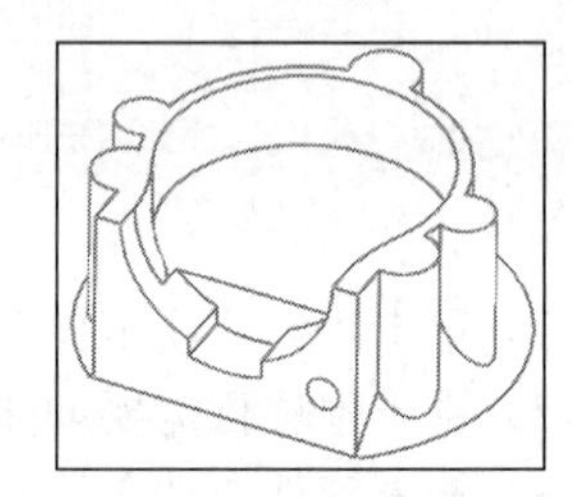

图 7.37　完成结果

4. 创建曲轴箱底座拉伸特征

（1）双击 WCS，激活动态坐标系，将坐标系的原点置于底面最大圆弧的中心，坐标系方位调整为图 7.38 所示。

（2）工作层=41。选择【插入】/【曲线】/【艺术样条】命令，选择“～”方法，阶次=3，在点捕捉工具条中单击“点构造器”按钮，依次输入点坐标：Pt0（−40.82，28），Pt1（−50，0），Pt2（−37.48，−37.48），Pt3（0，−55），Pt4（40.66，−40.66），Pt5（60，0），Pt6（54.76，28），“返回”到艺术样条对话框，OK，完成样条曲线的绘制，如图 7.39 所示。

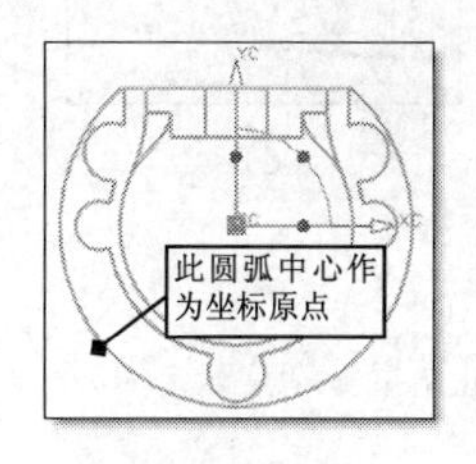

图 7.38　调整 WCS

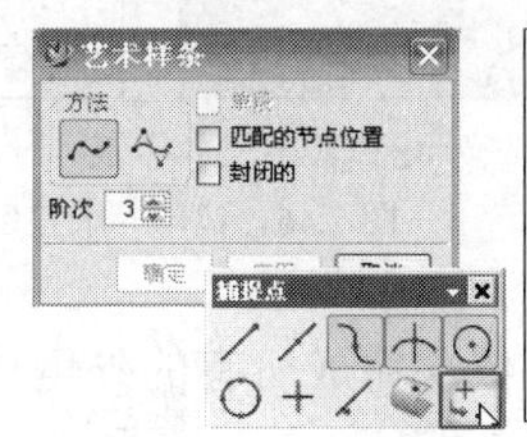

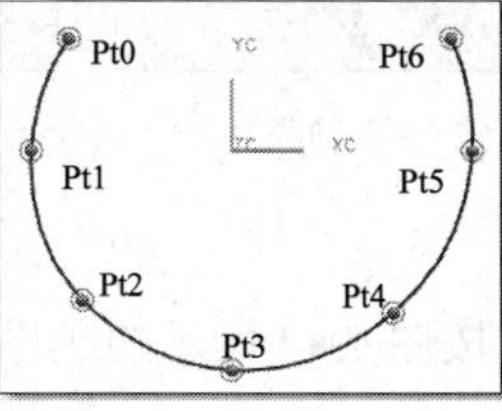

图 7.39　绘制样条曲线

（3）绘制直线：启动直线命令，选择样条曲线的两个端点创建直线，如图 7.40 所示。

（4）创建拉伸特征：拉伸方向为−ZC 轴，起始=0，结束=12.5，新建实体，如图 7.41 所示。

（5）创建图 7.42 所示的抽壳特征：移除底面和一个侧面，壁厚=2，侧面不等厚=3。

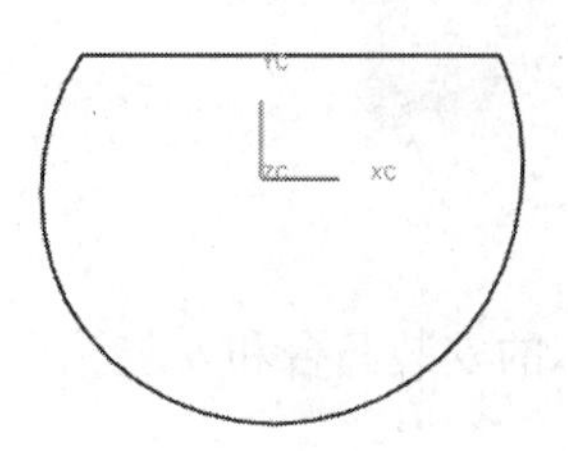

图 7.40　创建关联直线

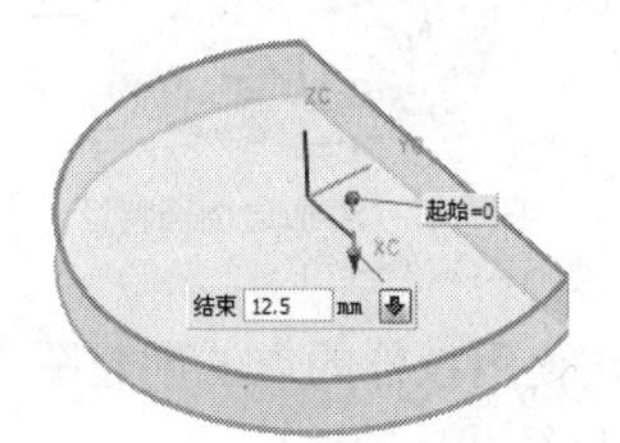

图 7.41　创建拉伸特征

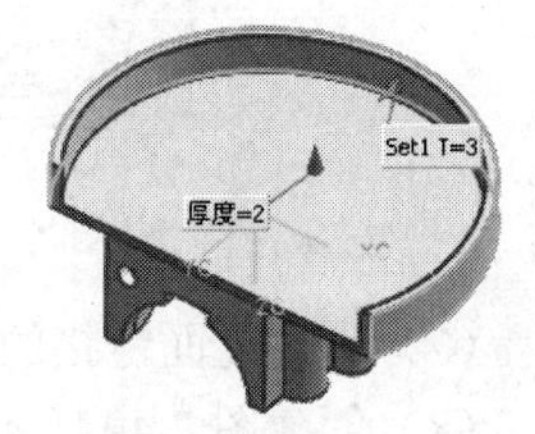

图 7.42　创建抽壳特征

（6）创建布尔操作—求和：目标体为镜像实体，工具体为抽壳的实体，完成“求和”运算。

5. 零件的详细设计

（1）创建图 7.43 所示的圆台：直径=15，高度=17.5。

（2）创建此圆台特征的圆周阵列：数量=3，角度=120。

（3）创建图 7.44 所示的拉伸特征：草图平面为底部平面，拉伸深度为 10，“求差”。

（4）创建图 7.45 所示的两组面的拔模特征。

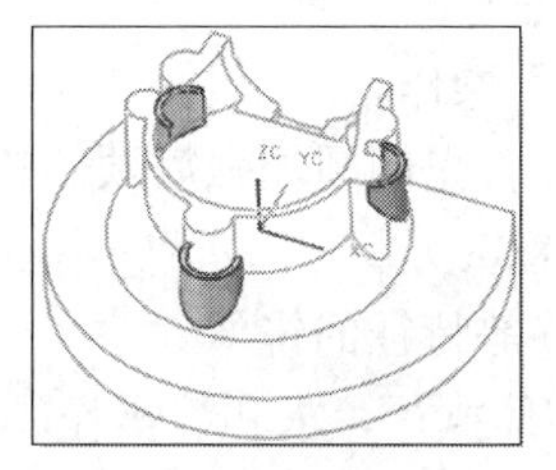

图 7.43　圆台及圆周阵列

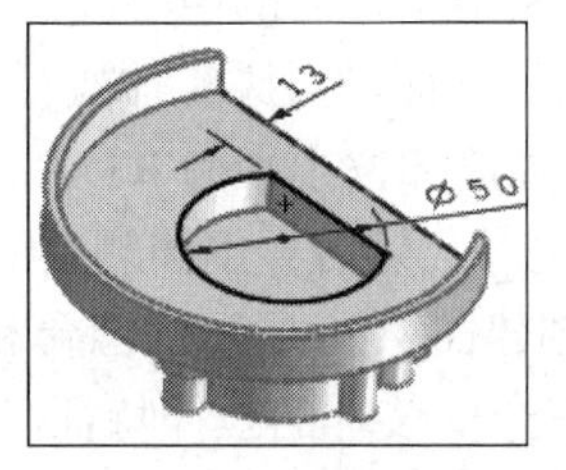

图 7.44　创建拉伸特征

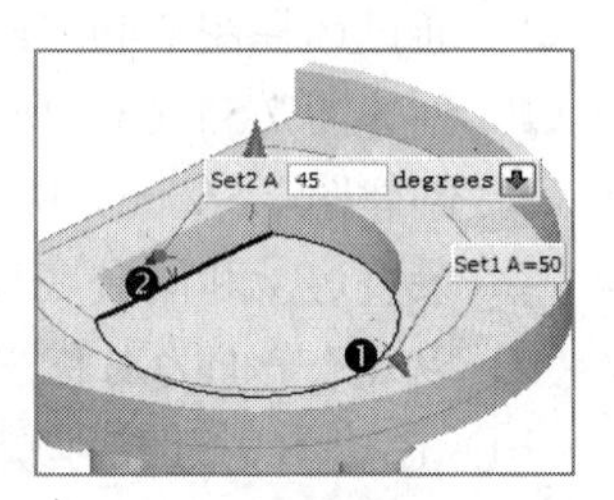

图 7.45　创建拔模特征

（5）创建图 7.46（a）所示底部沉孔的拉伸特征。

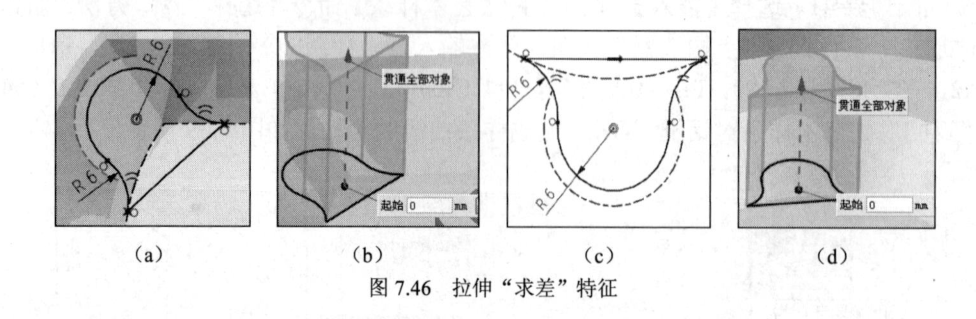

图 7.46　拉伸“求差”特征

（6）按图 7.47 所示的顺序依次完成所有的外侧边的边倒圆特征。

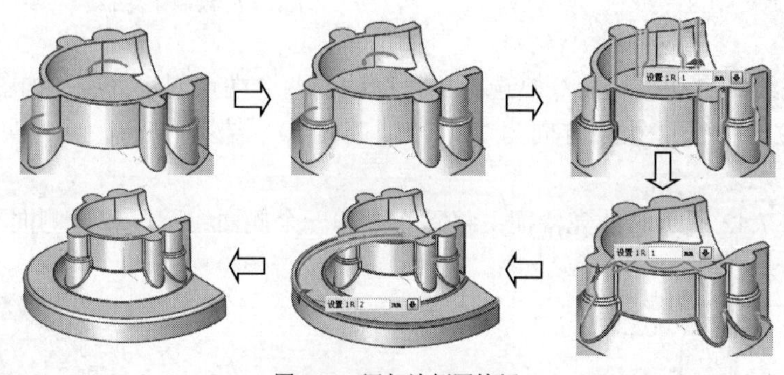

图 7.47　添加边倒圆特征

（7）利用前面链接的曲线①，使用拉伸的方法创建图 7.48 所示的安装凸台和安装孔。

（8）创建图 7.49 所示加强筋特征：

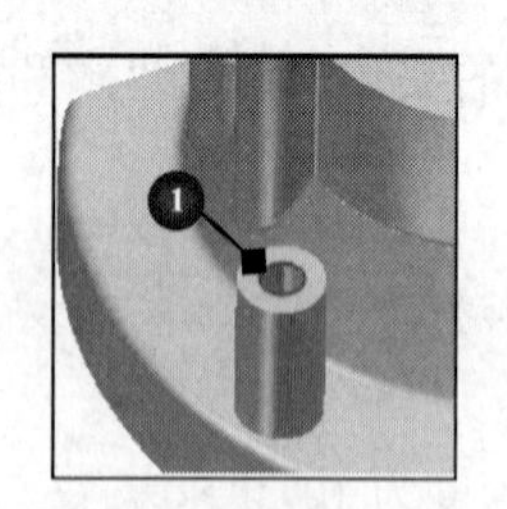

图 7.48　创建安装凸台

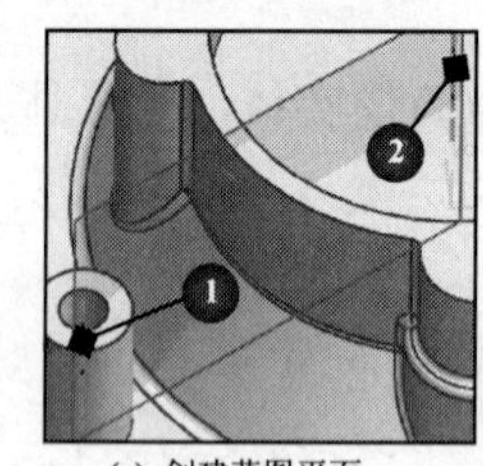
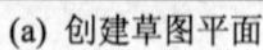

(a) 创建草图平面

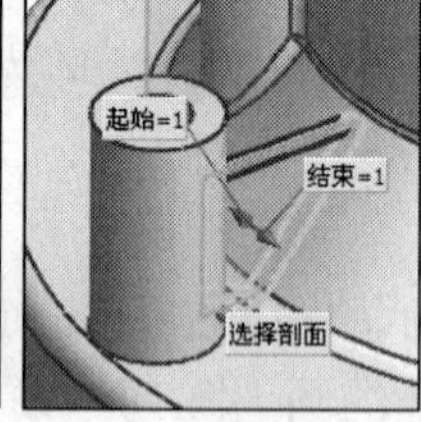

(b) 对称拉伸

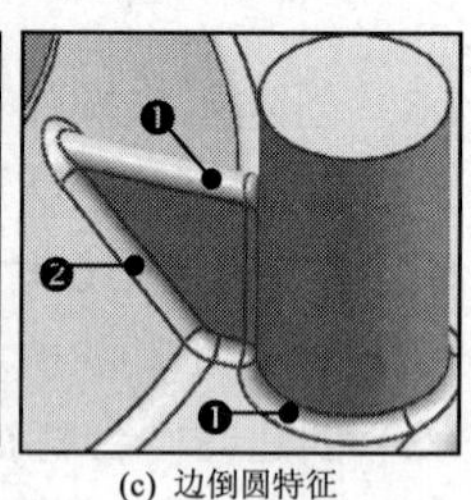

(c) 边倒圆特征

图 7.49　创建加强筋特征

- 通过选择图 7.49（a）所示两个圆柱面的中心线①和②创建基准平面。
- 创建图 7.55（b）所示的拉伸特征，与原实体执行“求和”操作。
- 创建图 7.55（c）所示的加强筋部位半径为 R1 的边倒圆：首先倒圆加强筋顶部的两条直边①和圆台底部的圆边②，然后再倒圆剩余的相切链③。

（9）以 YZ 平面为对称平面，创建图 7.50 所示的圆台和加强筋等特征的镜像。

（10）创建图 7.51 所示侧面的三个安装耳的拉伸特征，与原实体执行“求和”操作。

（11）请读者自行创建零件剩余的特征，完成建模。

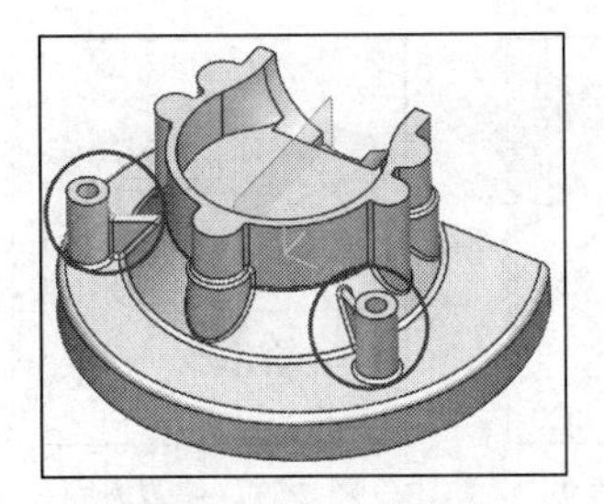

图 7.50　创建镜像特征

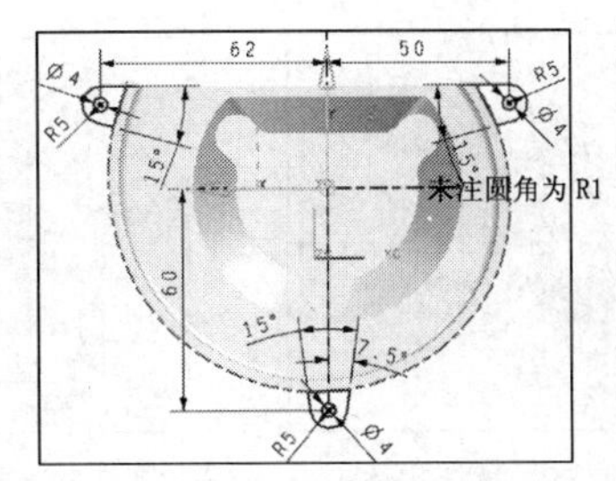

图 7.51　创建安装耳特征

练习

在装配环境中，完成连杆头部的建模，其图纸如图 7.52 所示。

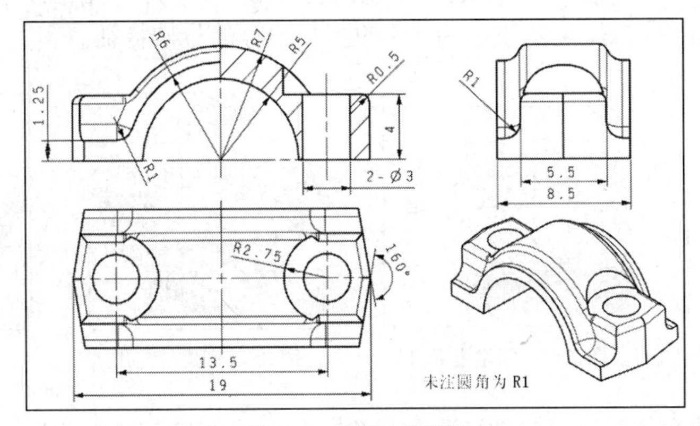

图 7.52　连杆头部图纸

（1）打开装配部件 Connection_assm，在装配环境中创建一个新组件 connection_head。

（2）使 connection_head 成为工作部件，利用 Wave 几何连接器链接连杆的整个实体。

（3）按照如图 7.53 所示的情况修剪实体。

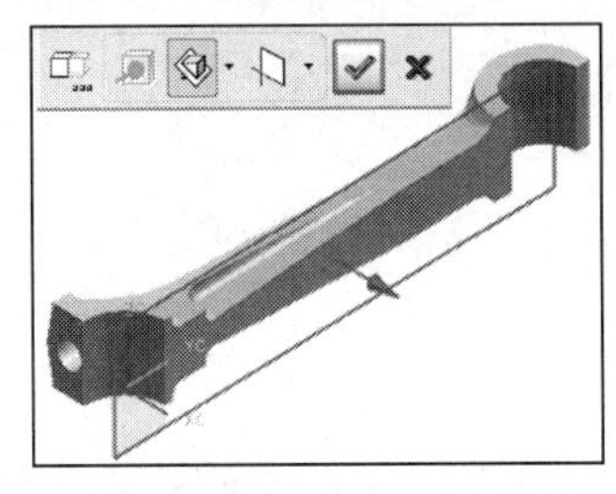

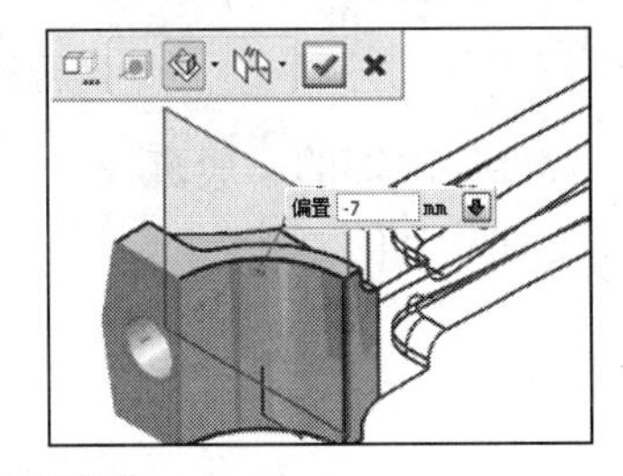

图 7.53　修剪实体

（4）选择两次修剪得到的一个平面作为旋转剖面，旋转轴为 Z 轴，创建图 7.54 所示旋转体。

（5）选择图 7.55 所示连杆配合面的外部边缘，创建高度为 1.25 的拉伸凸台新实体；以拉伸凸台的顶面作为拉伸剖面，创建一个新的高度为 2.75 的拉伸实体，如图 7.56 所示。

（6）将最后产生的拉伸体的两个侧面偏置−1.5，如图 7.57 所示。

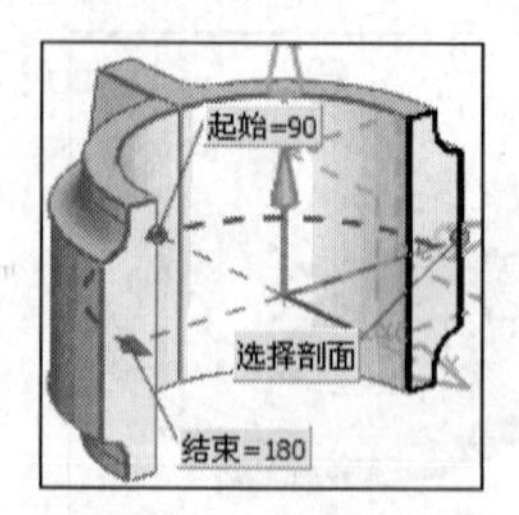

图 7.54　旋转实体

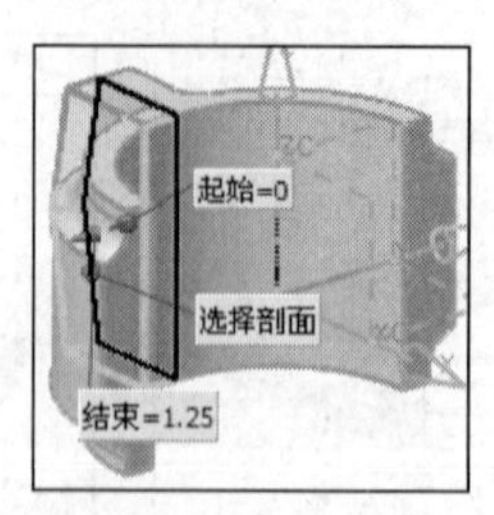

图 7.55　拉伸实体 1

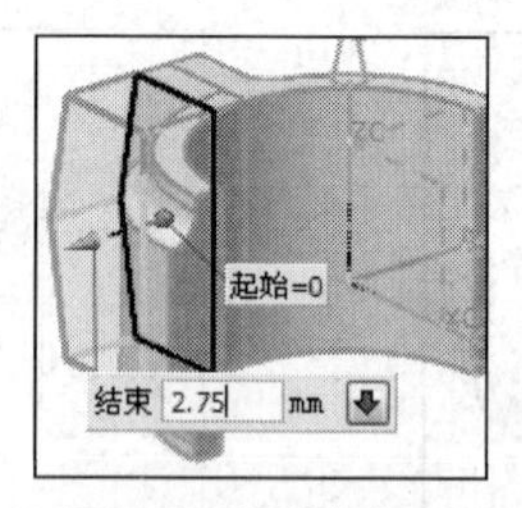

图 7.56　拉伸实体 2

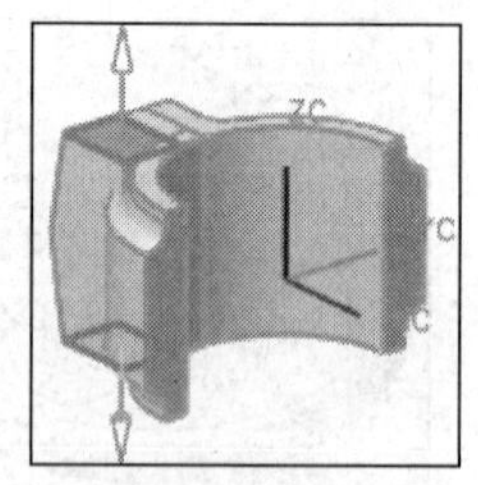
图 7.57　偏置表面

（7）执行布尔操作“求和”，将三个实体结合为一个实体，如图 7.58 所示。

（8）首先对 3 个半径为 R1 的边倒圆，然后对顶边添加 R0.5 的倒圆，倒圆结果如图 7.59 所示。

（9）创建拉伸孔：以链接实体上的一个螺纹孔的边界作为拉伸剖面，获得如图 7.60 所示的圆孔，然后再创建图 7.61 所示直径为 5.5 的沉孔部分的拉伸特征。

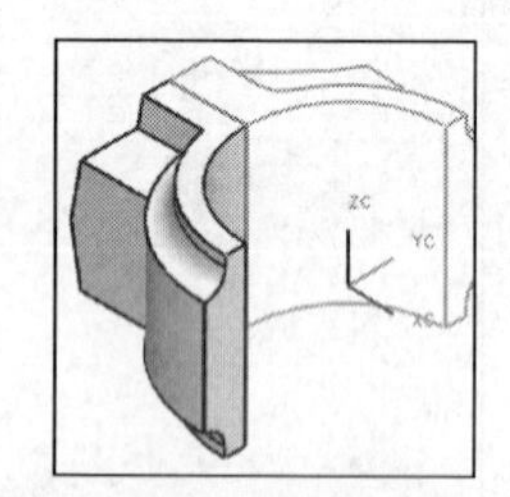
图 7.58　“求和”运算

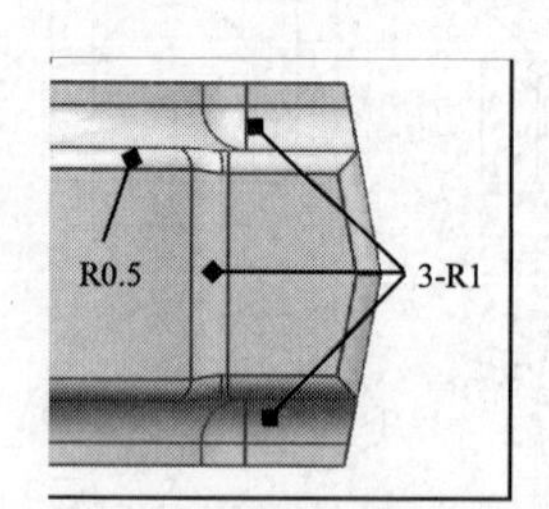

图 7.59　创建边倒圆

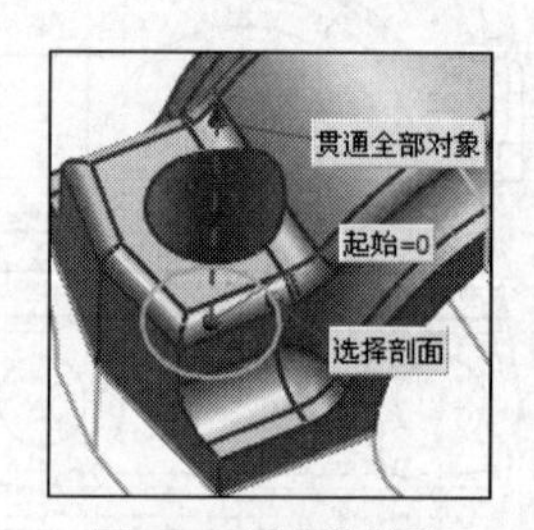

图 7.60 创建拉伸孔

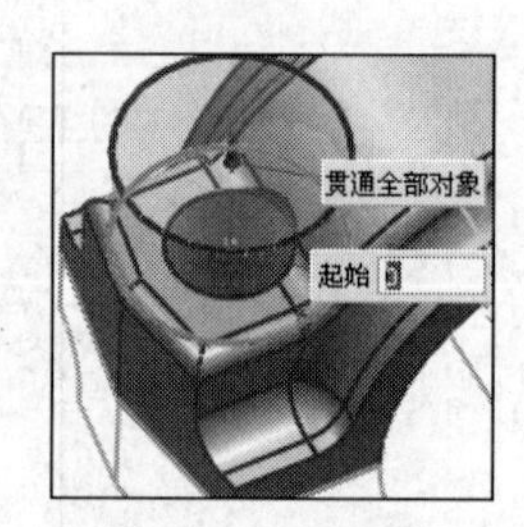

图 7.61　创建沉孔

（10）对新建的实体进行“镜像体”的操作，然后进行布尔“求和”运算。

7.4　添加部件族成员——螺钉

学习目标

- 学习添加部件族成员的一般流程。
- 学习创建组件阵列的方法。

任务分析

通过前面的实训项目，我们已经完成了发动机主体部分的装配建模，但装配还要求对组件使用不同规格的内六角螺钉进行紧固。

内六角螺钉为标准件，应该首先创建标准件库。在第 6 章已利用“部件族”工具完成了一种规格的内六角螺钉的标准件库。在本任务中我们可以利用此标准件库的族成员进行装配。

操作步骤

打开发动机总装配“Engine_assm_nobolt”，查看需要安装螺钉的位置。本处需要使用第

6 章所完成的内六角螺钉标准件。

1. 装配曲轴箱紧固螺钉 M5–28

（1）使机架子装配（Base_assm_nobolt）外为“显示部件”。

（2）“添加现有组件”Bolt.prt：由于 bolt 零件包含部件族成员，所以系统打开“选择族成员”对话框。按以下“准则”来匹配组成员：在“组属性”栏内选择“ds”→在“有效的值”栏内选择“5”→在“匹配成员”栏内选择“M5-28”，确定对话框，如图 7.62 所示。

（3）在添加现有组件对话框内勾选“多重添加”选项，如图 7.63 所示。

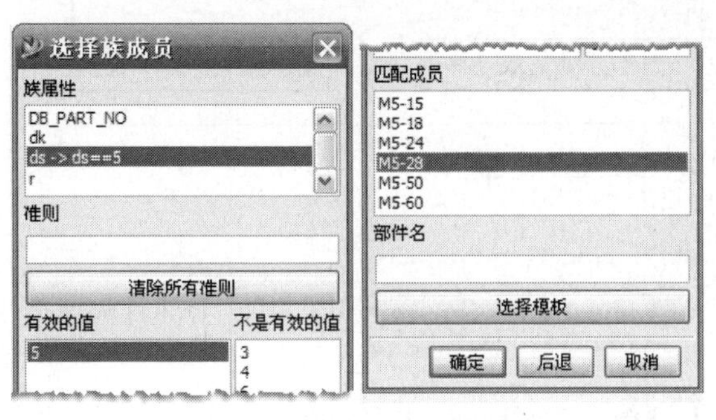

图 7.62　添加部件族

图 7.63　选中“多重添加”

选中“多重添加”的目的是为了在组件配对完成之后自动打开组件阵列功能。当然，也可以通过手工方式启动该命令：菜单命令【装配】/【组件】/【组件阵列】或者单击按钮。

（4）为螺钉定位添加约束：—平面①→平面③；—圆柱面②→圆柱面④，如图 7.64 所示。

（5）创建组件阵列：完成配对之后，系统打开创建组件阵列对话框，在对话框中选择“从实例特征（From Feature ISET）”，OK，系统完成螺钉阵列，如图 7.65 所示。

“从实例特征（From Feature ISET）”：组件的阵列基于配对部件的阵列特征。此方式必须满足以下条件：基础组件必须包含特征引用阵列（矩形阵列或圆周阵列）；必须首先通过配对条件定位组件到引用（实例）集中的一个特征。

2. 装配汽缸紧固螺钉 M5–18

使用与步骤（2）相同的方式，添加汽缸的两个紧固螺钉 M5-18，如图 7.66 所示。

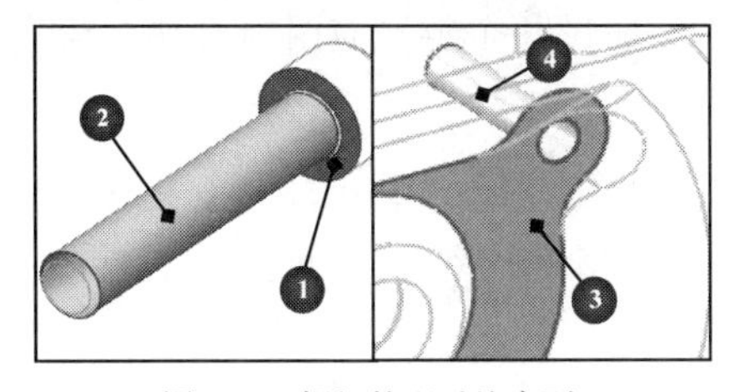

图 7.64　螺钉的配对约束面

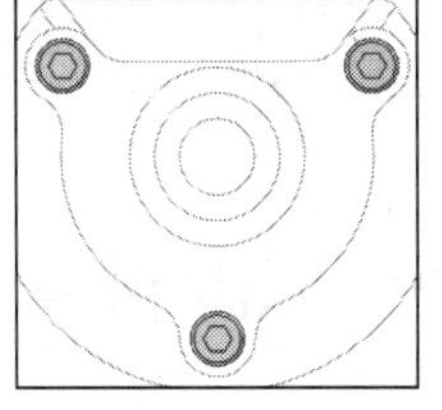

图 7.65　组件阵列

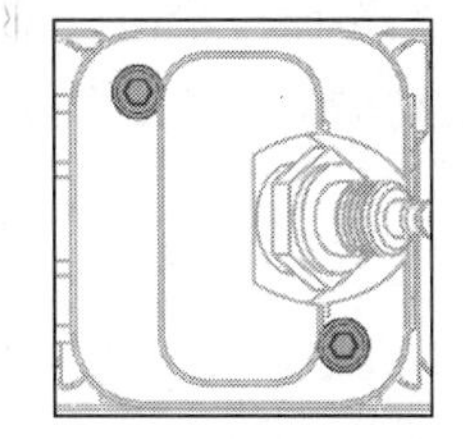

图 7.66　添加汽缸螺钉

3. 装配油箱的紧固螺钉 M5–15

由于油箱以及与其配对的组件不包含阵列特征，因此使用“线性”阵列来完成装配。

（1）参考前面的操作，完成一个 M5-15 的螺钉的装配。

（2）创建线性组件阵列：如图 7.67 所示，启动创建组件阵列对话框→选择“线性”方式

→OK→设置方向定义为“边缘”方式→选择油箱顶部的一个线性边缘→输入阵列参数：数量=2；阵列偏置为测量值，单击“设计逻辑”按钮→在弹出菜单中选择“测量”→测量两个安装孔中心的距离→单击按钮，完成组件的阵列。

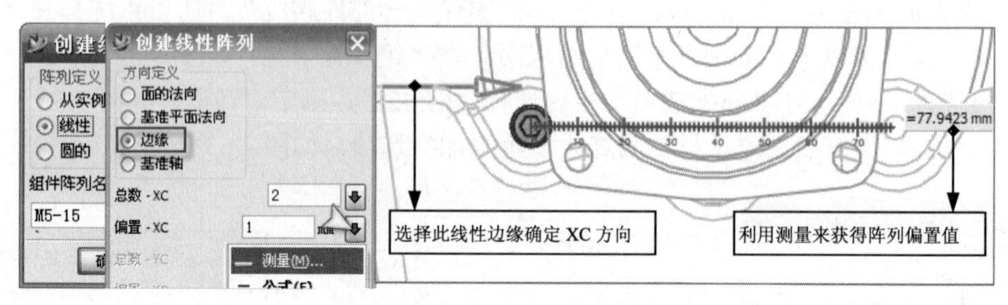

图 7.67　创建组件线性阵列

4. 装配连杆的紧固螺钉 M3–12

与步骤（4）同理，使连杆子装配（Connection_assm_nobolt）为显示部件添加连杆的两个紧固螺钉 M3-12，如图 7.68 所示。

组件阵列的编辑方法：选择【装配】/【编辑组件阵列】，打开如图 7.69 所示的“编辑组件阵列”对话框：可以编辑组件阵列的各项内容，或者选择删除组件阵列。

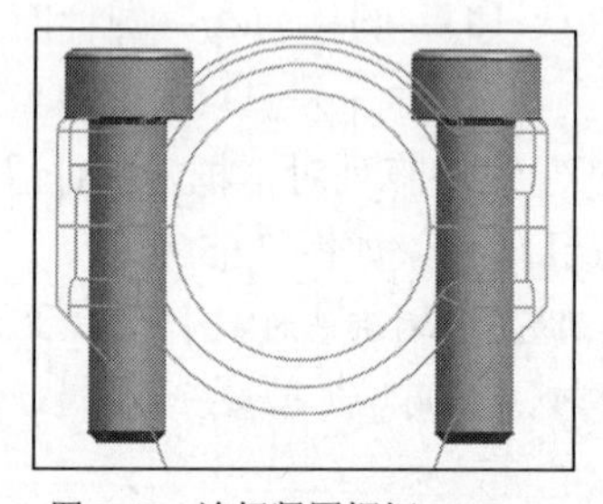

图 7.68　连杆紧固螺钉 M3-12

图 7.69　编辑组件阵列对话框

对于相同的组件，可以在装配导航器中使用 MB3 菜单选项进行“打包（Pack）”，如 M5-28 x 3 。

至此，我们已经完成了发动机部分的装配建模，下面通过几个装配应用项目来介绍装配运动动画、装配爆炸图、装配和拆卸动画的制作等应用。

7.5　装配可变形组件——弹簧

学习目标

在本任务中，将学习和应用以下相关知识点：

- 镜像装配的一般步骤。
- 替换组件引用集。

- 创建部件间表达式。
- 在装配中定义可变形组件的参数。

任务分析

当某些部件被添加到装配件中时，其形状可以产生变形，如弹簧或软管等，这类部件称之为可变形的组件。通过规定控制部件的关键参数，在装配中控制这类部件的变形。

在本任务中，将 6.4 节所完成的拉伸弹簧装配到工业钻孔机的离合器之中，如图 7.70 所示。

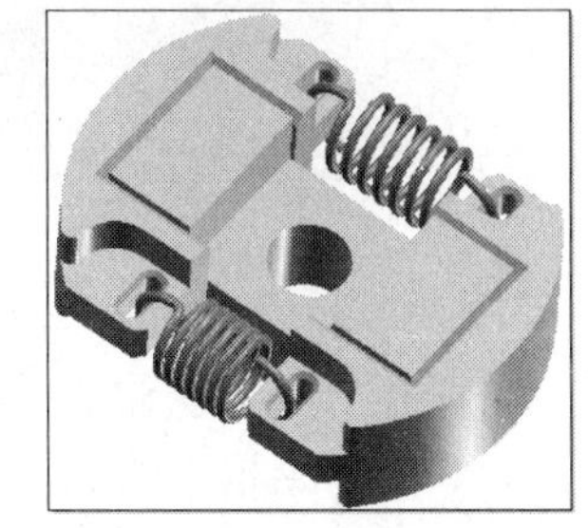

图 7.70　离合器子装配

使用可变形组件的一般方法为：

- 指定部件本身的可变形的特性（详细过程请参阅章节 6.4 的相关知识）。
- 利用可变形的部件作为在装配中能变形的组件。

操作步骤

1．创建离合器瓦的“镜像装配”

（1）打开离合器装配部件 clutch_assm.prt，启动装配环境。

（2）替换“离合器体”的引用集：在装配导航器中，单击 MB3 选择 clutch_body，在弹出的菜单中选中“替换引用集→整个部件”，则此组件被完全载入。

如果图形窗口中基准坐标系没有显示，则使 61 层成为可选择层。

（3）选择【装配】→【组件】→【镜像装配】命令，系统启动“镜像装配”向导。

（4）单击“下一步”按钮，进入“选择组件”步骤，从图形窗口或者装配导航器中选中离合器瓦组件（clutch_shoe）。

（5）单击“下一步”按钮，进入“选择平面”步骤，从图形窗口中选中基准坐标系的 YZ 平面。如果没有可供选择的镜像平面，可以利用创建一个 YZ 基准平面。

（6）单击“下一步”按钮，进入“镜像设置”步骤，此步骤用于指定镜像类型：包括“镜像重定位”、装配重用、镜像几何体和排除组件4 种操作类型。本例接受默认设置——“镜像重定位”。

（7）单击“下一步”按钮，进入“镜像检查”步骤。本步骤用于预览镜像装配并可以进行更正，利用按钮可以切换其他的镜像方案；利用按钮可以创建新的镜像几何体。本处接受默认。

（8）单击“完成”按钮，完成镜像装配的操作。

如果在步骤（6）选择了创建新的镜像几何体类型，则需要在“下一步”指定新组件的“命名规则”和存放目录。

2．装配可变形组件

（1）替换离合器瓦组件的引用集为“整个部件”，下面将使用基准平面辅助配对。

（2）启动添加现有组件命令，选择部件文件为 pullspring，引用集定义为“整个部件”，其他接受默认设置。

（3）配对组件：添加以下 3 组配对条件（需要设置合适的“过滤器”）。

对齐：钩子所在的基准平面与弹簧安装孔的中心平面，如图 7.71 所示。

对齐：弹簧中心基准轴与离合器瓦基准坐标系的 XY 平面，如图 7.72 所示。

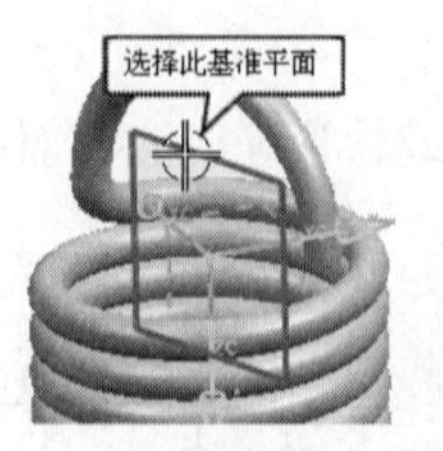

图 7.71　基准平面对齐

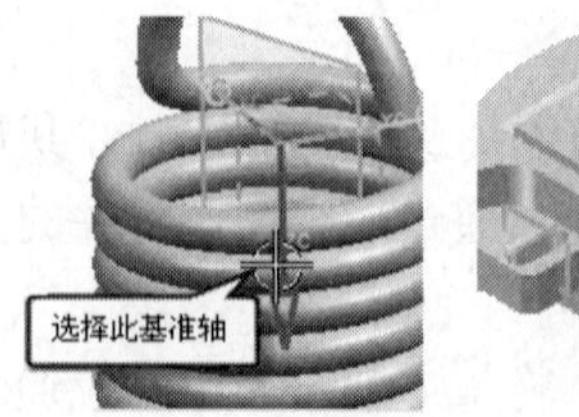

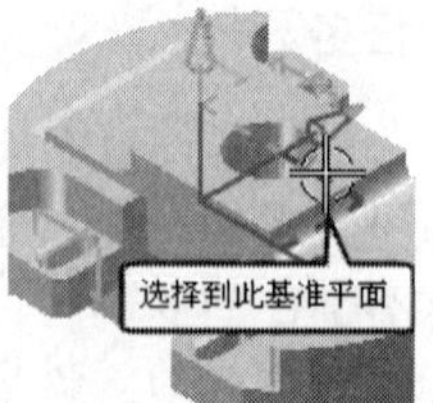

图 7.72　基准轴与基准平面对齐

平行：弹簧中心基准轴与离合器瓦基准坐标系的 X 轴，预览配对结果，如图 7.73 所示，单击对话框中的，切换备选解。

距离：弹簧的基准坐标系 XY 平面与离合器瓦的安装孔中心平面，如图 7.74 所示。

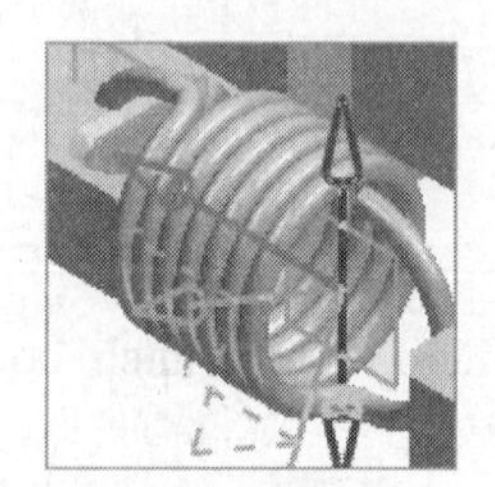

图 7.73　预览结果

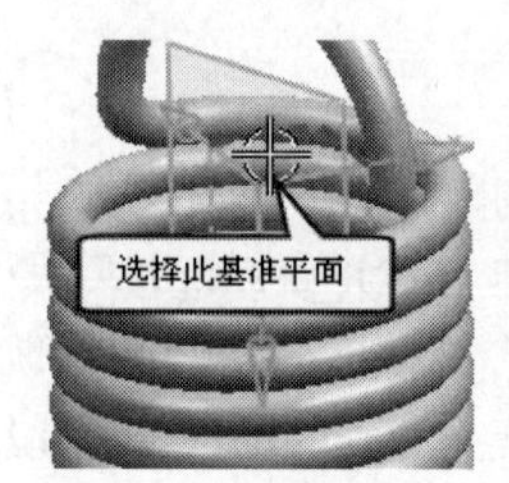

图 7.74　距离约束

下面介绍利用部件间表达式完成距离的输入：

- ❑ 单击距离输入栏内右侧设计逻辑按钮。
- ❑ 在弹出菜单中选择“公式”，系统打开表达式对话框。
- ❑ 在表达式对话框内单击“创建部件间引用”按钮。
- ❑ 在选择部件对话框中选择 pullspring 部件，OK。
- ❑ 在表达式列表中选择“R=4”，OK。此时在公式输入栏内显示一个表达式“pullspring::R”（NX 利用两个冒号来表达部件间表达式的引用）。
- ❑ 输入一个“+”，同理，在其后引用另外一个部件间表达式“pullspring::h”。
- ❑ 因为距离需要取相反的方向，所以在前面加“−”。最终表达式为：（pullspring::R+pullspring::h）。
- ❑ 单击按钮，接受表达式，OK，退出表达式对话框。
- ❑ 单击“预览”，结果如图 7.75 所示。单击“Apply”，完成弹簧的配对约束。

（4）定义弹簧的变形量：单击 OK，系统弹出图 7.76 所示的“变形参数”对话框，输入长度=18，按回车键，OK。弹簧执行变形，并匹配到另一个安装孔上，如图 7.77 所示。

（5）重复步骤（2）～（4），装配另一侧的弹簧，距离表达式为“pullspring::R+pullspring::h”并设置变形量为 22。

（6）替换所有组件的引用集为“MODEL”，完成结果如图 7.70 所示。

图 7.75　完成弹簧装配

图 7.76　“变形参数”对话框

图 7.77　完成变形的组件

7.6　装配的应用

前面通过整个发动机的装配实践过程介绍了 NX 装配建模的一般方法。当装配完成之后，可以进行很多应用。本节将介绍装配间隙分析、装配爆炸等一般常用的方法。

7.6.1　装配间隙分析

学习目标

- 学习装配干涉检查的基本方法。
- 通过间隙分析进行组件的修改。

下面通过实例来说明装配间隙分析的一般方法和步骤。

相关知识

装配间隙分析功能用来检查装配组件之间的干涉情况，有两种方法可以检查装配间隙：

- 【装配】/【组件】/【间隙分析】：这是查看组件之间干涉关系的一种方式。
- 【分析】/【装配间隙】：此方式可以设置间隙条件、创建检查组件列表以及创建干涉体等，是详细的间隙分析方式。

操作步骤

1．查看装配干涉关系

（1）打开发动机机架子装配 Base_assm_nobolt，为了方便观察，编辑所有装配组件对象显示为透明状态。

（2）选择【装配】/【组件】/【间隙分析】命令，选择曲轴箱、汽缸和油箱组件，OK，得到如图 7.78 所示的分析结果，干涉类型见图 7.84 右侧的表格。通过观察可以发现：汽缸和前侧曲轴箱、前侧曲轴箱和油缸之间存在硬干涉，必须进行修复。

2．进一步的装配间隙分析

（1）选择【分析】/【装配间隙】/【间隙集】/【新建】命令，系统打开图 7.79 所示【间隙属性】定义对话框，设置如下：

干涉类型	说　明	图　示
	软干涉（Soft Interference）：一个对象插入另一个对象的间隙，没有任何接触	
	硬干涉（Hard Interference）：两个对象彼此相交，存在 3D 干涉	
	接触干涉（Touching Interference）：两个对象接触，但是相互之间没有干涉	

图 7.78　间隙分析结果和干涉类型说明

- 设置列表 1 的对象方式为“类选择”，“编辑”选中两个曲轴箱、汽缸和油箱。
- 选择“干涉几何体”选项卡：选中“保存干涉实体”选项，目标图层为 101。

单击“确定”之后，系统打开“间隙浏览器”面板，如图 7.80 所示。

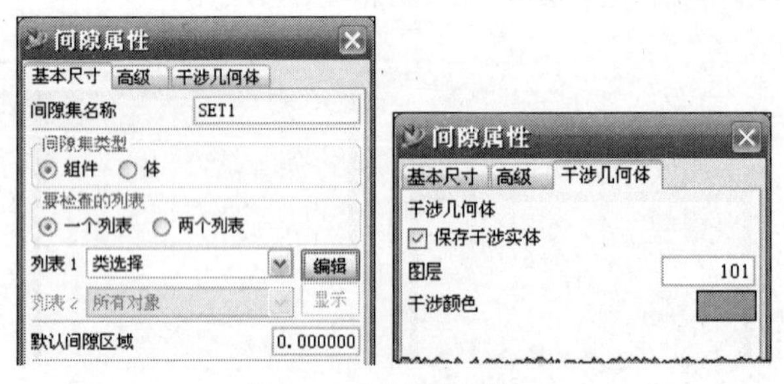

图 7.79　定义间隙属性

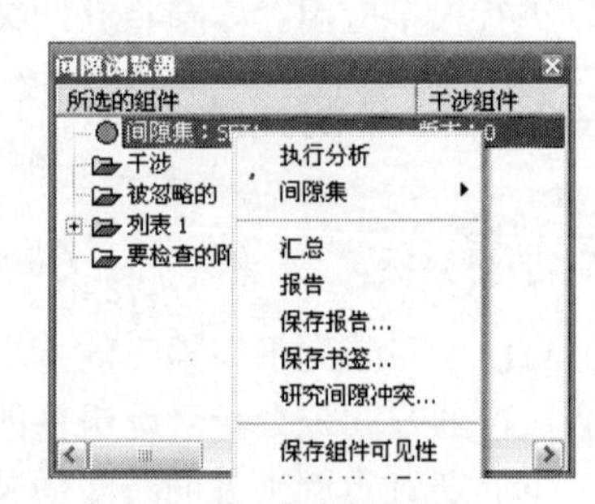

图 7.80　间隙浏览器

（2）MB3 单击间隙集“SET1”，在弹出菜单中选择“执行分析”，系统通过计算得到干涉条件，如图 7.81 所示。

（3）分别双击间隙浏览器中的两组硬干涉，分析干涉情况，测量两个干涉体的宽度，如图 7.82 和图 7.83 所示。

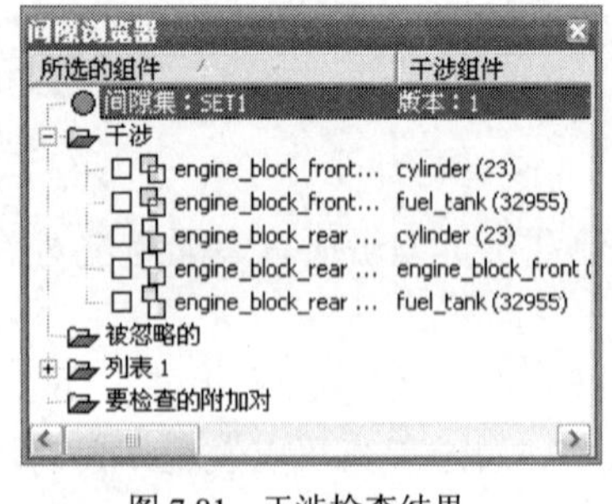

图 7.81　干涉检查结果

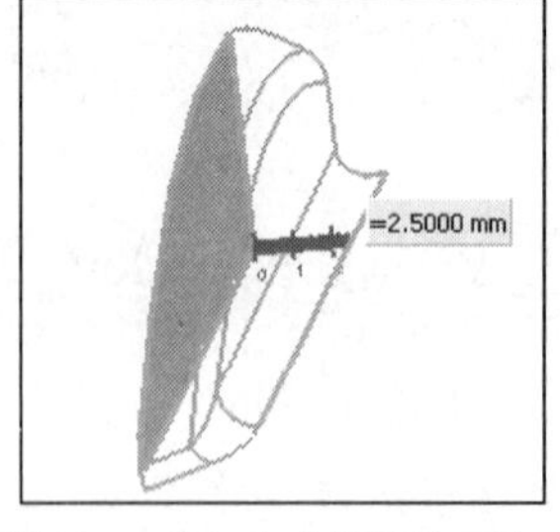

图 7.82　汽缸和曲轴箱的干涉

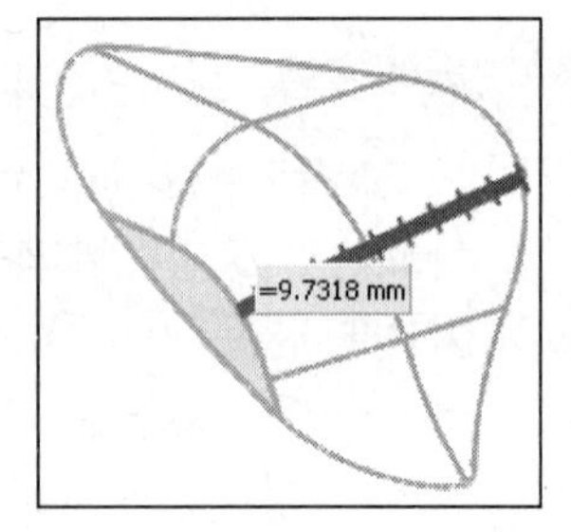

图 7.83　曲轴箱和油缸的干涉

3. 修复装配干涉

（1）修复汽缸和曲轴箱之间的干涉：使前侧曲轴箱成为显示部件，编辑如图 7.84 所示的拉伸特征，修改草图尺寸 20 为 17.5，更新模型。

（2）修复曲轴箱和油箱之间的干涉：使油箱 fuel_tank 成为显示部件，使 Blend（13）成为当前特征，插入一个镜像特征，如图 7.85 所示，释放所有后续特征，结果如图 7.86 所示。

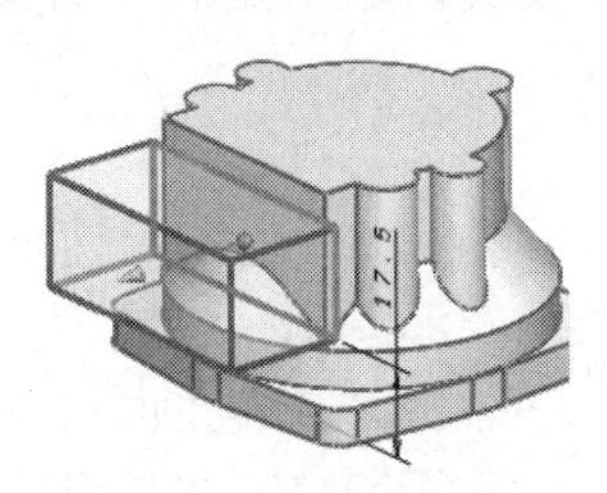

图 7.84　编辑曲轴箱零件

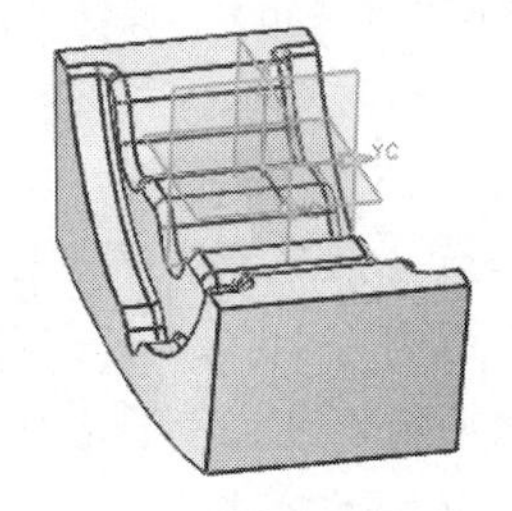

图 7.85　编辑油箱零件

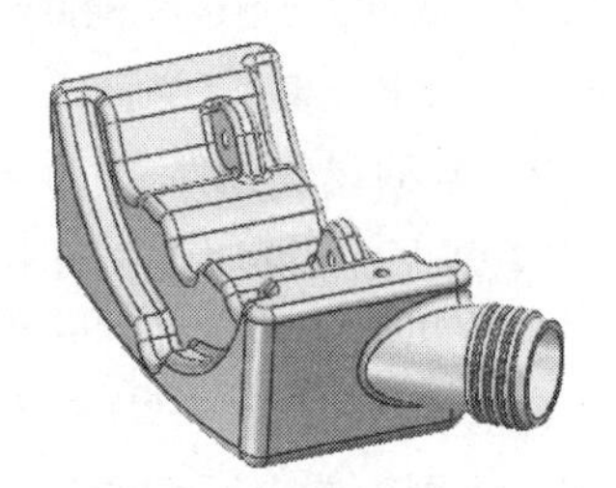

图 7.86　完成编辑的曲轴箱

（3）使机架子装配成为工作部件，在间隙浏览器中用 MB3 单击间隙集“SET1”，在弹出菜单中选择“执行分析”，查看浏览器干涉条件的变化，如图 7.87 所示。

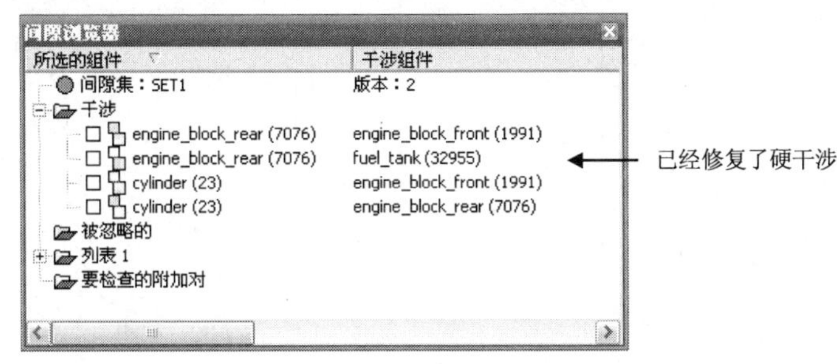

图 7.87　间隙浏览器

7.6.2　装配爆炸

学习目标

- 掌握两种常用组件爆炸的方法。
- 装配爆炸视图的基本应用。

相关知识

装配爆炸的目的是为了能够更清楚地表达装配组件之间的相互关系。装配爆炸视图仅仅是一种视图表达方式，实际组件并没有真正离开它们原来的位置。

在菜单【装配】/【爆炸视图】中可以找到这些工具，也可以通过【装配】工具条激活【爆炸视图】工具。编辑组件爆炸的方法有两种：自动爆炸组件和手动爆炸组件。

操作步骤

1．准备爆炸

（1）打开发动机装配 Engine_assm，替换视图为“正等轴测视图”。

（2）单击【装配】工具条中的“爆炸视图”按钮，系统会开启【爆炸视图】工具条。

（3）在【爆炸视图】工具条中选择创建爆炸视图按钮，输入爆炸视图的名称或接受默认名称，OK。

爆炸视图创建后，组件位置并没有发生变化，需要使用编辑组件爆炸或自动爆炸组件的方法来获得预期爆炸效果。

2．自动爆炸组件

（1）单击自动爆炸组件按钮→选择点火塞、汽缸锁紧螺钉、曲轴箱锁紧螺钉、两个轴承、飞轮和锁紧棘轮部件→输入爆炸距离为 100，OK。其结果如图 7.88 所示。

（2）由于点活塞、飞轮和锁紧棘轮组件在当前视图中有重叠现象，所以重复上面的操作步骤，分别设置点活塞的自动爆炸距离为 60；棘轮组件的自动爆炸距离为 220. 飞轮组件的自动爆炸距离为 150，结果如图 7.89 所示。

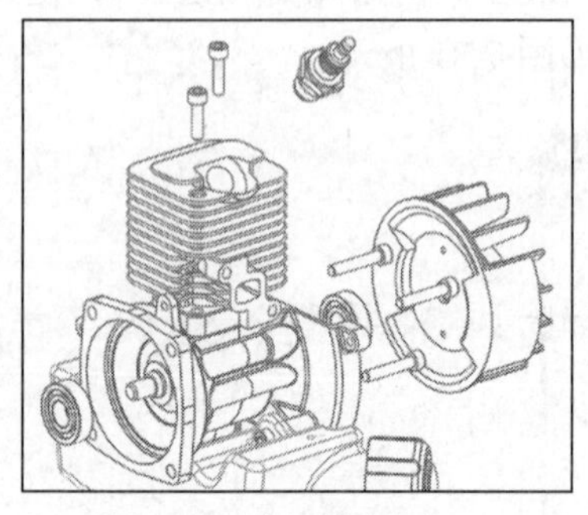

图 7.88　自动爆炸组件

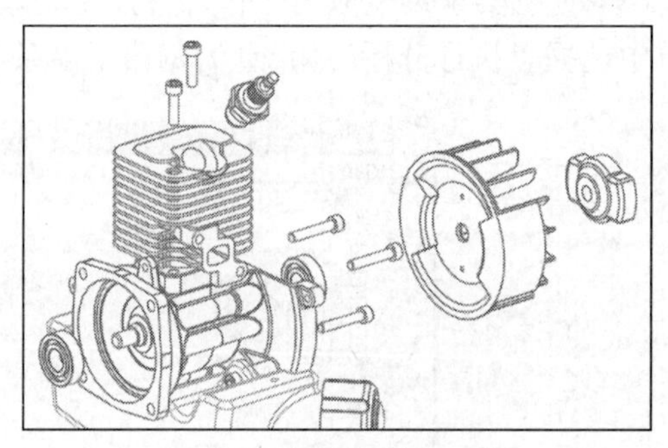

图 7.89　编辑自动爆炸组件

自动爆炸组件是基于配对条件建立的，组件根据配对的类型移动到一个给定的偏置距离，此选项对于未配对组件没有影响。

3．手动爆炸组件

（1）单击编辑组件爆炸按钮→在选择对象步骤：选择汽缸、点活塞和两个锁紧螺钉→单击 MB2→在移动对象步骤：选择动态坐标系的 Z 轴，输入距离为 60（或者按住并拖动 Z 轴手柄至 60 的距离），确定对话框，如图 7.90 所示。

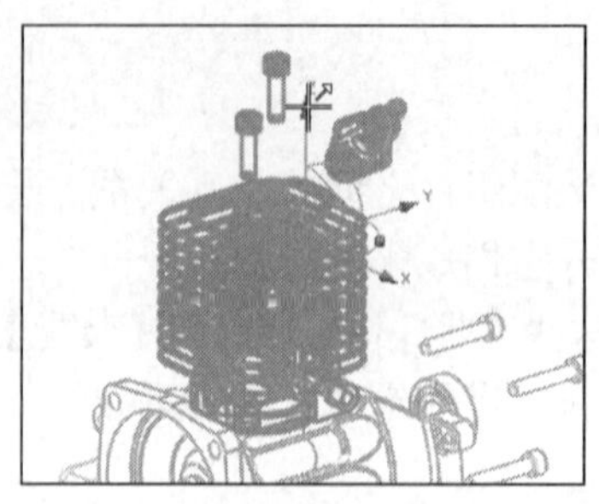

（a）选择爆炸组件

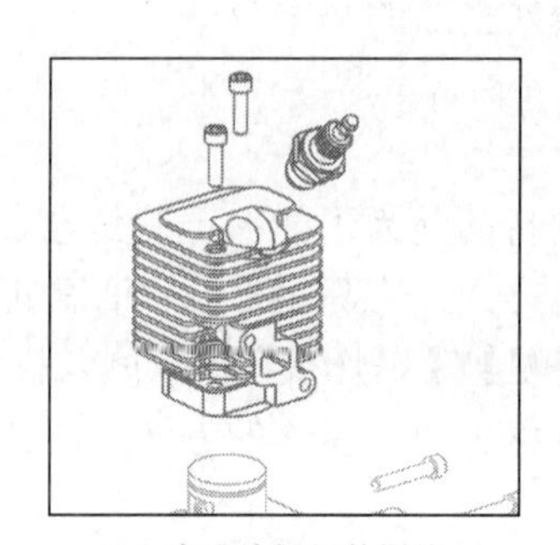

（b）完成编辑组件爆炸

图 7.90　编辑组件爆炸

（2）选择后侧曲轴箱、三个曲轴箱锁紧螺钉、飞轮和锁紧棘轮，选择沿轴向移动手柄，输入或拖动距离为 150，结果如图 7.91 所示。

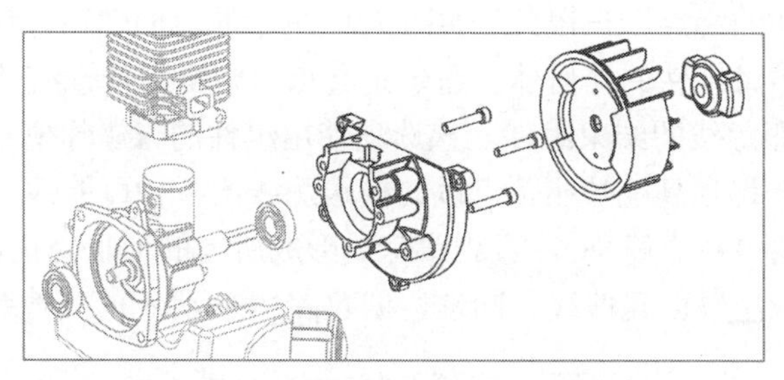

图 7.91　编辑后侧曲轴箱组件爆炸

（3）选择前侧曲轴箱，选择沿轴向移动手柄，输入距离为“−140”，结果如图 7.92 所示。

（4）同理，编辑组件汽缸、点活塞、两个锁紧螺钉、活塞子装配的爆炸距离为沿 Z 轴 80，编辑活塞子装配，沿 Z 轴的移动距离为 40，如图 7.93 所示。

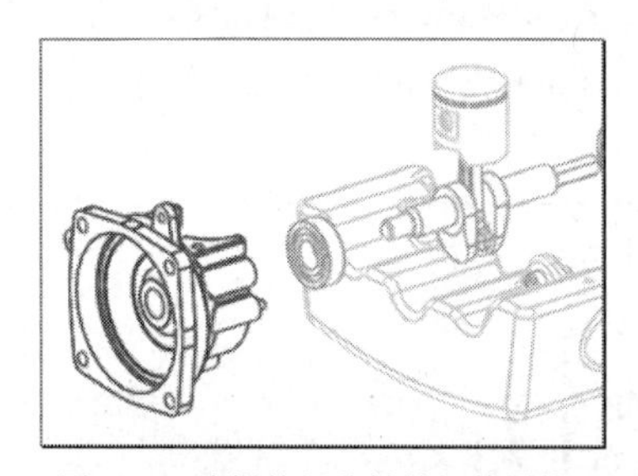

图 7.92　编辑前侧曲轴箱组件爆炸

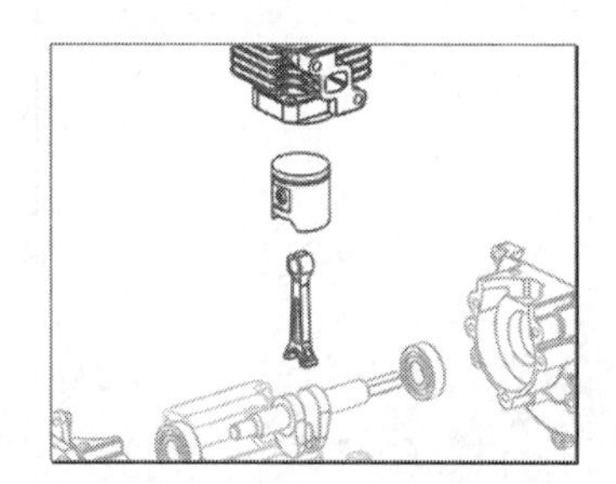

图 7.93　编辑活塞子装配爆炸

（5）同理，完成其他组件的爆炸编辑，结果如图 7.94 所示。

4. 创建装配跟踪线

在爆炸视图中，可以为指定的组件创建跟踪线，用于显示组件装配路径。要打开跟踪线工具，单击【爆炸视图】工具条上的按钮（创建跟踪线）。

（1）选择创建跟踪线命令，打开创建跟踪线对话框。

（2）单击“跟踪线的起点”按钮：如图 7.95 所示的螺钉的底面中心。

图 7.94　完成的爆炸视图

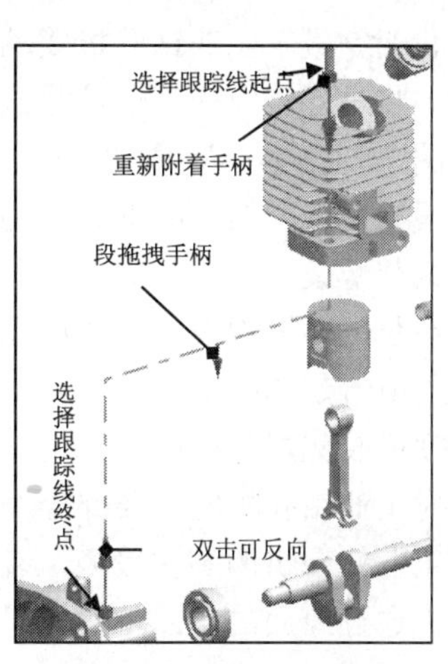

图 7.95　创建装配跟踪线

（3）单击“跟踪线的终点”按钮⌐，如图 7.95 所示的前曲轴箱螺纹孔的顶边圆心。

（4）如果跟踪线结束组件的几何体不适于定义点，则可选择该组件自身。设置该选择步骤为组件，并选择跟踪线的结束组件。该选项使用组件的未爆炸位置来定位。

（5）如果备选解选项高亮显示，可以切换跟踪线的各种可能性。也可以选择任一段拖动手柄（跟踪线段中的绿色小箭头），直到跟踪线形成所需的形状为止。

（6）选择确定或应用以创建曲线。同理，创建图 7.96 所示的其他装配跟踪线。

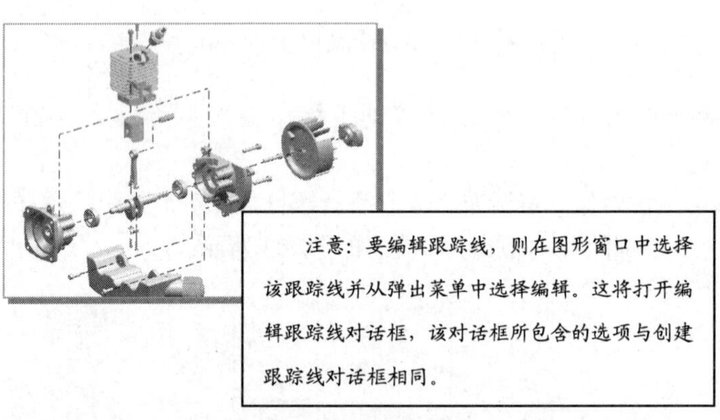

注意：要编辑跟踪线，则在图形窗口中选择该跟踪线并从弹出菜单中选择编辑。这将打开编辑跟踪线对话框，该对话框所包含的选项与创建跟踪线对话框相同。

图 7.96　其他装配跟踪线

7.7　进阶应用项目实践

学习目标

- 复习两种常用的装配建模方法。
- 通过项目训练掌握复杂产品装配建模的方法与技巧。

任务分析

前面我们完成了工业钻孔机发动机的装配建模，在本节中，将进一步完成工业钻孔机的总体装配，装配结果如图 7.97 所示。完成如下的设计任务：

- 根据图中所指示的部分，利用子装配方法完成装配设计。
- 在装配环境中设计工业钻孔机的“导线”（通过所给定的孔）。
- 完成装配爆炸视图。
- 对工业钻孔机的主要部分执行间隙分析，检查装配的干涉情况。

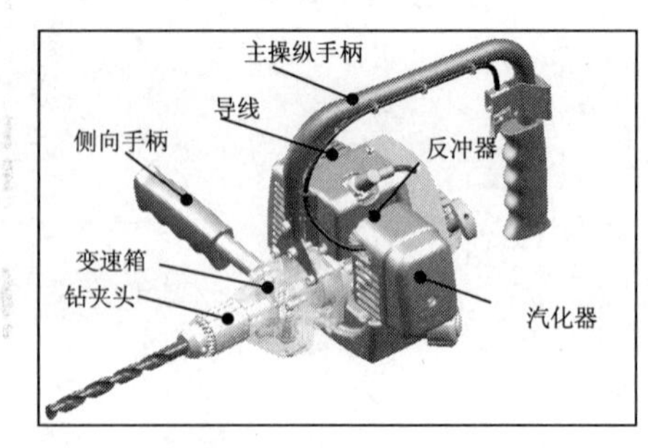

图 7.97　工业钻孔机的总装配

由于工业钻孔机的零件较多，装配较为复杂，为使装配过程简化，建议使用子装配功能进行设计。通过前面的实践，我们了解到在装配部件中，子装配是作为一个整体进行装配的（相对于一个零件）。

在设计导线时，需要使用“WAVE 几何连接器”连接“导线”所经过孔的中心点到一个新建的组件之中，并使用样条曲线连接这些点。然后利用“管道（Tube）”功能完成导线的建模（导线外孔直径为 5，内孔直径为 1）。

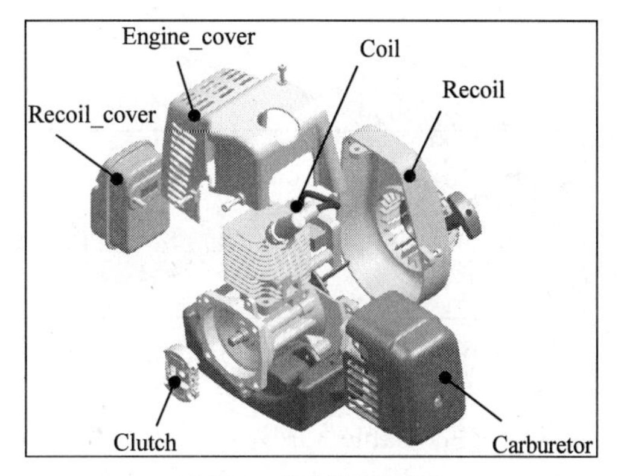

图 7.98　发动机的总装配

操作步骤

1. 进一步完成发动机的装配

完成图 7.98 所示的发动机的装配。

在完成此装配之前，应该首先创建如下子装配：

（1）建立图 7.99 所示的反冲器（Recoil）的子装配。

（2）建立图 7.100 所示的汽化器（Carburetor）的子装配。

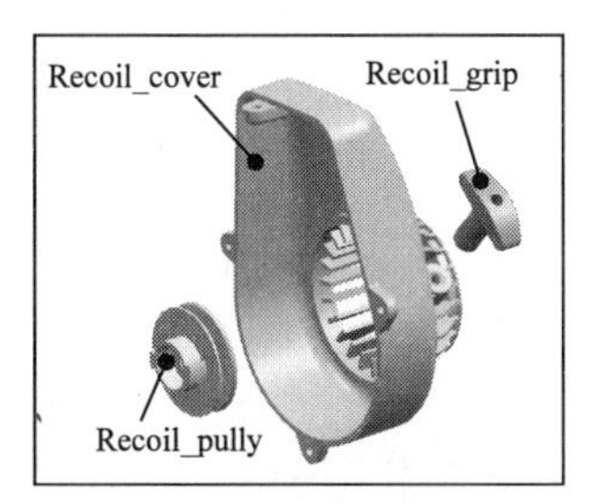

图 7.99　反冲器的子装配

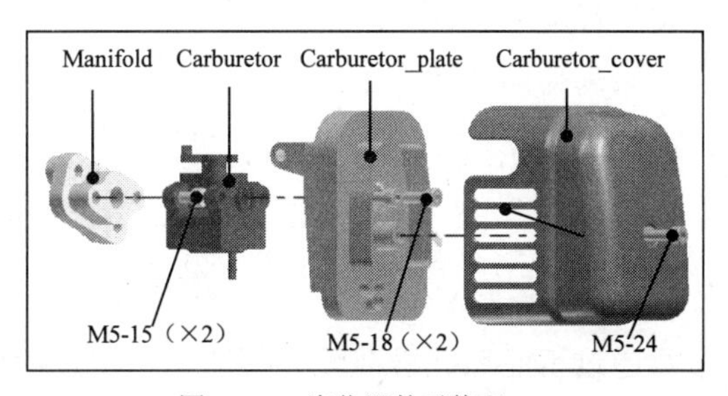

图 7.100　汽化器的子装配

（3）完成发动机的整体装配。

2. 齿轮箱的子装配

建立图 7.101 所示的齿轮箱的子装配。

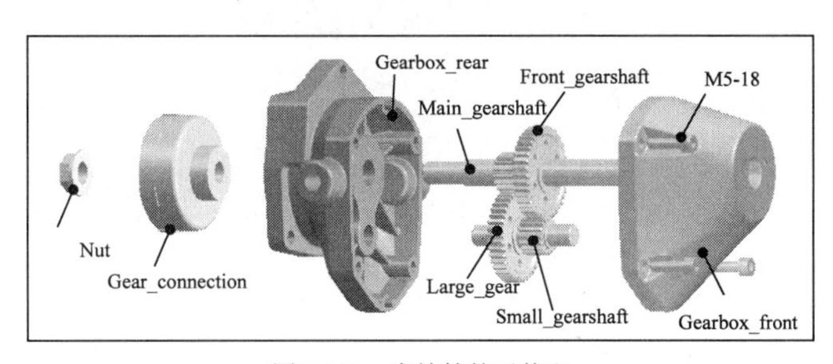

图 7.101　齿轮箱的子装配

3. 钻夹头部分的子装配

建立图 7.102 所示的钻夹头部分的子装配。

4. 操纵手柄的子装配

建立图 7.103 所示的操纵手柄的子装配。

5. 在装配环境中设计导线

（1）完成工业钻孔机的总装配之后，在装配环境中创建新组件“Cable”。

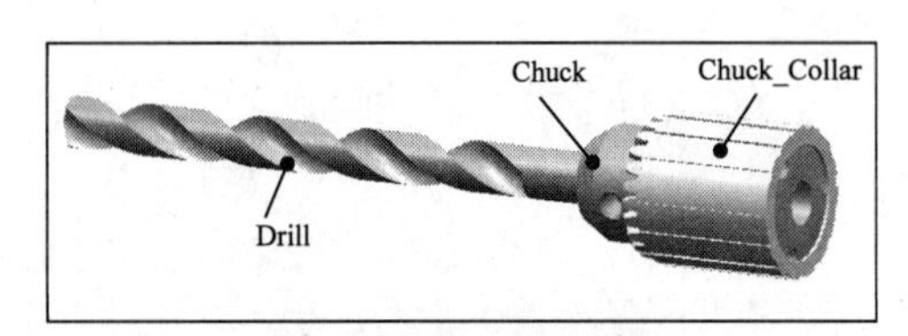

图 7.102 钻夹头部分的子装配

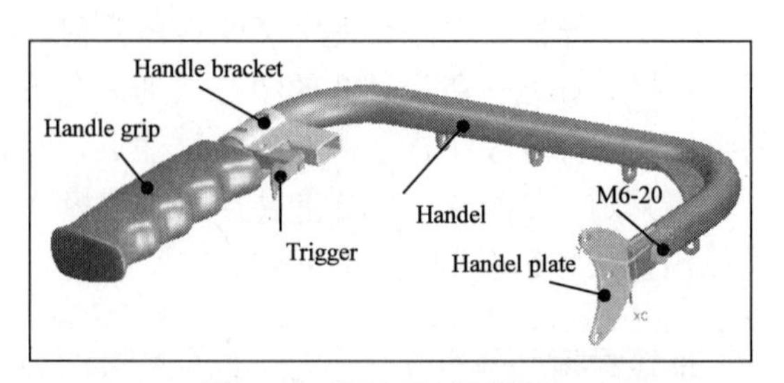

图 7.103 操纵手柄的子装配

（2）使“Cable”成为“工作部件”，利用“WAVE 几何连接器”连接导线需要经过的圆心点。

（3）在“Cable”部件中创建艺术样条并控制各点的切向。

（4）利用样条曲线生成“管道”特征。

6. 思考题

在装配环境中设计发动机外罩，连接其他组件装配部分的关联几何数据，结果如图 7.104 所示。

图 7.104 发动机外罩

7.8 本 章 小 结

本章通过工业钻孔机装配建模的综合实践应用项目，向读者详细介绍了 UG NX 装配应用环境的基本功能和创建装配的一般方法。通过本章的学习，读者应该正确区分“自下而上”和“自上而下”两种装配建模方法的应用场合，并在实际应用过程中灵活选用。正确理解主模型方法在产品开发过程中的应用，并了解利用装配模型进行产品设计分析的基本方法。

7.9 思考与练习

1. 为什么要使用引用集？系统缺省的引用集有哪些？
2. 说明自底向上的装配、自顶向下的装配、混合装配、主模型这几个名词的含义？
3. 工作部件和显示部件有什么区别？
4. UG NX 提供了哪些关联约束类型，它们的用法是什么？
5. 如何创建一个装配爆炸视图？
6. 组件阵列的类型有哪几种，它们的用法是什么？
7. 何为可变形组件？如何在装配中添加可变形组件？

第 8 章　工程制图基础与项目实践

本章通过典型范例和应用项目主要介绍 NX4 工程制图模块，包括工程图纸参数设置、图纸布局、视图生成、尺寸标注、符号标注、工程制图模板的创建和应用方法等内容。

【教学目标】通过本章的学习，能够根据已有的 3D 模型快速创建符合制图标准的工程图纸。

【知识要点】本章主要包括以下几个知识要点：

- ❑ 创建和使用制图模板；
- ❑ 制图标准的预设置；
- ❑ 视图的生成与管理；
- ❑ 制图符号的插入；
- ❑ 制图标注；
- ❑ 装配制图与零件明细表。

8.1 概　　述

UG NX 制图应用环境，基于建模环境中生成的 3D 模型，建立和维护各种 2D 工程图。在制图应用中，建立的制图与 3D 模型完全相关，对模型所做的任何改变自动地反映在工程图中。

应用 NX 工程制图的方法一般有以下两种。

1．使用部件自包含的方式进行制图

在主模型部件文件中，启动制图应用环境并开始制图，制图包含在部件文件之中。

2．使用主模型方法进行制图

制作一个制图模板文件，在需要进行制图时，应用此模板文件，将主模型部件装载到模板文件中，然后自动启动制图进程。这种方法称为“主模型”方法。

8.2 创建与应用图纸模板

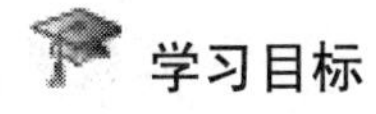

学习目标

📖 学习如何创建图纸模板并应用模板创建工程图纸。

- 学习如何进行制图参数（注释、视图、剖切线和视图标签）的预设置。
- 学习图纸的标准图框和标题栏的作法。
- 学习如何在图纸模板中预置各种视图。
- 学习创建基本三视图的方法（基本视图和投影视图）。

任务分析

创建公制 A3 的图纸模板，并应用此模板创建工程图纸。图纸模板的图框和标题栏如图 8.1 所示。

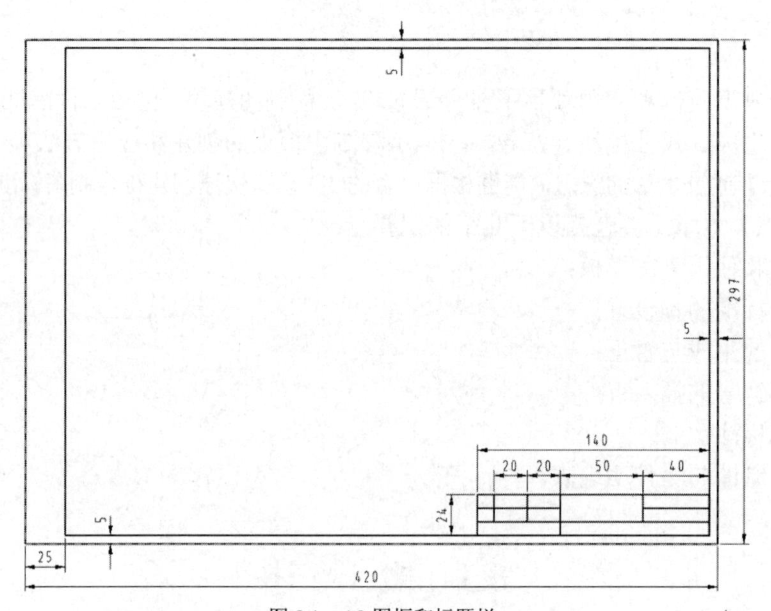

图 8.1　A3 图框和标题栏

图纸模板功能允许用户访问一个制图格式模板库。图纸模板不但可以包括图框和标题栏，而且可以包括预定义的视图和制图标准设置。使用图纸模板进行制图一般会创建一个装配部件文件，主模型文件作为其组件。这种图纸模板称为“非主模型图纸模板”。

创建和应用非主模型图纸模板的一般过程为：

（1）创建一个新的部件文件。

（2）在制图环境插入图纸并进行制图参数预设置。

（3）绘制图框和制作标题栏。

（4）创建一个参考实体，预定义需要的标准视图。

（5）将保存的部件以“非主模型制图模板”的方式置于资源条中。

（6）打开一个需要制图的主模型文件。

（7）单击图纸模板图标或将其拖放到图形窗口中启动制图进程。

操作步骤

1. 启动制图环境

（1）创建一个新的公制文件 GB_A3。

（2）选择【起始】/【制图】命令，系统进入制图应用环境。如果是第一次进入制图环境，系统会显示对话框来提示用户插入一张图纸，如图 8.2 所示。

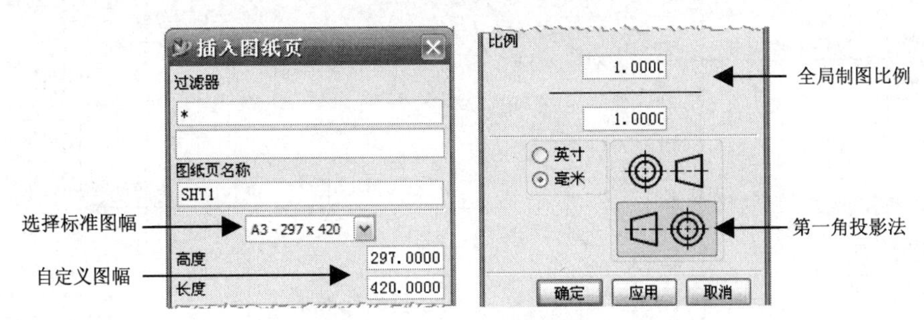

图 8.2　插入图纸对话框

2．插入一张标准图纸

在“插入图纸页”对话框中进行图 8.2 所示的设定，然后单击“OK”以插入图纸。系统会在图形窗口以“虚线”显示图纸界限，并且在左下角显示当前图纸的名称 SHT1 (DWG) WORK。

3．设置图纸的可视化效果

（1）打开部件导航器，在“Drawing”节点上单击 MB3，在弹出菜单中关闭“栅格”选项，打开“单色”选项，如图 8.3 所示。

部件导航器包含制图节点 Drawing，在此节点的下一层是图纸（Sheet）节点（一个部件文件可以包含多张图纸），在图纸节点的下一层是视图（View）节点。在不同节点上单击 MB3 可以打开不同的快捷菜单，这些弹出菜单提供一些常用的工具快捷项。另外，图纸节点和视图节点支持复制与粘贴操作。

（2）选择【首选项】/【可视化】命令→选择“颜色设置”选项卡→在“图纸部件设置分栏”内设定以下选项：设置背景色为“白色”，打开“显示宽度”选项，如图 8.4 所示。

4．注释首选项

制图过程中，遵循某种制图标准（如 GB）是必要的，NX 提供了“制图首选项”工具条，如图 8.5 所示，也可以通过【首选项】下拉菜单找到这些命令。

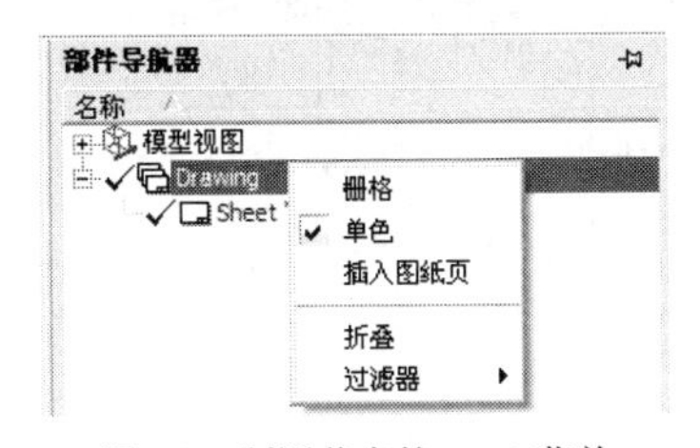

图 8.3　制图节点的 MB3 菜单

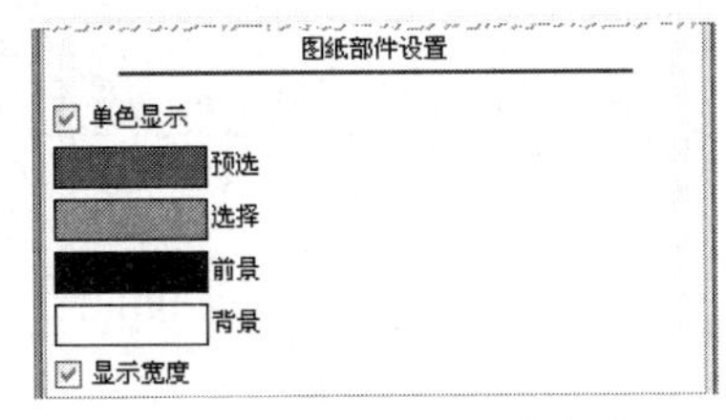

图 8.4　制图的可视化首选项

图 8.5　“制图首选项”工具条

（1）注释首选项—单位：在“注释首选项”对话框中打开“单位”选项卡，此选项用于设置各种类型尺寸单位等参数。按图 8.6 所示完成设置。

（2）注释首选项—尺寸：在“注释首选项”对话框中打开“尺寸”选项卡，此选项用于设置制图尺寸的放置方法、尺寸精度、公差以及倒角尺寸等参数。按图 8.7 所示完成设置。

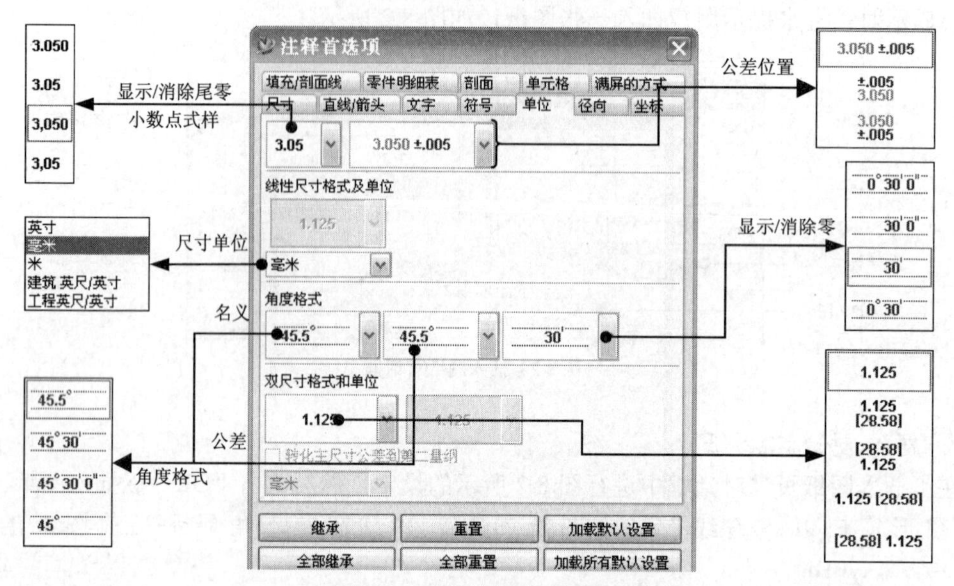

图 8.6 注释首选项—单位

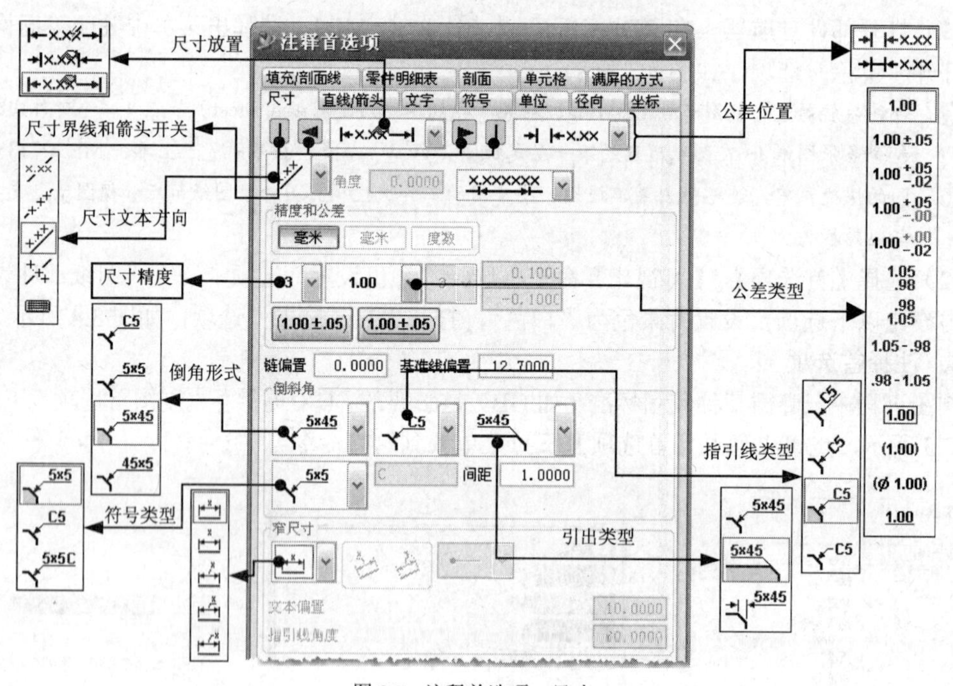

图 8.7 注释首选项—尺寸

（3）注释首选项—直线/箭头：在“注释首选项”对话框中打开“直线/箭头”选项卡，此选项用于设置尺寸界线和箭头的显示式样以及大小等参数。按图 8.8 所示完成设置。

（4）注释首选项—文字：在“注释首选项”对话框中打开“文字”选项卡，此选项可以对尺寸、附加文本、公差和一般文本进行单独设置，也可以使用“应用于所有文字类型”对所有类型的文本采用相同的设置。按图 8.9 所示完成设置。

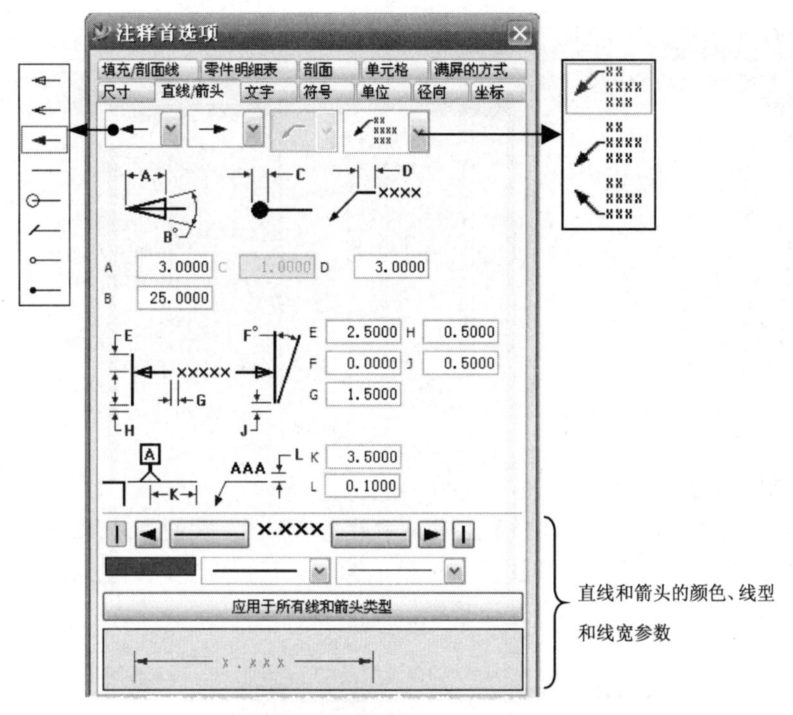

图 8.8　注释首选项—直线/箭头

图 8.9　注释首选项—文字

此处所使用的字体“chinesef_fs”在配套素材中，将其复制到“\UGII\ ugfonts\”目录下。本例尺寸、附加文本和一般文本使用同样的设置，公差文本的字符大小改为 2。

（5）注释首选项—径向：用于设置直径和半径尺寸样式，在“注释首选项”对话框中打开“径向”选项卡，按图 8.10 所示完成设置。

（6）注释首选项—单元格：在“注释首选项”对话框中打开“单元格”选项卡，设置单元格文本的对齐方式为“中—中”，按图 8.11 所示完成设置。

（7）关于“注释首选项”对话框中的其他选项卡，请读者自行打开查看或接受系统默认设置。

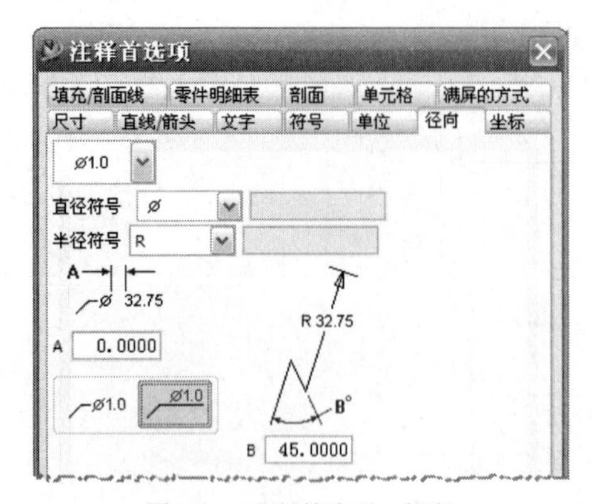

图 8.10 注释首选项—径向

图 8.11 注释首选项—单元格

5. 其他制图首选项设置

（1）视图样式：在【制图首选项】工具条中单击“视图”按钮，系统打开图 8.12 所示的对话框。在此对话框中可以对视图的各种显示选项进行预设置，如隐藏线、光顺边等。本例关闭“光顺边”选项，其他接受默认设置。

图 8.12 “视图首选项”对话框

（2）剖切线样式：在【制图首选项】工具条中单击“剖切线”按钮，系统打开图 8.13 所示的对话框。在此对话框中可以对剖视图的剖切线显示属性进行设置，本例将剖切线显示设置为 GB 标准。

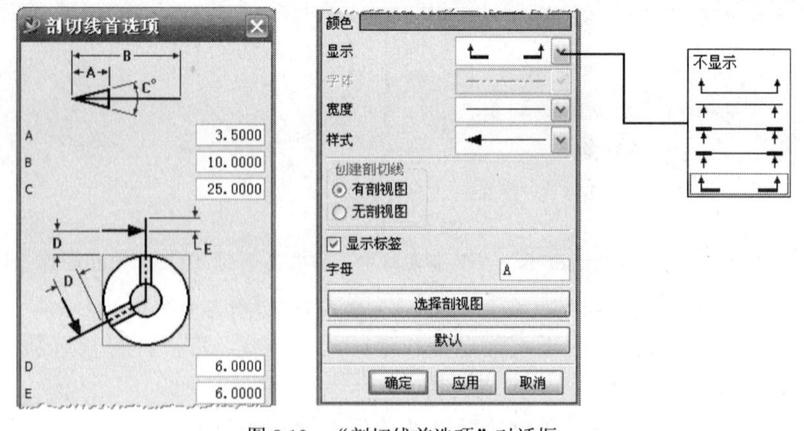

图 8.13 “剖切线首选项”对话框

“剖切线首选项”功能也可以用来编辑已完成的剖切线的式样。

（3）视图标签样式：在【制图首选项】工具条中单击“视图标签”按钮，系统打开

图 8.14 所示的对话框。在此对话框中可以对剖视图、细节视图和其他视图的标签进行设置。

6. 绘制图框

选择菜单【插入】/【曲线】/【矩形】命令→输入“顶点 1”的坐标为（0，0）→OK，输入“顶点 2”的坐标为（420，297）→OK，完成矩形的绘制。

同理，绘制另外一个矩形，两个顶点的坐标分别为：(25，5)，(415，292)。

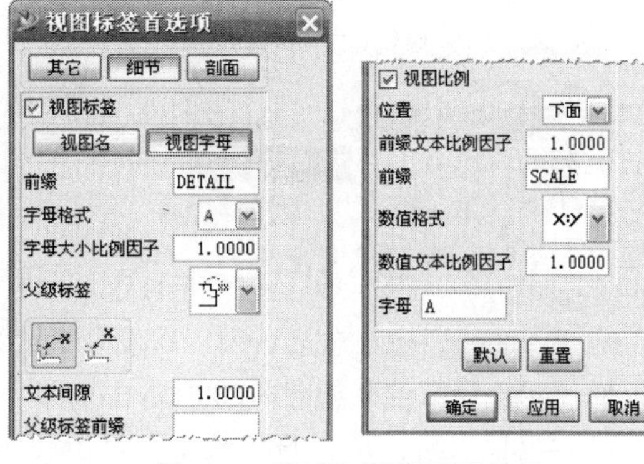

图 8.14　“细节”视图标签首选项

7. 制作图纸标题栏

本例将使用 NX 的制图表格功能制作标题栏，另外的方法是使用曲线或草图方式绘制。

（1）单击【表格与明细表】工具条中的“表格注释”按钮，然后在图框区域内的任意一点放置表格。NX 默认的是“5×5”的表格。

（2）将光标置于底行靠近左侧边缘处，当预览选中整行时，按住 MB1 并向上拖动以选择两行→释放 MB1→MB3 单击选中表格，在弹出菜单中选择“删除”，如图 8.15 所示。

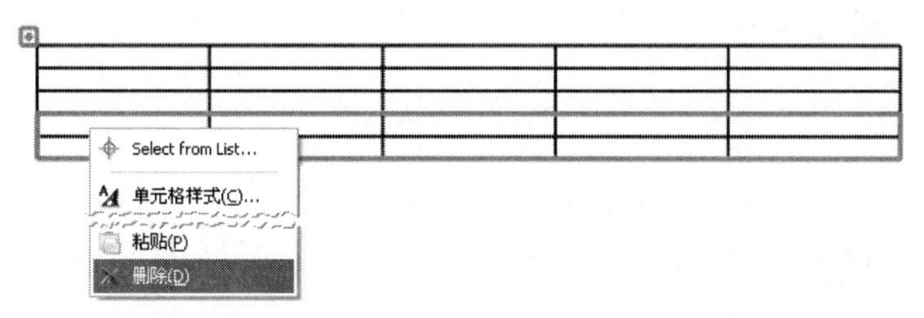

图 8.15　删除表格“行”

（3）合并单元格：拖动光标选中最下面一行左侧的三个单元格→单击 MB3→“合并单元格”，结果如图 8.16 所示。同理，完成另外两处合并单元格的操作，结果如图 8.17 所示。

图 8.16　合并单元格

图 8.17　完成的表格

（4）重设表格大小：拖动选择所有行（注意不是整个表格，如果选中了整个表格，则在 MB3 弹出菜单中选择“选择→行”，如图 8.18 所示）→单击 MB3→在弹出菜单中选择“重设大小”→输入行高度为 8，按回车键确认，如图 8.19 所示。

图 8.18　表格的 MB3 菜单

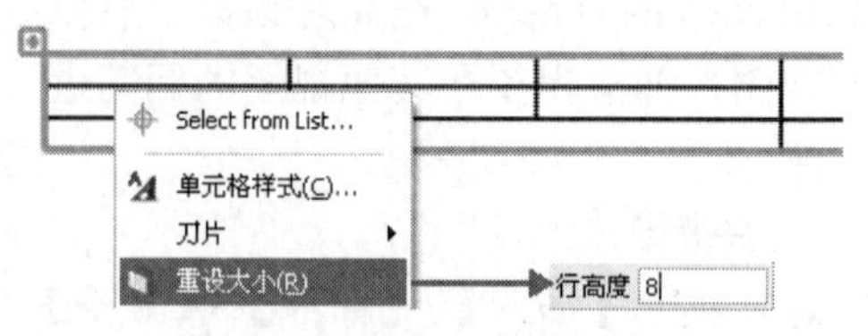

图 8.19　重设所选行的尺寸

同理，选择表格左边第一列，重设列宽度为 10。设置第二列到第五列的宽度分别为 20，20，50，40，完成结果如图 8.20 所示。

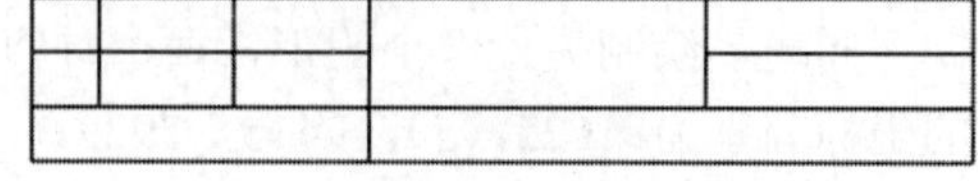

图 8.20　重设表格大小

（5）定位表格：选择整个表格→单击 MB3→选择“原点”→在“原点工具”对话框中单击“点构造器”按钮→在原点位置的下拉选项中选择→输入目标位置为（275，29）→确定所有对话框，直到表格被正确定位到图框的右下角，如图 8.21 所示。

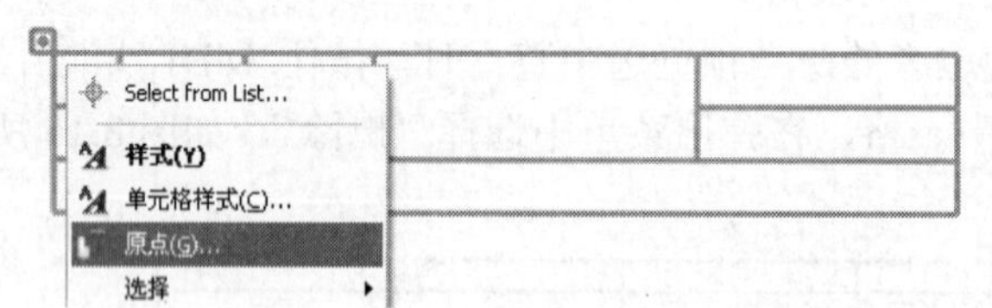

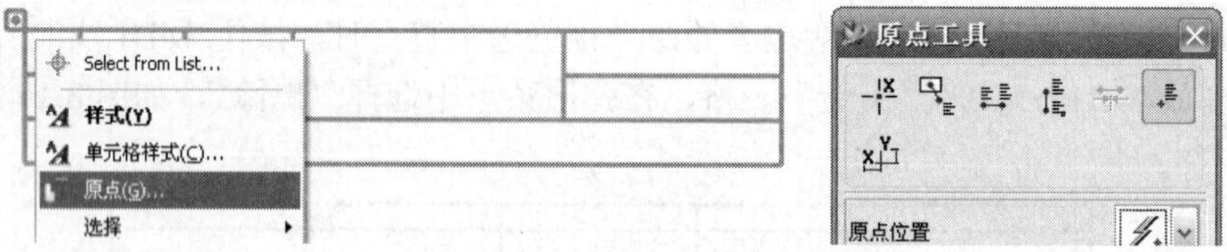

原点工具

原点位置

图 8.21　表格的原点工具

（6）填写表格：双击表格左上角的一个单元格→输入文本“制图”→按回车键，如图 8.22 所示。同理，在其他需要的单元格中输入文本，完成结果如图 8.23 所示。

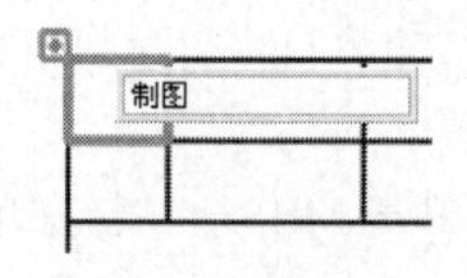

图 8.22　填写标题栏

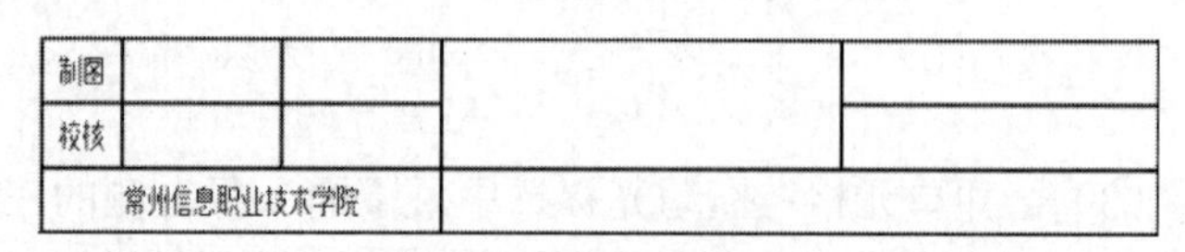

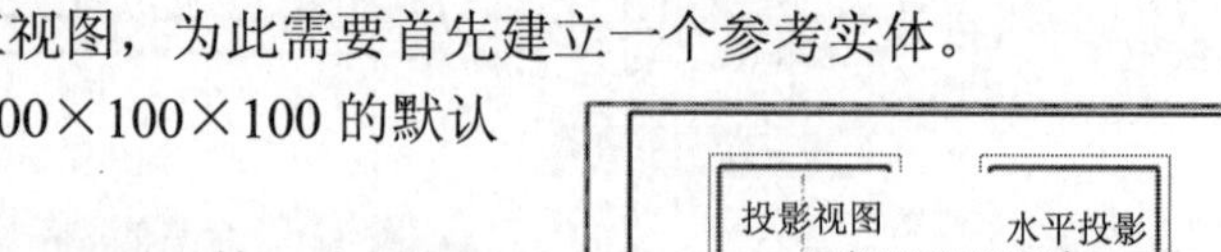

图 8.23　完成的标题栏

8. 在图纸中预置视图

（1）在制图模板中预设标准的三视图，为此需要首先建立一个参考实体。

- 启动建模环境，创建一个 100×100×100 的默认长方体。

（2）再次启动制图环境，创建图 8.24 所示的 3 个视图。

- 在【视图布局】工具条中单击“基本视图”按钮→接受默认视图（Top 视图），在图纸的左下方放置视图。完成之后系统自动切换到投影视图方式。
- 在接下来的投影视图中，捕捉俯视图正上方位置放置投影视图→单击 MB3→选择“基本视图”→选择刚刚完成的投影视图→捕捉正右方放置“左视图”。

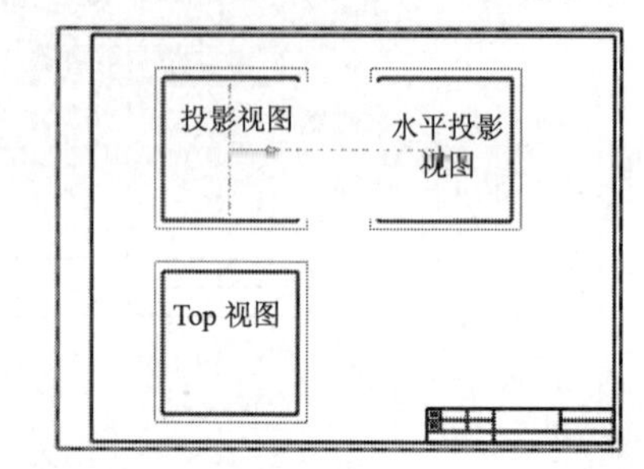

图 8.24　添加基本视图和投影视图

（3）打开部件导航器，选中并删除长方体。

9. 保存文件，并将制图模板添加到资源条中

（1）选择菜单【首选项】/【资源板】命令→单击“新建”按钮，系统创建资源模板并置于资源条中→单击编辑按钮→修改属性如图 8.25 所示→单击 OK→关闭资源板对话框。

（2）在新选项面板中添加模板：在资源条中打开新的选项面板→在背景处单击 MB3→选择“新条目”→选择“非主模型图纸模板”→浏览并打开刚刚创建的模板文件，如图 8.26 所示。

（3）编辑模板属性：在预览图上单击 MB3→在弹出菜单中选择“编辑”→修改模板名称为“A3_mm”→OK，结果如图 8.27 所示。

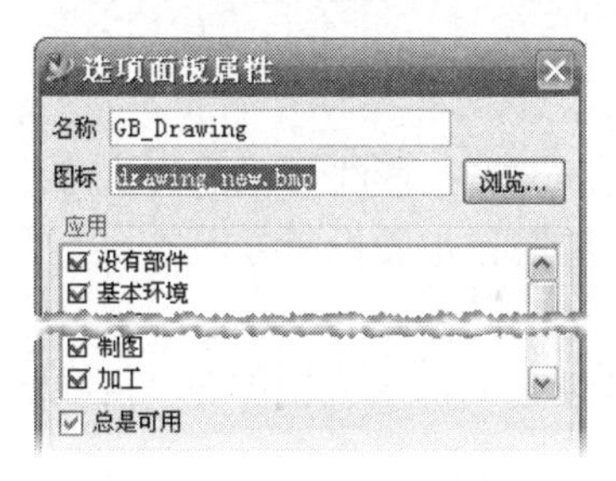

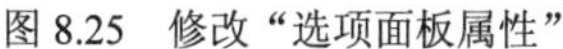
图 8.25　修改“选项面板属性”

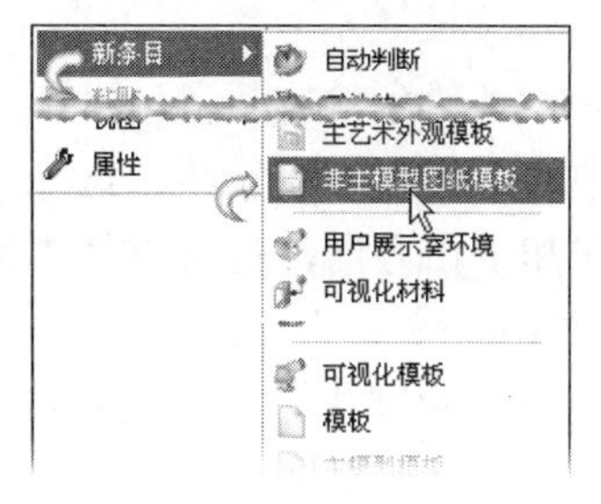

图 8.26　新建模板

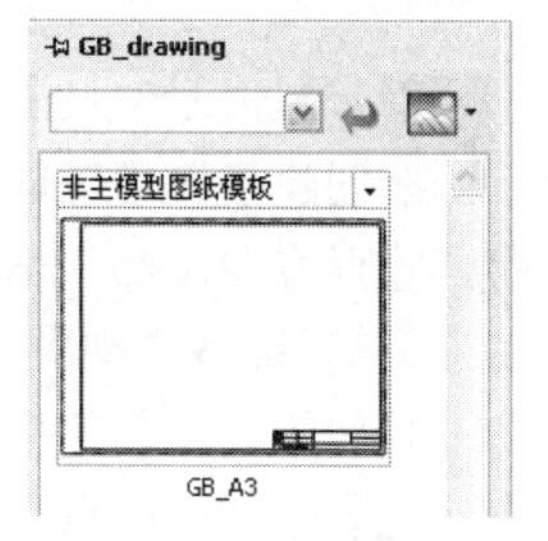

图 8.27　修改模板

10. 应用图纸模板创建图纸

打开一个主模型部件文件（如前面完成的活塞零件 Piston.prt），在资源条中将上一步完成的模板拖放到图形窗口中，检查生成的图纸。

8.3　在图纸中添加视图

学习目标

- 学习如何使用预设的制图模板创建工程图纸并自动添加三视图。
- 学习添加“向视图”的一般步骤。
- 学习添加“全剖视图”的一般步骤。
- 学习添加“半剖视图”的一般步骤。
- 学习添加“局部放大视图”的一般步骤。
- 学习如何重新定义视图边界。

相关知识

1. 添加基本视图（Base View）

基本视图（Base View）。在一张图纸中创建一个或多个基本视图，一旦放置了一个基本视图，系统自动启动投影视图模式。添加基本视图的工具栏和图形窗口中的 MB3 弹出菜单如图 8.28 所示。

基本视图一般继承模型的标准定向视图，当现有的视图定向无法满足添加基本视图的要

求时，可以使用“定向视图工具”自定义视图方位，定向视图对话框如图 8.29 所示。

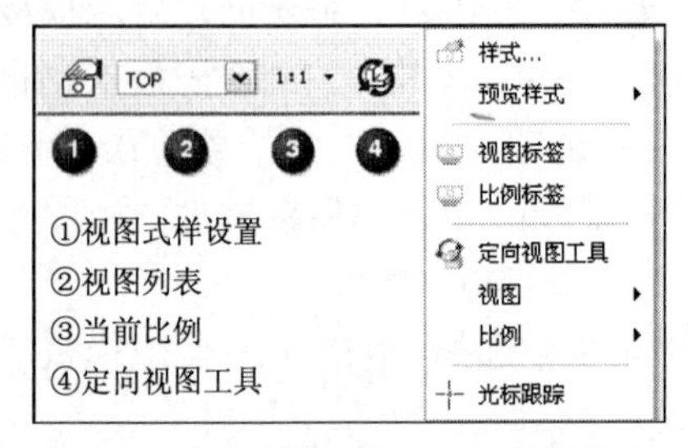

图 8.28 基本视图工具和 MB3 弹出菜单

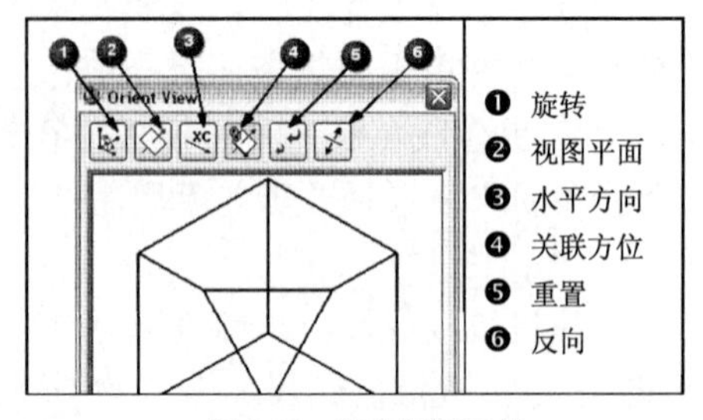

图 8.29 定向视图工具

2. 添加投影视图（Projected View）

在创建投影视图的过程中，系统显示投影线（Projection Line）。投影线可以捕捉水平方向、竖直方向、45°增量方向和平面方向，也可以使用矢量构造器自定义投影方向。

3. 局部放大视图（Detail View）

局部放大视图包括矩形边界和圆周边界两种类型。在创建局部放大视图时，需要选中父视图上的中心点，然后拉动形成一个圆或者矩形。

操作步骤

利用给定的零件，应用图纸模板创建图 8.30 所示图纸并自动添加三视图。

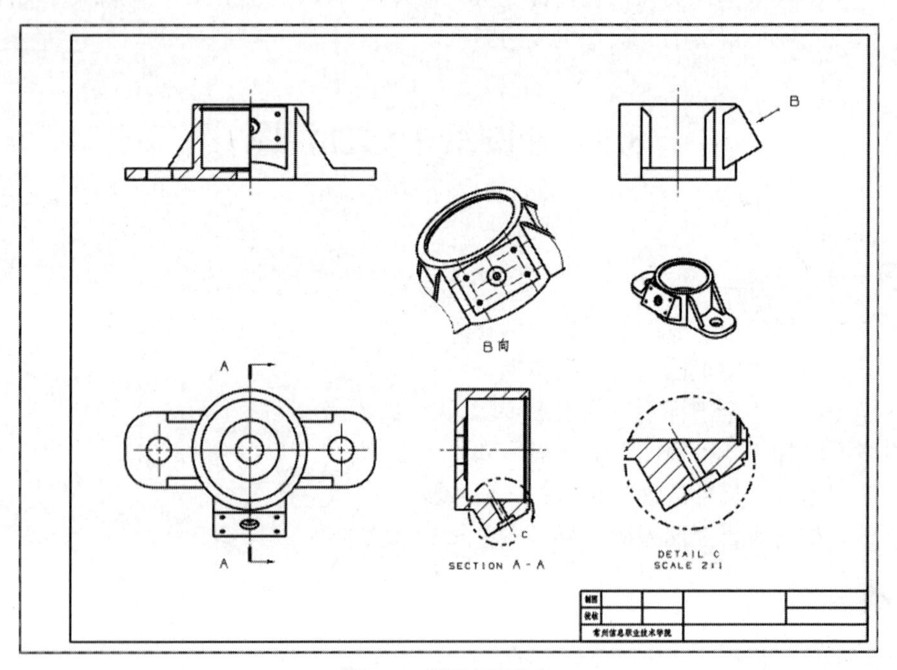

图 8.30 图纸布局样式

1. 应用制图模板创建图纸并调整视图

（1）打开部件文件 drf_view_project_drf，启动制图环境。

（2）打开资源板中 8.1 节创建的制图选项面板，单击已有的“非主模型图纸模板”图标。

系统应用此模板创建图纸，并自动添加预置的视图和部分尺寸。

（3）选择【首选项】/【制图】命令，在“视图”选项卡中取消选中“视图边界”复选框。

（4）单击【图纸布局】工具条中的“基本视图”按钮→选择“正等测视图”→MB3→比例为 1∶2，在合适的位置单击 MB1 放置视图。

（5）删除系统自动添加的所有尺寸并调整各视图的位置为图 8.31 所示的布局。

2. 添加“全剖视图”

在俯视图边界上单击 MB3→在弹出菜单中选择 添加剖视图(S)→选择大圆圆心→移动光标并确保捕获水平投影方向→在图纸合适的位置单击 MB1 放置视图，如图 8.32 所示。

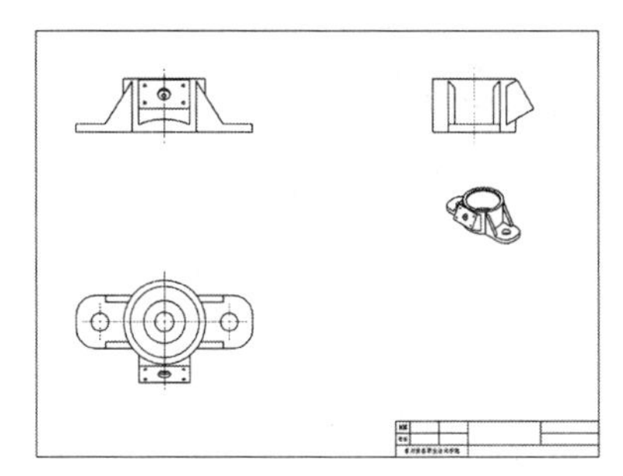

图 8.31　添加三视图

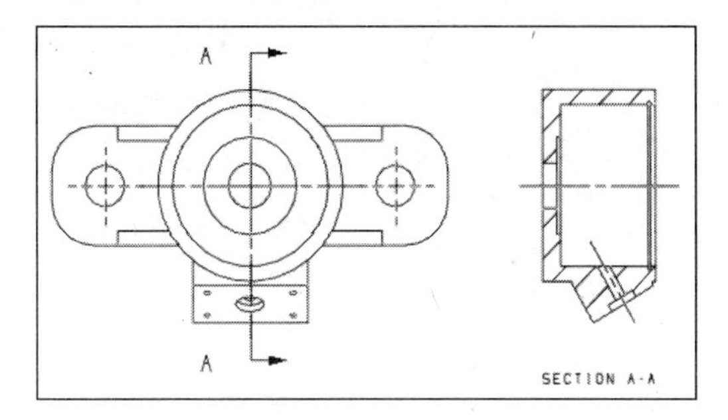

图 8.32　添加剖视图

3. 在已有的视图上添加“半剖视图”

（1）MB3 单击俯视图边界→选择 添加半剖视图(H)...→选择大圆圆心为剖切位置和折弯位置。

（2）单击 MB3→选择 剖切线样式...→设置剖切线为“不显示”→OK。

（3）移动光标并确保捕获竖直向上的投影方向→单击 MB3→选择 锁定对准。

（4）“MB3→视图方位→剖切现有视图”→选择图纸中的主视图。

4. 添加“向视图”并重定义视图边界

（1）MB3 单击“左视图”边界→选择 添加投影视图(I)→移动光标到图 8.33 所示的方位，当铰链线自动与高亮显示的斜面相关联时，单击 MB1 放置视图。

（2）重新定义视图边界：

- MB3 单击“向视图”→选择“扩展”（当选择视图边界时为“展开成员视图”）。
- 选择【插入】/【曲线】/【约束样条】命令→禁用所有捕捉点方式，利用光标位置点绘制图 8.34 所示的两条样条曲线→取消“艺术样条”对话框。

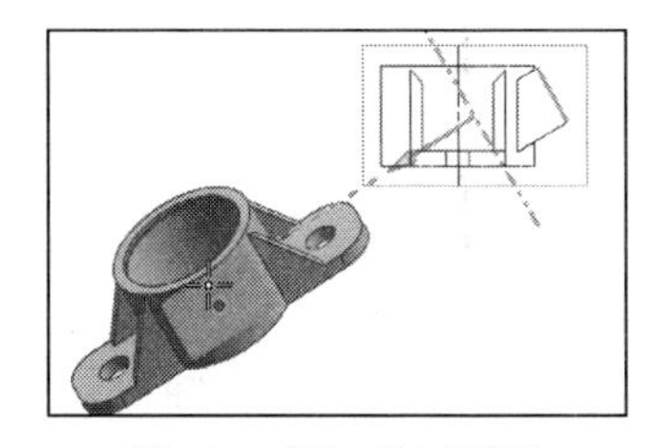

图 8.33　添加“向视图”

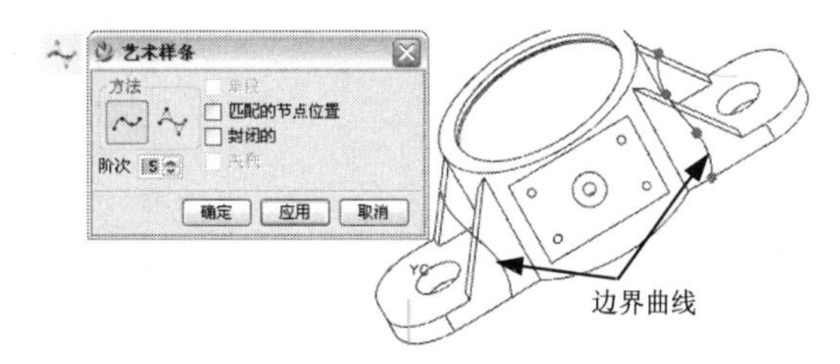

图 8.34　在成员视图中绘制边界曲线

- 编辑样条曲线显示“宽度”为“细线”。
- 在图形窗口背景处单击 MB3→单击按钮 ✔ 扩展(X)，返回到图纸空间。

- ❑ MB3 单击“向视图”边界→选择 视图边界(B)→在“视图边界”对话框中选择视图边界类型为“截断线/局部”。
- ❑ 选择两条样条曲线（注意选择位置为图 8.35（a）所示）→单击“应用”按钮，系统自动绘制两条直线以使边界封闭。
- ❑ 选择下面的直线，移动到图 8.35（b）所示位置，单击 MB1 放置。
- ❑ 同理，将上面的直线分两次拖动到图 8.35（c）和图 8.35（d）所示的大致位置。
- ❑ OK，删除不需要的中心线，结果如图 8.35（e）所示。

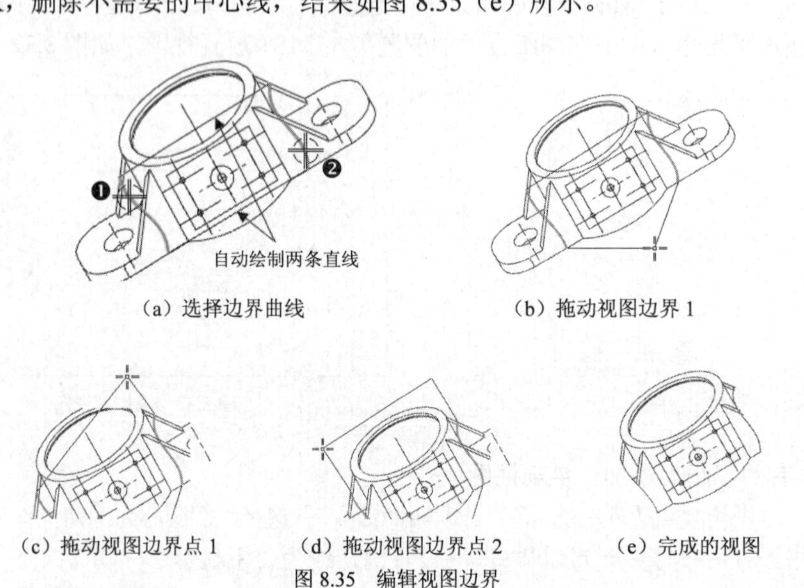

（a）选择边界曲线　（b）拖动视图边界 1

（c）拖动视图边界点 1　（d）拖动视图边界点 2　（e）完成的视图

图 8.35　编辑视图边界

（3）插入“向视图”标记：由于 NX 不提供“向视图标记”，因此采用剖切线符号来代替。

- ❑ MB3 单击“左视图”边界→选择 添加半剖视图(H)。
- ❑ 剖切位置和折弯位置都是选择斜面上直线的中点。
- ❑ 单击 MB3→激活 仅剖切线 选项。
- ❑ 单击 MB3→选择 定义铰链线 选项，选择斜面上的直线，结果如图 8.36（a）所示。
- ❑ 单击 MB3→选择“移动段”选项→移动剖切线到图 8.36（b）所示的位置。
- ❑ 单击 MB3→选择“移动段”，移动箭头到图 8.36（c）所示的位置。
- ❑ 单击 MB1 接受剖切线，结果如图 8.36（d）所示。

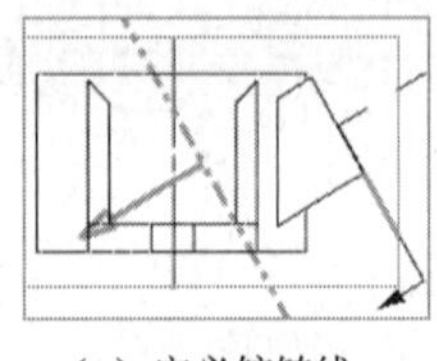

（a）定义铰链线

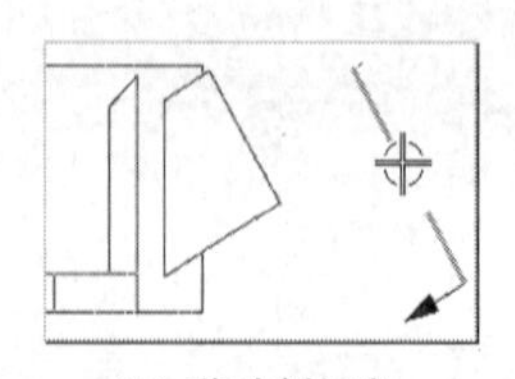

（b）移动剖切段

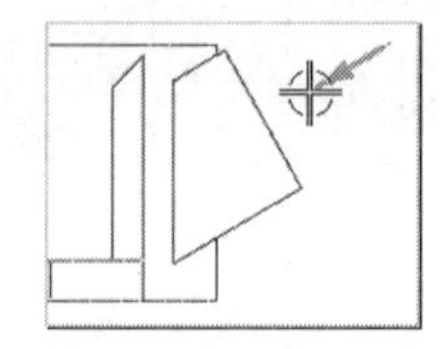

（c）移动箭头

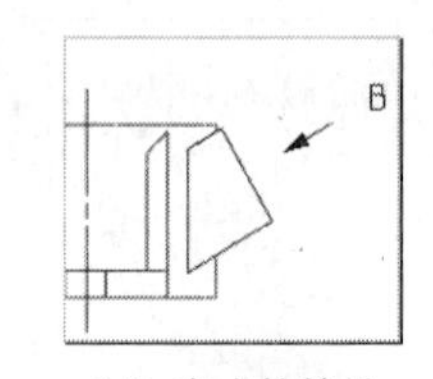

（d）完成的符号

图 8.36　插入向视图符号

（4）为向视图添加标签：在【制图注释】工具条中单击“注释编辑器”按钮→输入文本“B 向”→在视图合适的位置单击 MB1 放置标签。

5. 添加“局部放大图”

（1）MB3 单击“左视图”边界→选择 添加局部放大图(D)。

（2）确保“圆形边界”方式按钮激活→指定视图的中心点，然后拖动一个圆并单击 MB1→移动光标到合适的位置并放置视图，如图 8.37 所示。

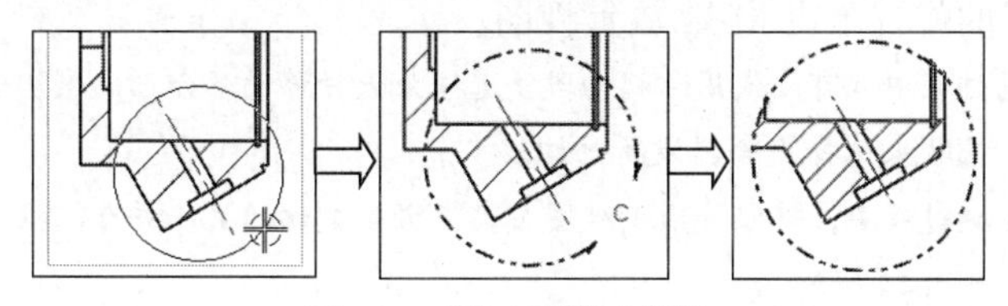

图 8.37　添加局部放大视图

练习

打开配套素材中的文件 Project，利用图纸模板创建图 8.38 所示的图纸和视图。

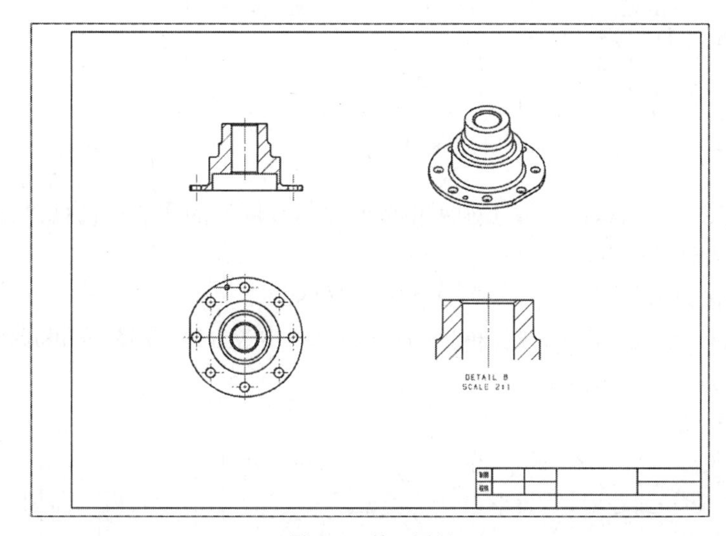

图 8.38　练习图纸

拓展知识

1. 添加“阶梯剖视图”

“阶梯剖视图”是在全剖视图的基础之上添加/删除段和移动段从而获得阶梯剖视效果。

（1）打开文件 step_section_view，在俯视图的边界上单击 MB3→选择 添加剖视图(S)。按照图 8.39 所示完成阶梯剖视图：

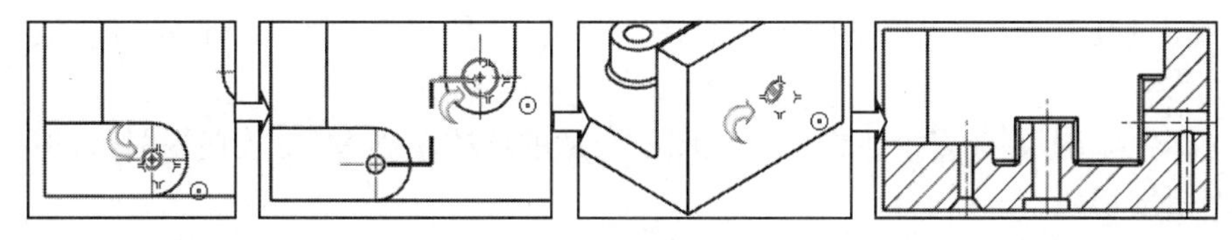

图 8.39　添加阶梯剖视图

- 仅激活“圆心”捕捉点方式，选择最下面的小圆放置剖切线。
- 确保视图对齐竖直投影方向→单击 MB3→选择 锁定对准 。
- 单击 MB3→选择“添加段”→选择中间的圆心。
- 单击 MB3→选择“添加段”→选择等测视图中侧面的圆心。
- 在图纸合适的位置单击 MB1 放置视图。

在视图创建的过程中，可以使用“移动段”选项来选择移动不合理的剖切段和转折段，也可以使用“删除段”选项来选择删除错误的剖切段。

在创建剖视图的过程中，可以使用剖视图工具来预览剖切结果，并可以指定剖视图的显示效果和视图方位，如图 8.40 所示。

创建剖切：在放置视图之前，预览剖视图剖切结果。

显示剖切平面：显示剖切平面并取消剖切预览。

背景面：控制生成的剖视图是否显示背景。

锁定方位：将剖视图按照预览窗口中的方位进行锁定。

图 8.40 剖视图工具

（2）编辑视图的显示属性：双击刚刚完成的“剖视图”的边界→选择“光顺边”选项卡→关闭“光顺边”选项→OK。

2. 添加“旋转剖视图”(Revolved Section View)

打开文件 Rev_section_dwg，在俯视图的边界上单击 MB3→选择 添加旋转剖视图(R)... 。按照图 8.41 所示完成旋转剖视图：

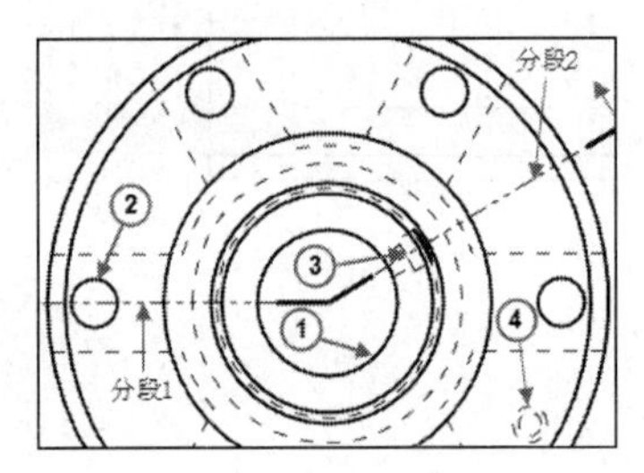

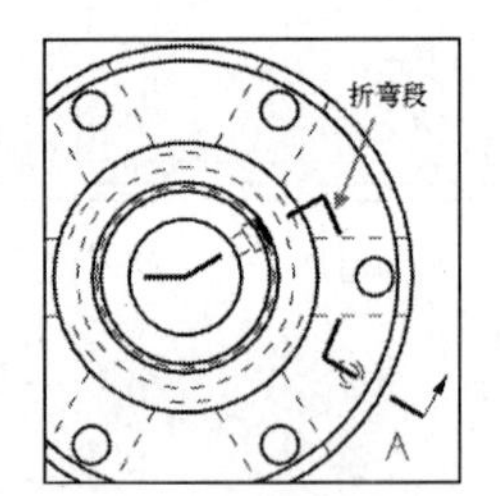

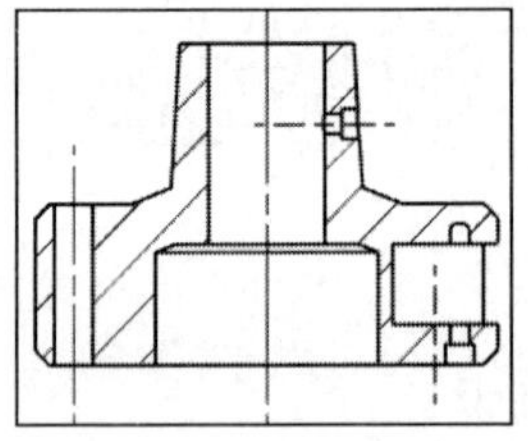

图 8.41 添加旋转剖视图

（1）仅激活“圆心”捕捉点方式，选择大圆圆心①定义“旋转点”。

（2）通过选择圆弧②定义第一个“分段”→通过选择圆弧③定义第二个“分段”。

（3）单击 MB3→选择“添加段”→选择“分段 2”→选择圆弧④。

（4）单击 MB3→选择“移动段”→选择“分段 2”的“折弯段”→拖动到合适的位置单击 MB1。

（5）确保视图对齐竖直投影方向，在图纸合适的位置单击 MB1 放置视图。

3. 编辑剖切线

（1）编辑剖切线式样：在图形窗口中双击剖切线，系统打开剖切线式样对话框，此功能与剖切线首选项的用法相同，用于编辑剖切线的式样。

（2）编辑剖切线：MB3 选择剖切线，在弹出菜单中选择编辑...（或者在【编辑】/【视图】菜单中选择），系统打开剖切线编辑对话框。此功能可以编辑剖切线的所有选项，如移动段、添加段、删除段以及重新定义铰链线等。编辑完成后，需要更新视图。

8.4　插入制图实用符号（Utility Symbols）

学习目标

学习使用“实用符号”工具为视图添加中心线等各种实用符号。

相关知识

选择菜单【插入】/【符号】/【实用符号】命令或者在【制图注释】工具条中单击“实用符号”按钮，对话框如图 8.42 所示。

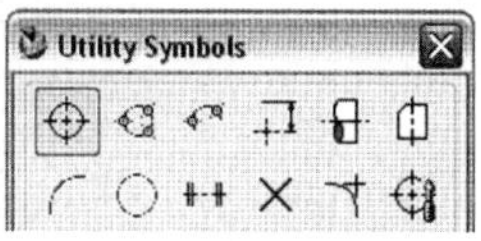

图 8.42　“实用符号”对话框

操作步骤

1. 插入线性中心线

此功能在指定的圆弧控制点上创建线性中心线。打开 drf_sym1.prt，完成如下操作：

（1）在【实用符号】中激活“线性中心线”按钮并关闭“多条中心线（Multiple Centerlines）”选项→依次选择图 8.43 所示的 6 个沉孔圆→单击“应用”，创建连续的中心线。

（2）在对话框中打开“多条中心线”选项，选择图 8.44 所示的圆，则每选择一个控制点，系统创建一个中心线。

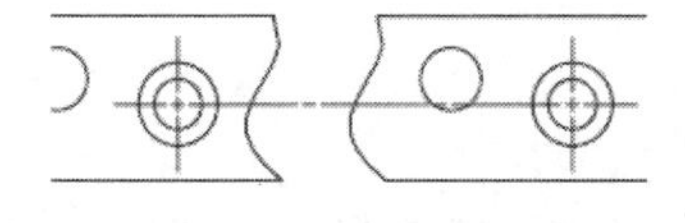

图 8.43　连续的中心线

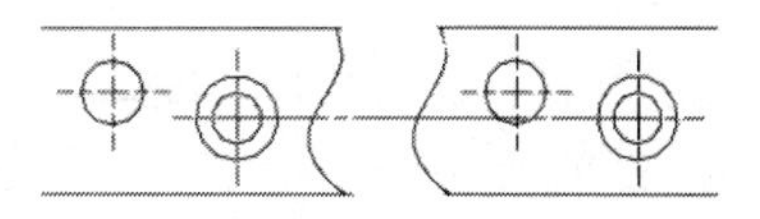

图 8.44　单个中心线

（3）自动中心线：自动创建选中视图中圆和圆柱的线性中心线，此方法创建单个分离的线性中心线。

2. 螺栓圆中心线

可以通过两种方式来创建“完整螺栓圆”和“部分螺栓圆”：三点（Through 3 Points）方式和圆心（Center point）方式。图 8.45（a）所示为使用“三点方式”创建部分螺栓圆符号，这种方法类似于三点绘制圆弧，至少需要三个已知圆心位置；图 8.45（b）所示为以“圆心”方式创建完整螺栓圆符号，这种方法类似于以圆心和圆上一点的方法绘制圆弧。

打开练习文件 drf_sym3_dwg，添加图 8.46 所示的螺栓圆中心线。

（1）在【实用符号】对话框中激活“完整螺栓圆”按钮→选择“通过 3 点”方式→依次选择圆周上 8 个螺栓圆→单击“应用”。

（2）激活“部分螺栓圆”按钮→选择“圆心”方式→选中旋转中心点为“圆心”→选

择最外侧小圆→单击“应用”。

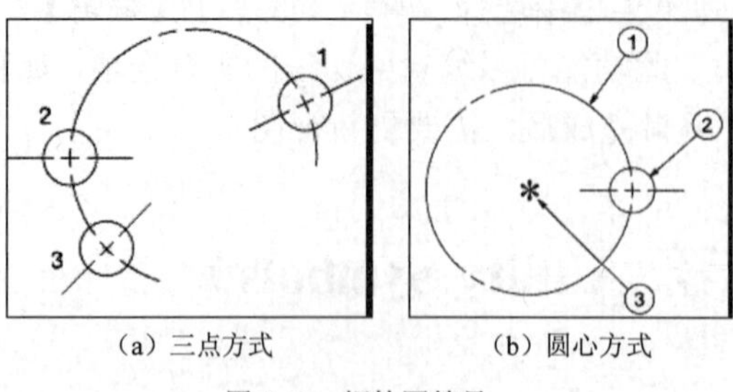

（a）三点方式　　（b）圆心方式

图 8.45　螺栓圆符号

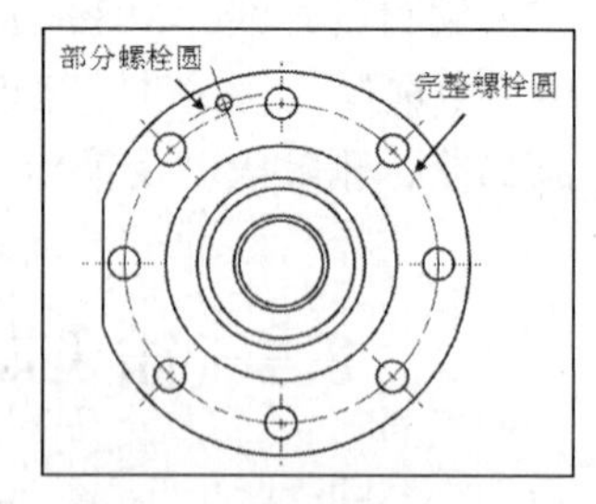

图 8.46　插入螺栓圆中心线

3. 偏置中心点（Offset Center Point）

偏置中心点一般用于表示大圆弧的中心位置。需要为偏置中心点指定偏置方式、偏置距离和显示方式，其对话框选项如图 8.47 所示。

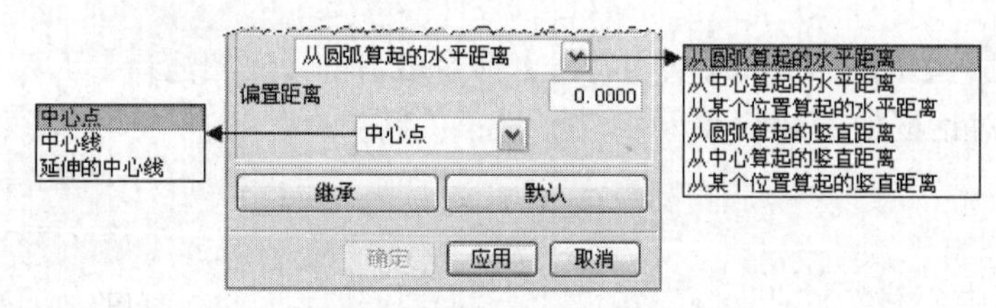

图 8.47　偏置中心点对话框选项

打开文件 drf_sym4，添加圆弧的偏置中心点：

（1）在【实用符号】对话框中激活“偏置中心点”按钮→在对话框中设置偏置方式为“从某个位置算起的竖直距离”，显示方式为“中心线”→选择图 8.48 所示大圆弧①→指定屏幕位置②来偏置放置中心点符号。

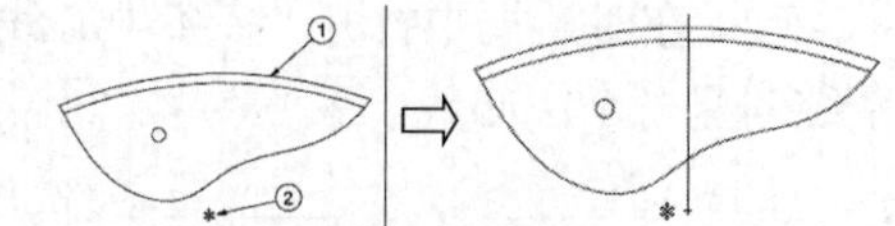

图 8.48　创建偏置中心线

（2）双击偏置中心点符号，编辑偏置中心点为图 8.49 所示的三种显示方式。

（3）利用偏置中心点来标注“带折线的半径”：单击“带折线的半径”标注按钮，按照图 8.50 所示的步骤标注尺寸。

① 中心点　② 中心线　③ 延伸的中心线

图 8.49　偏置中心点的三种显示方式

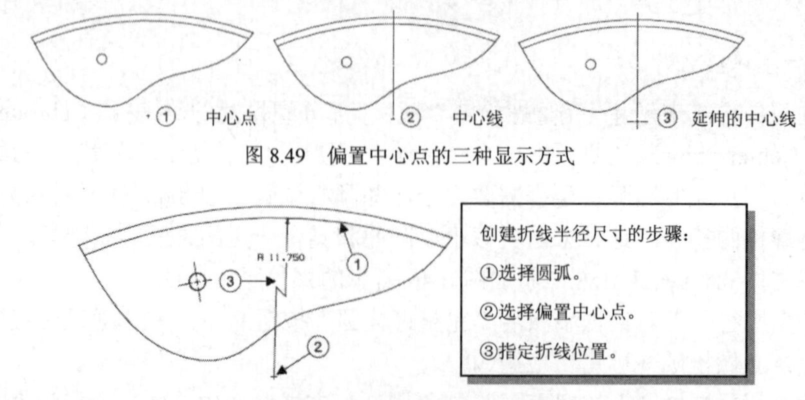

图 8.50　带折线的半径尺寸标注

4. 圆柱中心线

此功能可以通过点、圆弧或圆柱面创建圆柱中心线。在“圆柱中心线”对话框选项中，用于定义圆柱中心线对象类型的是“点选项”，如图 8.51 所示。

（1）打开 drf_sym5，启动实用符号命令→单击“圆柱中心线”按钮。

（2）设置“点方式”为“圆心”→依次在图 8.52 所指示的位置选择三对圆弧中心，完成圆柱中心线的创建。

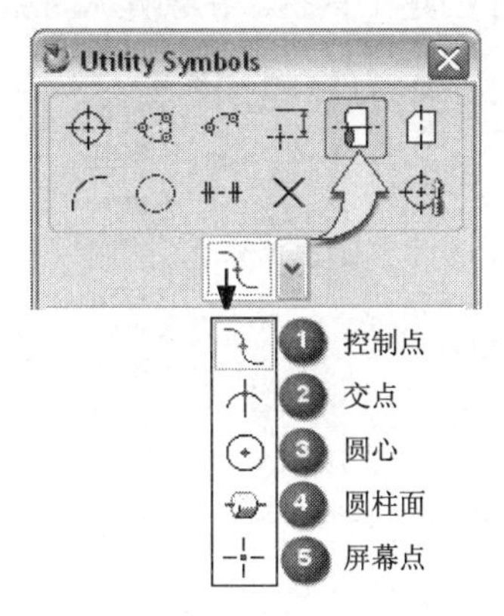

图 8.51　“圆柱中心线”对话框选项

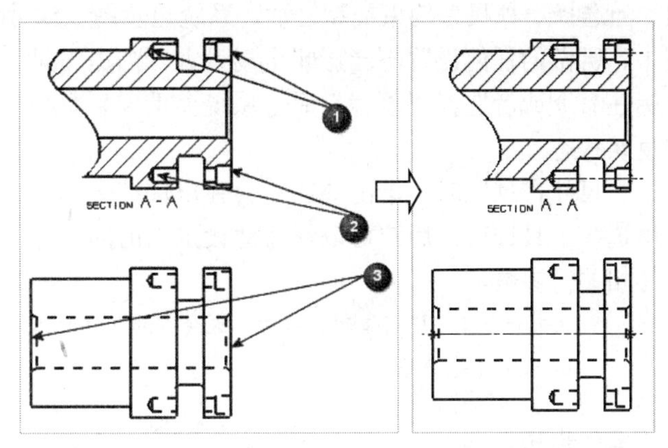

图 8.52　创建“圆心”方式的圆柱中心线

（3）设置“点方式”为“圆柱面”→选择图 8.53（a）所示的圆柱面→在屏幕上合适的位置指定图 8.53（b）所示的两个屏幕点，这两个点用于限制中心线的长度。

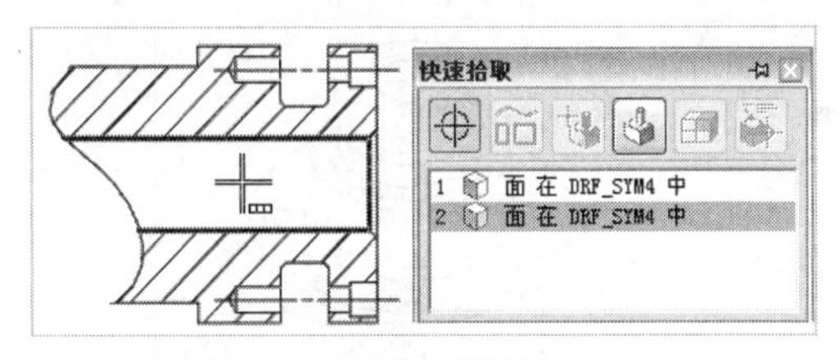

（a）选择圆柱面

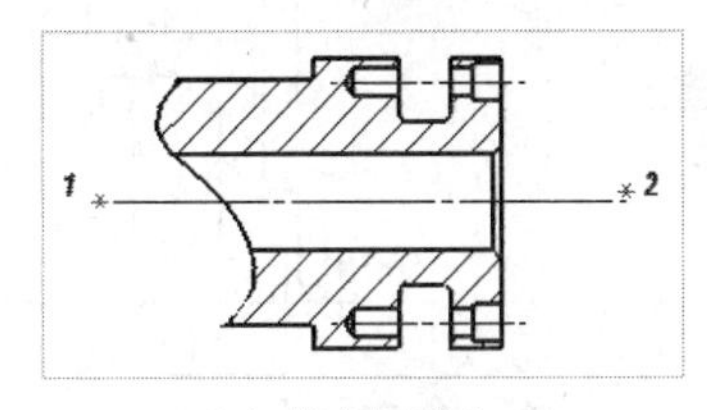

（b）指定屏幕点

图 8.53　创建“圆柱面”方式的圆柱中心线

8.5　制图标注

8.5.1　尺寸标注

学习目标

- 自动推断的尺寸约束。
- 角度尺寸标注。
- 圆柱直径尺寸标注。
- 过圆心的直径尺寸标注。
- 基准尺寸的标注。

- 倒角尺寸标注。
- 公差标注。
- 附加文本的标注。
- 一般文本的标注。

相关知识

当选择一种尺寸约束类型之后，系统显示图 8.54 所示的尺寸创建工具栏。在创建尺寸过程中，所做的任何设置不会影响全局设置。当退出尺寸标注命令或者选择“重置”后，系统会重置到系统的默认状态。

当尺寸在预览时，单击 MB3 会弹出快捷菜单，利用这些工具选项，用户可以快速地设定当前的尺寸及其相关的参数。

> 双击一个尺寸进行编辑操作时，也会打开同样的工具条和 MB3 弹出菜单。

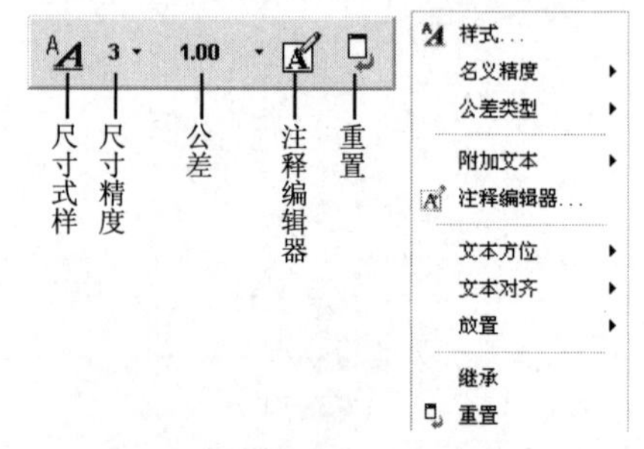

图 8.54 尺寸标注对话条和 MB3 菜单

操作步骤

完成图 8.55 所示的尺寸标注。

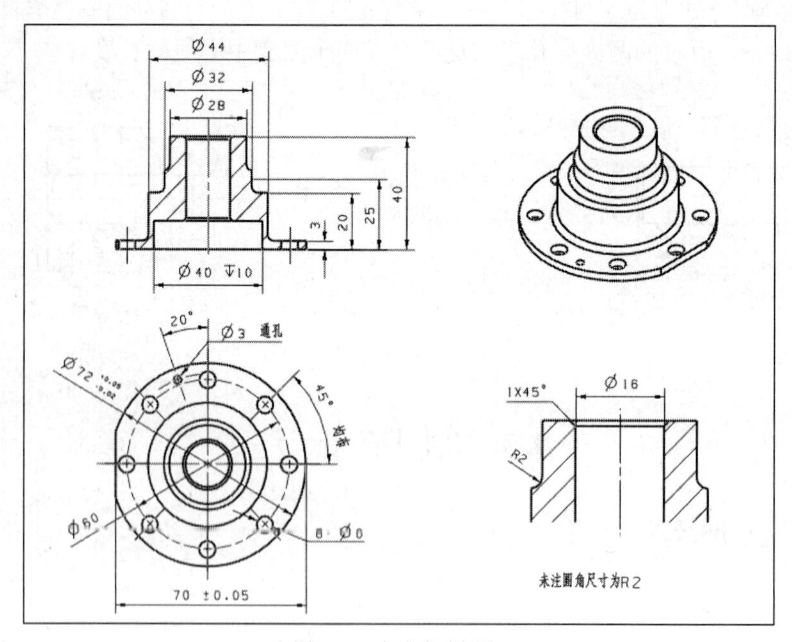

图 8.55 完成尺寸标注

打开文件 drf_dim_project.prt，启动制图环境。

1. 标注自动判断尺寸

在【尺寸标注】工具条中单击“自动判断”尺寸标注按钮，完成以下尺寸标注：

（1）标注最外圆的直径尺寸：选择最外圆弧→单击 MB3→在弹出菜单中选择公差类型为

“双向公差” $1.00^{+.05}_{-.02}$→单击 MB3→在弹出菜单中选择“公差”→输入公差上限为 0.05，下限为 −0.02→按下“Enter”→移动光标到合适位置并单击 MB1 放置尺寸。如图 8.56 所示。

（2）标注水平长度尺寸为 70：选择左边的竖直直线→选择最外圆弧的切点（选择前确保点捕捉工具条中的切点约束按钮被激活）→单击 MB3→选择公差类型为“双向公差，等值” **1.00±.05**→单击 MB3→在弹出菜单中选择“公差”→输入公差为 0.05→按下“Enter”→移动光标到合适位置并单击 MB1 放置尺寸。如图 8.57 所示。

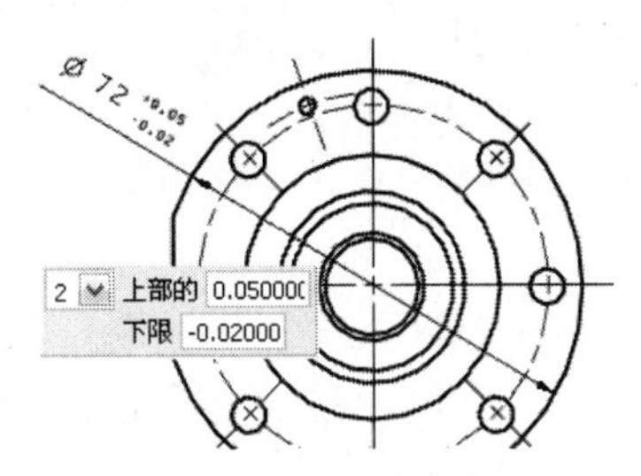

图 8.56　创建带公差的直径尺寸

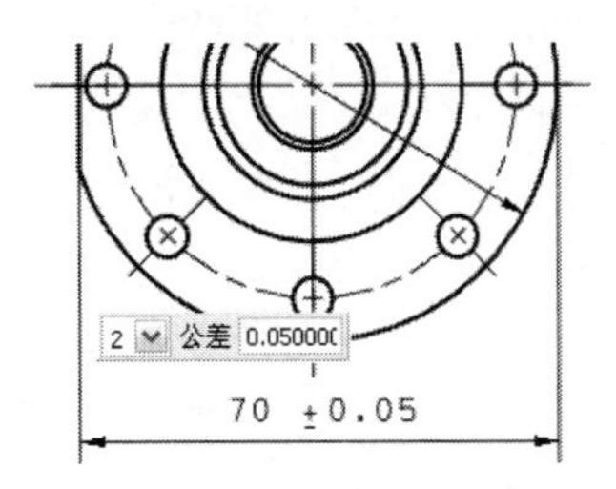

图 8.57　创建带公差的线性尺寸

（3）标注圆孔的尺寸：在“尺寸创建”对话栏中，单击“重置”按钮，恢复标注式样为系统默认状态→选择图 8.58 所示的圆→单击 MB3，在弹出菜单中选择“附加文本” 晚于 →输入附加文本为“通孔”→按下“Enter”→再次单击 MB3→在弹出菜单中选择“文本方位”为水平→移动光标到合适位置并单击 MB1 放置尺寸。

（4）标注螺栓圆控制点之间的角度尺寸：选择图 8.59 所示螺栓圆的两个控制点→单击 MB3，在弹出菜单中选择“附加文本” 晚于 →输入附加文本为“均布”→按下“Enter”→移动光标到合适位置并单击 MB1 放置尺寸。

2. 标注角度尺寸

单击“角度”尺寸标注按钮→依次选择图 8.60 所示的完整螺栓圆和部分螺栓圆的线性中心线→移动光标到合适位置并单击 MB1 放置尺寸。

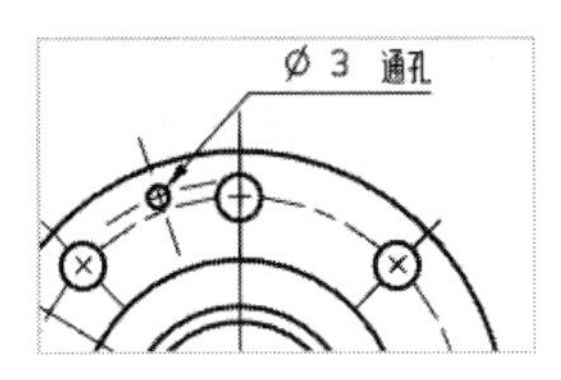

图 8.58　创建孔尺寸标注

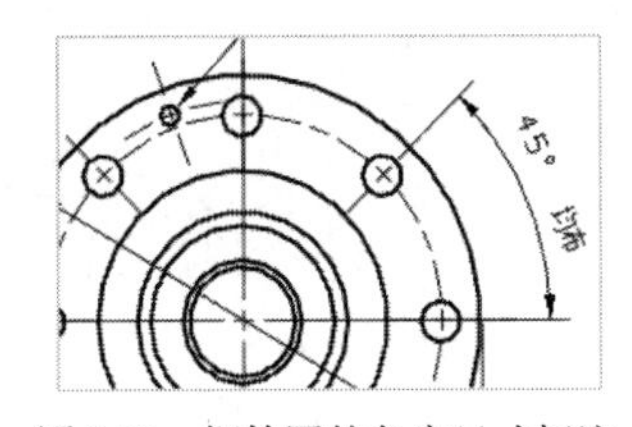

图 8.59　螺栓圆的角度尺寸标注

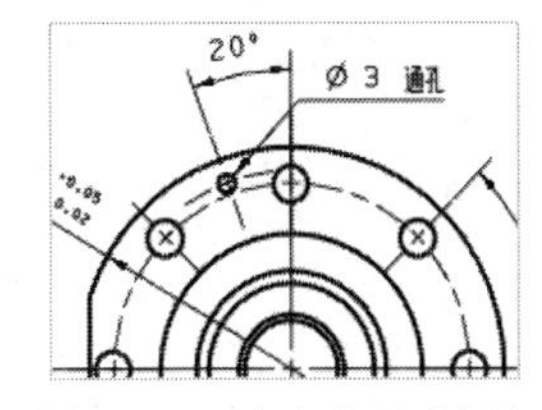

图 8.60　一般角度尺寸标注

3. 标注直径尺寸

（1）标注“螺栓圆”直径尺寸：单击“直径”尺寸标注按钮→选择完整螺栓圆的圆弧部分→移动光标到合适位置，单击 MB1 放置尺寸，如图 8.61 所示。

（2）标注 8 个圆孔的直径尺寸：选择图 8.62 所示的一个螺栓孔→单击 MB3→在弹出菜

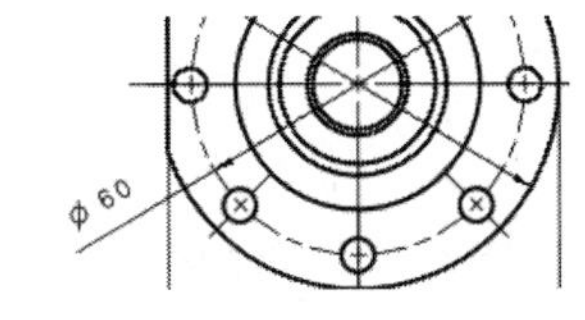

图 8.61　螺栓圆的直径尺寸标注

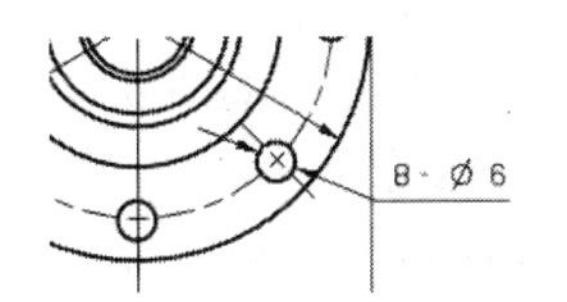

图 8.62　圆孔的直径尺寸标注

单中选择式样→在“式样编辑”对话框中选择“径向”选项卡→设置直径符号为“用户自定义”→输入直径符号为：8-<O>，其中<O>表示直径符号（括号内为字母）→OK→设置文本方位为“水平”→移动光标到合适位置并单击 MB1 放置尺寸。

4. 标注圆柱的直径尺寸

（1）单击“圆柱直径”尺寸标注按钮→确保点捕捉工具条中控制点或端点按钮激活→选择两个正确的端点创建直径为 28 的圆柱尺寸，如图 8.63 所示。

（2）同理，标注另外两个直径分别为 32 和 44 的直径尺寸。

在尺寸标注过程中，可以使尺寸的文本与其他文本对齐，具体做法是：将正在标注的尺寸移动到其他文本上，然后沿水平或竖直方向移开，当出现对齐符号时，单击 MB1 放置尺寸。如图 8.64 所示。

（3）单击“圆柱直径”尺寸标注按钮→选择图 8.65 所示两个正确的端点创建直径为 40 的圆柱尺寸→单击 MB3→单击“注释编辑器”按钮→单击“文本在后面”按钮，在“制图符号”选项卡中单击按钮，输入文本 10→OK。

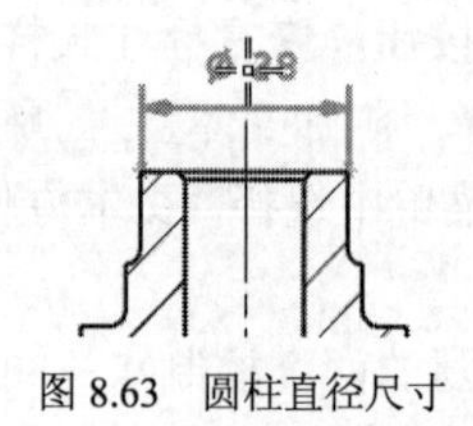

图 8.63 圆柱直径尺寸

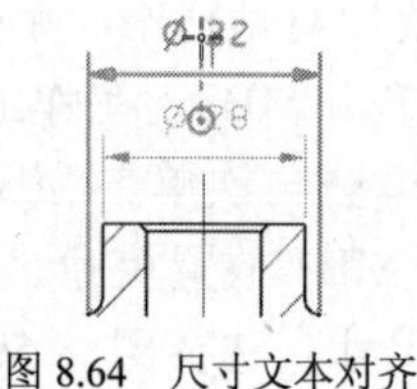

图 8.64 尺寸文本对齐

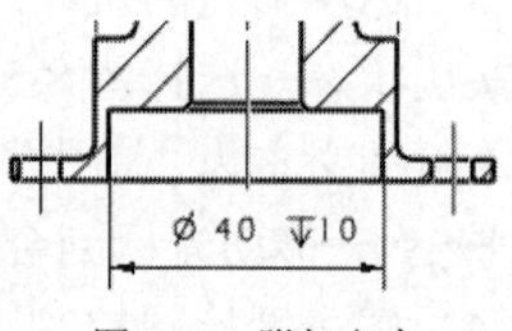

图 8.65 附加文本

5. 标注竖直基准尺寸

单击“竖直基准”尺寸标注按钮→确保控制点或“端点”处于激活状态→依次选择图 8.66（a）所示的各基准尺寸的端点→移动光标到合适位置，单击 MB1 放置尺寸。

如果所标注的尺寸预览如图 8.66（b）所示的状态，单击 MB3，选择反向偏置，切换到正确的结果，也可以重新设置尺寸“偏置”距离。

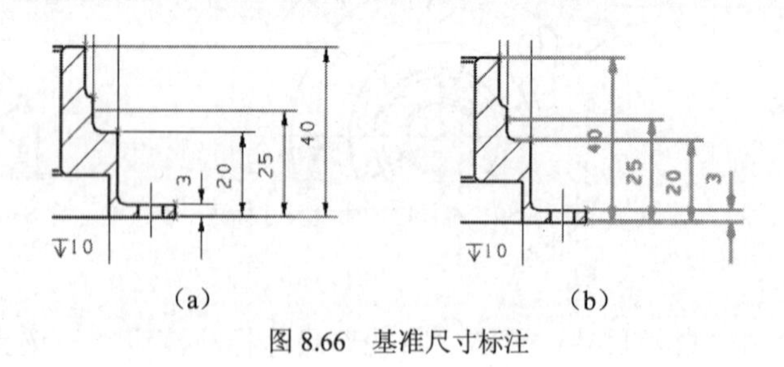

图 8.66 基准尺寸标注

6. 标注倒角尺寸

单击“倒角”尺寸标注按钮→选择详细视图上的一个倒角边→移动光标到合适的位置并单击 MB1 放置尺寸，如图 8.67 所示。

7. 标注其他尺寸

如图 8.68 所示，使用自动推断的方式标注半径尺寸“R2”；使用圆柱直径方式标注直径为 16 的尺寸。

8. 一般文本的标注

单击“注释编辑器”按钮→输入文本为“未注圆角尺寸为 R2”→在图纸空间合适的位置单击 MB1 放置注释文本。

标注引出文本：在放置文本时，在某个点位置按住并拖动 MB1，即可产生引出文本，如图 8.69 所示。

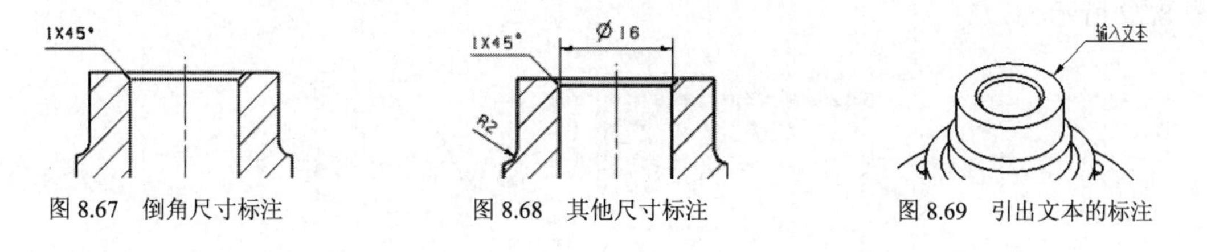

图 8.67　倒角尺寸标注　　图 8.68　其他尺寸标注　　图 8.69　引出文本的标注

8.5.2　基准符号与形位公差

学习目标

- 学习如何设置并添加“制图基准”符号。
- 学习如何进行形位公差的标注。
- 学习如何在制图中插入“表面粗糙度”符号。

相关知识

1. 设置制图基准符号为 GB 标准

选择菜单【文件】/【实用工具】/【用户默认设置】命令→在对话框左侧栏目中选择“制图”→单击“注释编辑器”按钮→在对话框右侧栏目中选择“几何公差符号”→设置“基准符号显示标准”为“中国国家标准”→OK，如图 8.70 所示。重新启动 NX 进程，以使设置生效。

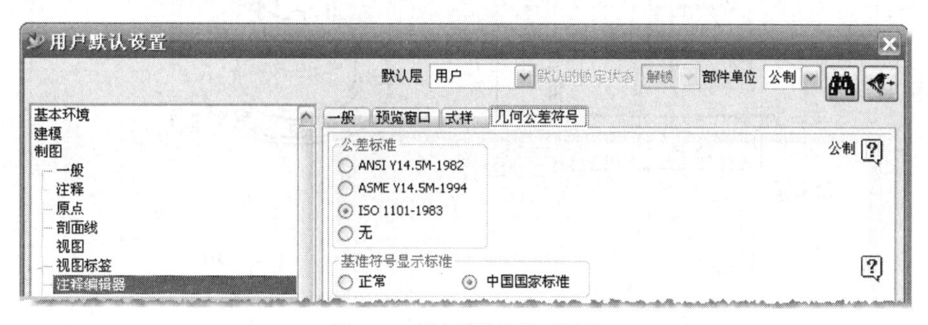

图 8.70　用户默认设置对话框

2. 标注形位公差

在【制图注释】工具条中单击“特征控制框”按钮，弹出图 8.71 所示的对话框。可以用直观的选择或输入数据完成形位公差的定制，并且在图形窗口中预览形位公差效果。

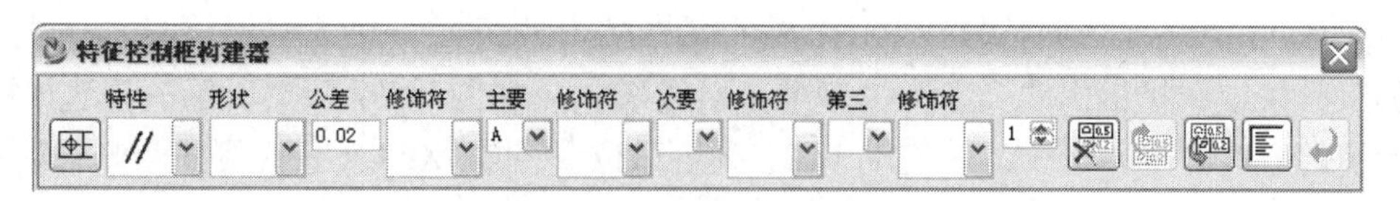

图 8.71　形位公差定制工具

3. 添加表面粗糙度符号

要启用表面粗糙度符号，需修改 NX 启动环境变量文件“\UGS\NX 4.0\UGII\ugii_env.dat”。使用记事本打开此文件，搜索并修改以下变量：UGII_SURFACE_ FINISH=ON。保存修改并重新启动 NX。选择【插入】/【符号】/【表面粗糙度符号】命令，其对话框如图 8.72 所示。

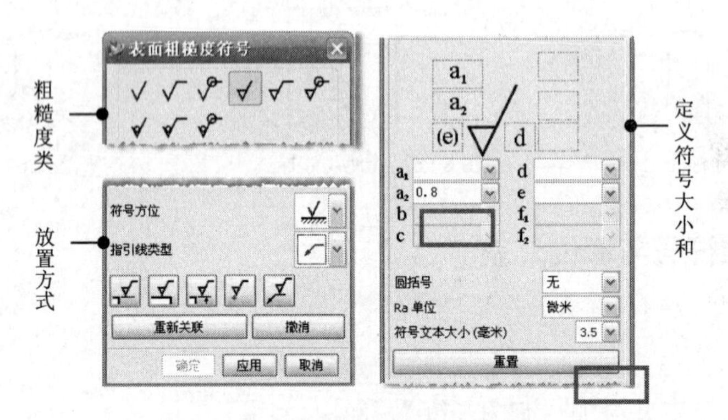

图 8.72 “表面粗糙度符号”对话框

操作步骤

打开部件文件，完成图 8.73 所示基准符号、形位公差和表面粗糙度的标注。

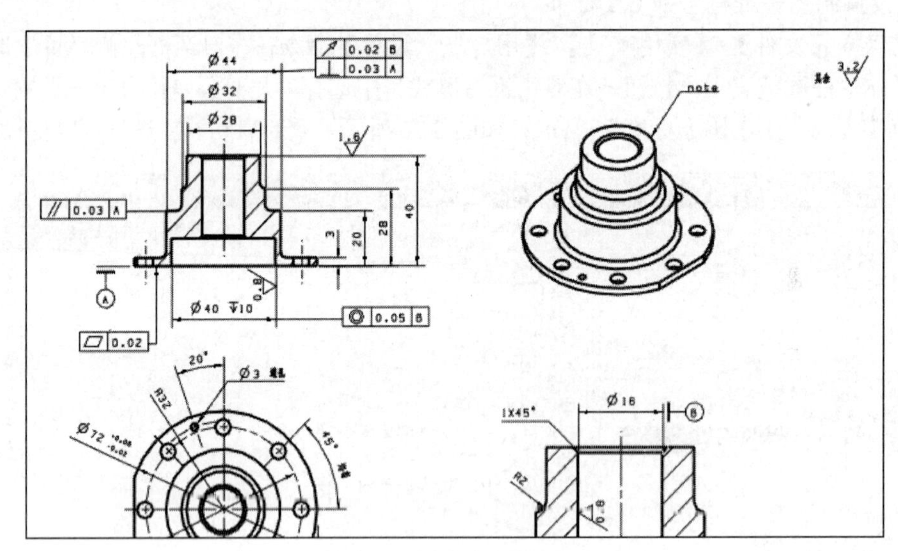

图 8.73 其他符号的标注

1. 插入制图基准符号

（1）插入 “基准 A”符号：单击“注释编辑器”按钮→输入字母“A” →在【注释放置】工具条中选择指引线类型为“基准指引线”，如图 8.74（a）所示→预选如图 8.74（b）所示的直线（不要选中）→拖动 MB1 到合适位置释放 MB1（在直线的两侧移动光标可能出现如图 8.74（c）、（d）两种结果）→单击 MB1 放置基准符号。

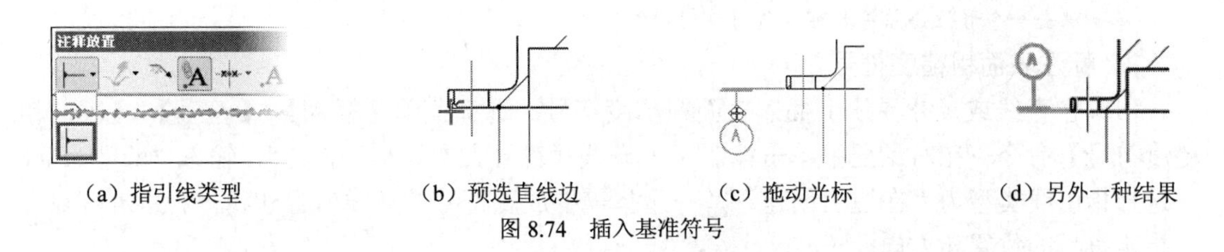

（a）指引线类型　（b）预选直线边　（c）拖动光标　（d）另外一种结果

图 8.74　插入基准符号

（2）同理，插入“基准 B”的符号，捕捉尺寸界线来放置基准符号。

（3）编辑基准符号的显示：选择 A、B 两个基准符号→单击 MB3→选择式样→切换至“直线/箭头”选项卡→输入“H”的值为 2→OK。

2. 标注形位公差

（1）标注底面的平面度公差：在【制图注释】工具条中单击“特征控制框”按钮→选择特性为“平面度”，输入公差为 0.02→在剖视图中预选图 8.75 所示的底边→拖动光标一小段距离后释放 MB1→移动光标到合适的位置（注意：引出线可以捕捉到竖直和水平方向）→单击 MB1 放置形位公差。

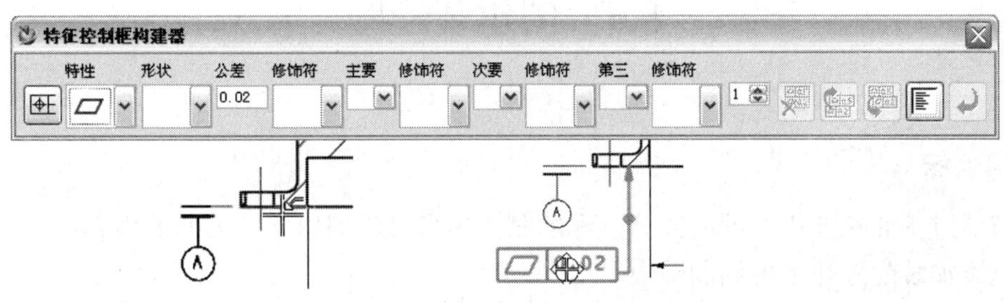

图 8.75　创建形位公差—平面度

（2）标注圆柱面的形位公差：在“特征控制框构建器”中选择特性为“圆跳动”，输入公差为 0.02，主要基准为“B”，设置框计数为 2（表示开始第 2 个特征控制框）→选择特性为“垂直度”，输入公差为 0.03，主要基准为“A”→在剖视图中预选图 8.76 所示的尺寸→拖动光标一小段距离后释放 MB1→移动光标到水平引出的位置→单击 MB1 放置形位公差。

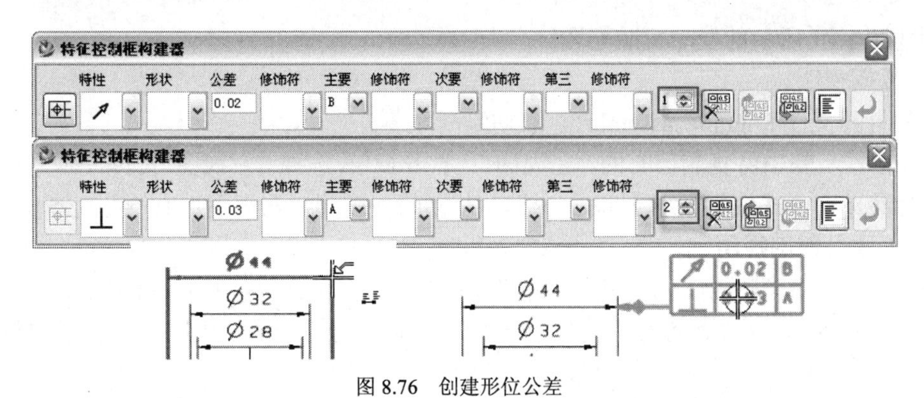

图 8.76　创建形位公差

（3）同理，标注制图中其他的形位公差。

当从步骤（2）到步骤（3）时，需要使用“删除当前框”按钮，删除多余的形位公差框。另外，双击一个形位公差符号可以进行编辑操作。

3. 标注表面粗糙度符号

（1）在直线或尺寸界线上插入表面粗糙度符号：选择菜单【插入】/【符号】/【表面粗糙度符号】命令→在对话框中单击按钮→设置“符号文本大小”为 3.5，输入“a2”为 0.8→选择指引线类型为“在边上创建”→选择需要放置符号的直线或尺寸线→利用屏幕点方式指定符号的位置和方向。

（2）在指定的点上创建表面粗糙度符号：在表面粗糙度对话框中设置符号大小 3.5；a2=3.2；放置类型为→在图纸中“其余”后面选择一屏幕点放置符号。

（3）编辑表面粗糙度符号：确保“表面粗糙度”对话框开启→选择一个需要编辑的表面粗糙度符号→重新在对话框中输入粗糙度参数为 1.6→单击“应用”，完成修改。

（4）编辑表面粗糙度符号的显示：仅选择所有的表面粗糙度符号→单击 MB3→选择 编辑显示(L)→设置线宽为“细线宽度”→单击 确定 按钮，完成表面粗糙度符号的显示编辑。

8.6 创建装配图

学习目标

本节通过工业钻孔机发动机部分装配的制图项目来学习以下几方面的内容：

- 添加装配爆炸视图到制图中。
- 在装配中创建局部剖视图。
- 定义装配图剖面线的显示方式和定义非剖切组件。
- 在视图中设置隐藏组件。
- 创建和编辑零件明细表以及在视图上自动标号。

操作步骤

创建图 8.77 所示的发动机装配图。

1. 复制视图

（1）打开文件 Engnine_assembly，启动制图环境。

（2）在本步骤中将复制已有的“左视图”：单击 MB3 选择“左视图”边界→选择“复制”，然后选择菜单命令【编辑】/【粘贴】→拖动复制的视图到“左视图”右侧并对齐。

2. 创建局部剖视图

（1）在“左视图”上单击 MB3→选择“扩展”→在成员视图中选择【插入】/【曲线】/【艺术样条】命令→“通过点”方式并选中“封闭”选项→绘制图 8.78 所示的封闭样条曲线。

（2）在成员视图的空白处单击 MB3，选择“扩展”，系统返回到图纸布局空间。

（3）选择菜单【插入】/【视图】/【局部剖视图】命令，“局部剖”对话框如图 8.79 所示。

局部剖视图的创建、编辑和删除均要通过此命令来完成。

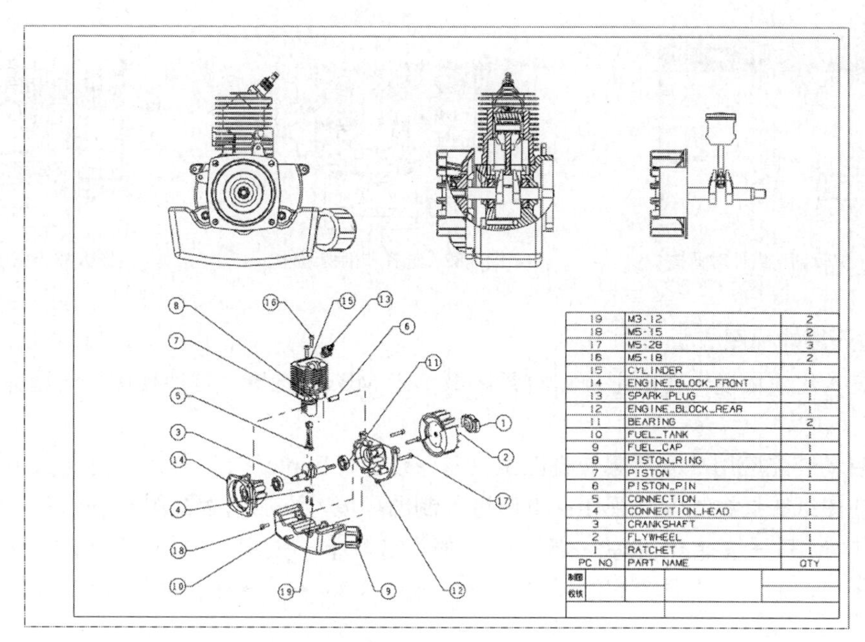

图 8.77　发动机装配图纸

（4）在“选择视图”步骤，选择需要进行局部剖的“左视图”。

（5）在“指出基点”步骤，选择图 8.80 所示“主视图”的一个圆心。

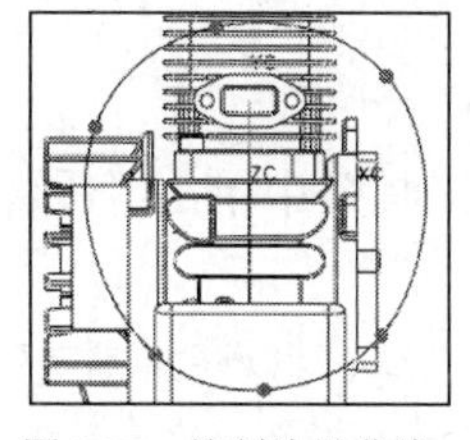

图 8.78　绘制边界曲线

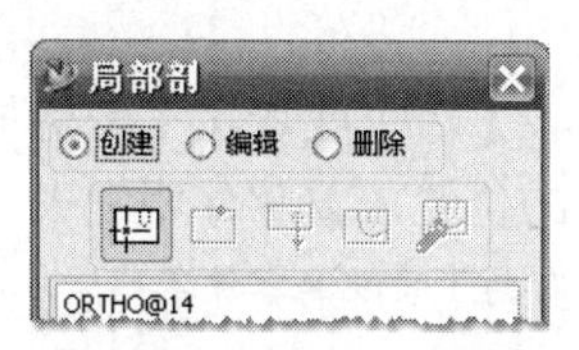

图 8.79　“局部剖”对话框

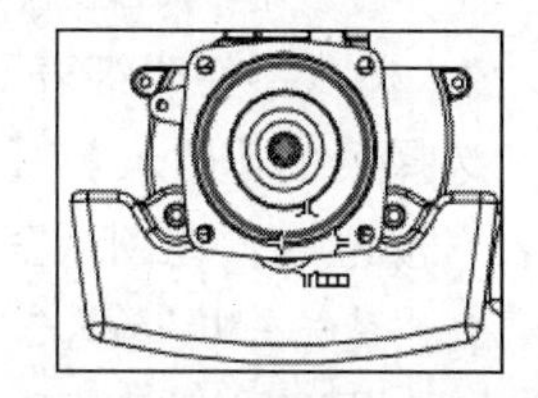

图 8.80　选择剖切位置

（6）在“指定拉伸方向”步骤，单击 MB2，接受默认的方向。

（7）在“选择曲线”步骤，选择前面绘制的封闭样条作为边界曲线。

（8）在“修改边界曲线”步骤，根据需要对边界曲线进行修改：MB1 单击其中的一个控制点标记，移动光标到合适的位置再单击 MB1。

（9）单击“应用”按钮，完成局部剖视图的创建。

3. 编辑剖面线式样

在“左视图”边界上单击 MB3→在弹出菜单中选择“式样”→选择“视图样式”对话框中“剖面”选项卡→打开“装配剖面线”选项→OK，则剖面线显示装配式样。

4. 编辑视图中的非剖切组件

选择【编辑】/【视图】/【视图中的剖切组件】命令，确保对话框中选中“变成非剖切”选项（如图 8.81 所示），→选择局部剖视图→选择视图中的曲轴和螺钉组件（如图 8.82 所示），→OK。单击 MB3 选择右侧视图边界→更新，视图更新结果如图 8.83 所示。

图 8.81　编辑剖切组件对话框

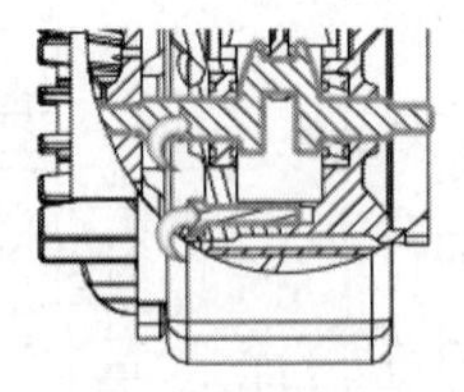

图 8.82　选择非剖切组件

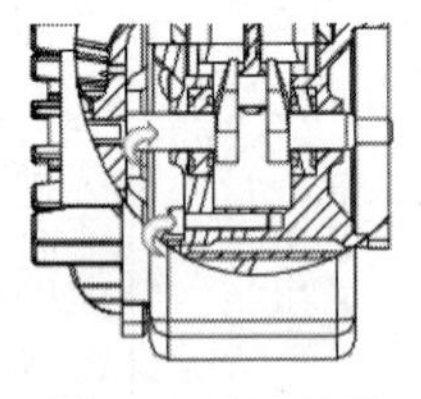

图 8.83　完成结果

5. 插入爆炸视图

（1）进入建模环境→在图形窗口背景区域单击 MB3→选择“替换视图”→选择“正二测视图”。

（2）启动装配应用→激活爆炸视图工具条→选择“Explore 1”作为当前视图。

（3）在图纸布局添加爆炸视图：重新进入制图环境，添加基本视图→选择“正二测视图”→单击 MB3→选择 样式→选择“一般”选项卡→关闭“中心线”选项→OK→单击 MB3→选择“比例”→选择“定制比例”→输入 比例 0.25 →在合适的位置单击 MB1 放置视图。

6. 在视图中隐藏组件

选择菜单【装配】/【爆炸视图】/【隐藏组件(O)】命令→在装配导航器中选择子装配“base_assm”→单击按钮→选择前面复制的视图。在此视图边界上单击 MB3→选择“更新”。

隐藏组件操作仅仅对选中的视图有效，其他视图不受影响。

7. 插入零件明细表

选择菜单【插入】/【零件明细表】命令或者在【表格与明细表】工具条中单击“零件明细表”按钮，在图纸空间中合适的位置放置零件明细表。

系统在默认的状态下，会将所有的子装配和零件都列于零件明细表中，下面将利用“编辑层”工具删除这些子装配。

8. 修改零件明细表

（1）编辑层：选择整个零件明细表→在表格上单击 MB3→选择 编辑层(L)→在“编辑层”工具栏中单击“仅枝叶”按钮→单击按钮接受改变。

（2）重设零件明细表的列宽度：设置零件明细表的列宽度分别为“30，80，30”。

（3）修改零件明细表的对齐位置：双击明细表左上角的表格选择符号→在表格注释式样对话框中选择“剖面”选项卡→设置表格的“对齐位置”为→确定对话框。

（4）定位零件明细表：重新选择整个表格→在 MB3 弹出菜单中选择 原点(G)→在原点对话框中选择原点方式为“点构造器”→在“原点位置”的下拉选项中选择“点构造器”→输入点坐标为（415，29），“确定”所有对话框直到明细表被正确定位。

（5）调整行位置：选择 M3-12 所在的整行→单击 MB3，在弹出菜单中选择 附加/拆离行(A)，则此行内容被调整到表格最后一行，如图 8.84 所示。

9. 自动标号

MB3 单击爆炸视图，选择“自动标号”，然后拖动标号到合理的位置。

PC NO	PART NAME	QTY
19	M5-15	2
18	M5-28	3
17	M5-18	2
16	CYLINDER	1
15	ENGINE_BLOCK_FRONT	1
14	SPARK_PLUG	1
13	ENGINE_BLOCK_REAR	1
12	BEARING	2
11	FUEL_TANK	1
10	FUEL_CAP	1
9	PISTON_RING	1
8	PISTON	1
7	PISTON_PIN	1
6	M3-12	2
5	CONNECTION	1
4	CONNECTION_HEAD	1
3	CRANKSHAFT	1
2	FLYWHEEL	1
1	RATCHET	1

PC NO	PART NAME	QTY
19	M3-12	2
18	M5-15	2
17	M5-28	3
16	M5-18	2
15	CYLINDER	1
14	ENGINE_BLOCK_FRONT	1
13	SPARK_PLUG	1
12	ENGINE_BLOCK_REAR	1
11	BEARING	2
10	FUEL_TANK	1
9	FUEL_CAP	1
8	PISTON_RING	1
7	PISTON	1
6	PISTON_PIN	1
5	CONNECTION	1
4	CONNECTION_HEAD	1
3	CRANKSHAFT	1
2	FLYWHEEL	1
1	RATCHET	1

图 8.84 调整零件明细表行的位置

8.7 图纸的输出

学习目标

- 学习如何将 NX 的图纸导出到其他 CAD 系统，并学习如何进行参数设置。
- 学习如何设置 NX 的“打印机（或绘图仪）”，并打印输出图纸。

操作步骤

- 将本章 8.5 节所完成的工程图纸输出为 AutoCAD 格式的文件。
- 在 NX 中对图纸对象进行打印输出。

1. 图纸的数据转换输出

（1）打开文件 drf_dim_project_fin，启动制图环境。

（2）选择【文件】/【导出】/【2D 转换】命令，系统打开图 8.85（a）所示的对话框。

（3）设置对话框选项：

- 单击“选择图纸”按钮，选择当前文件中所包含的图纸，缺省选中当前图纸。
- 设定输出至“建模”空间或“制图”空间。
- 设置输出文件类型为“prt、iges、dwg、dxf”之一，本处选择“dwg”。
- 单击“指定输出文件”按钮，指定输出文件的存放位置和文件名称。

（4）设置“dwg”文件导出参数设置：

- 单击对话框中的“修改设置”按钮，系统打开图 8.85（b）所示的对话框。
- 单击对话框中“高级设置”按钮，设置导出“DXF/DWG”版本，如图 8.85（c）所示。
- OK，完成高级设置。
- 在“导出设置”对话框单击“确定”时，系统提示保存设置文件，换名保存后返回主对话框。

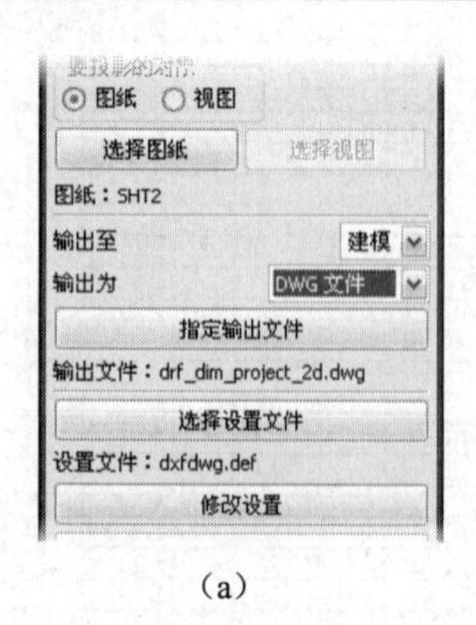

(a)

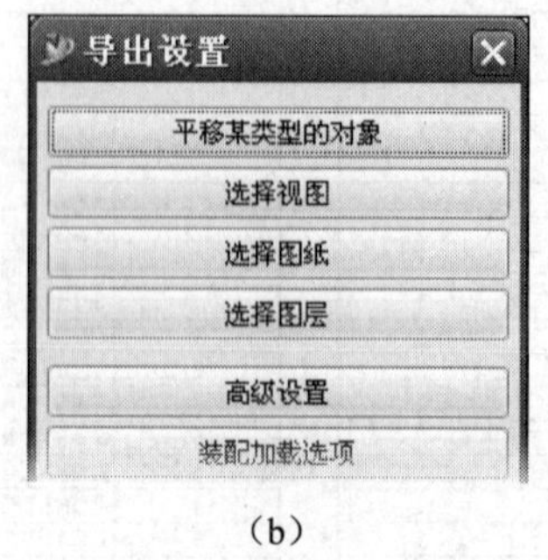

(b)

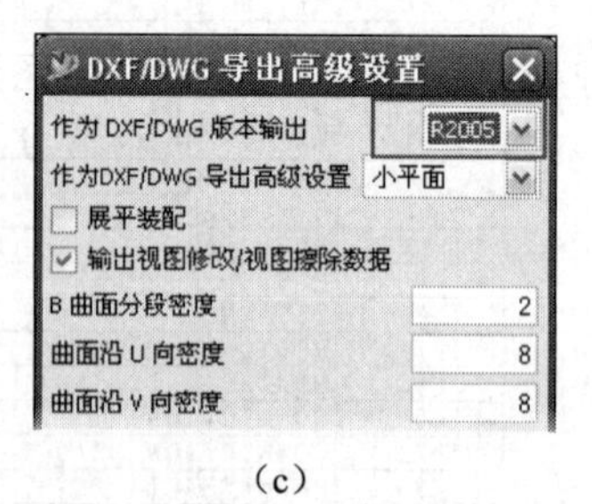

(c)

图 8.85　2D 转换对话框设置

（5）OK，系统开始导出文件。

2. 图纸的打印输出

NX 图纸的打印需要首先进行打印机管理。在此例中，将设置一个虚拟的 PDF 打印机。首先在系统中安装“PDFCreator”，然后执行以下操作。

（1）管理 NX 的打印机：

- ❑ 在硬盘分区的任意位置创建一个空的文件夹（如“D:\NXPLOT”）。
- ❑ 选择【文件】/【实用工具】/【打印机管理】命令，确保选中“创建并编辑”选项。“浏览”打开上一步创建的文件夹作为“打印机组”目录→OK。
- ❑ 在“打印机”选项卡中选择“添加”→输入打印机名称（如 NXPLOT_PDF），选择打印机机型为“+HP:HP Postscript Multi-Bin Generic”，打印机勾选“NT/队列”并选择本地打印机为“PDFCreator”，如图 8.86 所示→OK，完成打印机的添加。
- ❑ 选择“系统打印设置”，设置系统打印的首选项→OK，完成打印机管理。
- ❑ 将此文件夹中的所有内容复制到“\UGS\NX 4.0\NXPLOT\config\pm_server”目录下，并替换所有文件。

（2）绘图输出：

- ❑ 选择【文件】/【绘图】命令→选择将要打印的“图纸页”，设置绘图“颜色”和“宽度”，如图 8.87 所示→单击“绘图”按钮。

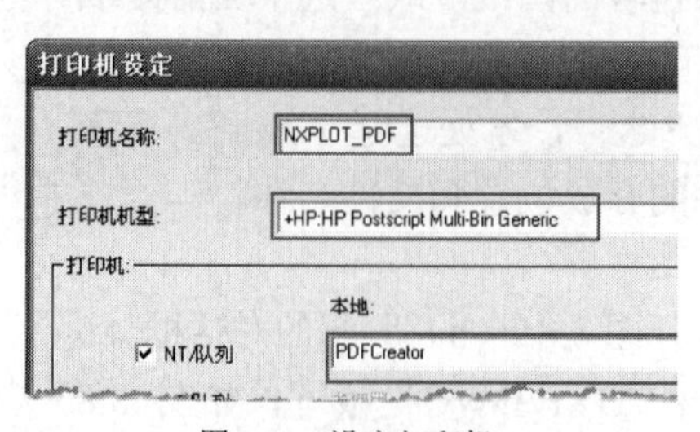

图 8.86　设定打印机

图 8.87　绘图设置

- ❑ 选择打印机为刚刚配置完成的“NXPLOT_PDF”→在“打印设定”选项卡中选择图纸的大小，图纸方向和打印比例等参数→在“打印布局”选项卡中设置“对齐”方式等参数。

❑ 单击“打印”，输入 pdf 文件名称并保存文件。

8.8 本章小结

本章主要学习了 NX 制图模块的基本应用。在制图过程中，应该特别重视制图模板的使用，这将大大提高制图效率。建议用户根据实际需要制作各种制图模板，并在建模和制图时使用模板来完成大部分通用操作。

8.9 思考与练习

1．使用哪一个命令创建阶梯剖视图？创建步骤如何？
2．自动推断尺寸标注可以标注哪些类型的尺寸？请举例说明。
3．如何编辑剖视图中剖面线的图样、角度和显示比例？
4．使用哪一个命令标注表面粗糙度符号，如何启动这一命令？
5．如何将 UG 的工程图纸输出到 AutoCAD 中？（提示：文件/导出/2D 转换）
6．如何创建个性化的零件明细表模板？（提示：修改零件明细表后另存为模板）
7．创建 GB 制图模板 A0，A1，A2，A3，A4，并将它们置于资源条中。
8．打开活塞零件 piston.prt，利用制图模板完成图 8.88 所示的二维图纸。

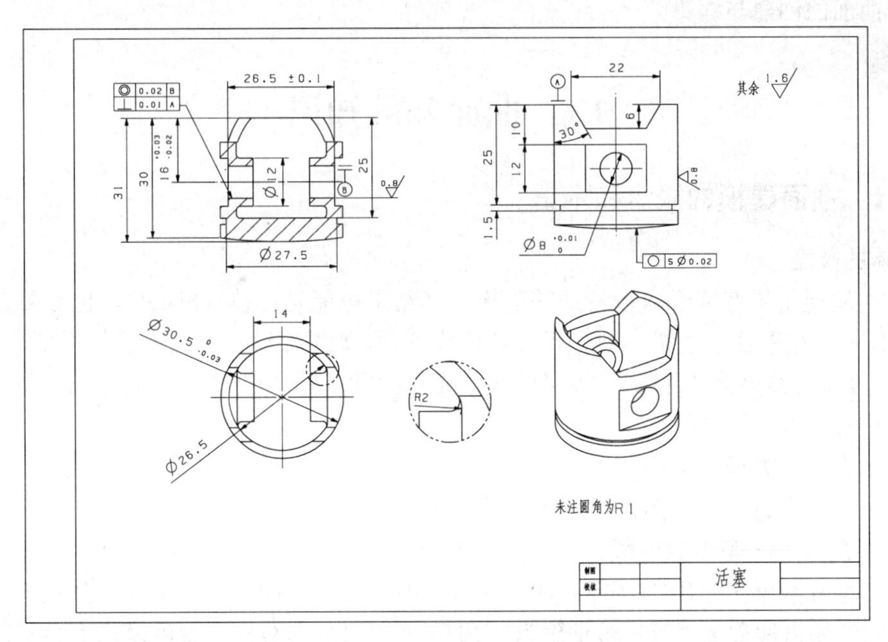

图 8.88　活塞工程图

9．为第 7 章完成的钻孔机装配创建工程制图。

第 9 章　曲面建模基础与范例

在产品设计过程中，有很多零件的外形需要漂亮的外观，而除安装配合部分之外，对于尺寸要求不是很高，一般只需要保证表面光顺连接。此类零件的设计单靠实体造型是难以实现的，需要利用曲面特征造型（Free Form Feature）来完成。对复杂零件也可以采用实体和曲面混合建模，用实体造型方法创建零件的基本形状，对实体造型难以实现的形状用曲面建模，然后与实体特征进行各种操作和运算，达到零件和产品的设计要求。

【教学目标】了解曲面建模的基础知识和曲面建模的一般流程；掌握利用曲线功能构建零件的线框模型；掌握构建和编辑曲面的基本功能。

【知识要点】本章主要学习曲面建模的以下知识：

- ❑ 曲面建模的基本术语和一般流程；
- ❑ 曲线的创建与编辑；
- ❑ 曲面的创建与编辑。

9.1　曲面基础知识

9.1.1　曲面建模的概念和术语

1．体的类型

曲面的构造结果有别于成型特征的建模，其结果可能是片体（Sheet），也有可能是实体（Solid）。体的类型取决于建模参数预设置和建模条件。如果建模首选项中的体类型设置为“片体”，则一般建模结果为“片体”；如果此选项设置为默认的“实体”，当满足以下条件时，建模结果为实体：

（1）体在两个方向上封闭。

（2）体在一个方向上封闭，另一方向的两个端面为平面。

2．UV 网格——等参数曲线

一个曲面在数学上是用 U（行）和 V（列）两个方向上的参数定义的，如图 9.1 所示。等 U、V 向的栅格线称为“等参数曲线”，它们用于在“静态线框”着色模式下显示曲面形成过程，对曲面特征没有影响。系统默认为不显示“栅格线”，可以通过“编辑对象显示”功能设置 U、V 网格线数量。

3. 曲线或曲面的连续性

连续性用来描述曲线或曲面连接处的实际连续程度，曲面建模中常见的 3 种连续性类型是 G0、G1 和 G2，如图 9.2 所示。

（1）G0——表示两个对象相连或两个对象的位置是连续的，它们没有缝隙，完全重合。

（2）G1——表示两个对象光顺连接，“1”表示一阶微分连续，一般称为“相切连续”。

（3）G2——表示两个对象光顺连接，“2”表示为二阶微分连续，一般称为“曲率连续”。

在一般的产品设计中，G1 连续就能满足功能需要。但是有些产品不仅仅需要满足功能上的需求，还对产品的外观有同等重要的需求，此时就需要曲面做到 G2 或以上级别。

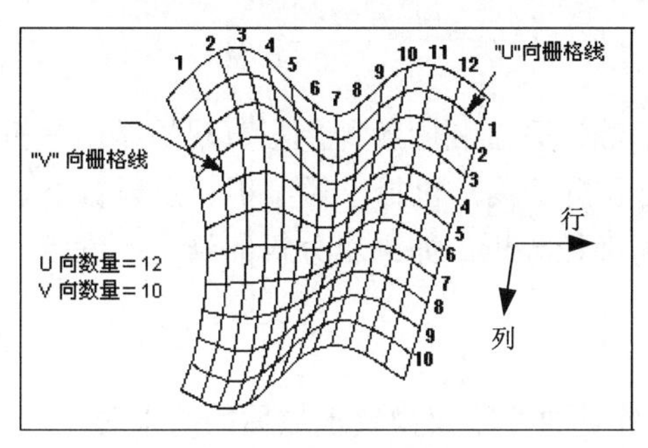

图 9.1　曲面的 UV 网格显示

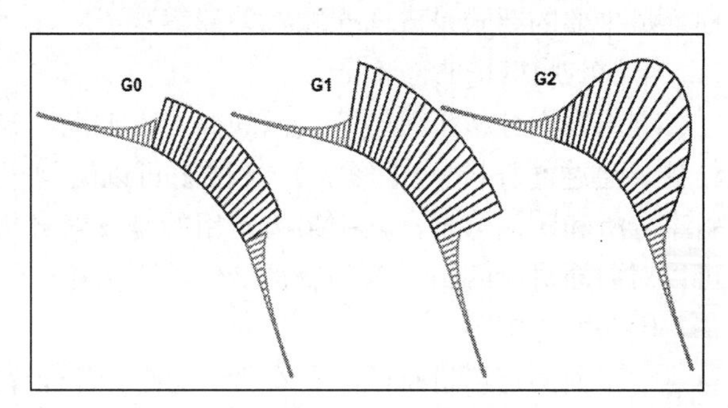

图 9.2　曲线或曲面的连续性

4. 曲线或曲面的阶次（Degree）

阶次是一个数学概念，用于定义曲线或曲面的多项式方程的最高次数，对于曲面而言，包含 U、V 两个方向的阶次。NX 能定义最高 24 阶的曲线或曲面，但阶次越高越复杂，系统计算时间越长，因此一般作 3 阶曲线和曲面。如果需要作到曲率连续，建议使用 5 阶。

9.1.2　曲面建模的一般流程

图 9.3 表示了曲面建模的一般流程。

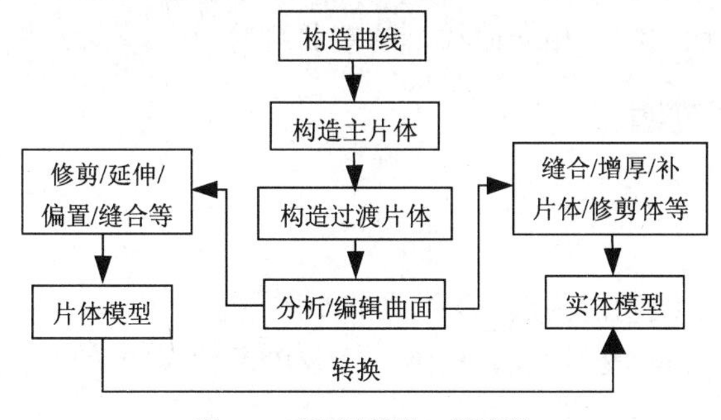

图 9.3　曲面建模的一般流程

1. 构造和分析曲线

在产品设计时，应该首先根据外形的要求建立构造曲线，这可以使用【草图】和【曲线】功能。对于平面形状一般建议使用草图构建；空间或自由曲线则由曲线构建。对于更容易表达产品外形的样条曲线需要进行形状分析（如曲率梳、阶次和分段等）。高质量的曲线是创建高质量曲面的前提，因此在构造曲线时应该尽可能仔细精确，避免缺陷（如曲线重叠、交叉、断点等），否则会造成后续建模的一系列问题。

2. 构造主片体

使用构造曲线建立主要或大面积的片体，主要包括以下几种曲面类型：直纹曲面、过曲线组曲面、过曲线网格和扫掠等。

3. 构造曲面过渡连接

使用各种过渡方法连接和光顺处理主片体，构造过渡曲面。常见的曲面过渡方法包括各种倒圆功能（边倒圆、面倒圆、软倒圆等）、桥接曲面、截面（Section）、*N* 边曲面等。过渡曲面最主要的要求是表面光顺，外形美观。

4. 分析/编辑曲面特征

利用表面分析工具检查曲面的变形、波动、缺陷等，系统利用各种色彩直观的显示分析结果。通过【分析】/【形状】/【面】可以访问表面分析工具，包括半径分析、反射分析、斜率分析和距离分析，其中最为常用的是反射分析和半径分析。如果对分析的结果不满意，可以对曲面进行编辑，直到获得最佳结果为止。

5. 片体的操作

对于曲面可以进行偏置、修剪、延伸、缝合等操作。而一般建模要求最后的结果为实体，这可以通过以下几种方式实现：

（1）Trim body ——使用片体修剪实体以获得实体上的曲面形状。

（2）Patch body ——利用补片体功能在实体上进行修补操作。

（3）Sew ——对于闭合的片体进行缝合操作以获得实体。

（4）Thicken Sheet ——对片体进行增厚以获得实体。

9.2 曲线（Curve）

曲线功能一般用于构造三维空间少量的空间曲线。曲线中的操作功能可以产生关联曲线，如投影、偏置曲线、修剪曲线、相交曲线、桥接曲线等。

9.2.1 曲线绘制范例

学习目标

- 学习使用一般曲线功能构造 3D 线框的一般过程。
- 学习曲线设计功能：抛物线、椭圆、样条以及曲线的变换方法。

相关知识

❑ 抛物线（Parabola）

抛物线的参数示意图如图 9.4 所示，绘制抛物线需要已知“焦距长度”。将抛物线的一个端点（20, 30）代入抛物线方程 $y^2=2px$，可得抛物线方程为 $y^2=45x$（焦距长度为 $p/2=11.25$）。

操作步骤

完成如图 9.5 所示的鼠标 3D 线框造型。

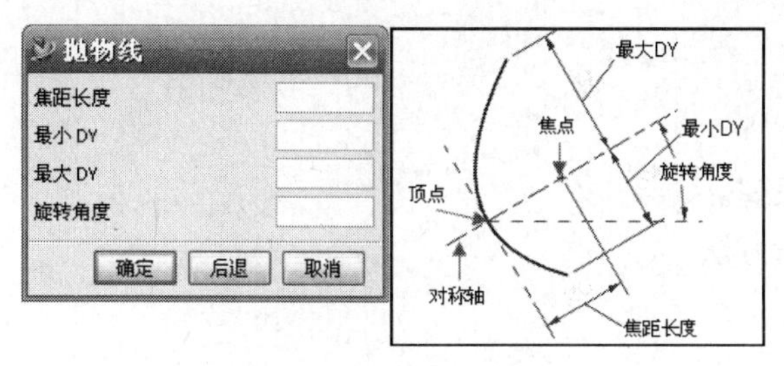

图 9.4　抛物线

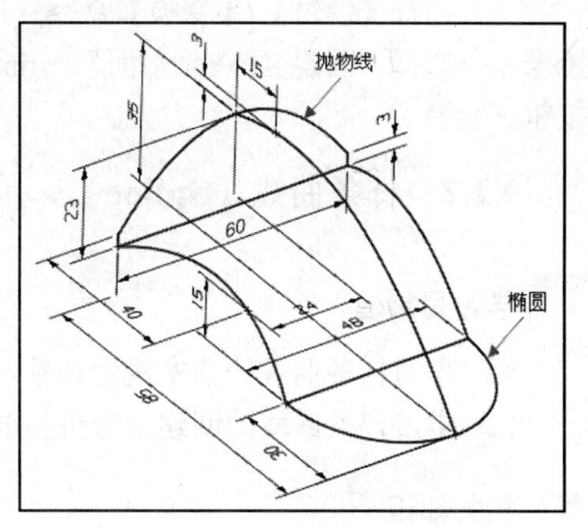

图 9.5　鼠标 3D 线框模型

1. 绘制端面轮廓

（1）将模型视图切换为“TOP 视图”，绘制图 9.6 所示的端面轮廓。

（2）选择【插入】/【曲线】/【抛物线】命令→输入抛物线顶点为（0, 0, 0）→输入抛物线参数（焦距长度=11.25，最小 DY=−30，最大 DY=30，旋转角度=−90）→OK，完成抛物线的绘制。

（3）选择【插入】/【曲线】/【直线】命令，绘制图 9.6 所示的直线。

2. 绘制底面轮廓

（1）将 WCS 定位至椭圆中心并旋转 WCS 使椭圆平面为工作平面：激活动态 WCS→沿 ZC 轴移动“55”，沿 YC 轴移动“−35”，将 WCS 绕 XC 轴旋转“−90”，如图 9.7 所示。

（2）单击【视图】工具条中的“设置为 WCS”按钮（需添加此按钮）。

（3）选择【插入】/【曲线】/【椭圆】命令→输入椭圆中心点为（0, 0, 0）→输入椭圆参数（长半轴=24，短半轴=30，起始角=180，终止角=360）→OK，完成椭圆弧的绘制。

（4）在两个椭圆弧的端点之间连接一条直线。完成结果如图 9.8 所示。

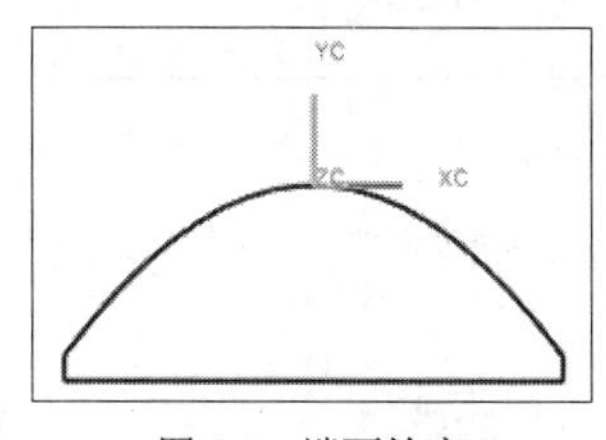

图 9.6　端面轮廓

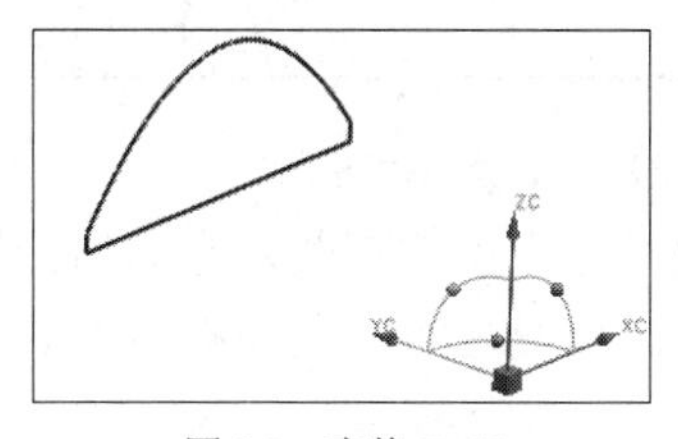

图 9.7　变换 WCS

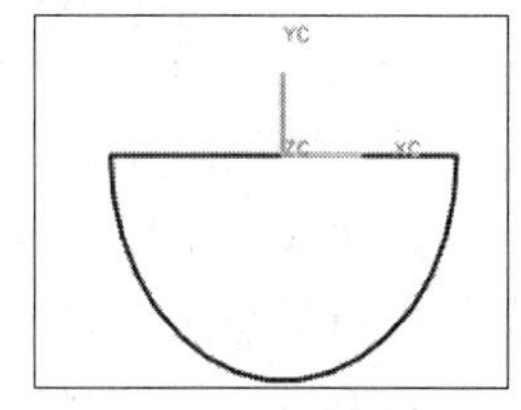

图 9.8　底面轮廓

3. 绘制连接两个轮廓的艺术样条

（1）在【实用工具】工具条中单击“设置为绝对 WCS”按钮。

（2）选择“艺术样条”，选择“通过点”方式，设置阶次为 2，关闭“关联”选项。

（3）在【捕捉点】工具条中单击“点构造器”按钮→输入第一个点为（0, 0, 0），第二个点为（0, 3, 15），第三个点为椭圆弧中点→单击“后退”按钮→单击 MB2，完成第一个样条的绘制。

（4）同理绘制第二个样条通过以下三点：端面直线端点→（–24,–20,40）→底面一个端点。

（5）选择【编辑】/【变换】命令→选择第二个样条→times New Roman→“通过一平面镜像”→选择“固定 ZC-YC 平面”→times New Roman→单击【变换】对话框中的“复制”按钮→取消。

9.2.2 样条曲线（Spline）

学习目标

- 学习样条曲线的基本概念和基本原理。
- 学习样条曲线的创建、分析与编辑方法。

相关知识

样条曲线是一种构造曲面时非常重要的 2D 或 3D 曲线，可以完美描述复杂外形。NX 系统主要包括 3 种生成样条的方式（见表 9.1），在图例中，“+”表示定义点，圆标记表示极点，连接极点的直线称为控制多边形，扇形图案表示样条曲线的曲率梳。

表 9.1 样条曲线的生成方式

通过点（Though Points）	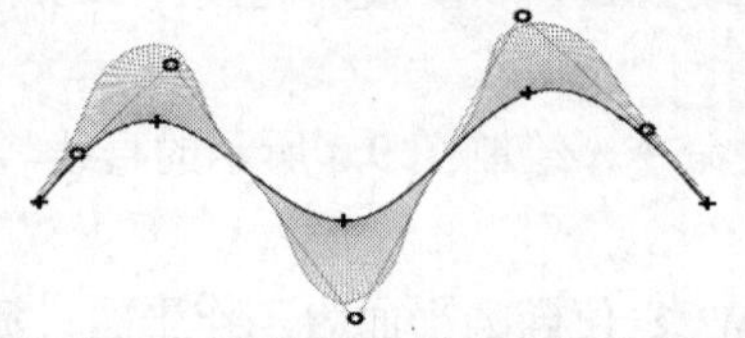	样条通过所有指定的输入点，系统内部自动创建极点和控制多边形
由极点（By Poles）	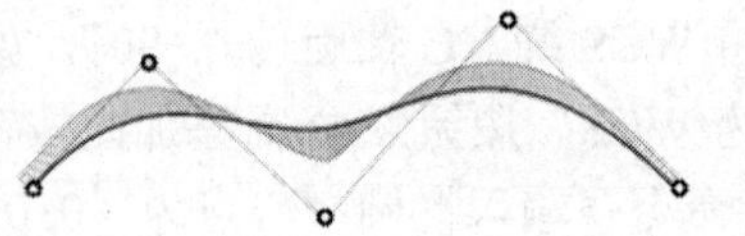	所有输入点会定义一个控制多边形，样条通过的起始和终止极点
拟合（Fit）	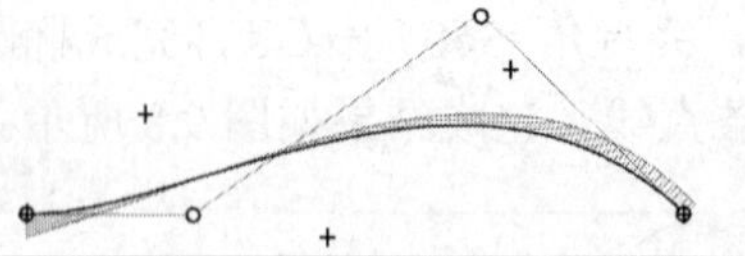	系统以逼近输入点的方式创建光顺的样条，样条不一定通过所有的输入点，但一定会通过起点和终点

1. 阶次（Degree）和分段（segments）

样条曲线的阶次和分段数量与极点数有关，它们的计算公式为：极点数 – 阶次=分段。样条的极点数至少比阶次大 1。分段之间的交点称为“节点（Knot Point）”。

2. 样条曲线分析

通常，使用“曲率梳”进行样条曲线分析，如图 9.9 所示。通过菜单【分析】/【曲线】/【曲率梳】或【形状分析】工具条中的图标，可以访问此功能。对于样条曲线的各种分析显示与关闭必须首先选择曲线，然后再执行

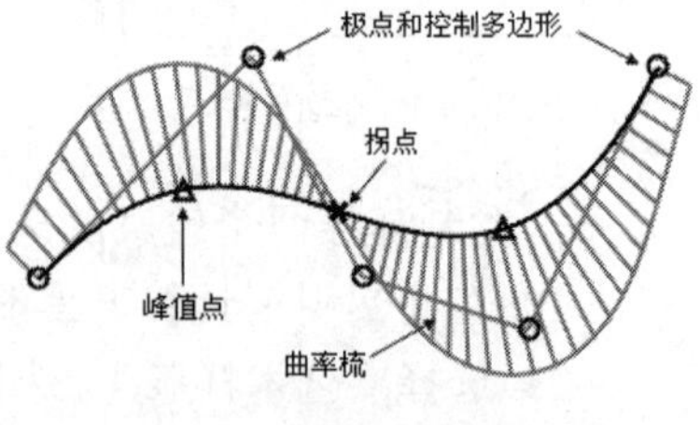

图 9.9 样条曲线的分析

相应的分析功能。

3．样条曲线的类型

（1）一般样条（Spline）：非特征曲线，不会显示在部件导航器中，一般使用非参数化的方法进行编辑。

（2）艺术样条（Studio Spline）：动态特征样条，包括“通过点”和“由极点”两种方式。如果选中“关联”选项，可以创建关联的特征曲线。

（3）拟合样条（Fit Spline）：拟合样条包括的3种控制类型为阶次和分段、阶次和公差、模板曲线。一般利用此功能来拟合大量的输入点，并可以利用拟合样条来光顺已有的样条。

4．样条曲线的建议

创建样条曲线的目的是为了控制三维模型，因此创建高质量的样条非常重要，一般应该注意以下几方面：

（1）如果有可能，尽可能创建单段样条曲线。

（2）如果需要更多的分段来捕获一个形状，则可以考虑使用多条曲线构建。

（3）如果有可能，尽量使用3阶样条。

（4）单段样条曲线的连接如果必须保持曲率连续，则需要构造5阶样条。

操作步骤

1．创建一般样条

（1）打开文件mff_spline_1，启动建模环境。

（2）创建单段“通过点”样条：选择【插入】/【曲线】/【样条】命令→选择“通过点”方式，曲线类型为“单段”→OK→选择“全部成链”→分别选择第一行的第一点和最后一点作为链的起点和终点，生成样条。

（3）查询样条的信息：选择【信息】/【对象】命令→选择样条，查询样条阶次和分段。

（4）创建多段“通过点”样条：按照S步骤①相同的步骤创建样条，参数设置为“多段、3阶”，利用第二行的点创建样条。查询样条的信息。

（5）创建“由极点”样条：启动样条命令→选择“由极点”方式→曲线类型为“单段”→OK→从左到右依次选择第三行的点→OK→单击“Yes”按钮完成样条的创建→单击“Back”按钮→设置样条的参数为“多段，3阶”→选择第四行的点创建另一样条。

（6）创建由公差控制的拟合样条：选择样条命令→选择“拟合”方式→全部成链→选择第五行的第一点和最后一点→选择拟合方法为“根据公差”，输入“公差=0.1”→单击“Apply”按钮，对话框中拟合误差的最大值和最小值均为0→输入公差为0.5→单击“Apply”按钮，观察对话框中拟合误差的最大值和最小值变化。

（7）创建由分段控制的拟合样条：使用第六行的点创建拟合样条，拟合方法为“根据分段”：曲线阶次为3，分段数量为1→单击“Apply”按钮，观察对话框中拟合误差的最大值和最小值。

2．创建艺术样条并调整斜率方向

（1）打开文件mff_hook并启动建模环境。

（2）创建“通过点”艺术样条：选择【插入】/【曲线】/【艺术样条】命令→选择“通过点”方式，阶次为3，打开“关联”选项→依次选择图9.10（a）所示的4个点→OK。

（3）编辑样条，添加相切控制：双击样条启动编辑模式→在点1上单击MB3→指定约束

→选择图 9.10（b）所示的切向斜率手柄②→选择竖直直线的端点；同理，指定点 2 的切向为同一条直线的端点，指定点 3 的切向为水平直线的端点；点 4 的切向为圆弧的终点，如图 9.10（c）所示。

（4）分析样条“曲率梳”：从【形状分析】工具条中单击按钮→选择曲率梳选项，输入“比例=300，密度=100”→OK→切换到 Front 视图，如图 9.10（d）所示，可以发现在图中指示的两个位置发生曲率突变。

（5）调整样条：如图 9.10（e）所示，动态拖动约束控制手柄，调整各点的切向和斜率大小，直到获得满意的结果。

（6）查看样条相关性：修改用户表达式 Angle_adjust 为 35，观察样条曲线的更新情况，如图 9.10（f）所示。

关于图 9.10（b）所示的动态约束控制手柄：①定义点移动；②切向控制；③曲率控制；④斜率控制。

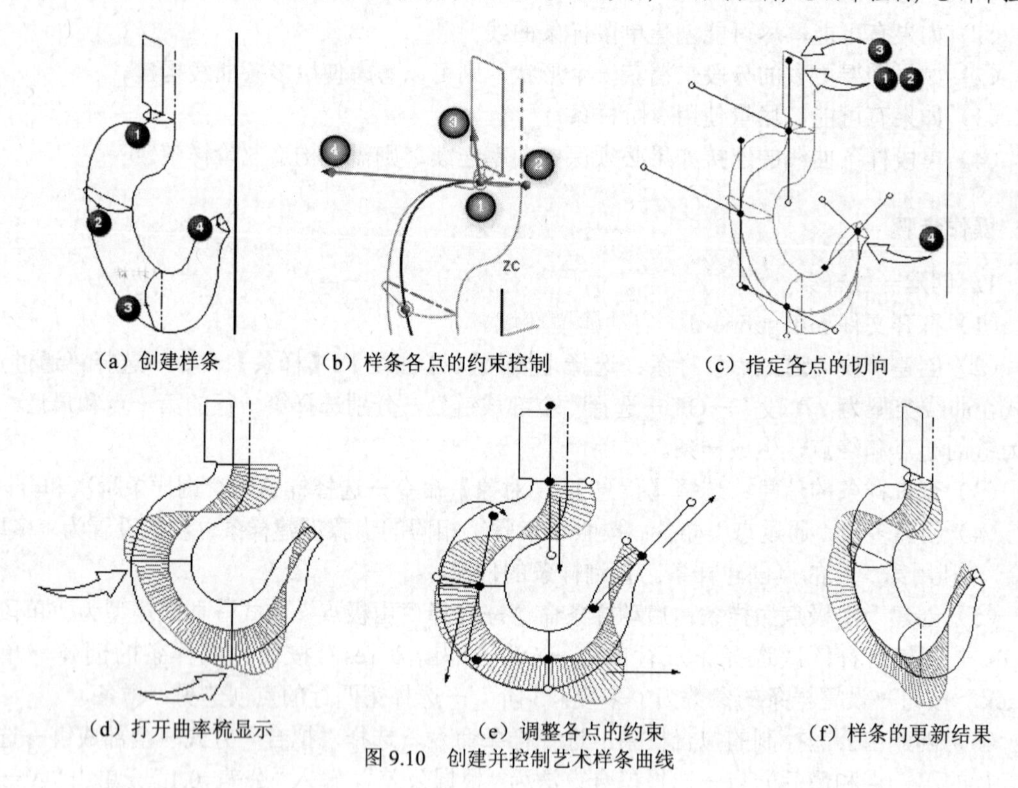

（a）创建样条　（b）样条各点的约束控制　（c）指定各点的切向

（d）打开曲率梳显示　（e）调整各点的约束　（f）样条的更新结果

图 9.10　创建并控制艺术样条曲线

9.2.3　“展成”曲线

学习目标

- 了解各种“展成”曲线的应用场合。
- 学习各种“展成”曲线的生成条件和操作步骤。

相关知识

利用已有的曲线或体对象生成新的曲线，一般称为“展成”曲线。是否控制“展成”曲线与原始对象关联，视应用的场合而定。

操作步骤

1. 偏置曲线（Offset curves）

（1）打开 mff_offset_curve_1，启动建模环境，创建图 9.11 所示的偏置曲线。

（2）单击“偏置曲线”按钮→选择两条“机翼”曲线→OK，如图 9.11（a）所示。

（3）选择“距离”方式→确保矢量方向指向内侧（否则单击“反向”按钮）。

（4）输入偏置距离为 0.2，接受对话框中的默认参数→单击“Apply”按钮，如图 9.11（b）所示。

（5）选择“拔模”方式→输入“高度=1，角度=10”→OK，如图 9.11（c）所示。

“距离（Distance）”和“拔模（Draft）”偏置方式只能处理平面曲线，3D 曲线请使用“3D 轴向”偏置。另外双击偏置曲线可以启用“回滚”编辑操作。

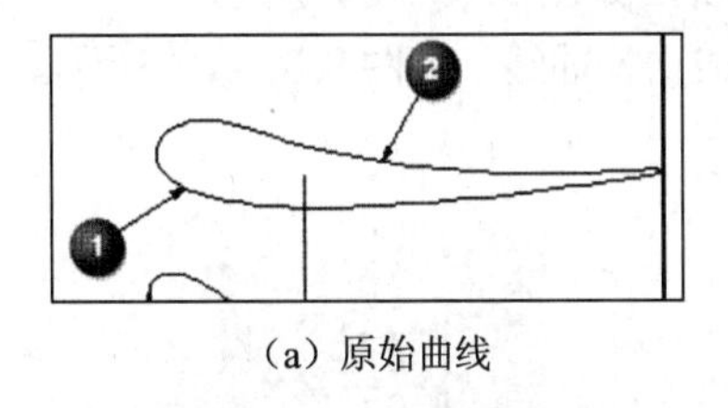

（a）原始曲线

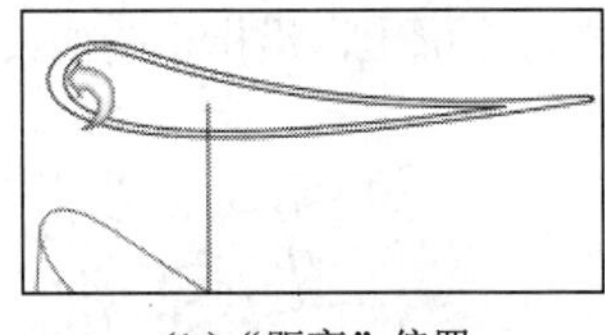

（b）“距离”偏置

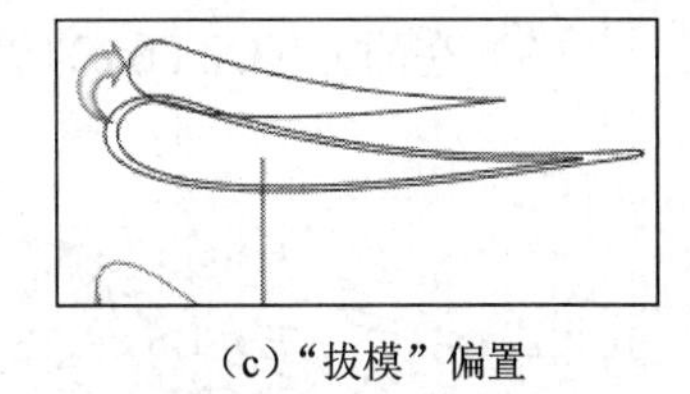

（c）“拔模”偏置

图 9.11　偏置曲线

2. 投影曲线（Project Curve）

此功能将曲线、边缘和点投影到表面或基准平面上。在此功能中，特别需要注意的是“投影方向方式”的控制。打开文件 mff_project_curve_1，首先“沿面的法向”投影获得图 9.12 所示的结果；然后编辑投影曲线，将投影方向更改为沿“-ZC 轴”方向，获得图 9.13 所示结果。

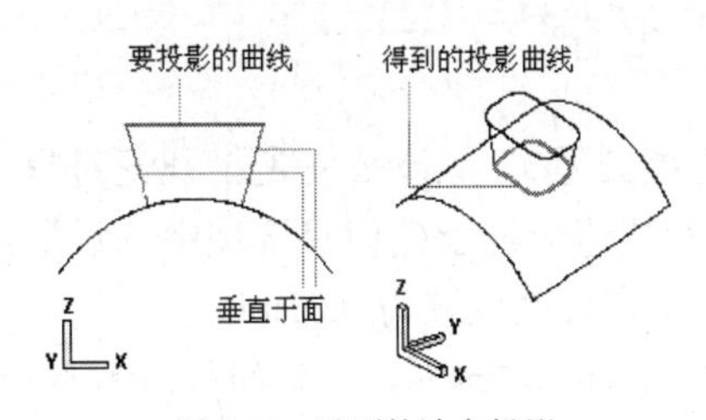

图 9.12　沿面的法向投影

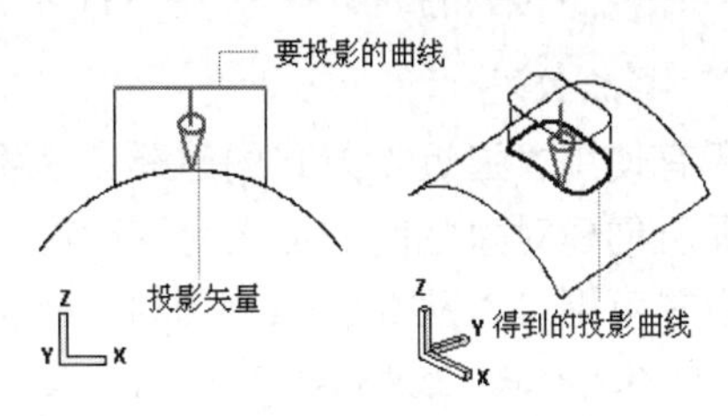

图 9.13　沿指定的矢量方向投影

3. 组合投影（Combined Projection）

此功能常用于利用两组在正交平面内的 2D 曲线组合生成正交方向上的 3D 曲线。打开 mff_combined-proj，按图 9.14 所示创建一条新的组合投影曲线。

4. 相交曲线（Intersection Curve）

此功能用于创建两组对象之间的交线，两组对象可以是表面、片体、实体和基准平面之间的任意组合，图 9.15 所示为求两个相交圆柱面交线的示例。

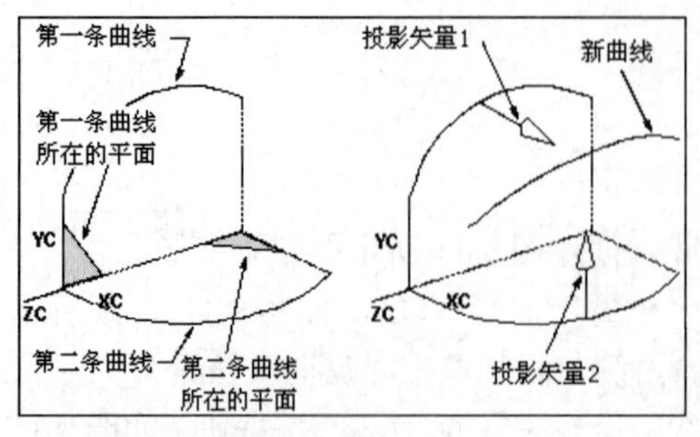

图 9.14　组合投影

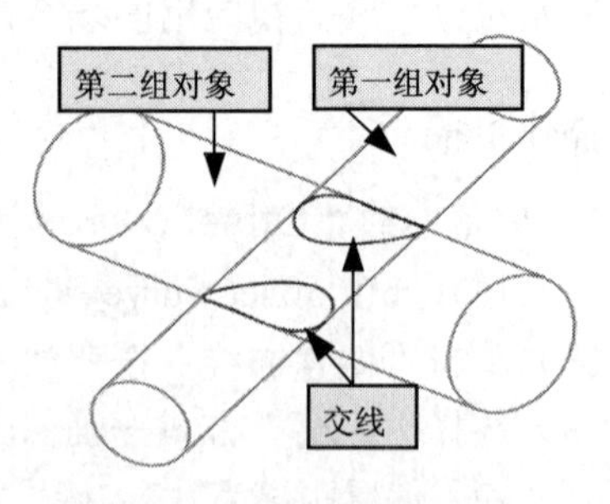

图 9.15　相交曲线

5. 文本曲线（Text）A

利用 Windows 系统字库，生成 NX 的文本曲线。文本曲线包括以下 3 种定位方式：

（1）平面文本（Planar text）：创建平面上的文本曲线，如图 9.16（a）所示。

（2）沿曲线（On Curve）：沿选中的线串创建文本曲线，如图 9.16（b）所示。

（3）在面上（On Face）：在选定面上，沿指定的曲线生成文本曲线，如图 9.16（c）所示。

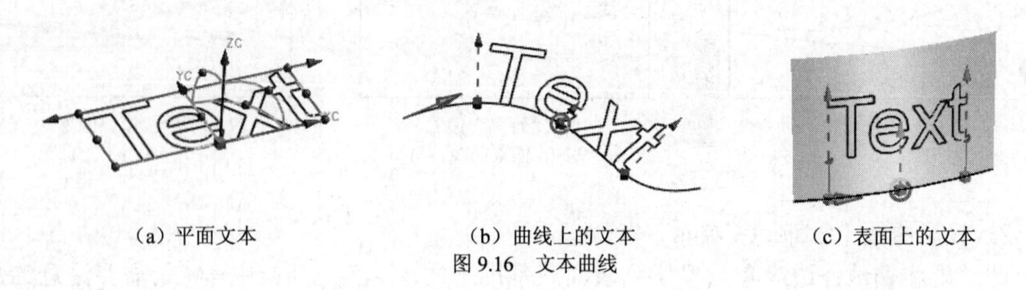

（a）平面文本　　（b）曲线上的文本　　（c）表面上的文本

图 9.16　文本曲线

9.3　曲　　面

9.3.1　曲面建模的共同参数

1. 距离公差

所有使用“逼近”方式的建模方法都需要指定“距离公差”。距离公差是指理论对象与系统实际所创建对象之间的最大允许距离。距离公差的默认值会继承建模首选项中的设置，通常的设置范围可以从 0.1mm 到 0.001mm，一般建议将建模公差设置为 0.01mm。

保留形状：选中此选项用于保留陡峭边，覆盖逼近输出曲面的默认值，从而获得剖面线串的精确对齐，只有参数对齐和点对齐方式可以使用此选项。

2. 线串的选择

许多曲面建模功能需要选择线串，线串可以包括边缘、曲线、表面、点等类型。当选定了每条剖面线串时，单击 MB2 以结束选择。此时某些类型的线串将显示矢量箭头，此矢量以选择时光标最靠近的线段端点作为起点，方向指向此线段终点。矢量用来排列剖面线串，以防止得到扭转体，如图 9.17 所示。当选择表面作为剖面线串时，起始对象是离选择面位置最近的边缘，如图 9.18 所示。

每个剖面线串的起点和终点是自动点对齐的。

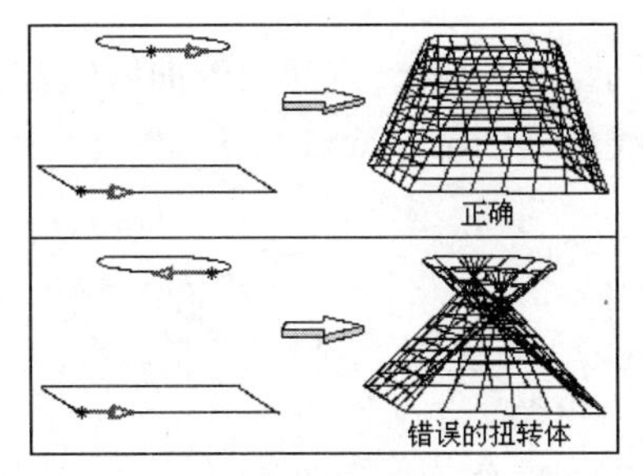

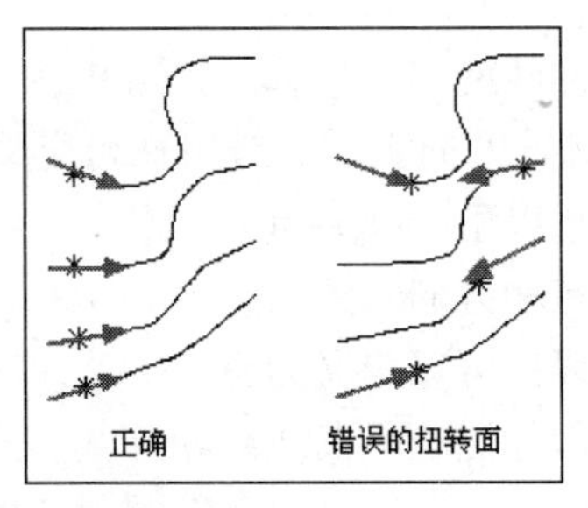

图 9.17　矢量方向对建模结果的影响

图 9.18　选择面的边作为线串

3. 对齐方式

许多主曲面建模功能（如直纹曲面、通过曲线组曲面、扫掠曲面、艺术曲面等）提供了剖面线串的对齐方式选项，这些对齐方式可以根据剖面线串的具体构成情况合理选择，并由此获得高质量的曲面。对齐方式主要包括参数、弧长、根据点、距离、角度对齐等。

（1）参数对齐：沿定义线串等参数间隔等参数线通过的点。系统充分考虑组成线串的每段曲线。参数对齐一般适用于每组剖面线串参数分布均匀的情况。

（2）弧长对齐：沿定义线串等弧长间隔等参数线通过的点。系统将所定义线串作为一条曲线进行近似处理。弧长对齐一般适用于线串参数分布不均匀的情况。

（3）根据点对齐：将不同外形的剖面线串之间通过指定的点对齐，是一种手动对齐方式。

9.3.2　主曲面

主曲面是指用于构造产品主要形状的一类曲面特征。

1. 直纹曲面（Ruled）

利用两组剖面线串构造简单的直纹曲面特征，如图 9.19 所示。这种方法可以指定第一条线串为一点。

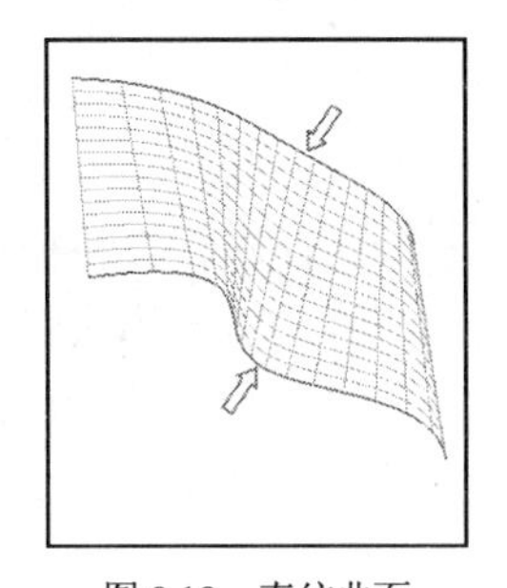

图 9.19　直纹曲面

2. 通过曲线组（Though Curves）

通过同一方向上的一组剖面线串构造“通过曲线组”曲面，如图 9.20 所示。在创建通过曲线曲面时应该注意以下一些要点：

（1）按照一定的顺序选择线串，同时注意选择正确的起点位置以使曲线矢量方向一致。

（2）当创建图 9.21 所示的封闭曲面时，需要选中对话框中的“V 向封闭”选项。

（3）剖面线串的第一条和最后一条可以指定其与边界面的约束连续性，如图 9.22 所示。

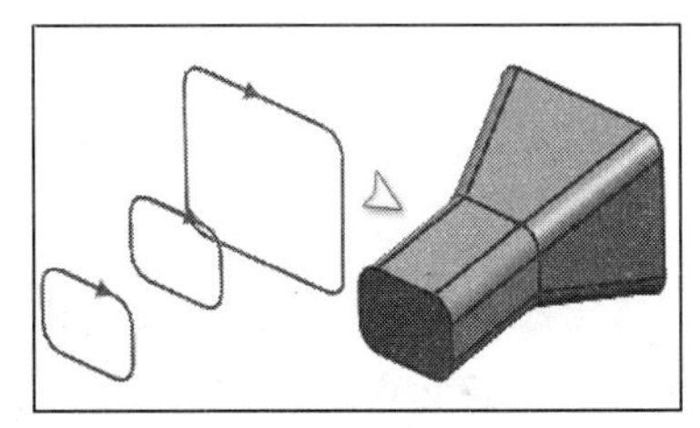

图 9.20　通过曲线组

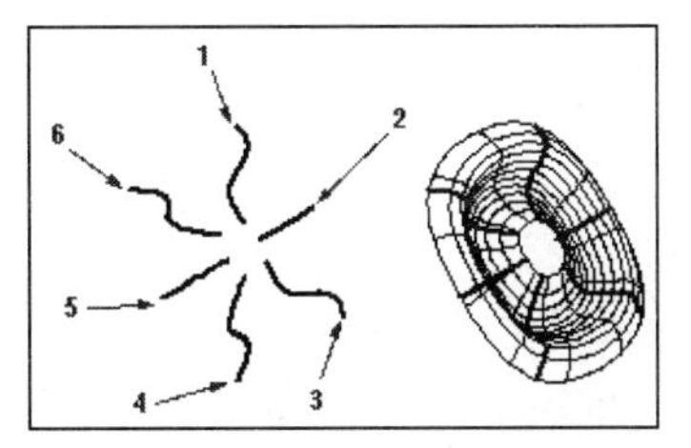

图 9.21　V 向封闭

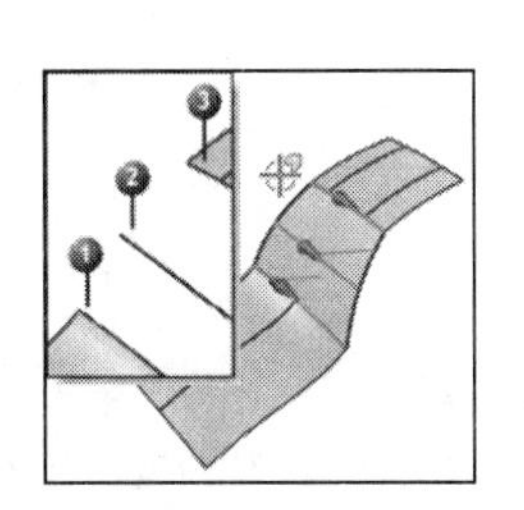

图 9.22　添加边界面约束

3. 通过曲线网格（Though Curves Mesh）

通过在两组不同方向上的曲线网格生成体。如图 9.23 所示，其中第一方向上的曲线组称为主线串（Primary Strings），另一方向上的曲线组称为交叉线串（Cross Curves）。

在使用网格曲面时需要注意以下一些要点：

（1）需要保证主线串的起点和方向一致。

（2）第一条和最后一条主线串可以定义为点。

（3）主线串和交叉线串的最外侧边界曲线会相互裁剪成为拐角。

（4）当主线串都是封闭的曲线时，如果希望获得封闭的形体，需要重复选取第一条交叉线作为最后一条交叉线。

（5）可以在网格曲面的 4 条边界上分别指定其与相邻边界面连续性约束。

（6）当主线串与交叉线串不相交时，只有“相交公差”大于两组线串之间的间隙才能创建曲面，并利用强调方式来决定曲面通过的位置。如图 9.24 所示：①为主线串，②为交叉线串，③④⑤分别表示强调 3 种构面情况。

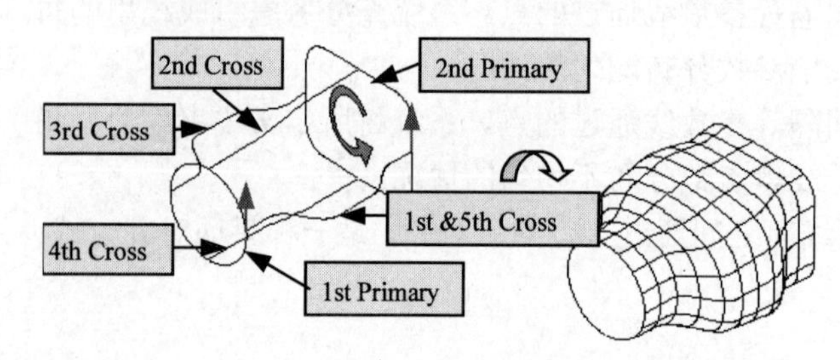

图 9.23　网格曲面示例

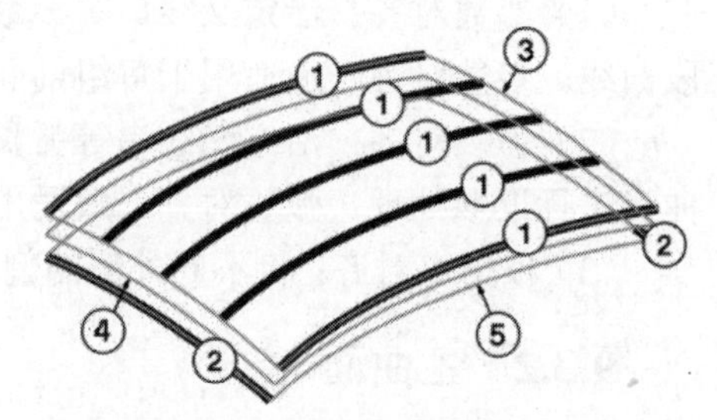

图 9.24　相交公差与强调方式

4. 扫掠（Swept）

扫掠特征通过定义一个或多个外形剖面线串沿一条、两条或三条引导线移动从而获得扫掠外形，图 9.25 展示了扫掠的各种情况。

在使用扫掠特征构造曲面时，需要注意以下一些要点：

（1）引导线决定了曲面的 V 向，要求引导线必须是光滑连接的线串。

（2）当扫掠特征只使用一条引导线时，由于剖面限制条件最少，所以还可以控制剖面扫掠时的方位和比例变化。图 9.25（a）的剖面线串为沿矢量+ZC 方向。

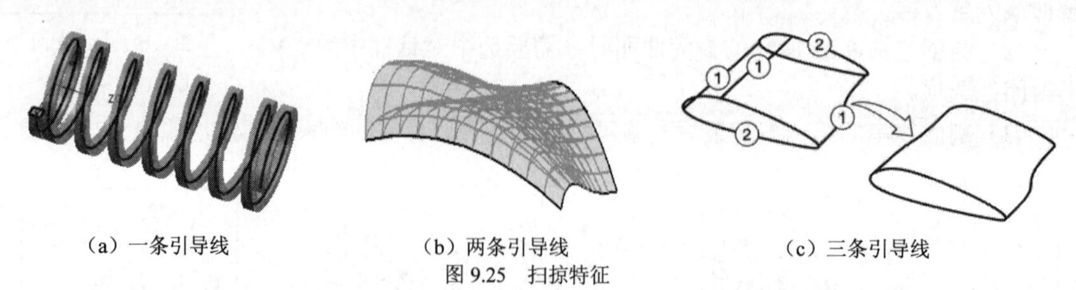

（a）一条引导线　　（b）两条引导线　　（c）三条引导线

图 9.25　扫掠特征

当使用单一引导线方式创建扫掠特征时，由于剖面的方向是自由的，所以系统提供了更多的方向控制方式，如图 9.26（a）所示。比较常用的方向控制方式为“矢量方向”和“角度规律”，如图 9.26（b）、（c）所示。

【练习 1】打开 Swept1.prt，选择螺旋曲线作为引导线，矩形作为剖面线串，设置扫掠参数为“参数对齐，保留形状”；方向控制方式为“矢量方向”，选择+ZC 轴，得到的结果如图 9.26（b）所示。

【练习 2】打开 Swept2.prt，选择直线作为引导线，封闭的草图作为剖面线串，设置扫掠参数为“参数对齐，保留形状”；方向控制方式为“角度规律”，角度控制方式为“线性”，起始角度=0，终止角度=15；比例方式为“过渡”方式，起始比例=1，终止比例=0.8，建模结果如图 9.26（c）所示。

已扫掠
固定
面的法向
矢量方向
另一曲线
一个点
角度规律
强制方向

（a）扫掠方向控制选项

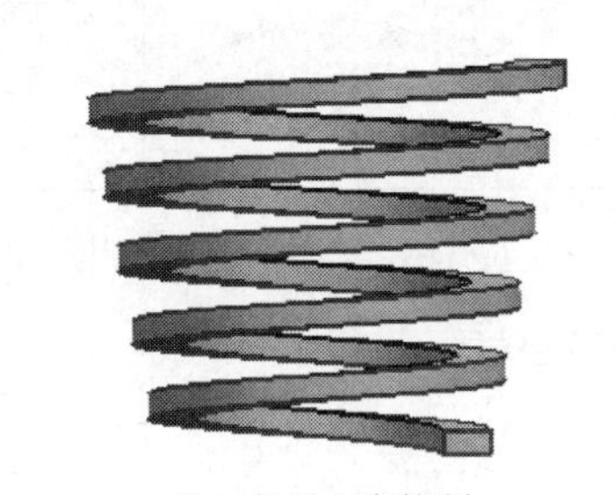

（b）矢量方向控制

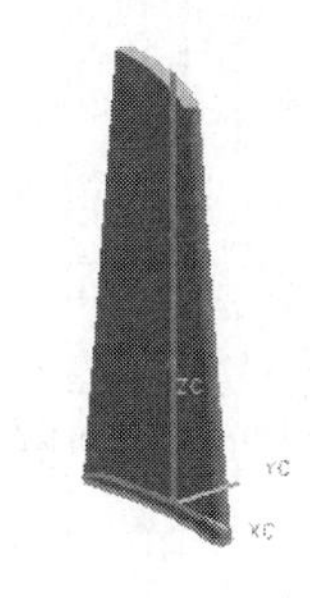

（c）角度规律控制

图 9.26　单一引导线时扫掠方向的控制

（3）当定义了两条引导线时，由于两条引导线已经完全限制了剖面线串的方位，而且剖面在引导线方向的比例也被限制，因此剖面只能控制另外一个方向的比例（包括均匀比例和横向比例两种方式），如图 9.25（b）所示。

（4）当定义了三条引导线时，由于三条引导线已经完全限制了剖面线串的方位和比例，所以没有方位和比例控制选项。

（5）当定义了两个及以上剖面线串时，需要指定剖面线串之间的曲面插补方式，包括线性（Linear）和 3 次（Cubic）插补。另外还需要指定剖面线串的对齐方式。

9.3.3　过渡曲面

过渡曲面是指用于连接主曲面且与主曲面保持相切或者曲率连续的曲面特征，类似于“倒圆”操作。主曲面中的过曲线和过网格曲面由于具有边界连续性控制，所以可以用于过渡，另外的一些常用过渡方法还有桥接曲面、二次剖面、N 边曲面、面倒圆、软倒圆等。

1. 桥接曲面（Bridge Surface）

桥接曲面用于创建一个以相切连续或曲率连续连接两个面的片体。桥接曲面必须选择两个主面，可选的侧面或侧边（至多两个，任意组合）以及拖动选项可以用来控制桥接片体的形状。在图 9.27 所示的实例中，利用桥接曲面功能完成了顶部的过渡曲面造型。

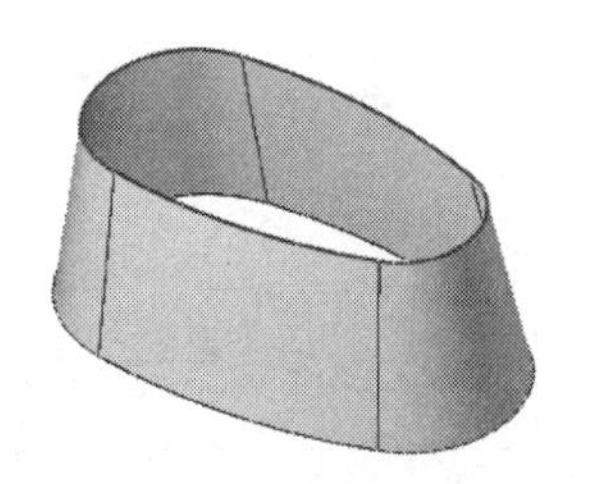

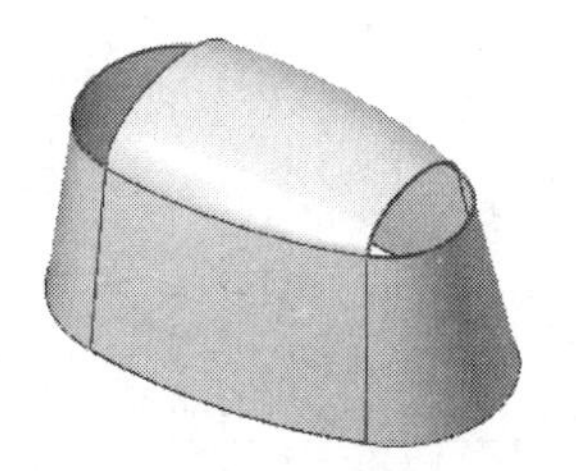

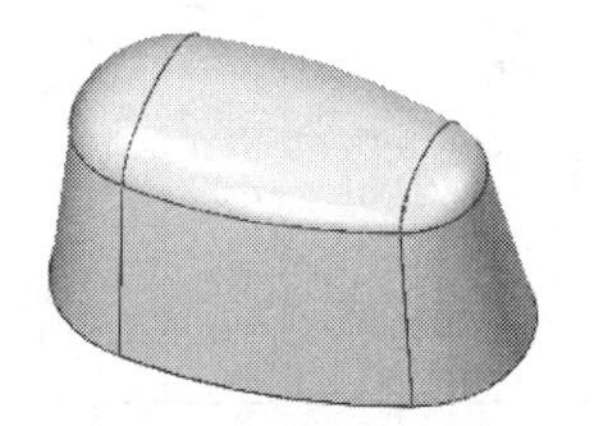

图 9.27　桥接曲面

2. 剖面（Section）

剖面使用二次曲线技术构建曲面，在使用此功能时需要指定用来定义二次曲线所必须的5个条件。剖面特征由一系列二次曲线构成，这些二次曲线位于垂直脊线的平面内，由选中的曲线和表面计算获得，如图9.28所示。

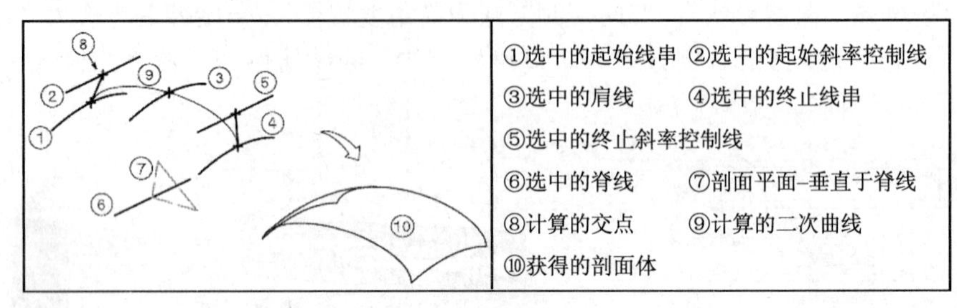

图9.28　剖面的构成

剖面的几何解析如图9.29所示。

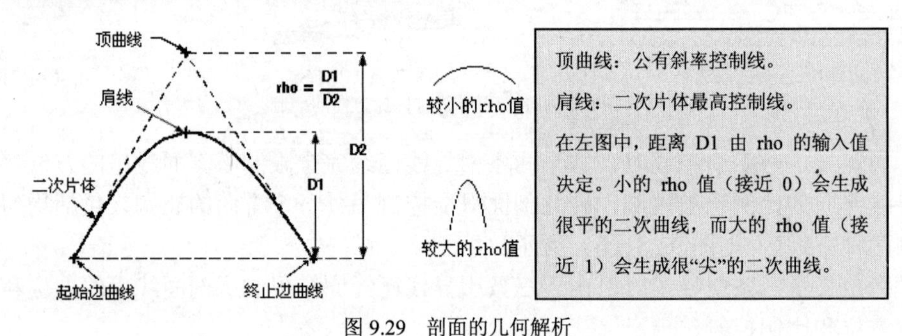

图9.29　剖面的几何解析

剖面特征一般常用于曲面之间的过渡连接。这些过渡类型主要包括圆角—肩线（Fillet–shoulder）、圆角—rho（Fillet–rho）和圆角—桥接（Fillet–bridge）。

（1）圆角—肩线（Fillet–shoulder）：此类型的剖面在分别位于两个体上的两条线串间形成光顺的圆角。体起始于第一组线串，与第一组表面相切，终止于第二组线串，与第二组表面相切，并且通过肩线，如图9.30所示。此方法必须指定脊线。

（2）圆角—rho（Fillet–rho）：此类型的剖面与“圆角—肩线”类似，但“剖面”的丰满程度由rho控制，如图9.31所示。此方法也必须指定脊线。

（3）圆角—桥接（Fillet–bridge）：此类型的剖面在分别位于两个体上的两条线串间构成桥接曲面。可以在剖面的终止处选择相切连续或曲率连续，如图9.32所示。此方法可以选择指定脊线。

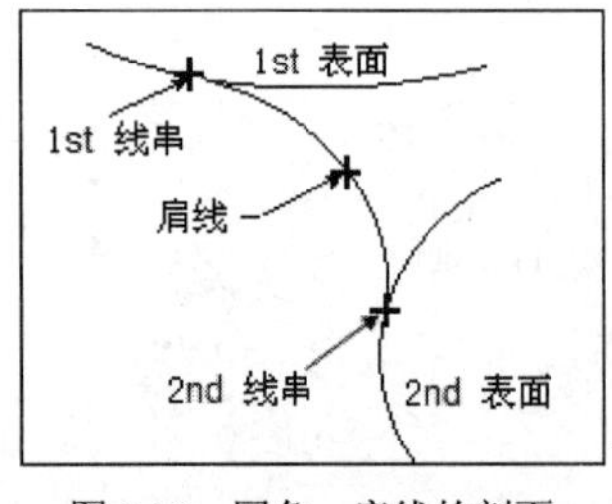

图9.30　圆角—肩线的剖面

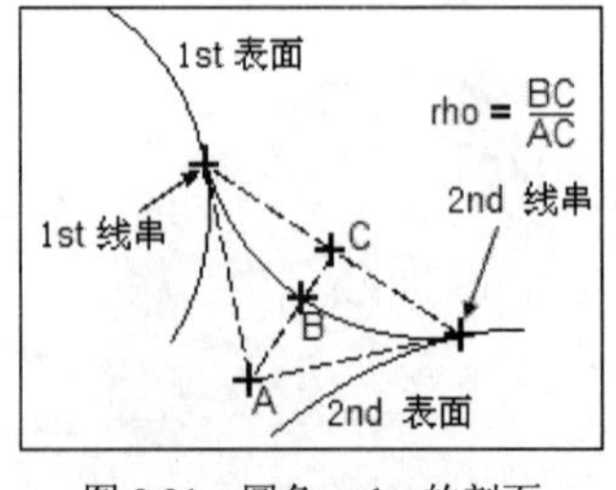

图9.31　圆角—rho的剖面

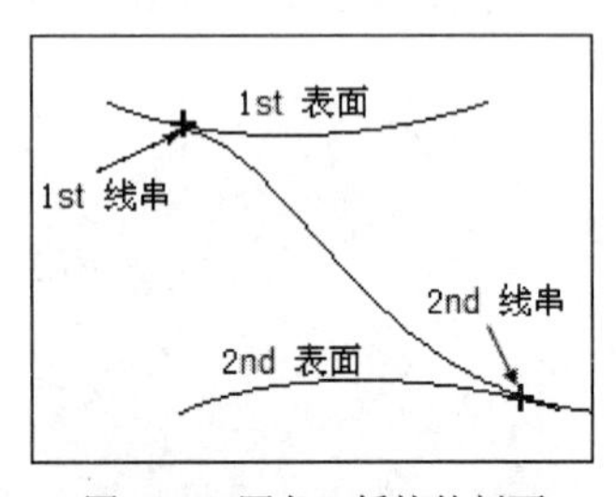

图9.32　圆角—桥接的剖面

3. N 边曲面（N-Sided Surface）

N 边曲面使用由任意数量曲线组成的一个封闭轮廓建立一个曲面。可以指定 N 边曲面与外侧边界面的连续性，形状控制选项用于控制曲面中心点的位置并保持边界约束。

在以下一些情况中，使用 N 边曲面可以快速完成造型：

（1）当无法使用网格曲面来移除曲面上的孔洞时，可以考虑使用 N 边曲面。

（2）替换已存在曲面上有问题的局部区域，如图 9.33 所示。

（3）使用一个曲面上的闭合轮廓来建立按钮、凸起或凹坑等形状。

（4）在曲面之间建立一个光顺的片体而无需改变外部曲面的边缘，如图 9.34 所示。

图 9.33　利用 N 边曲面修补形体

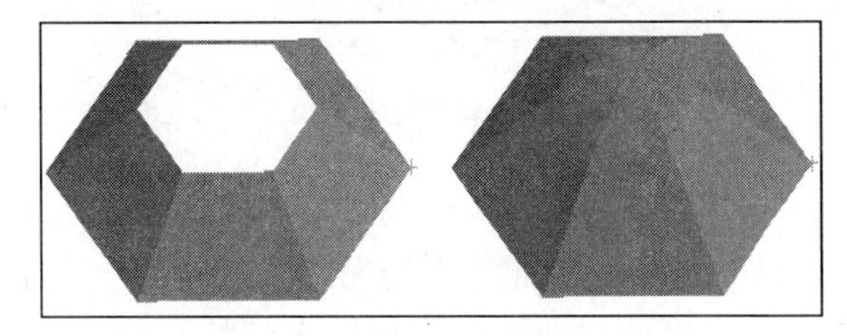

图 9.34　创建曲面之间的光顺片体

9.3.4　曲面参数化编辑

曲面的编辑方法包括参数化编辑和非参数化编辑两种类型。参数化编辑方式包括曲面的修剪、延伸、偏置等操作。非参数化编辑方式可以从【编辑】/【曲面】中找到。下面介绍在曲面建模过程中最为常用的几种参数化编辑方法。

1. 修剪片体（Trimmed Sheet）

修剪片体功能是利用边界对象对目标片体进行修剪，其中边界对象可以是面、基准平面以及曲线和边。在大部分情况下，使用曲线和边缘作为修剪边界，当修剪边界在片体之外时，需要指定曲线/边向目标片体投影的方向，如图 9.35 所示。

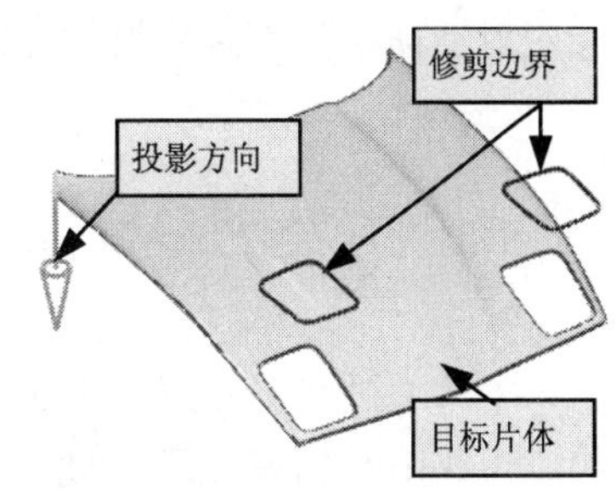

图 9.35　修剪片体

2. 扩大片体（Enlarge Sheet）

此功能通过边界延伸的方式创建一个表面的放大片体，可以设置延伸方式为“线性的”和“自然的”两种方式，如图 9.36 所示。

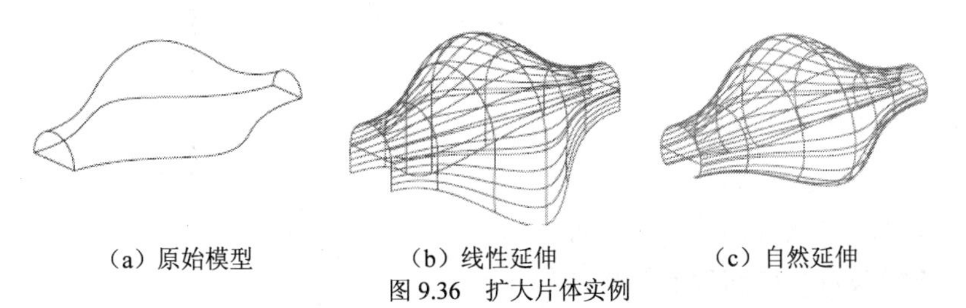

（a）原始模型　（b）线性延伸　（c）自然延伸

图 9.36　扩大片体实例

3. 偏置曲面（Offset Surface）

此功能允许一组存在的表面在指定的法向上创建一个固定偏置的片体，如图 9.37 所示。

偏置曲面功能允许在一次操作中，指定不同偏置距离的面组，并且当输入曲面属于同一个体的相邻表面时，可以得到相连接的单一特征。在图 9.38 所示的实例中，为同一片体的不同表面指定了两组偏置。

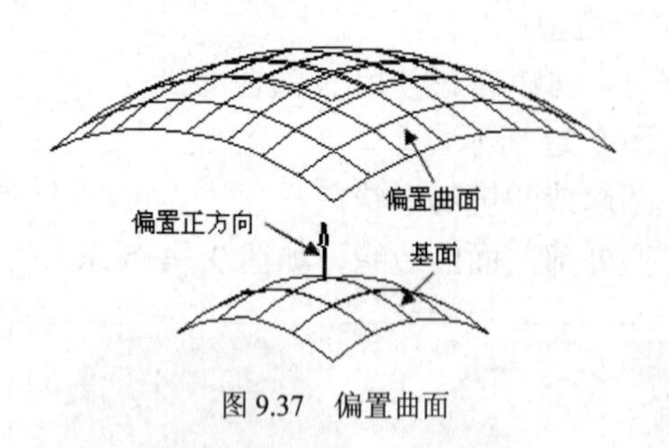

图 9.37 偏置曲面

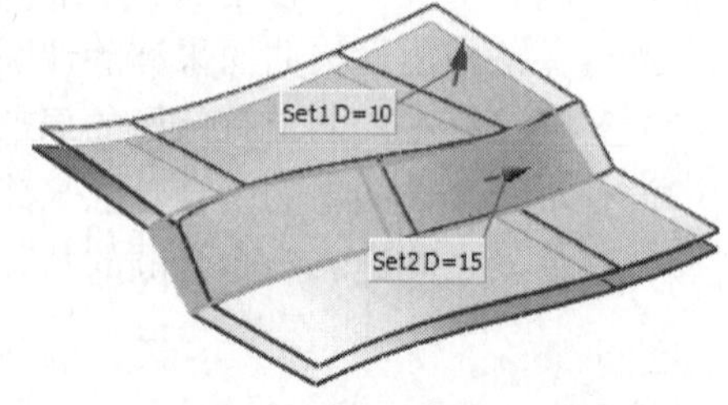

图 9.38 偏置曲面实例

4. 修剪和延伸

此功能用于延伸选中的面边缘或使用一组工具对象（包括曲线、基准平面、曲面和实体）来延伸和修剪一个或多个曲面或实体。

（1）“距离”和“百分比”的限制方式用于延伸选中面的边缘。

（2）“直到选定对象”的限制方式用于修剪或延伸曲面到一组选定的工具对象。此方式可以同时对工具对象进行处理，方法是选中对话框中的“制作拐角”选项，如图 9.39 所示。

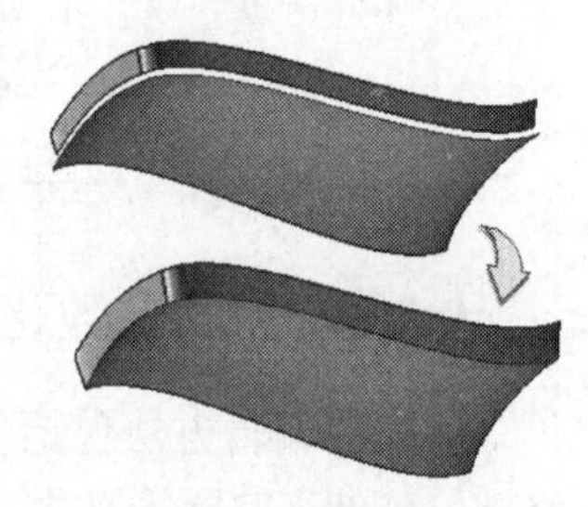
图 9.39 修剪和延伸

9.4 本 章 小 结

本章通过实例介绍了曲面建模的基础知识，曲面建模的一般过程和曲面建模的基本功能。通过工业钻孔机装配建模的综合实践应用项目，向读者详细介绍了 UG NX 装配应用环境的基本功能和创建装配的一般方法。通过本章的学习，读者应该正确区分“自下而上”和“自上而下”两种装配建模方法的应用场合，并在实际应用过程中灵活使用。正确理解主模型方法在产品开发过程中的应用，并了解利用装配模型进行产品的设计分析的基本方法。

9.5 思考与练习

1. 简述曲面建模的一般流程。
2. NX 制作主曲面的方法有哪些？有何不同？各适用于哪些情况？
3. 曲面过渡的方法有哪些？各种过渡方法在什么情况下使用？
4. 将片体转换为实体的方法有哪些？

第 10 章　曲面建模项目实践

本章将通过典型产品的曲面造型设计实例训练，引导读者如何将曲面功能应用到实际设计过程中，共包括以下 8 个实例：

- ❑ 五角星建模；
- ❑ 调味瓶建模；
- ❑ 耳塞的曲面建模；
- ❑ 化妆品瓶的曲面建模；
- ❑ 汤匙的曲面建模；
- ❑ 玩具汽车外观造型设计；
- ❑ 卡车前端面曲面建模；
- ❑ PDA 面壳的设计。

【教学目标】通过具体的曲面设计项目实践，掌握曲面建模的一般过程和各种应用技巧。

【知识要点】本章主要包括以下相关知识：

- ❑ 曲面建模的基本思路和一般流程；
- ❑ 用于曲面建模的各种功能的综合应用。

10.1　五角星建模

学习目标

本节将重点学习以下建模功能的应用：

- 📖 多边形（Polygon）
- 📖 基本曲线（Basic Curve）
- 📖 修剪曲线（Trim Curve）
- 📖 直纹曲面（Ruled）

任务分析

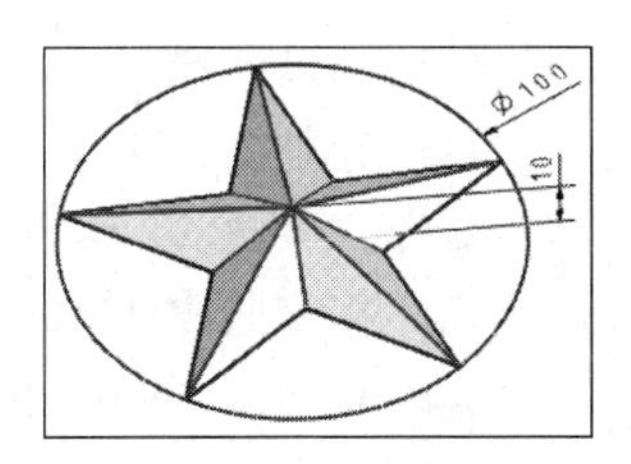

图 10.1　五角星

完成图 10.1 所示的五角星 3D 模型，要求保留所有的棱边。五角星的造型需要首先作出底面的外形轮廓。如果不考虑设计的参数化，可以利用的曲线功能来构造。五角星的顶部汇聚为一点，这符合直纹曲面的“1st剖面线串”为一点的情况。

操作步骤

1. 构造线框模型

（1）选择【插入】/【曲线】/【多边形】命令→输入“侧边数=6”→OK→选择“外接圆半径”方式→输入“圆半径=50，方位角=90”→OK→输入多边形原点为“0，0，0”→OK→单击“Cancel”按钮，完成正多边形的绘制。

（2）选择【插入】/【曲线】/【基本曲线】命令→在对话框上部单击“直线”按钮并激活“线串模式”→依次选择图10.2所示多边形的顶点，绘制5条连续的直线。

（3）选择【编辑】/【曲线】/【修剪】命令→在对话框中取消“重复使用边界对象”和“关联”选项→选择要被修剪直线的被修剪段→依次选择两条相交直线作为修剪边界。重复上述的选择操作，直到所有曲线被修剪为图10.3所示的形状。

（4）选择【插入】/【基准/点】/【点】命令→单击【捕捉点】工具条中的“点构造器”按钮→输入坐标为（0，0，10）→OK→单击“Cancel”按钮。

2. 创建3D模型

隐藏多边形曲线。创建直纹曲面：选择“点”作为剖面线串1→单击MB2→选择五角星曲线（已连接的曲线）→选择“参数”对齐方式，选中“保留形状”选项→OK，完成五角星实体的创建，隐藏所有曲线，结果如图10.4所示。

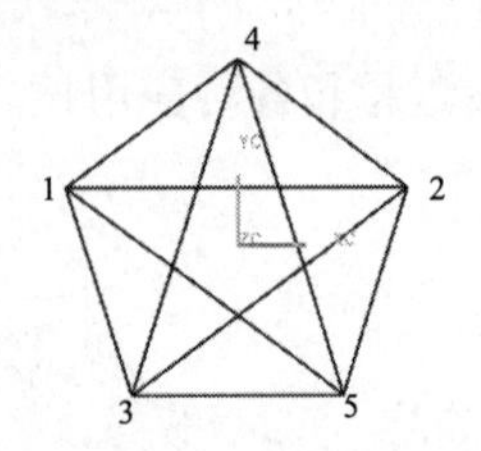

图10.2　绘制底面曲线

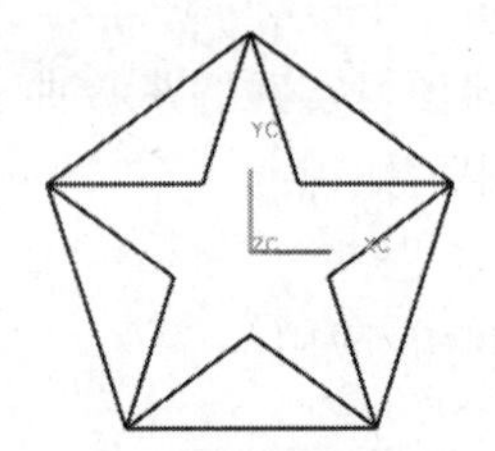

图10.3　修剪曲线的结果

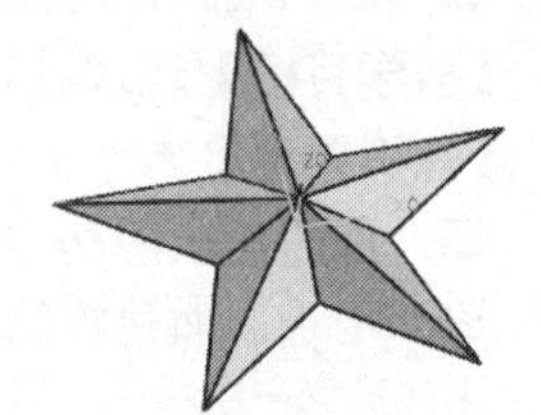
图10.4　生成的直纹曲面

10.2　调味瓶建模

学习目标

本节将重点学习以下建模功能的应用：

- 通过曲线组（Though Curves）
- 分割面（Divide Face）
- 合并面（Join Face）
- 相交曲线（Intersection Curve）
- 软倒圆（Soft blend）
- 文字曲线（Text）

任务分析

设计图 10.5 所示的调味瓶的三维模型。

通过观察可以发现，调味瓶模型的瓶身和瓶口部分可以利用简单的形体进行构建，瓶颈部分则需要光顺连接两个不同形状的形体，这可以使用曲面功能进行构建。具体的建模思路如图 10.6 所示。

图 10.5　调味瓶效果

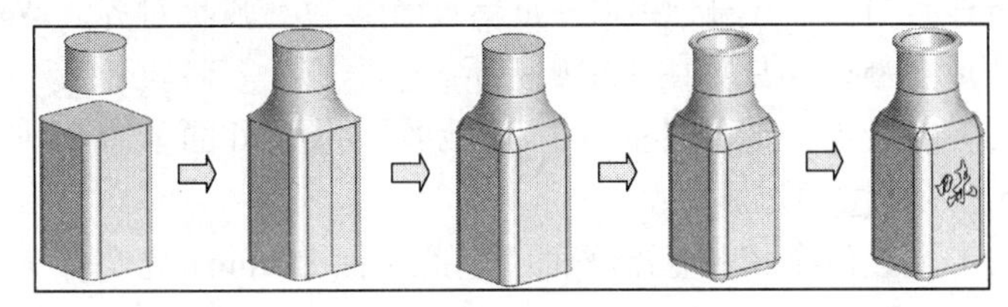

图 10.6　建模过程

操作步骤

1. 创建零件的基体

创建图 10.7 所示的两个拉伸实体 A 和 B，注意保证两个形体关于 X 轴和 Y 轴的对称。

2. 创建瓶颈部分的过渡造型

单击“通过曲线组”按钮→选择“1st 剖面线串”（实体 B 底边）→MB2→选择“2nd 剖面线串”（实体 A 顶部的相切边缘）→MB2→设置对话框选项（取消“垂直于终止面”选项，输入 V 向阶次为“1”，对齐方式为“参数”，设置“起始”约束为 G1 Start G1）→单击“约束面”按钮→选择圆柱面→OK，完成实体的创建，如图 10.8 所示。

整圆一般默认在第一象限点具有断点性质，所以选择时注意光标的选择位置。由于剖面线串在对齐时会将起点和终点自动对齐，所以造型结果获得了扭曲的形状，接下来将进行修正。

3. 分割实体 A 上表面的一条边缘

（1）打开部件导航器，使“通过曲线组”之前的最近一个特征成为当前特征。

（2）绘制图 10.9 所示的过两边（对应于 1st 剖面线串起始边缘）中点的一条直线。

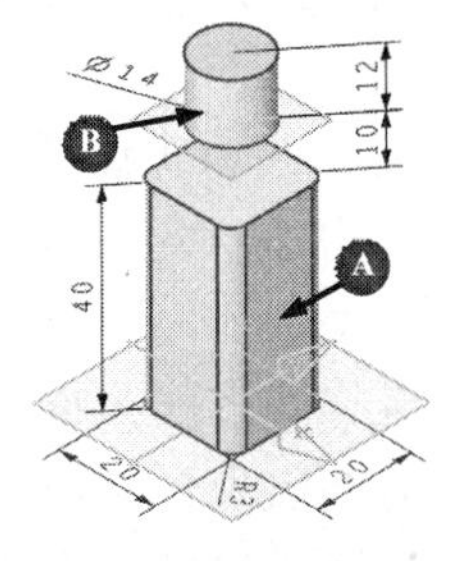

图 10.7　创建零件基体

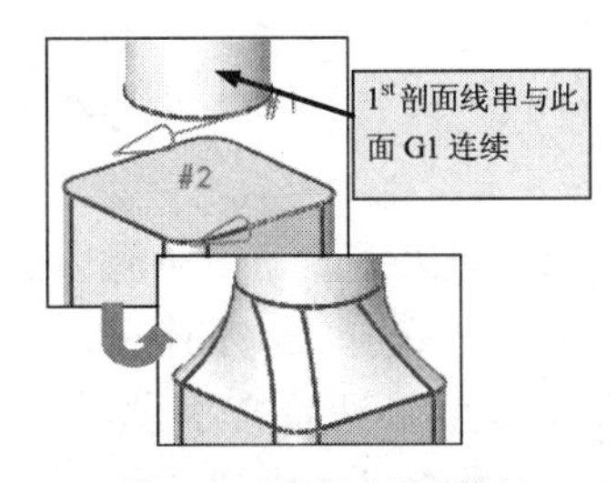

图 10.8　创建过曲线特征

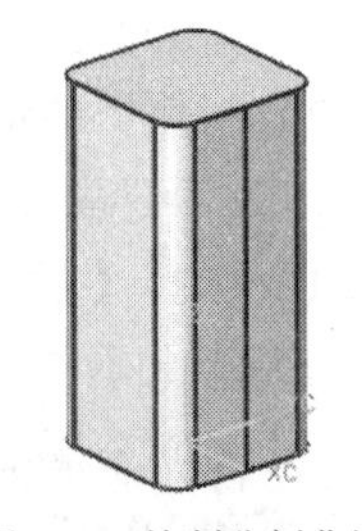

图 10.9　绘制分割曲线

（3）选择【插入】/【修剪】/【分割面】命令→选中对话框中“隐藏分割对象”选项→

选择要分割的侧面（“单个面”意图）→选择直线作为分割边界对象→OK。

分割面功能用于将实体或片体的表面分割成多个表面，以方便某些特征的操作。分割的工具对象必须完全贯穿表面或者形成闭合区域，以获得完整的边缘。与其相反的一个功能是合并面。

4. 编辑“通过曲线组”特征

（1）打开部件导航器，使“通过曲线组”特征成为当前特征。

（2）双击“通过曲线组”特征，激活“回滚编辑”模式→单击剖面列表中的 Section2→单击列表右侧的按钮☒→重新指定实体 A 上表面的相切边缘（注意起点的位置应该在前面创建的分段点处）→单击 MB2→重新设置参数（弧长对齐，取消“保留形状”选项）→OK，形体完成更新，结果如图 10.10 所示。

（3）合并面：选择【插入】/【裁剪】/【合并面】命令→OK→选择长方体。

5. 创建圆角过渡

（1）创建两个相关基准平面：基准平面 Datum1 为实体 A 的上表面偏置 2，Datum2 为实体 A 上表面偏置-3，如图 10.11 所示。

（2）作曲面与 Datum1 的交线 1，实体 A 侧面与 Datum2 的交线 2，如图 10.11 所示。

（3）创建软倒圆（Soft Blend）：启动软倒圆命令→选择过渡曲面作为第一组倒圆面（注意使箭头方向指向实体内侧）→单击 MB2→选择实体 A 的外侧相切面→单击 MB2→选择交线 1 作为第一组面上的切线→单击 MB2→选择交线 2 作为第二组面上的曲线→单击对话框中的“定义脊线”按钮→选择实体 A 的上表面边缘，接受倒圆的默认参数→OK，完成软倒圆的创建，如图 10.12 所示。

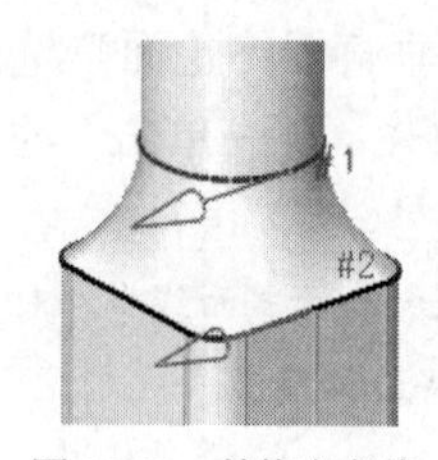

图 10.10 替换定义线

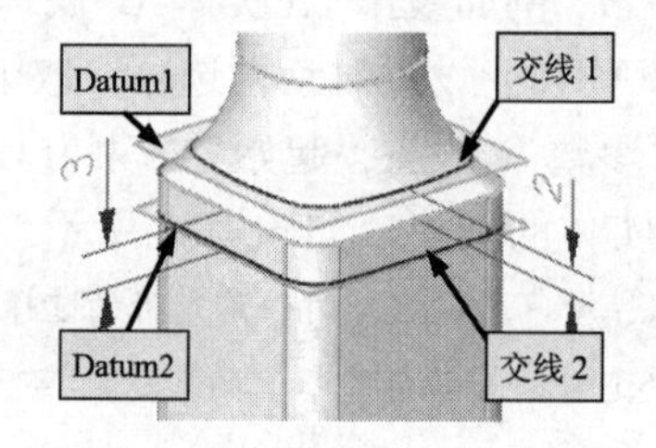

图 10.11 创建偏置基准平面并求交线

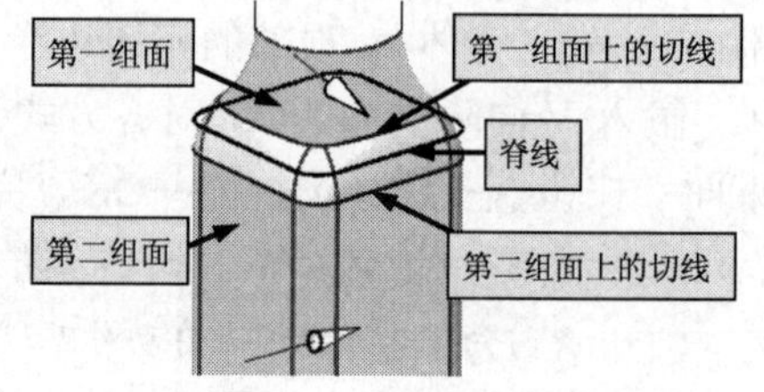

图 10.12 创建软倒圆特征

6. 创建其他特征（图 10.13）

（1）创建瓶底 R3 的边倒圆；创建布尔操作“求和”；创建均匀壁厚为 1.5 的抽壳特征，顶部表面为开面。

（2）创建管道特征：外直径=2，内直径=0，引导线为顶部外侧边缘，与原实体“求和”。

7. 在瓶身表面上制作文字

（1）选择【插入】/【曲线】/【文字】命令→输入文字“味”，设置字体为中文字体的一种，选择文本类型为“在面上”→选择实体的侧面→单击 MB2→选择底边作为放置曲线→单击“预览”按钮。利用动态调整手柄将文字设置为：调整文字的方向为直立向上，文字的高度为 10，W 比例为 100%，距离曲线的偏置为 16，如图 10.14 所示。OK，完成文本曲线的创建。

（2）利用文字生成拉伸实体，拉伸高度为 0.5，并与原实体“求和”。

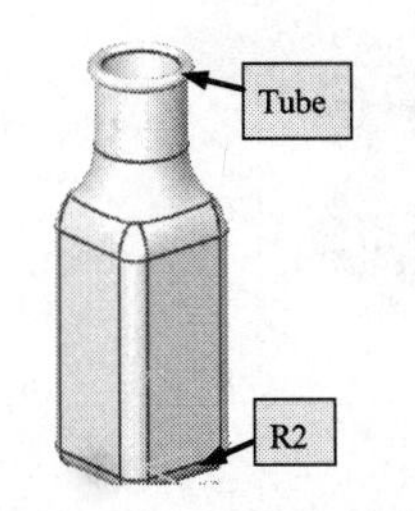

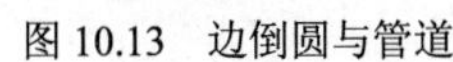
图 10.13　边倒圆与管道

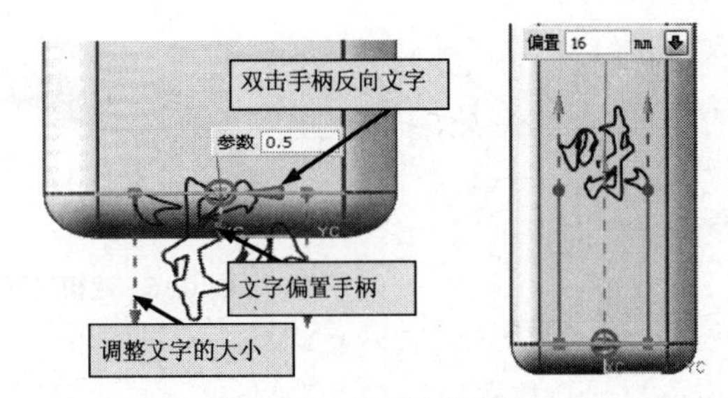

图 10.14　创建文本曲线

（3）隐藏除实体之外的所有对象，完成调味瓶的三维建模。

10.3　耳塞的建模

学习目标

本节将重点学习以下建模功能的应用：

- 组合投影（Combined Projection）
- 桥接曲线（Bridge Curves）
- 网格曲面（Through Curves Mesh）

任务分析

完成图 10.15 所示耳塞的三维建模，要求曲面光顺。

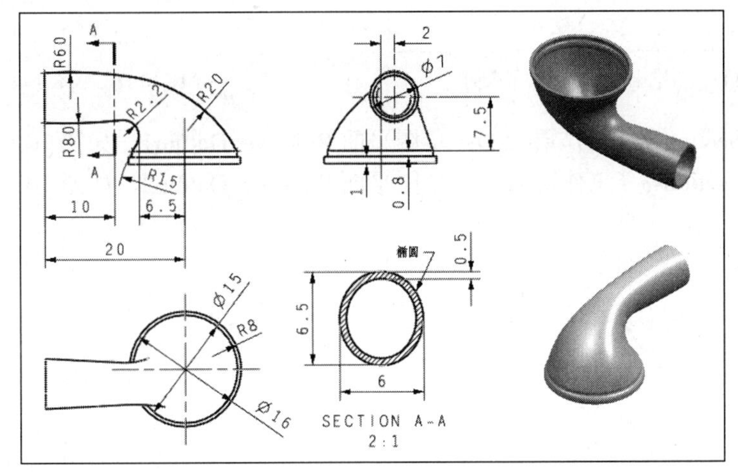

图 10.15　耳塞零件图纸

由于耳塞主体造型为不规则的曲面外形，所以首先利用 NX 的草图与曲线功能构造零件的三维线框，然后利用 NX 的曲面功能完成耳塞主体形状的建模，最后对模型进行细节设计。其建模流程如图 10.16 所示。

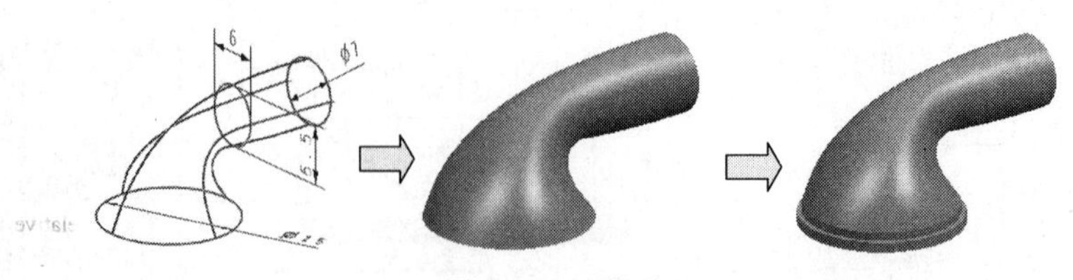

图 10.16　建模过程

操作步骤

1. 初始化设计环境

（1）建立文档 earphone.prt，启动建模环境，在 61 层创建 ACS 基准坐标系。

（2）工作层=62。创建如下 4 个相关基准平面，如图 10.17 所示。

- 以 XZ 基准面为参考面，作相关基准面 Relative_datum1，使得 Offset=10；
- 以 XZ 基准面为参考面，作相关基准面 Relative_datum2，使得 Offset=20；
- 以 YZ 基准面为参考面，作相关基准面 Relative_datum3，使得 Offset=−2；
- 以 XY 基准面为参考面，作相关基准面 Relative_datum4，使得 Offset=7.5。

2. 构造耳塞线框模型

（1）按照以下信息创建 5 个草图。

- 草图 Section-1（工作层=21）：草图平面 XY，如图 10.18 所示。

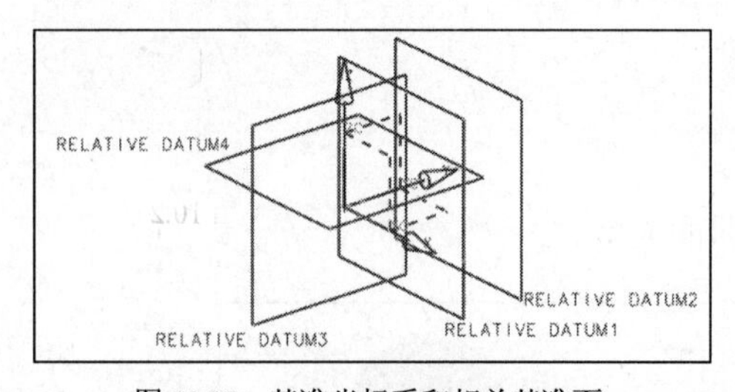

图 10.17　基准坐标系和相关基准面

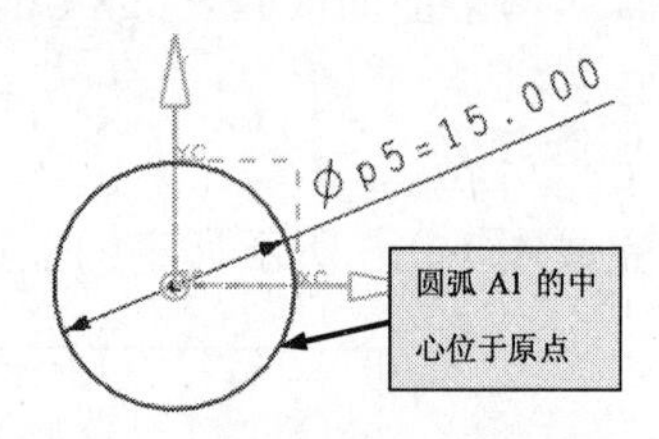

图 10.18　草图 Section-1（圆）

- 草图 Section-2（工作层=22）：草图平面 Relative_Datum1，如图 10.19 所示。
- 草图 Section-3（工作层=23）：草图平面 Relative_Datum2，如图 10.20 所示。

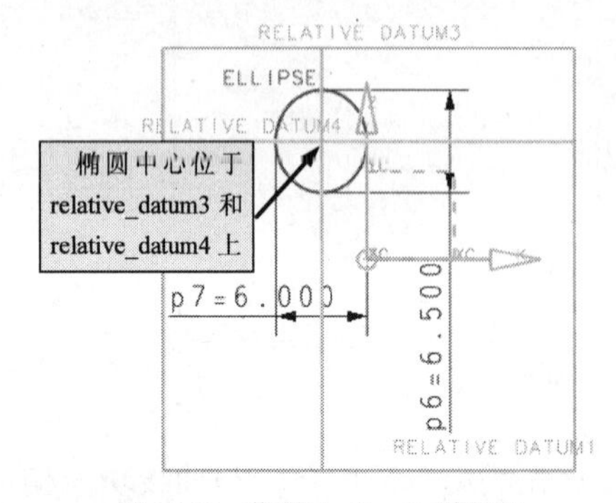

图 10.19　草图 Section-2（椭圆）

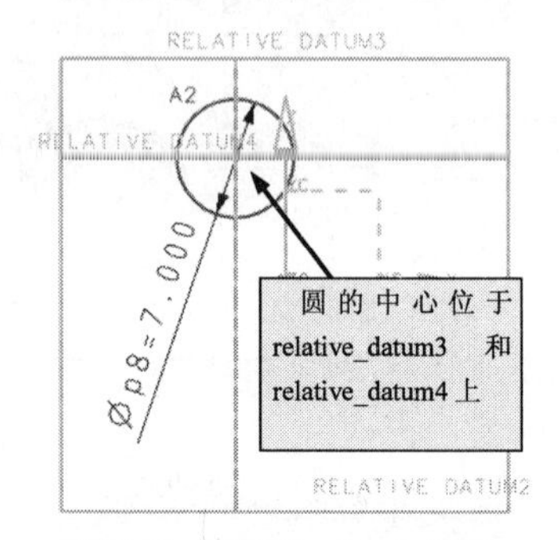

图 10.20　草图 Section-3（圆）

- 草图 Right_Outline（工作层=24）：草图平面 Relative_Datum3，如图 10.21 所示。

- 草图 Extrude_String（工作层=25）：草图平面 XY，如图 10.22 所示。

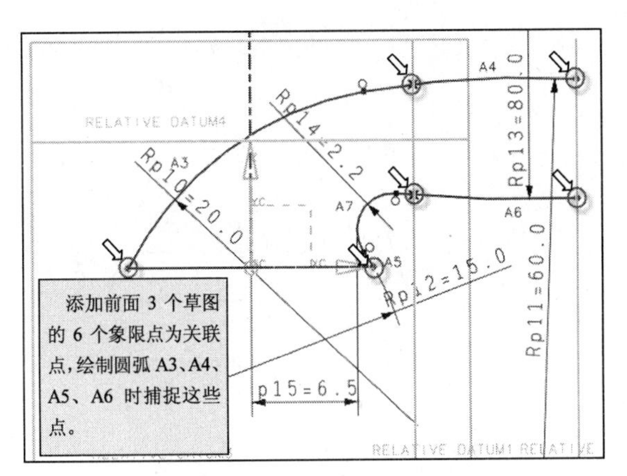

图 10.21　草图 Right_outline

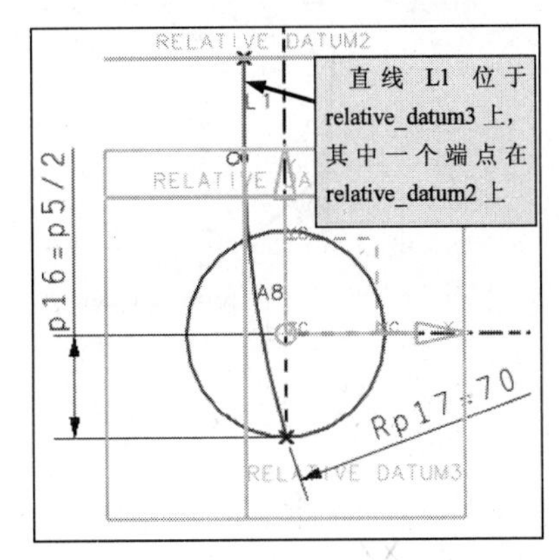

图 10.22　草图 Extrude_string

（2）创建拉伸片体（工作层=81）：拉伸图 10.21 所示圆弧 A3 和 A4，作出拉伸片体 Sheet_body-1；拉伸草图 Extrude_string 得到片体 Sheet_body-2。

（3）作相交曲线（工作层=41）：选择【插入】/【来自于体集的曲线】/【交线】命令，作出片体 Sheet_body-1 与片体 Sheet_body-2 的交线，如图 10.23 所示。

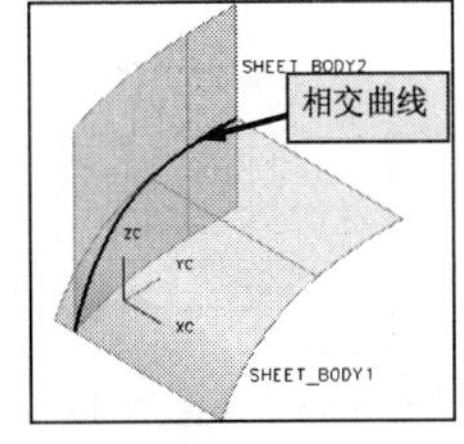

图 10.23　相交曲线

（4）作草图 Projection_string_1（工作层=26）：在 XY 基准面上建立图 10.24 所示草图。

（5）作组合投影线（工作层=41）：选择【插入】/【来自曲线集的曲线】/【组合投影】命令，作出草图 Projection_string_1 与草图 Right_outline 中包括圆弧 A5、A7、A6 的连续线串的组合投影线，隐藏不需要的曲线部分，结果如图 10.25 所示。

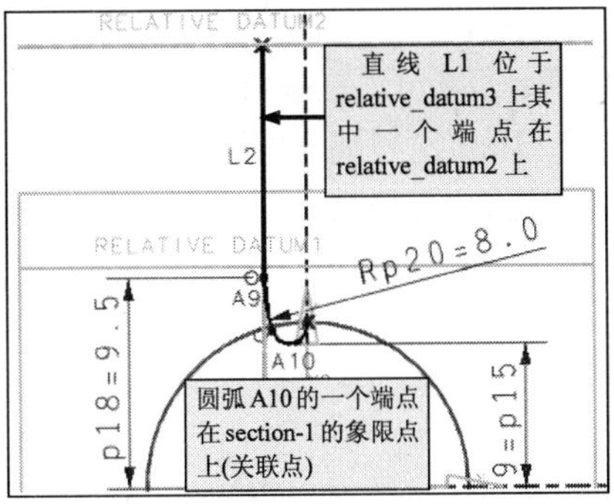

图 10.24　草图 Projection_string_1

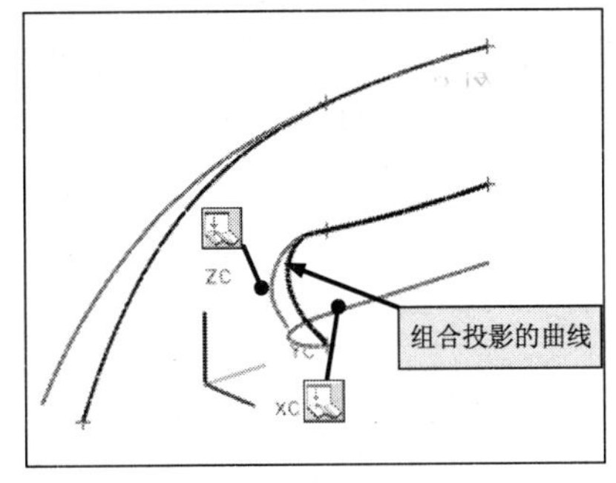

图 10.25　组合投影

（6）按照以下信息创建 3 个草图：

- 草图 Bridge_1st_curve（工作层 27）：草图平面 Relative_datum4，见图 10.26。
- 草图 Projection_string_2（工作层 28）：草图平面 XZ，见图 10.27。

❑ 草图 Projection_string_3（工作层 29）：草图平面 YZ，见图 10.28。

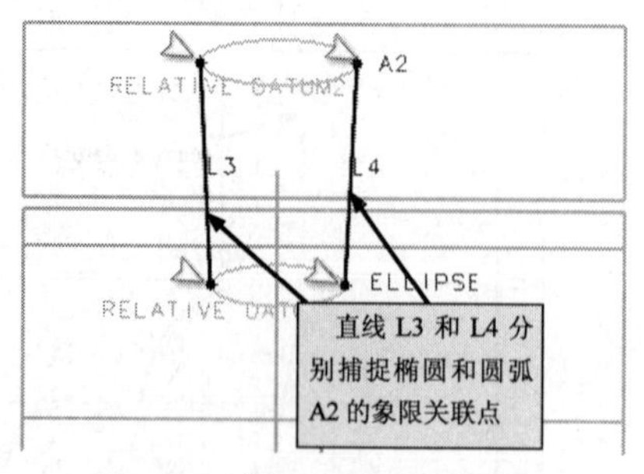

图 10.26 草图 Bridge_1st_curve

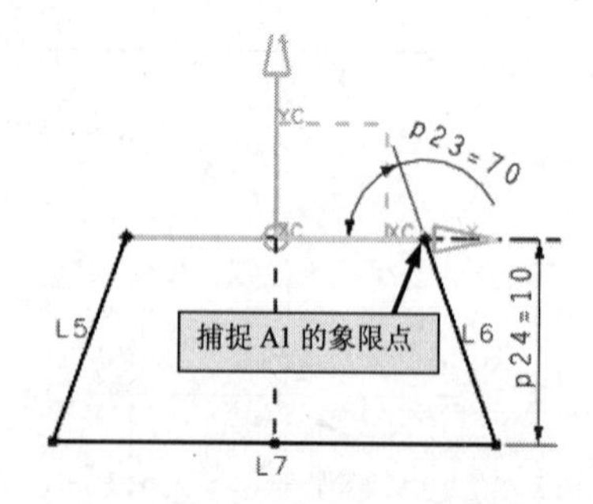

图 10.27 草图 Projection_string_2

（7）工作层=42，作出草图 Projection_string_2 与草图 Projection_string_3 的组合投影线，如图 10.29 所示。

（8）作桥接线（工作层=41）：作出图 10.30 所示的曲率连续的桥接曲线。

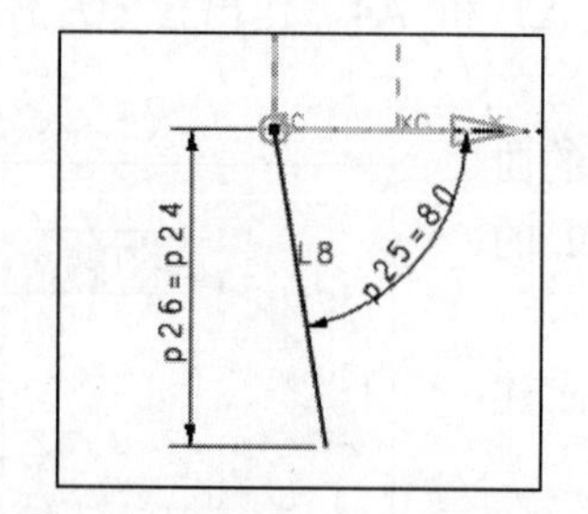

图 10.28 草图 Projection_string_3

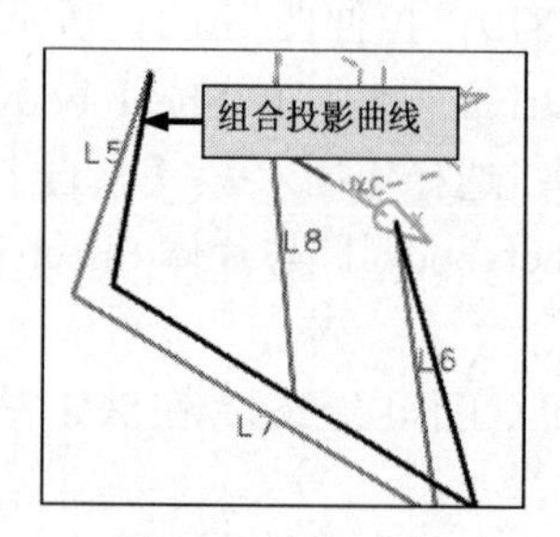

图 10.29 组合投影

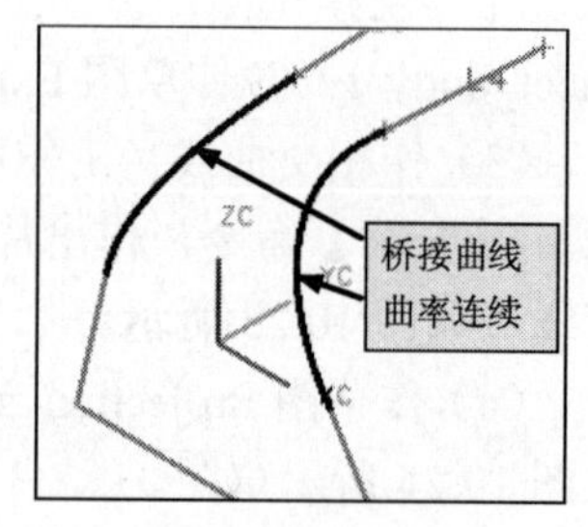

图 10.30 桥接曲线

3. 作 3D 模型

（1）使 1 层为工作层，21、22、23、27、41 层为可选层，其他层为不可见层。

（2）按图 10.31 所示选择主线串和交叉线串，作出网格曲面（获得实体）。

（3）使 21 层为可选层，其他层为不可见层。

（4）拉伸圆弧 A1：拉伸方向为负 Z 方向，拉伸距离=0.8mm。直接与存在实体“求和”。

（5）在拉伸体的端面增加圆台：直径=16mm，高度=1mm，与端面圆弧同心。

（6）按图 10.32 所示的结果创建边倒圆：拉伸体与圆台结合处 R0.5，另外两边 R1。

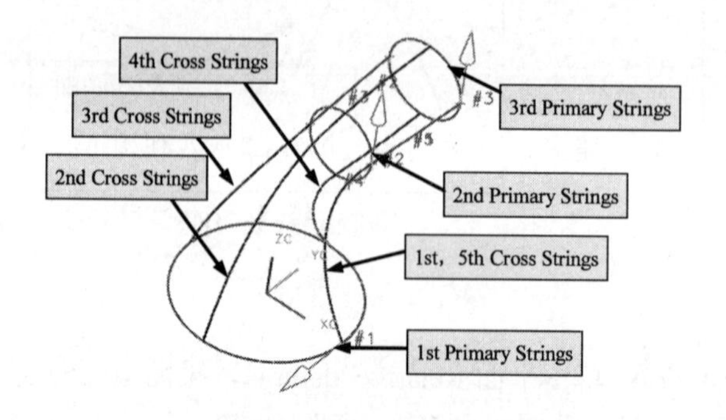

图 10.31 作网格曲面

图 10.32 完成的结果

10.4　化妆品瓶的建模

学习目标

本节将重点学习以下建模功能的应用：

- 变化扫掠（Variational Sweep）
- 扫掠（Swept）
- 偏置曲线（Offset Curve）
- 偏置曲面（Offset Surface）
- 修剪片体（Trimmed Sheet）
- 软倒圆（soft Blend）
- 凸起（Emboss）

任务分析

完成图 10.33 所示的化妆品瓶的曲面建模。

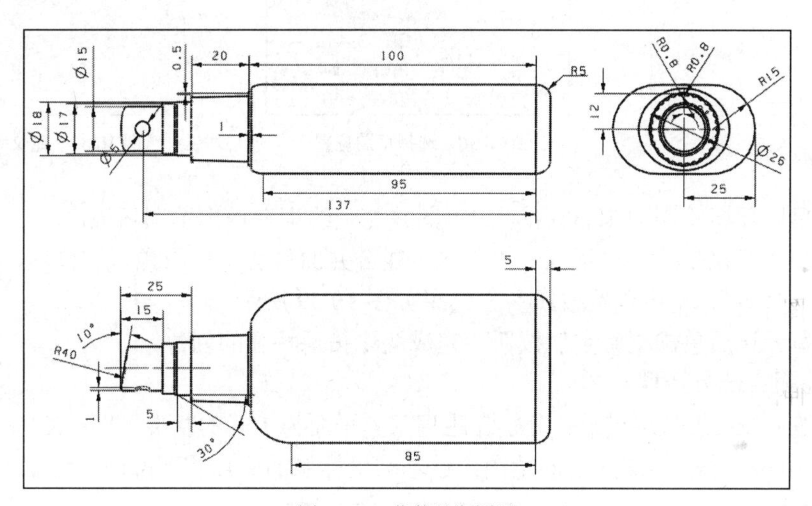

图 10.33　化妆品瓶图纸

根据化妆品瓶的结构，可以将其分为瓶底、瓶身、瓶颈和喷头 4 部分。在设计的过程中可以利用 NX 的草图或者一般曲线功能分别创建这 4 部分的构造曲线，然后利用 NX 的曲面功能构建这 4 部分的主体，再利用特征操作功能完成细节设计，其建模流程如图 10.34 所示。

操作步骤

1. 初始化设计环境

（1）打开种子文件 Seed_part_mm 并另存为 Atomizer，启动建模环境。

（2）选择【首选项】/【建模】命令，设置体类型为“片体”。

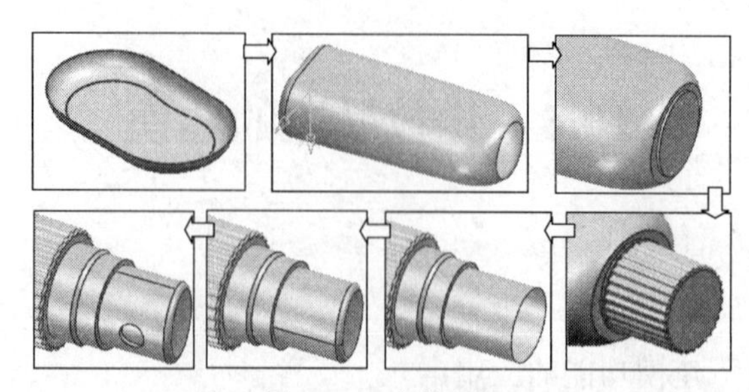

图 10.34 建模流程

2. 创建瓶底造型——变化扫掠

（1）工作层=21。在默认的 XY 平面创建图 10.35 所示的草图。

（2）工作层=81。选择【插入】/【扫掠】/【变化的扫掠】命令，按以下步骤创建变化扫掠：

- ❑ 在对话框中单击“草图”按钮→单击图 10.36 所示草图上的适当位置。
- ❑ 在草图选项中单击“通过轴”按钮→选择基准坐标系的 Z 轴→单击 MB2，如图 10.37 所示。

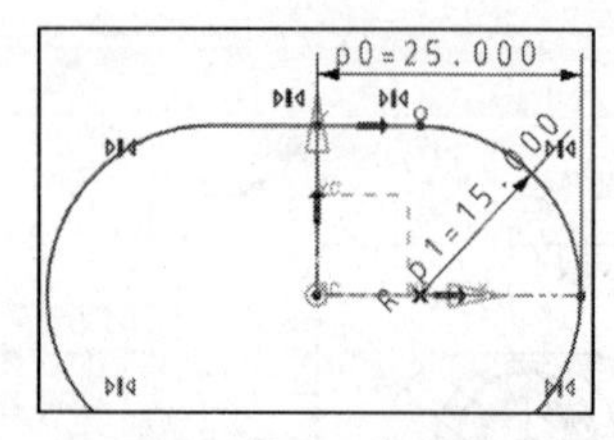

图 10.35 底面草图

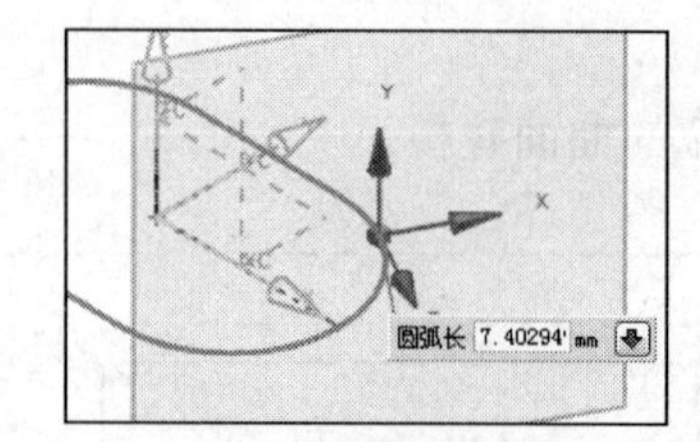

图 10.36 选择草图位置

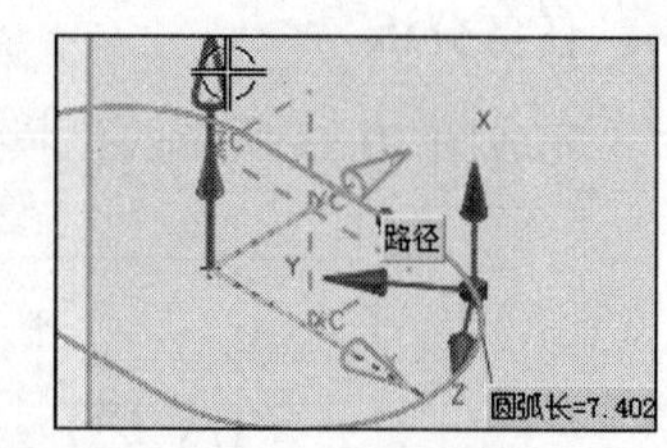

图 10.37 定义草图方向

- ❑ 在草图环境绘制图 10.38 所示的草图并完全约束→退出草图环境。
- ❑ 选中“变化扫掠”对话框中的“尽可能合并面”和“启用预览”选项，设置体类型为“片体”，单击预览按钮，结果如图 10.39 所示。
- ❑ 预览无误后单击“确定”按钮，完成变化扫掠特征的创建。

3. 创建瓶身部分造型

（1）构造曲线（工作层=22）：分别在距离 XY 平面为 100 的基准平面、XZ 和 YZ 基准平面上创建图 10.40～图 10.42 所示的草图；过基准坐标系的原点和顶部圆心绘制一条直线。

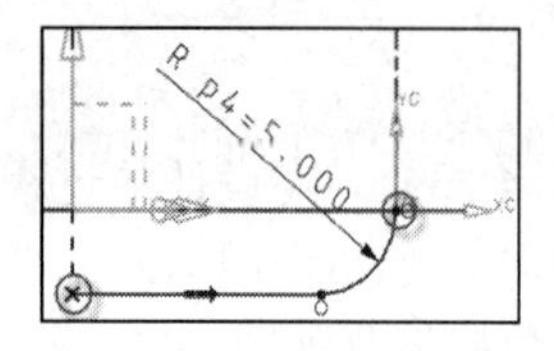

图 10.38 绘制变化扫掠的草图

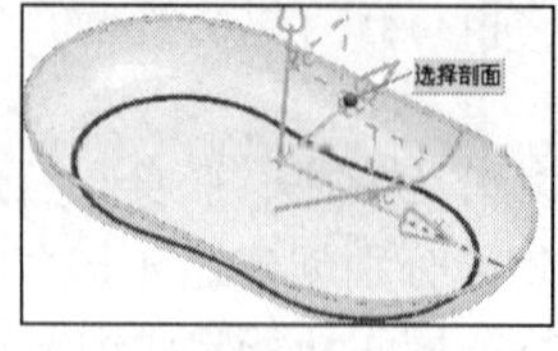

图 10.39 变化扫掠预览结果

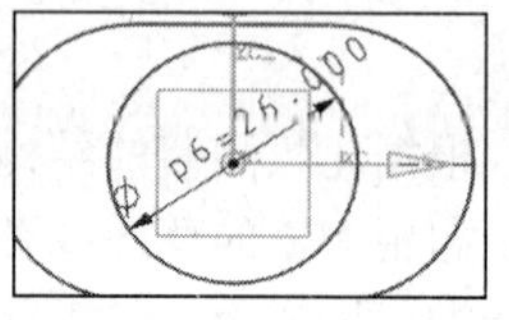

图 10.40 瓶颈部分的草图

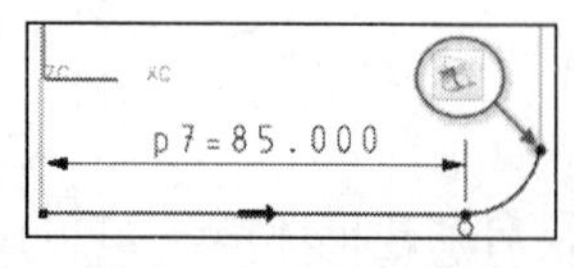

图 10.41 XZ 侧面草图

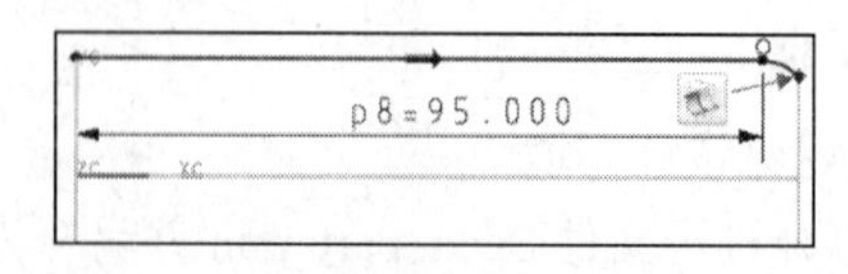

图 10.42 YZ 侧面草图

（2）创建扫掠（Swept）体：工作层=81，按图 10.43 的指示定义引导线串和剖面线串，剖面线串插补方式为“线性”，按弧长方式对齐，选择中心直线作为控制脊线。

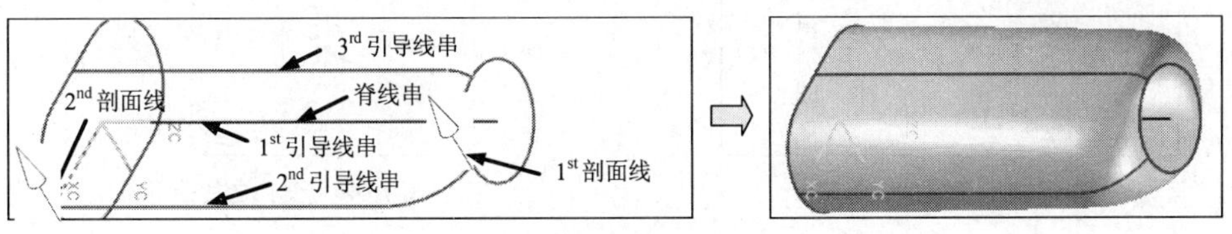

图 10.43 创建扫掠特征

（3）利用瓶身顶部草图创建有界平面，并缝合所有片体，如图 10.44 所示。

4. 创建瓶颈部分造型

（1）分割瓶身顶部表面：首先将瓶身顶部边缘向内侧偏置 0.6（），如图 10.45 所示。然后使用此偏置曲线分割顶部平面（），结果如图 10.46 所示。

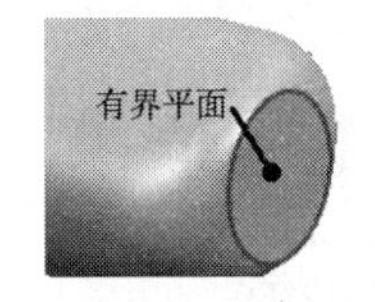

图 10.44 有界平面

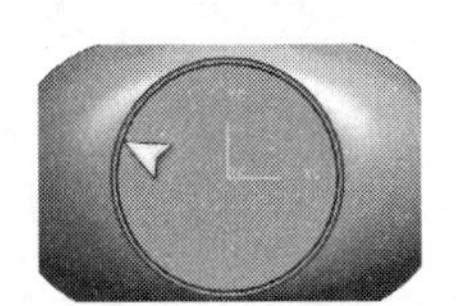

图 10.45 偏置曲线

图 10.46 分割表面

（2）工作层=1，81 层可选，其他层不可见。单击“偏置曲面”按钮：

- 选择分割得到的圆环面为第一组偏置面（“单个面”），双击偏置箭头使其指向曲面内部，输入偏置距离为 1→单击 MB2。
- “框选”其他表面作为第二组面，输入偏置距离为“0”（“0”表示仅复制这些表面）。
- 预览无误后，单击按钮，完成偏置曲面的创建，如图 10.47 所示。

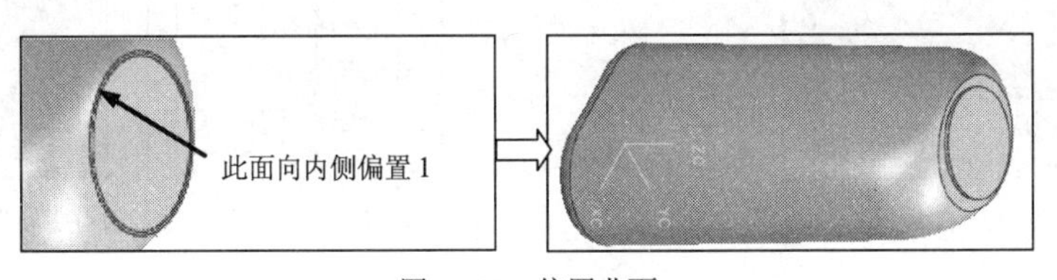

图 10.47 偏置曲面

（3）工作层=22，61 和 62 层可选，其他层不可见。在瓶身顶部基准平面上创建图 10.48 所示的草图，对草图完全约束。

（4）变换草图曲线：选择草图所有的 4 段圆弧→单击 MB3→单击按钮 变换(N)...→单击按钮 绕点旋转→旋转点为（0，0，0）→单击按钮 确定→输入角度为 12→单击按钮 确定→选择 多个副本 -可用→输入份数为 29→单击按钮 确定→单击按钮 取消，完成图 10.49 所示的曲线→单击按钮 完成草图，退出草图环境。

变换功能是一种非参数化的操作，在草图和建模环境都可以使用这一命令（【编辑】→【变换】）。一般不建议对具有参数化的对象使用这一功能，它通常用来变换非参数化的曲线。

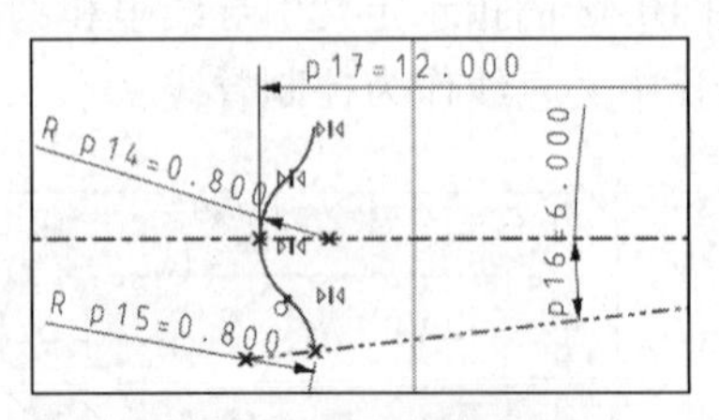

图 10.48　瓶颈部分草图

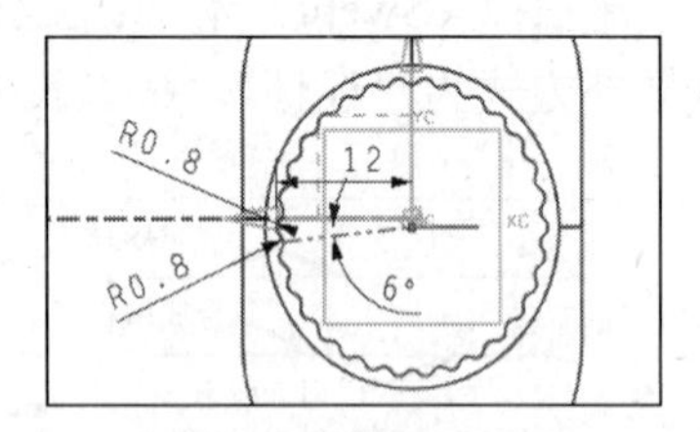

图 10.49　变换之后的草图

（5）在 XZ 基准平面上绘制图 10.50 所示的草图扫掠剖面。

（6）创建扫掠体（工作层=1）：按图 10.51 所示，定义扫掠特征的引导线串和剖面线串，在方向方式步骤选择 A Point ，选择草图参考直线的端点，扫掠结果如图 10.51 右图所示。

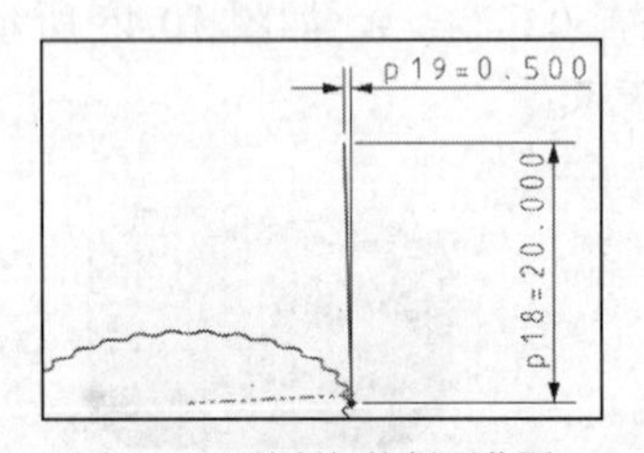

图 10.50　绘制扫掠剖面草图

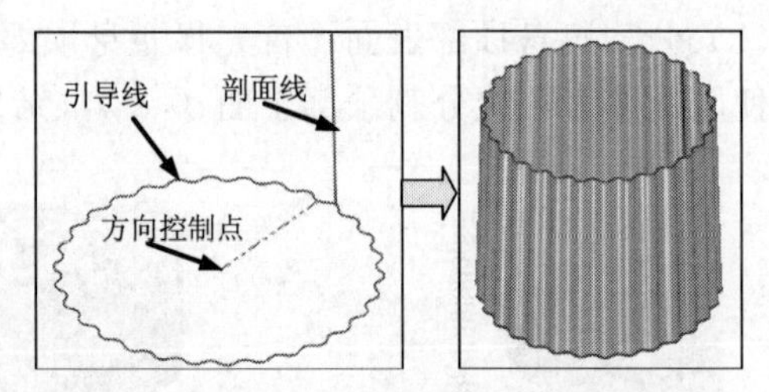

图 10.51　创建扫掠特征

（7）创建有界平面：利用瓶颈顶部边缘创建一个有界平面。

（8）创建面倒圆（Face Blend）：半径为 0.8，如图 10.52 所示。

5. 创建喷头部分造型

（1）工作层=1，创建图 10.53 所示旋转片体。

图 10.52　面倒圆图

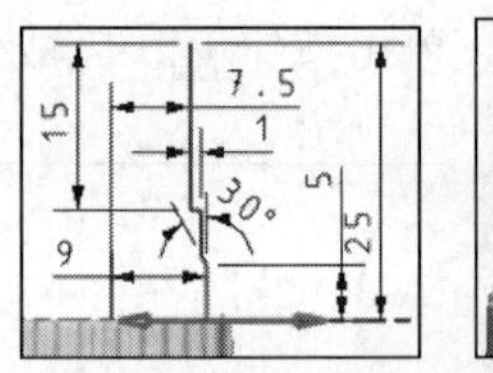

图 10.53　创建喷头部分的旋转曲面

（2）创建修剪边界曲线：工作层=23，在 XZ 平面内绘制图 10.54 所示的直线。

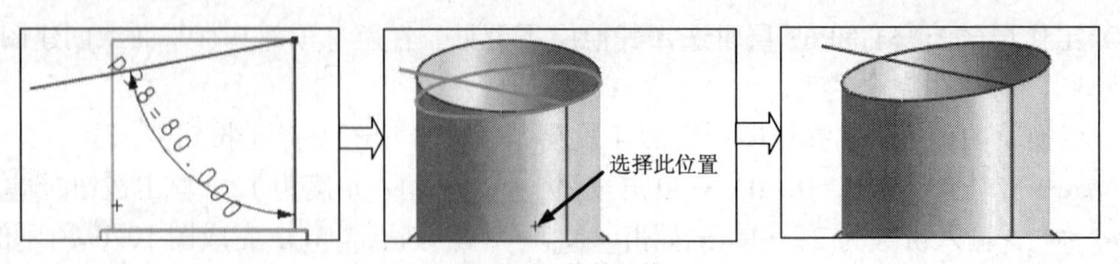

图 10.54　修剪片体

（3）单击“修剪片体”按钮→在对话框中选择“投影沿着 XC 轴”→选择图 10.54 所示的目标片体的保留位置→单击 MB2→选择上一步绘制的直线作为修剪边界对象→单击“Apply”按钮，完成片体的修剪。

（4）工作层=24，在 XZ 平面绘制图 10.55 所示的草图。

（5）分割表面：使用 XZ 基准平面分割旋转片体，如图 10.56 所示。

（6）工作层=1。单击“通过曲线组”按钮→设置选择意图为“单一曲线”，依次选择图 10.57 所示的 3 条剖面线串，取消对话框中的“垂直于终止面”复选框选项，其他接受默认设置，OK，完成曲面的创建。

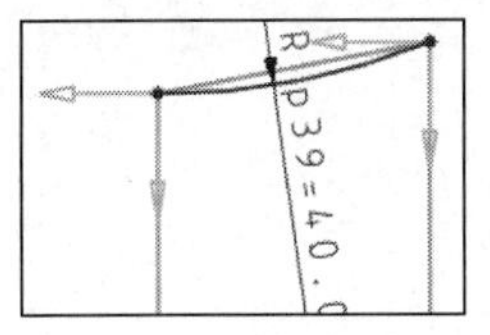

图 10.55 创建剖面草图

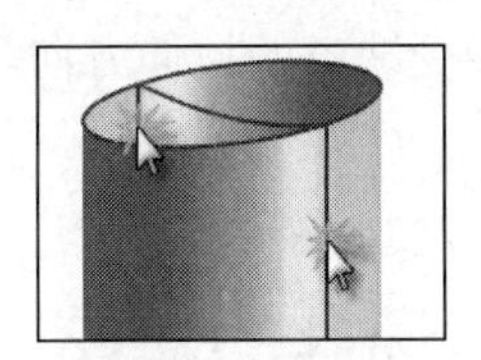
图 10.56 分割表面

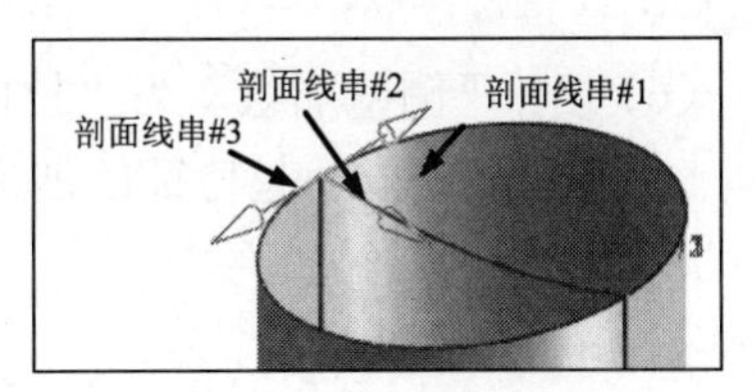

图 10.57 过曲线组曲面

（7）创建图 10.58 所示的半径为 1 面倒圆。

（8）合并面（Join Face）：选择【插入】/【裁剪】/【合并面】命令，选择“在同一个曲面上”方式，选择喷头部分片体，完成结果如图 10.59 所示。

（9）以 XZ 基准平面作为边界对象分割图 10.60 所示的表面。

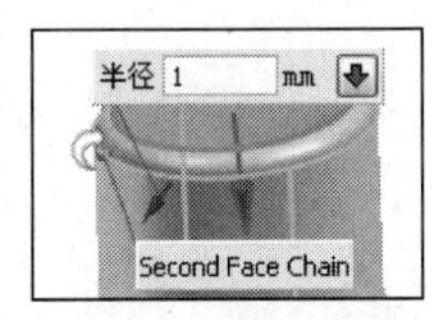

图 10.58 创建面倒圆

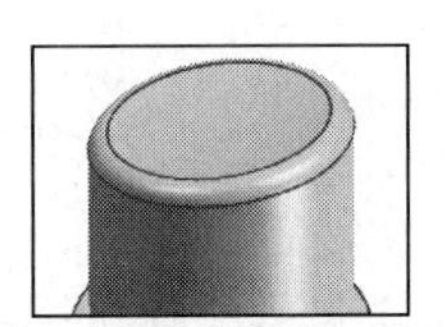
图 10.59 合并面操作

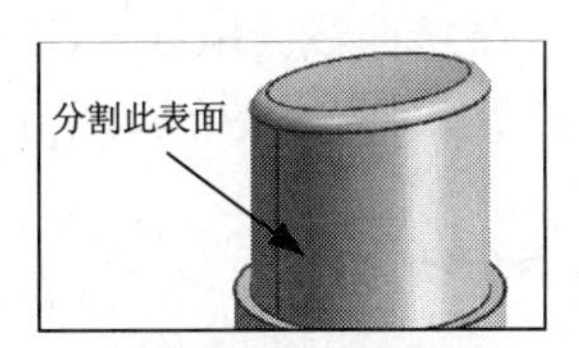

图 10.60 分割面操作

6. 创建凸起特征

凸起（Emboss）功能用于在实体或片体的一个或多个相连表面上创建凸起特征。此特征提供了多个控制和管理凸起及其端盖与侧壁的形状和方位的方法。要创建凸起特征，必须满足以下条件：

- 指定一个封闭的剖面（选择剖面或创建草图剖面）。
- 指定一个矢量（默认方向为剖面的法向）。
- 指定一个凸起目标对象（利用面的选择意图）。

（1）在【特征操作】工具条中单击按钮或者选择【插入】/【设计特征】/【凸起】命令。

（2）在图 10.61（a）所示的对话框中单击“草图”按钮。

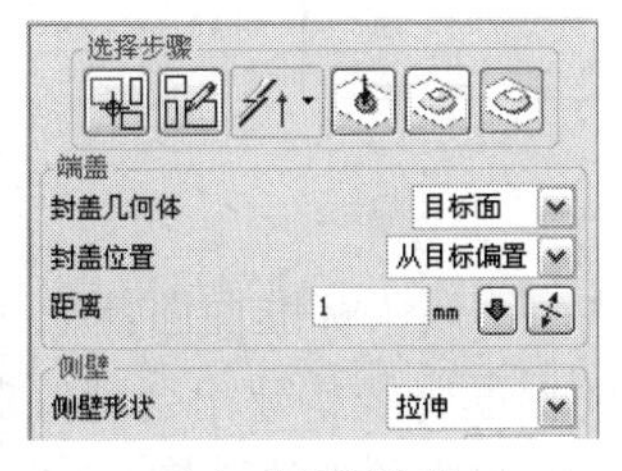

（a）对话框选项

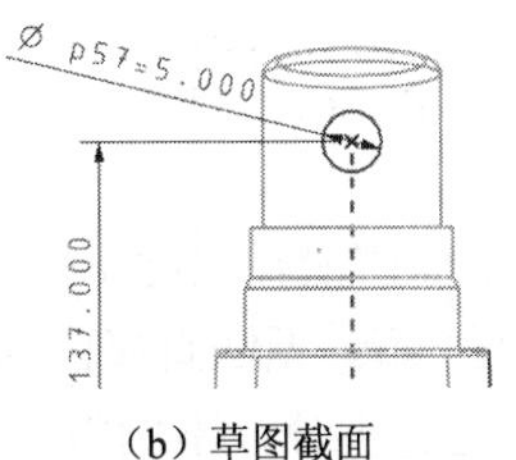

（b）草图截面

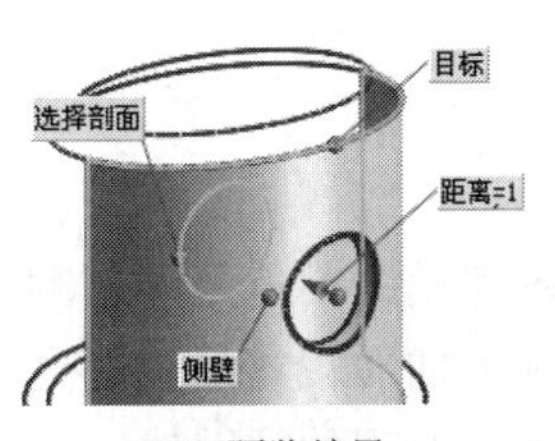

（c）预览结果

图 10.61 创建凸起特征

（3）在 YZ 基准平面上绘制图 10.61（b）所示的草图→单击按钮，退出草图环境。

（4）：选择图 10.61（c）所示的单个表面作为要凸起的“目标”。如果符合条件，系统根据默认的参数显示预览结果。

（5）：选择端盖的“封盖几何体”为“目标面”，“端盖位置”为“从目标面偏置”（距离=1）。

（6）：“侧壁形状”为“拉伸”，接受缺省的拉伸方向。

（7）OK，完成凸起特征的创建。

10.5　汤匙的建模

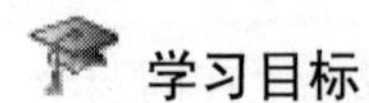

学习目标

本节将重点学习以下建模功能的应用：

- 组合投影（Combined Projection）
- 桥接曲线（Bridge Curves）
- 艺术样条（Studio Spline）

任务分析

汤匙的工程图纸如图 10.62 所示，完成其三维建模，要求表面光顺。

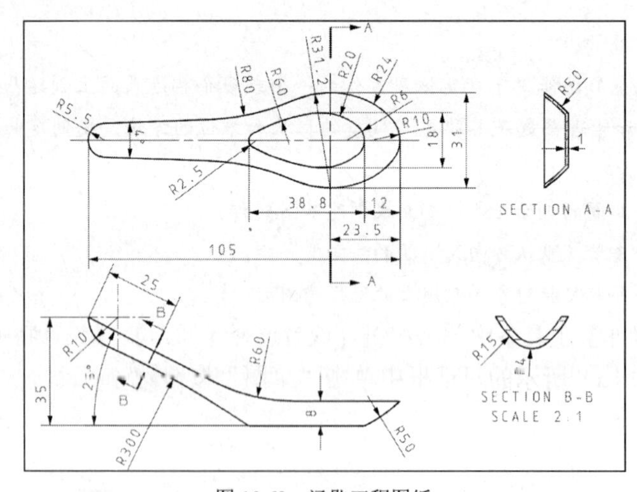

图 10.62　汤匙工程图纸

汤匙建模的难点是汤匙侧面曲面的构造。由于侧面的造型不属于标准曲面特征（一般由四边构成的曲面较容易获得高质量曲面），无法直接由 NX 的曲面特征构建出合理的曲面。所以需要作出合理的辅助线，对曲面进行拆分，本例将介绍其中的一种方法。图 10.63 给出了建模流程。

操作步骤

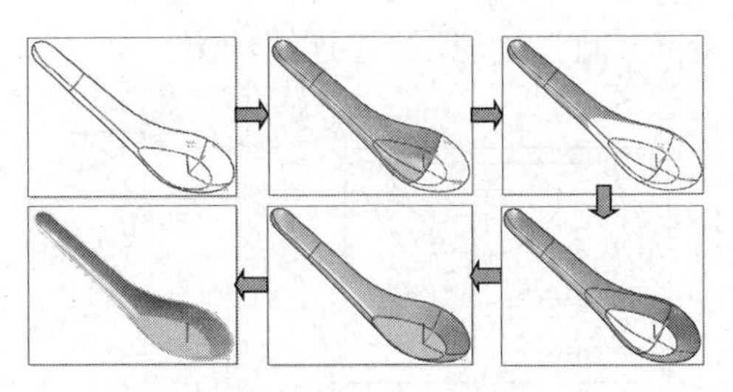
图 10.63　建模流程

打开种子文件 Seed_part_mm 并另存为 Spoon，启动建模环境。

1. 构造汤匙线框

(1) 工作层=21。在 XY 和 XZ 基准平面上分别创建图 10.64 和图 10.65 所示的草图。

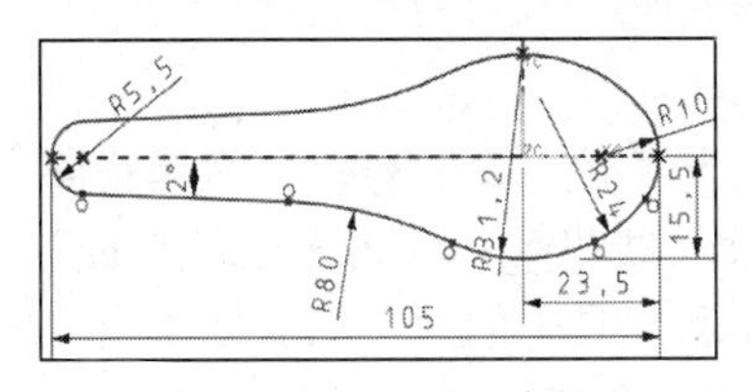

图 10.64　顶面投影轮廓

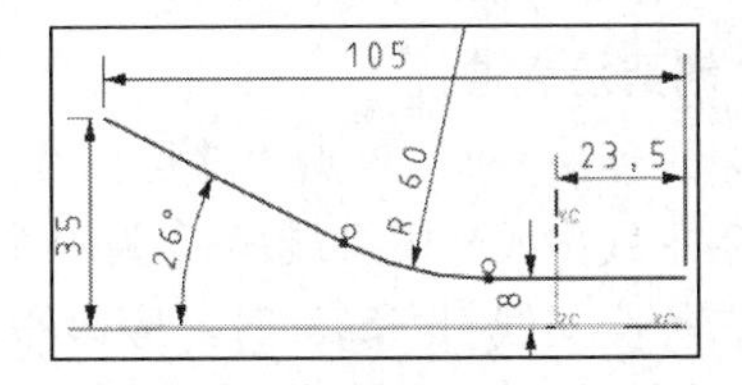

图 10.65　侧面投影轮廓

(2) 工作层=41。创建两组草图曲线的组合投影，如图 10.66 所示。

(3) 工作层=22。在 XY 平面上创建图 10.67 所示的汤匙底面草图轮廓。

(4) 在 XZ 平面上创建图 10.68 所示的汤匙侧面草图，对草图完全约束。

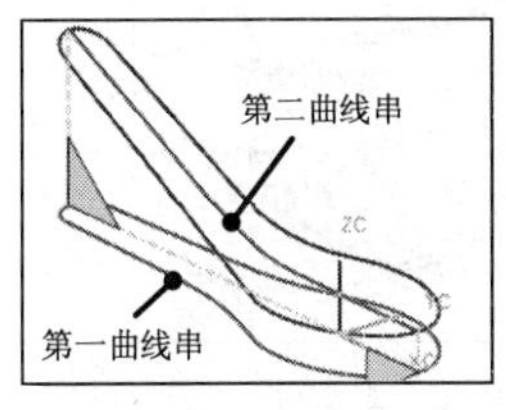

图 10.66　组合投影

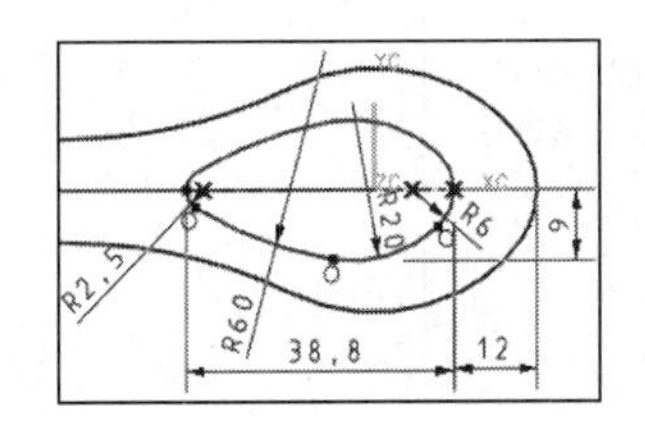

图 10.67　创建底面草图轮廓

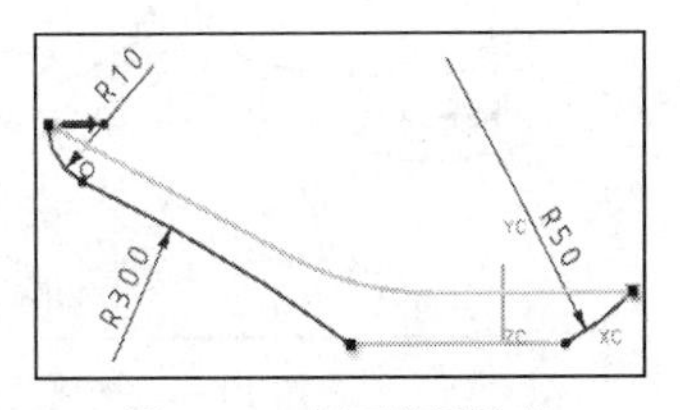

图 10.68　侧面草图轮廓

(5) 在 YZ 平面上创建图 10.69 所示的“A-A 剖面”草图。

(6) 创建 B-B 基准平面：工作层=62，选择图 10.70 所示的直线端点创建自动判断约束的基准平面（与直线垂直）。然后再创建一个偏置距离为−25 的基准平面。

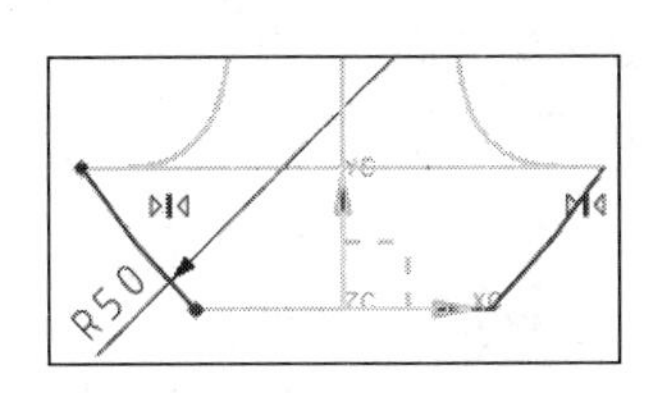

图 10.69　A-A 剖面草图

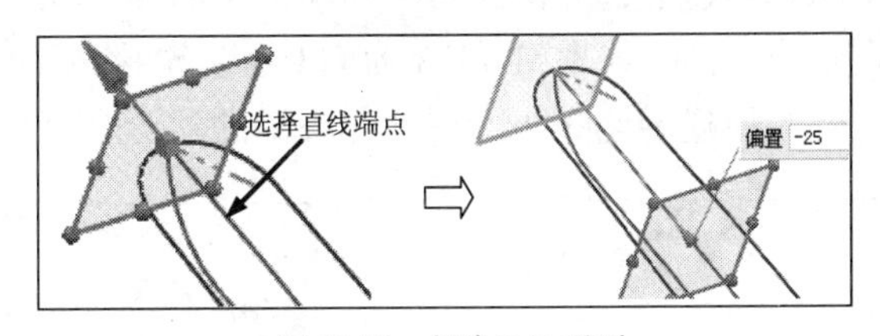

图 10.70　创建 B-B 平面

(7) 工作层=22。创建图 10.71 所示的“B-B 剖面”草图。

2. 构建建模辅助线

侧面为“五边构面”的情况，无法作出好的曲面，因此需要将其变成“四边构面”情况。

(1) 工作层=41，设置 22、23、24 和 61 层可选，其他层不可见。

(2) 构建桥接曲线：如图 10.72 所示，创建 A-A 剖面两圆弧之间相切连续的桥接曲线。

(3) 构建样条曲线：选择通过点方式，曲线阶次为 2，依次选择图 10.73 所示的两个点，在“点 1”处应用 G1 连续约束。

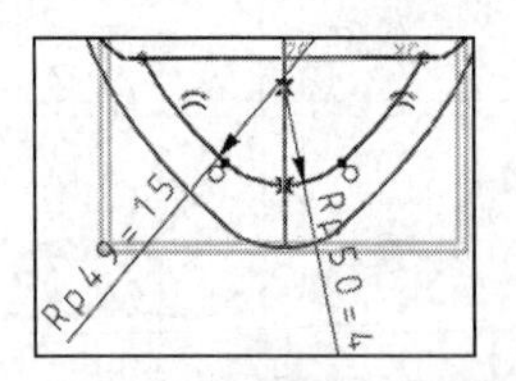

图 10.71　创建 B-B 剖面

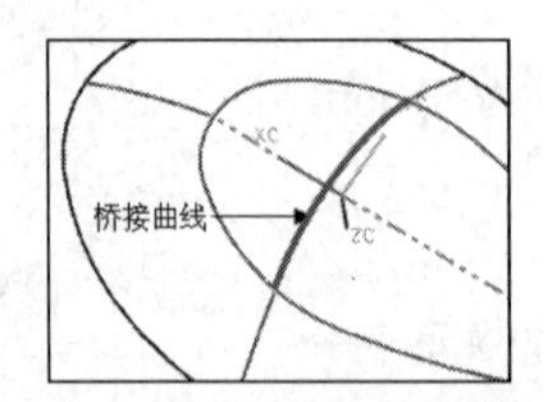

图 10.72　构建桥接曲线

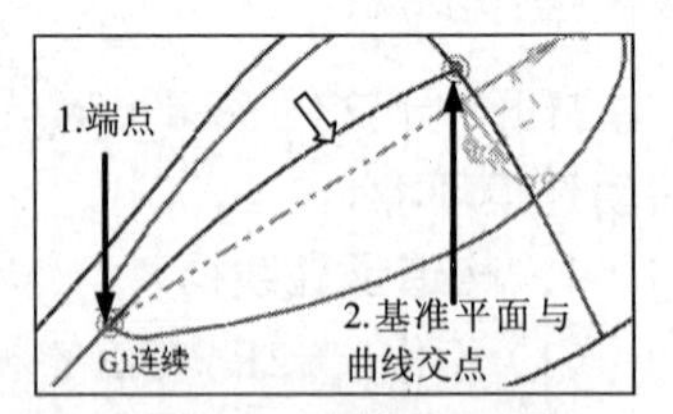

图 10.73　构建样条曲线

3. 创建汤匙曲面

（1）工作层=81。单击“通过曲线网格”按钮→定义主线串：依次选择图 10.74 所示的 3 条主线串（其中主线串#3 为一个点）→定义交叉线串：依次选择图中的 3 条交叉线串（在选择交叉线#1 和#3 时，应该激活【选择意图】工具中的“在相交处停止”选项）→接受对话框中的缺省参数选项，OK，完成网格曲面的创建。

（2）修剪体（Trim Body）：选择网格曲面作为目标体，工具体为距离 XY 平面为 7 的一个基准平面，保证正确的修剪方向，如图 10.75 所示。

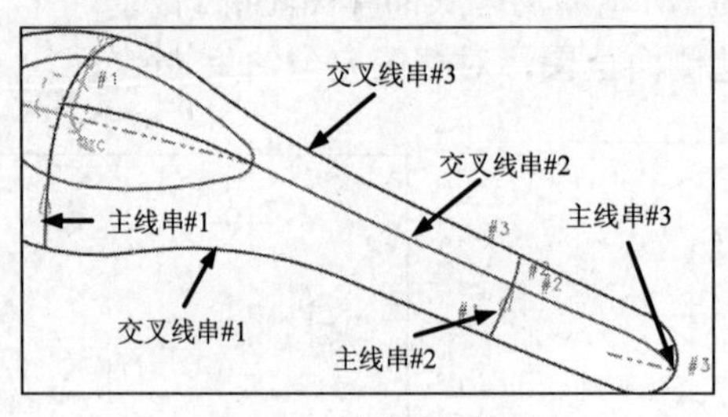

图 10.74　构建网格曲面

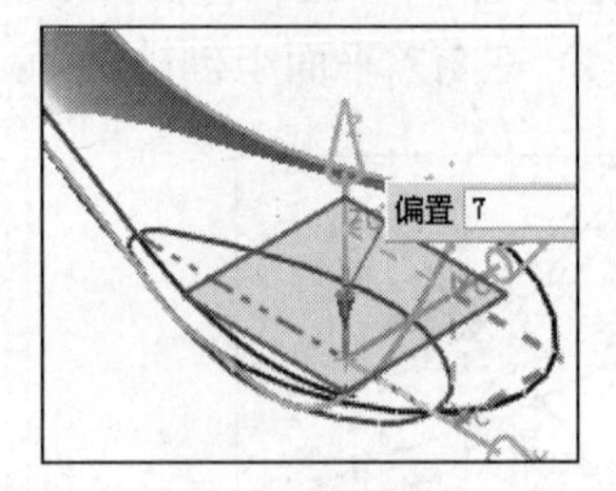

图 10.75　修剪体

（3）单击“过曲线网格”按钮→按照图 10.76 所示分别指定网格曲面的定义线串。在对话框中选择主线串的“结束”边为“G2（曲率连续）”→单击约束面按钮→选择被修剪的曲面作为“约束面”→OK，完成网格曲面的构建。

（4）创建汤匙前部的网格曲面：按照图 10.77 所示定义线串构造网格曲面，设置边界连续方式为：交叉线串#1 和#3 为 G2 连续，“约束面”为已完成的网格曲面。

（5）创建汤匙底面：在汤匙底部创建一个有界平面，如图 10.78 所示。

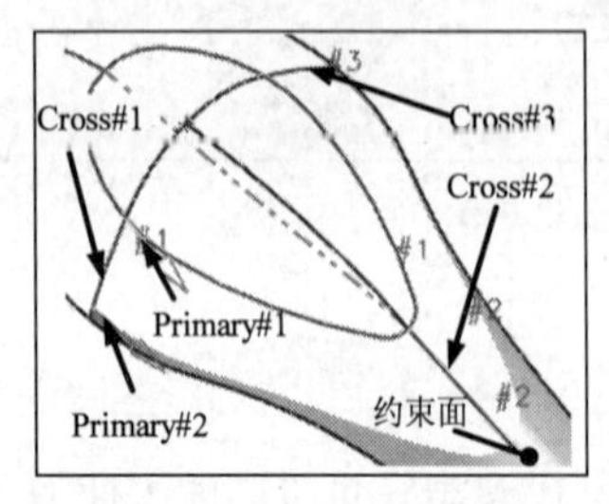

图 10.76　创建网格曲面

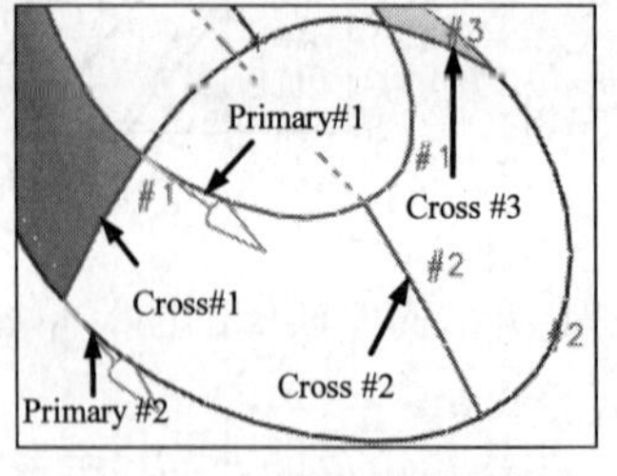

图 10.77　创建前部网格曲面

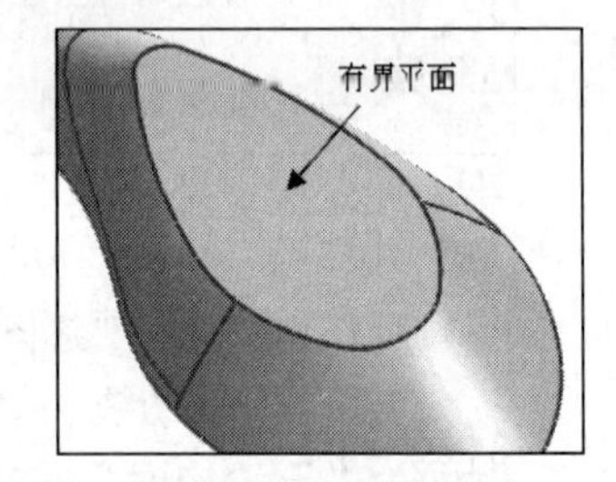

图 10.78　创建有界平面

（6）创建拉伸片体：使 21 层为可选择层。拉伸侧面草图得到如图 10.79 所示的片体。

（7）修剪片体：选择修剪片体命令，设置“投影沿着”ZC 轴，选择拉伸片体在汤匙内部的部分，选择 21 层闭合的草图曲线作为修剪边界，如图 10.80 所示。

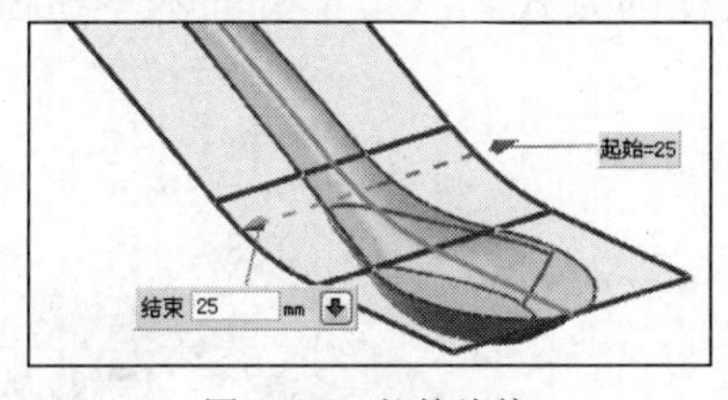

图 10.79　拉伸片体

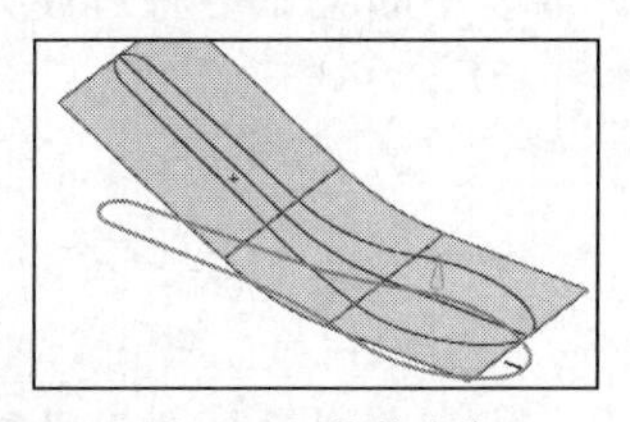

图 10.80　修剪片体

4. 生成实体模型并完成建模

（1）检查建模首选项中的体类型应该为“实体”。

（2）工作层=1，使用缝合命令将所有片体缝合，结果为一实体模型。

（3）在汤匙的底部创建变半径边倒圆，变半径点和尺寸如图 10.81 所示。

（4）对汤匙实体进行抽壳操作，壁厚为 1，选择合适的开口面，结果如图 10.82 所示。

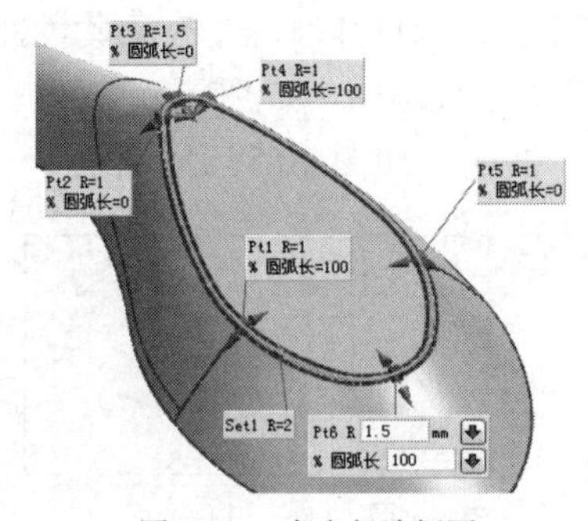

图 10.81　变半径边倒圆

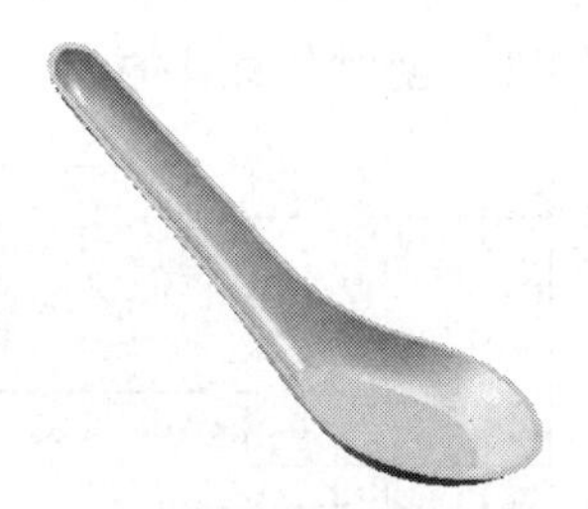

图 10.82　抽壳结果

10.6　玩具汽车造型设计

学习目标

本节将重点学习以下建模功能的应用：

- 桥接曲面（Bridge Surface）
- 二次截面（Section）
- 补片体（Patch Body）
- 增厚片体（Thicken Sheet）

任务分析

根据给定的曲线完成图 10.83 所示的汽车外形设计，要求曲面光顺连续，壁厚为 1mm。

本节已经给出了构造汽车车身的主要构造线，但给定的曲线并不足以表达汽车的外观形状。因此，在设计的过程中，我们只需保证模型利用并通过了所有曲线，其余部位和曲面过渡的设计则需要根据主观创意完成，这是一种非常灵活的设计方法。在创建各种类型的过渡曲面时，需要不断尝试各种过渡方法，最终找到最佳的方式。汽车车身的基本建模流程如图 10.84 所示。

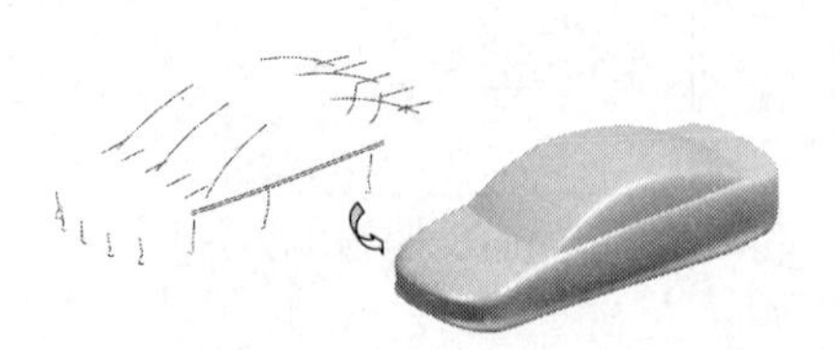

图 10.83　汽车效果图

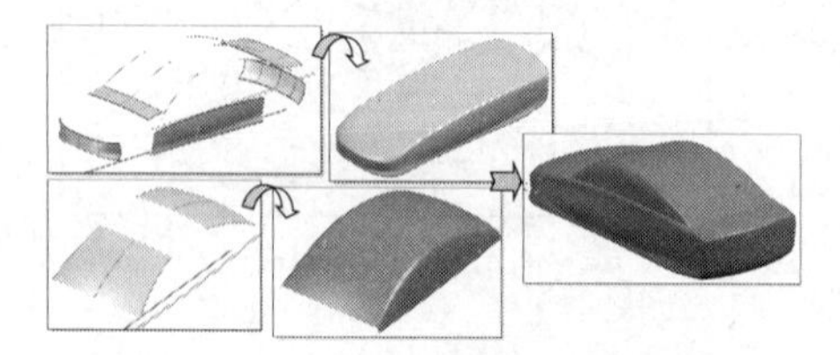

图 10.84　建模流程

操作步骤

1. 创建车身主曲面

（1）打开 Car_body，启动建模环境。

（2）创建“通过曲线组”曲面：工作层=81，依次选择前保险杠的 5 条黄色曲线，取消对话框中的“垂直于终止剖面”选项，完成曲面的创建，如图 10.85 所示。

（3）同理，创建车身其他部分的“通过曲线组”曲面，如图 10.86 所示。

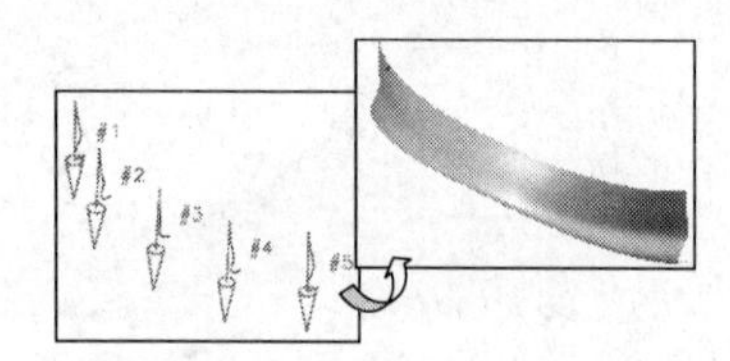

图 10.85　保险杠的过曲线组曲面

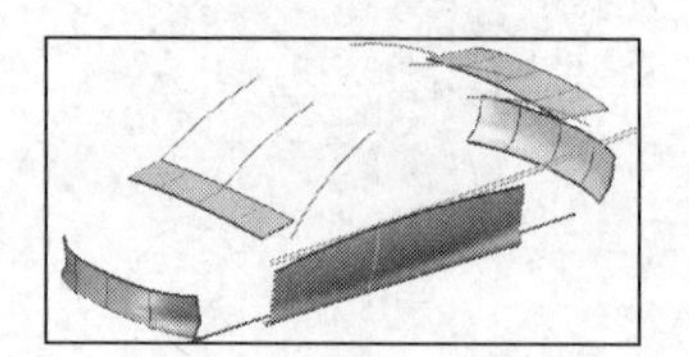

图 10.86　其他曲面

2. 作前保险杠与侧围之间的过渡曲面

（1）设置 11～16 层为不可见状态。

（2）单击“桥接曲面（Bridge Surface）”按钮并设置连续方式为“曲率连续”→在“主面”步骤，选择前保险杠和侧围曲面需要桥接的边缘，注意选择球的位置，以确保每一剖面线串方向一致，如图 10.87 所示→单击“Apply”按钮，完成桥接曲面的创建。

3. 作前尾箱与侧围之间的过渡曲面

（1）分别选择图 10.88 所示的两个曲面边缘，单击“Apply”按钮。

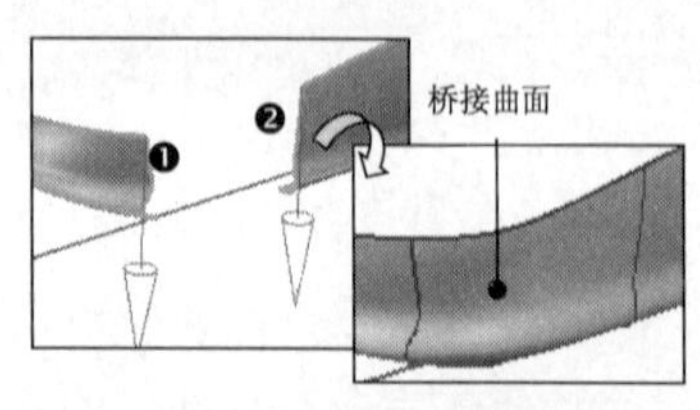

图 10.87　创建桥接曲面

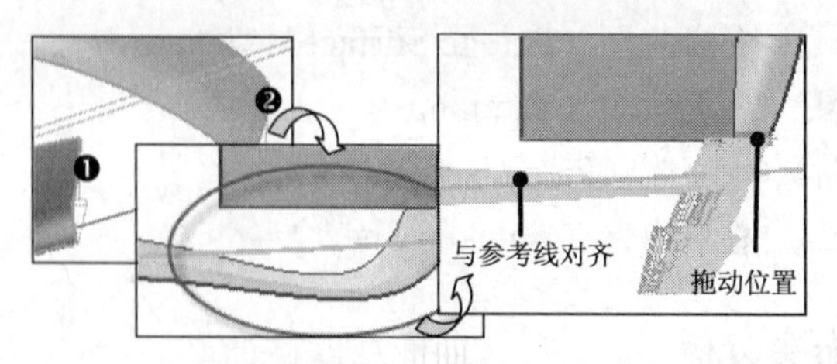

图 10.88　动态调整桥接曲面

（2）改变视图到 Top 视图，可发现桥接曲面太饱满，已超过车身宽度，如图 10.88 所示。

（3）单击对话框中的“拖动（Drag）”按钮→选择过桥曲面上靠近尾箱的那条边→沿箭头

反向拖动，直至与车身宽度大约持平为止。

4. 作车身顶部的过渡曲面

创建与车身顶部两个曲面曲率连续的桥接曲面，如图 10.89 所示。

5. 作发动机引擎罩曲面

（1）单击“剖面（Section）”按钮，设置“U 向”和“V 向”的构造类型均为“五次（Quintic）”。

（2）选择剖面类型为“圆角-rho”。

（3）选择第 1 个面→OK→选择第 1 个面上的起始边→OK。

（4）选择第 2 个面→OK→选择第 2 个面上的起始边→OK。

（5）选择与 YC 轴平行的直线作为脊线。

（6）选择 rho 值为“恒定的（Constant）”，输入“rho=0.35”。

（7）OK，完成剖面体的创建，如图 10.90 所示。

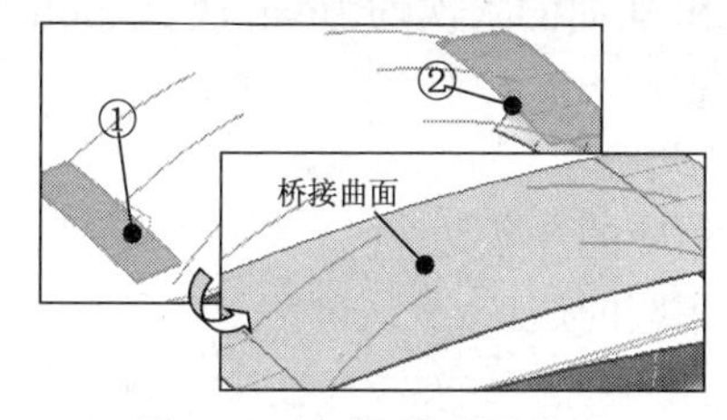

图 10.89　车身顶部桥接曲面

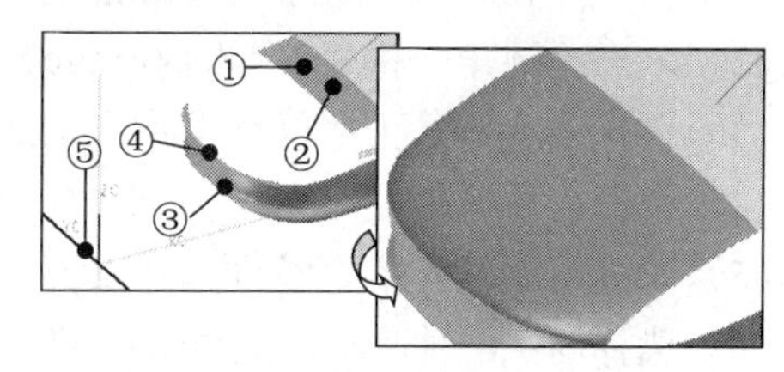

图 10.90　“圆角-rho”方式的剖面体

6. 作其他过渡曲面并完成车身曲面

（1）作行李箱过渡曲面：创建“圆角-rho”剖面体——U 向为“二次”，V 向为“五次”；依次选择图 10.91 所示的曲面和边；脊线为 Y 向直线；rho=0.85。

（2）作车身侧围的过渡曲面：创建“圆角-rho”剖面体——U 向为“五次”，V 向为“三次”；依次选择图 10.92 所示的曲面和边（每个选择步骤有多个面和边）；选择与 XC 轴平行的直线作为脊线；rho 设置为“最小张度”。

（3）作后车灯过渡曲面：按照图 10.93 所示的线串创建“过曲线网格”曲面——除点以外，其他 3 条边界线串分别为它们相邻的面“G1”连续。

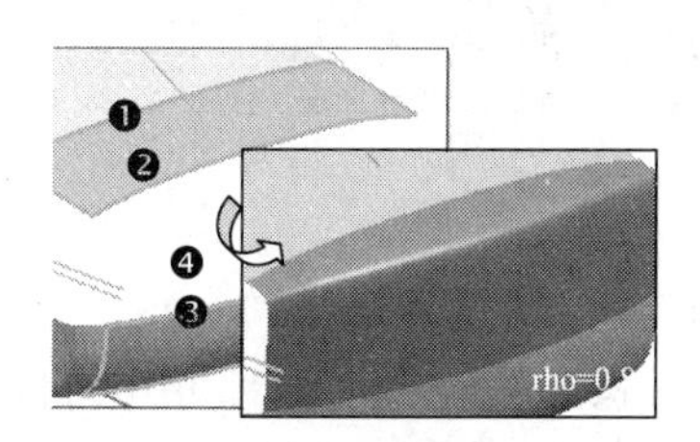

图 10.91　创建行李箱的过渡曲面

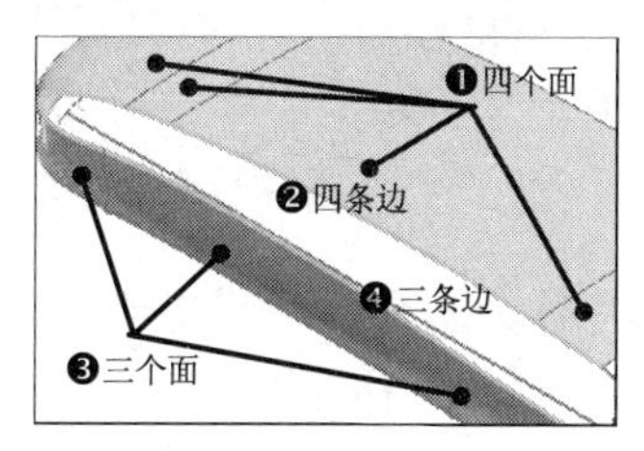

图 10.92　作车身侧围的过渡曲面

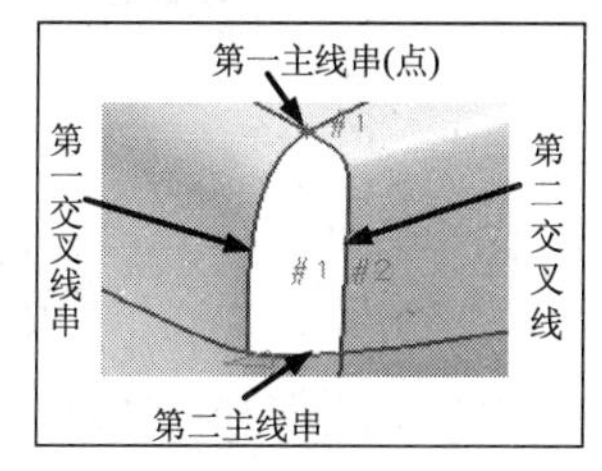

图 10.93　边界连续的网格曲面

（4）在 61 层作 XZ 基准平面；工作层=81，利用 XZ 基准平面镜像体（包括侧围曲面、前后桥接曲面、侧围过渡曲面和网格曲面）；然后缝合所有的片体，完成车身部分的建模。

7. 创建前后风窗曲面以及车顶过渡曲面

（1）工作层=82，15、16、17 层可选择，其他层不可见，观察已存在曲线的情况。

（2）利用给定的橙色曲线创建图 10.94 所示的两个“通过曲线组”曲面。

（3）使用曲率连续的“桥接曲面”功能来连接两个曲面，如图 10.95 所示。

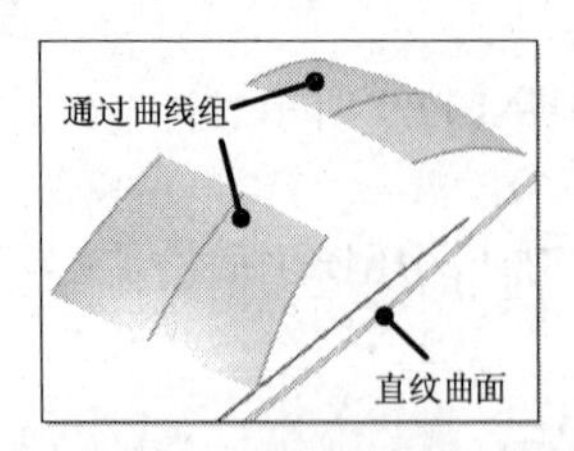

图 10.94　创建主曲面

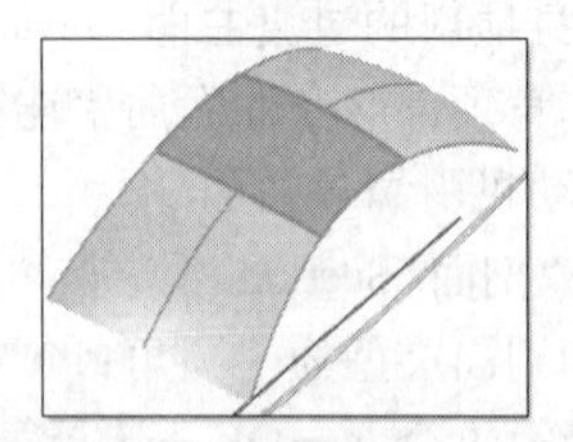

图 10.95　创建桥接过渡曲面

（4）作辅助面—直纹曲面：工作层=83，利用两条青色的曲线作直纹面。此曲面作为侧面车窗过渡曲面的辅助对象。

8．制作车窗过渡曲面

（1）工作层=82。选择剖面（Section）命令，选择 U 向和 V 向的阶次均为“五次（Quintic）”。

（2）单击“圆角—桥接（fillet-bridge）”方式按钮。

（3）选择连续方式为“匹配曲率（Match Curvatures）”。

（4）选择前后风窗及车顶面为第 1 组面，然后选择相应的 3 条边。

（5）选择前面所作的直纹面为第 2 组面，然后选择相应的边。

（6）选择与 XC 轴平行的直线作为脊线。

（7）设置桥接深度（Bridge Depth）=30，其他参数不变。

（8）OK，完成曲面的构建，如图 10.96 所示。

9．镜像并缝合曲面

（1）利用 61 层的 XC-ZC 基准平面对上一步完成的曲面进行镜像体操作。

（2）工作层=82，其他层不可见。将所有 5 个片体进行缝合，结果如图 10.97 所示。

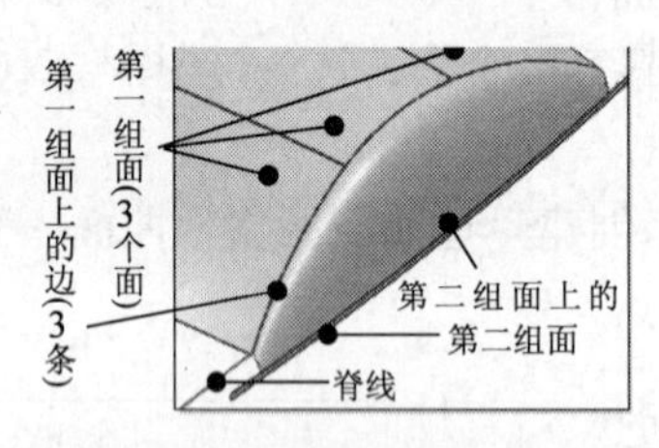

图 10.96　“圆角—桥接”曲面

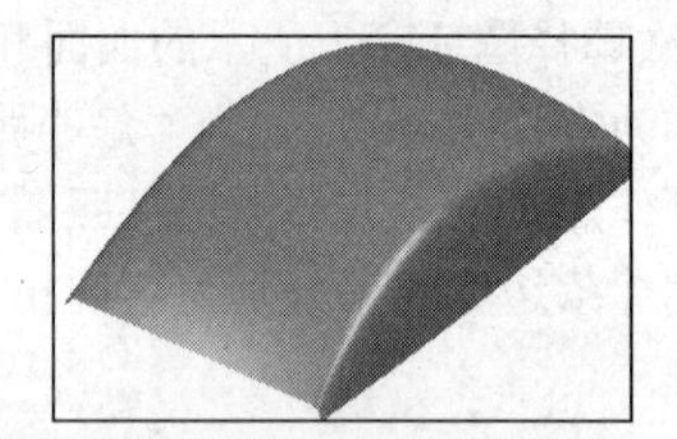

图 10.97　镜像并缝合曲面

10．合并片体并完成建模

（1）工作层=81。使用车身片体为工具体修剪车顶部分片体，如图 10.98 所示。

（2）将两部分片体进行合并：单击“补片体”（Patch Body）按钮，以车身部分作为目标体，车顶部分作为工具片体，完成结果如图 10.99 所示。

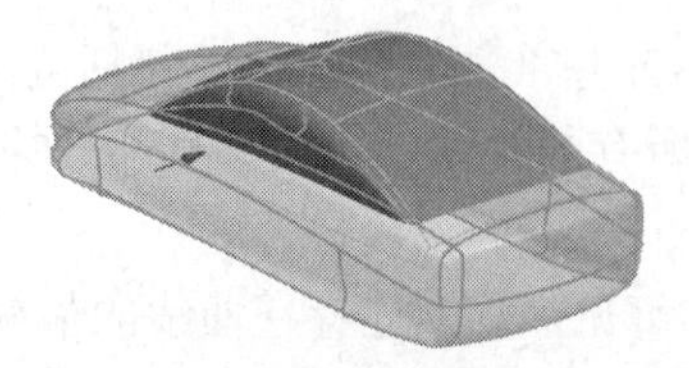

图 10.98　修剪体

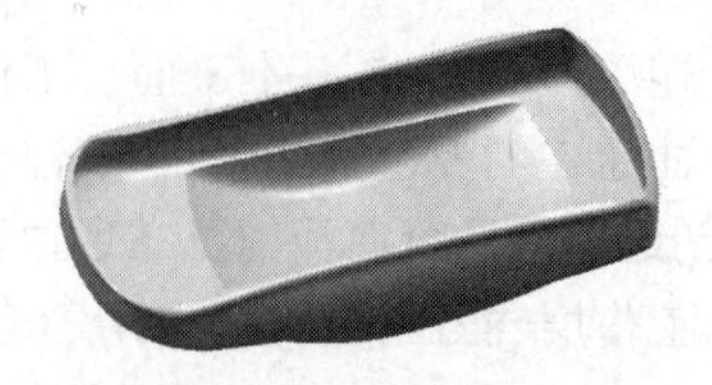

图 10.99　补片体

（3）增厚片体：工作层=1。利用增厚片体功能将整个片体向外侧增厚 1mm，得到实体。

（4）设置其他层为不可见状态，完成汽车的建模。

如果增厚片体无法完成，可以通过以下几种方式来处理模型：

- 查看所有过渡曲面的参数，并进行适当的调整，使曲面曲率变化尽可能平缓。
- 修改增厚片体的公差，使其略大于建模精度。

10.7　卡车前端面改形设计

学习目标

本节将重点学习以下建模功能的应用：

- 过极点的艺术样条
- 规律控制的偏置曲线
- 样条曲线分析与光顺曲线
- 曲面分析与曲面编辑
- 艺术曲面的创建
- 变化偏置曲面

任务分析

图 10.100 左图所示是已经完成的卡车前侧端面设计，现在需要对其中的一个曲面进行重新评估并进行改形设计，完成右图所示的结果。

图 10.100　卡车前端面设计意图

本项目是在已有设计的基础之上进行改进设计。已给出设计所需要的 5 个控制点，这些点用于曲面凸起的形状参考位置点。我们首先可以利用这些给定的点作出样条曲线，然后对曲面进行裁剪操作。凸起的曲面可以利用变量偏置功能作出偏置曲面，并利用二次剖面功能完成曲面的过渡连接，最后联合所有片体，获得需要的设计。

操作步骤

打开文件 FreeForm_truck，进入建模环境。

1. 创建并评估样条曲线

（1）选择艺术样条曲线命令，在对话框中选择曲线的绘制方法为“极点”，并选中对话框中的“单段”和“关联”选项，然后依次选择给定的 5 点，OK，完成样条的创建，结果如图 10.101 所示。

（2）打开【形状分析】工具条，如图 10.102 所示。选择刚刚创建的样条曲线，在分析工具条中选中“曲率梳”，系统显示曲线的曲率梳。曲率梳以矢量方式显示样条曲线上等间隔的点的曲率方向和大小，曲率梳端点连线（曲率梳曲线）表示了曲线的光顺程度。

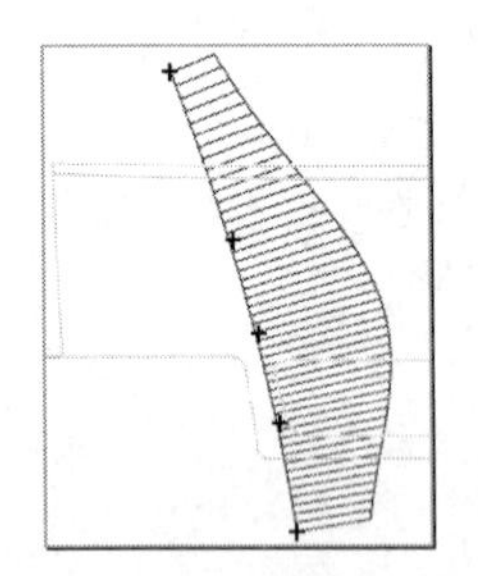

图 10.101　绘制艺术样条

图 10.102　形状分析工具条和曲率梳选项

曲率梳选项：如果样条曲线显示的曲率梳比例不合适，在选中曲线的前提下，单击“曲率梳”按钮旁边的“曲率梳选项”按钮，在图 10.102 所示的“曲率梳选项”对话框中，打开“建议比例因子”选项，然后根据显示结果再调整曲率梳的比例和密度。

观察曲线的曲率梳是否光滑（曲率梳曲线光顺过渡则表示曲线光顺）。如果需要关闭曲率梳显示，同样需要先选择曲线，然后再次单击“曲率梳”按钮。

2. 作样条曲线的偏置曲线

选择偏置曲线命令，选择上一步完成的样条曲线并单击“确定”完成选择，在“偏置曲线”对话框中设置偏置箭头指向右侧，偏置根据“规律控制（Offset By）”，在弹出的“规律函数“对话框中单击“线性”规律按钮，输入起始值为 10，终止值为 75，完成结果如图 10.103 所示。

图 10.103　规律偏置曲线

3. 处理并评估曲面

（1）删除已有 4 个曲面中右侧的两个对称曲面。

（2）编辑大曲面：选择菜单命令【编辑】/【曲面】/【边界】，然后选择大曲面，在接下来的对话框中选择“移除修剪（Remove Trim）”，则曲面回复到未修剪状态。

（3）将小曲面改成其他颜色（如蓝色）进行曲面评估：在【形状分析】工具条中单击“反射（Reflection）”按钮，选择所有的曲面，并在【反射】对话框中设置：线的数量为 64，线的方向为竖直，OK，结果如图 10.104 所示。从光线反射条可看出顶部小曲面与黄色大曲面之间的匹配不是很理想。

4. 重构小曲面

（1）提取边界：选择【插入】/【来自实体集的曲线】/【抽取】/【边缘曲线】命令→选

择小曲面的上边界→OK，完成曲线的抽取。

（2）此小曲面已经不再需要，因此可以删除小曲面。

（3）分析抽取边界曲线的曲率梳显示，调整视图方位，并调整曲率梳的比例以显示到合适的可见度，参考图 10.105 所示的结果。

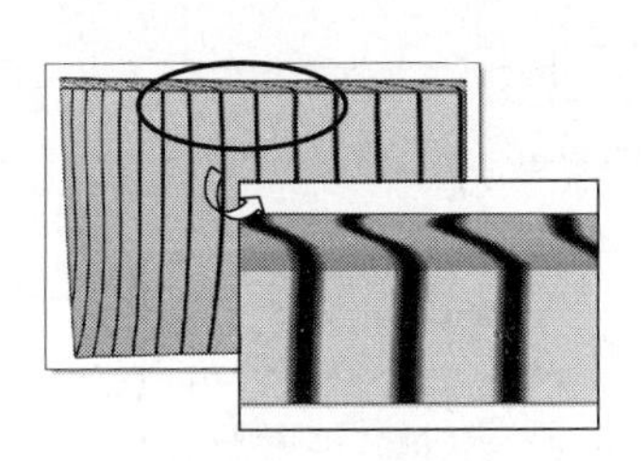

图 10.104　评估曲面

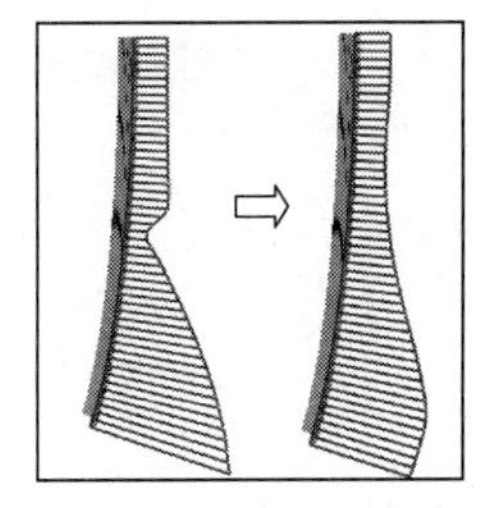

图 10.105　评估并光顺样条

（4）选择【编辑】/【曲线】/【参数】命令，选择前面抽取的边缘曲线，在【编辑样条】对话框中选择“光顺”按钮，系统打开图 10.106 所示的对话框。在对话框中输入“分段=15”，单击“近似”按钮；然后再输入“临界值=1”，单击“光顺”按钮，直到获得希望的结果（可以多次选择此按钮）。

图 10.106　创建艺术曲面

（5）重构小曲面：选择【插入】/【网格曲面】/【艺术曲面（Studio Surface）】命令。依次选择刚刚光顺的样条和大曲面的上边缘作为剖面（Section）（箭头的方向需保持一致），设置“结束”约束=G2，然后选择约束面为大曲面，完成的结果如图 10.106 所示。

艺术曲面：此方法与“过曲线网格”类似，通过指定的剖面（主曲线）和引导线（交叉线）构造曲面，可以指定边界的连续性。艺术曲面比“过曲线网格”更灵活，请读者尝试更多的练习。

（6）缝合曲面：目标片体为大黄色曲面，上一步完成的艺术曲面作为工具片体。利用面的“反射”分析功能重新评估曲面效果，如果对结果不满意，可以重新光顺曲线。

5. 作大曲面的变量偏置曲面

（1）自定义工具条，采用“拖放”的方式将“变量偏置”命令按钮添加到【曲面】工具条中，如图 10.107 所示。

（2）工作层=2，单击“变量偏置”按钮，选择大曲面进行偏置，按照图 10.108（a）所示位置指定靠近小曲面两个角点的偏置为 1，另一侧的两个点偏置为 10，偏置方向为指向曲面的外侧，结果如图 10.108（b）所示。

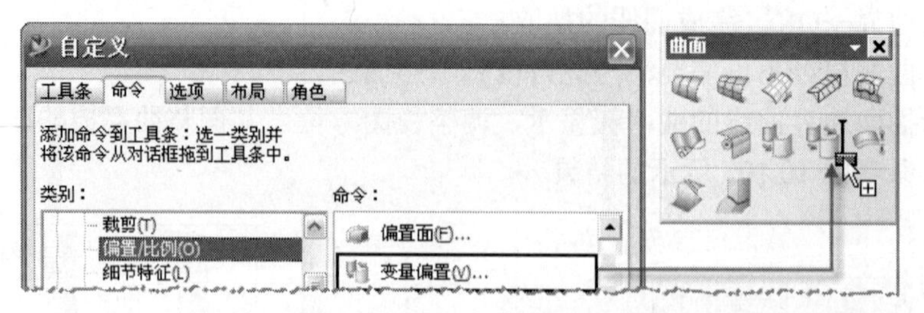

图 10.107 调入变量偏置命令

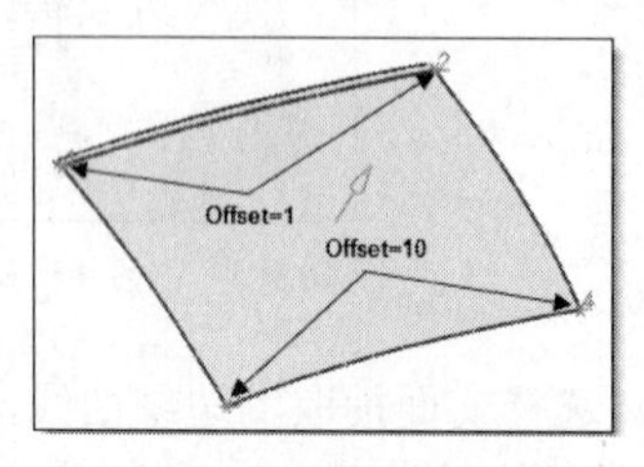

（a） 选择变量偏置点

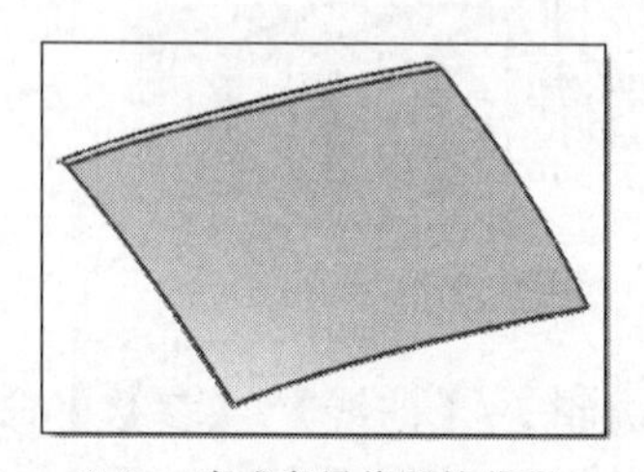

（b） 完成变量偏置的曲面

图 10.108 变量偏置曲面

6. 构建艺术曲面并缝合

（1）工作层=2。通过光顺曲线和变量偏置曲面的上部边缘构造“2×0”的艺术曲面，并与偏置曲面 G2 连续。

（2）缝合两个新的曲面，结果如图 10.109 所示。

7. 修剪片体

选择【曲面】工具条中的“修剪片体（Trimmed Sheet）”命令：使用构建的样条修剪黄色（1 层）片体，保留左边的部分，投影方向为 ZC 轴；使用偏置曲线修剪蓝色的片体（2 层），投影方向为 ZC 轴，保留右边的部分，结果如图 10.110 所示。

8. 作过渡曲面

（1）在【曲面】工具条中单击“Section”命令按钮，接受默认的 U、V 向参数，选择“圆角—桥接（Fillet_Bridge）”方式，连续方式选择“匹配曲率”：选择左边两个曲面，然后选择相应的边界；选择右边的两个曲面，然后选择相应的边界，接受缺省的参数完成曲面过渡。

（2）将所得到的三个曲面缝合，结果如图 10.111 所示。

图 10.109 构造并缝合曲面

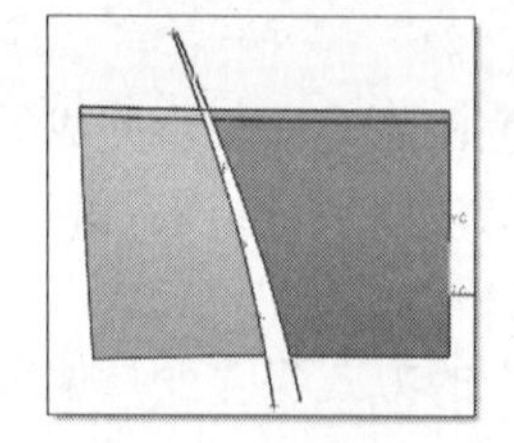

图 10.110 修剪的曲面

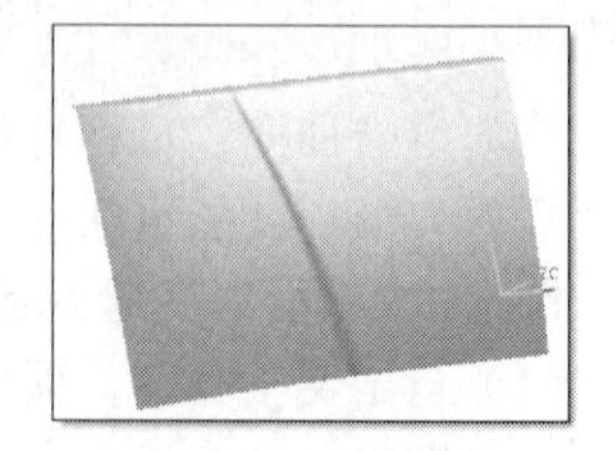

图 10.111 过渡曲面

9. 重新修剪曲面

利用 42 层的曲线对曲面进行修剪操作，投影方向为+ZC 轴，结果如图 10.112 所示。

10. 镜像片体

作 YC-ZC 基准平面，利用此平面镜像体，然后缝合两个片体，结果如图 10.113 所示。

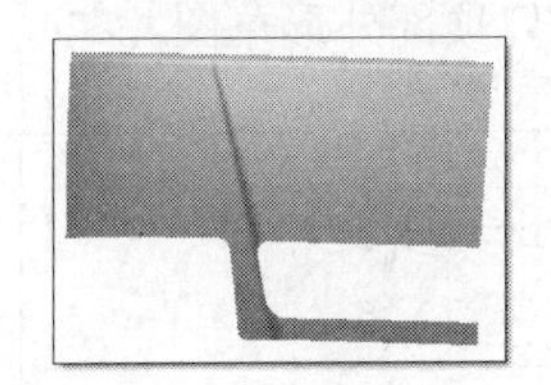

图 10.112　修剪的片体

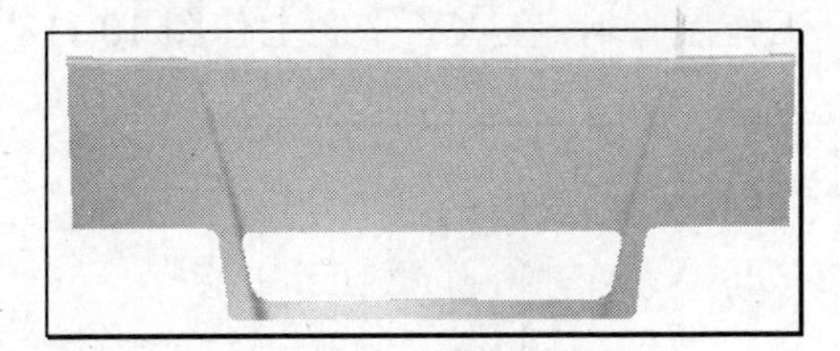

图 10.113　完成镜像并缝合

10.8　综合项目——PDA 面壳的设计

学习目标

- 学习如何利用混合建模的方法实现复杂产品的设计。
- 掌握片体转化为实体的一般方法。

任务分析

完成图 10.114 所示的 PDA 面壳的设计，抽壳壁厚为 2mm。

本项目将演示实体与曲面相结合的复合建模过程。这一类建模一般通过成型特征创建出零件的基体形状，然后利用曲面功能完成局部复杂的造型，并使用修剪、补片体等功能获得实体表面的形状。

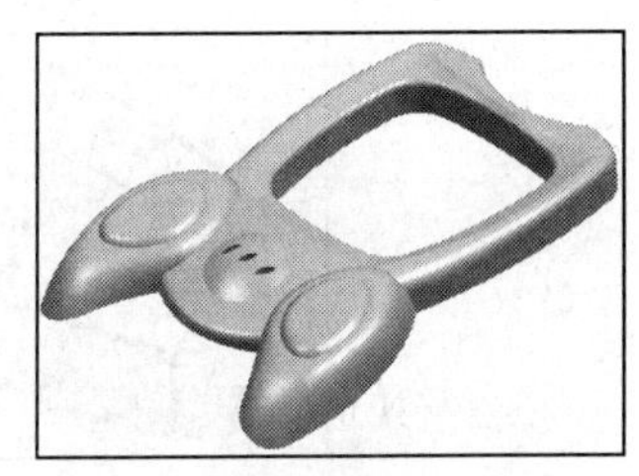

图 10.114　PDA 面壳效果图

操作步骤

打开种子文件 Seed_part_mm 并另存为 pda，启动建模环境。

1. 创建草图和基体

（1）工作层=21，在 XY 平面上建立图 10.115 所示的草图 Base_profile。

（2）工作层=22，在同样的草图平面上创建图 10.116 所示的草图 Key_profile。

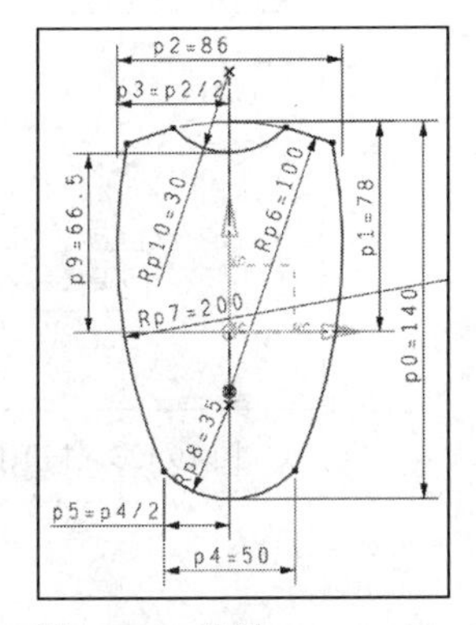

图 10.115　草图 Base_profile

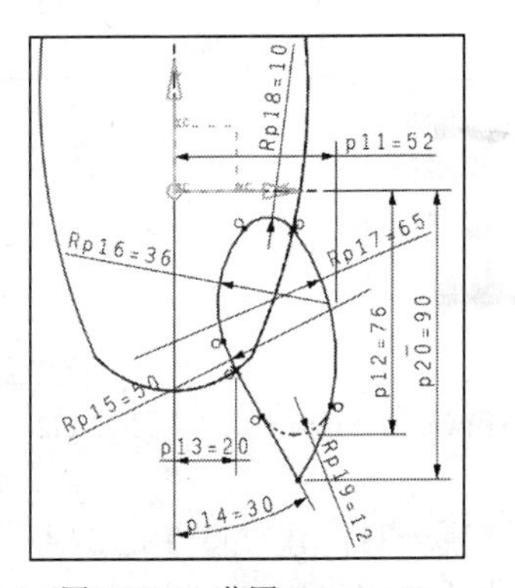

图 10.116　草图 Key_profile

（3）工作层=62，作 XY 基准平面的偏置基准平面，距离为 4.5。

（4）工作层=23，在刚刚创建的基准平面上作图 10.117 所示的草图 Window_profile。

（5）工作层=24，在 XY 平面上作图 10.118 所示的屏幕窗口顶部外形草图。

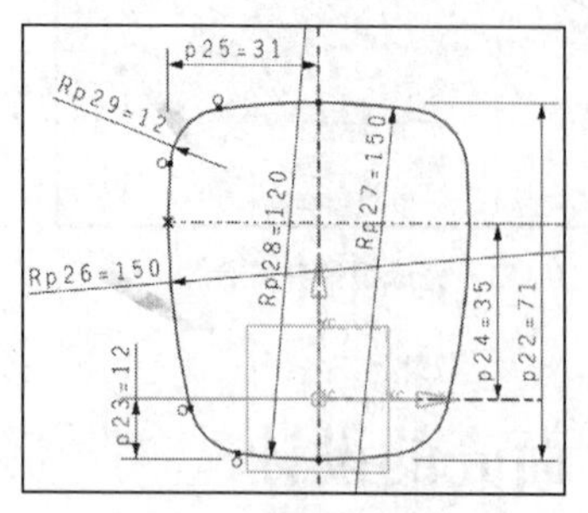

图 10.117 草图 Window_profile

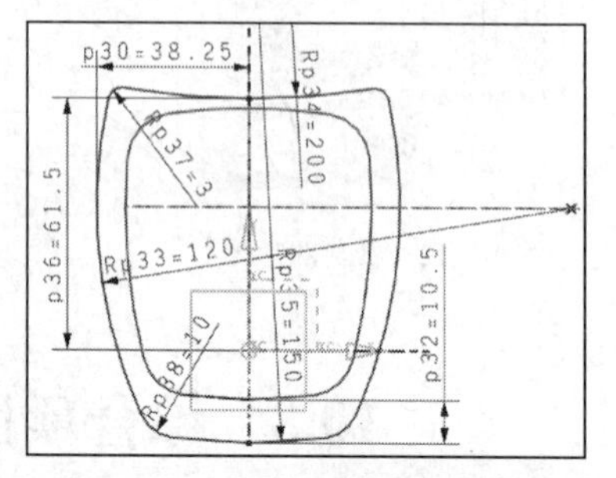

图 10.118 屏幕窗口顶部外形草图

（6）工作层=1。拉伸 21 层草图，方向+Z 轴，起始为 0，终止为 20，角度为 3，如图 10.119。

（7）继续拉伸 23 层草图，方向+Z 轴，起始为−10，终止为 20，角度为−3（角度计算为“从剖面”），并与刚拉伸实体“求差”，如图 10.120 所示。

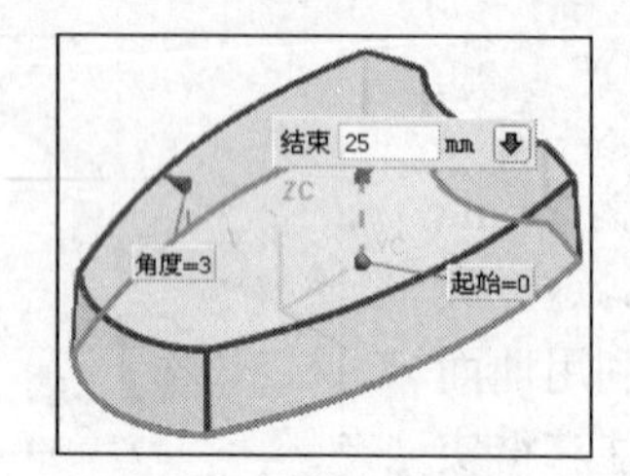

图 10.119 拉伸获得基体造型

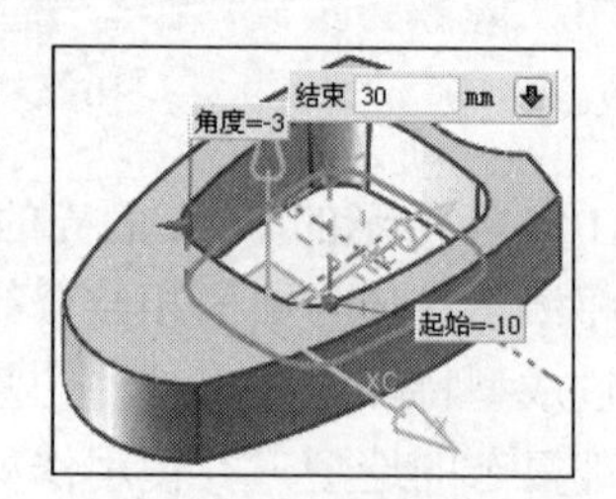

图 10.120 拉伸获得窗口造型

2. 创建顶部曲面造型

（1）工作层=63，建立与 61 层 XZ 平面相关的偏置基准面，距离为−8。

（2）工作层=25，在 YZ 基准平面上建立图 10.121 所示的草图 Guide_string。

（3）工作层=25，在 63 层的偏置基准平面上建立图 10.122 所示的草图 Section_String。

（4）工作层=81，以 25 层草图建立扫掠曲面，如图 10.123 所示。

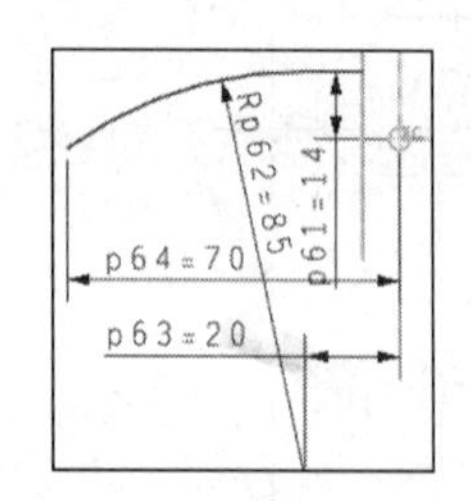

图 10.121 草图 Guide_string

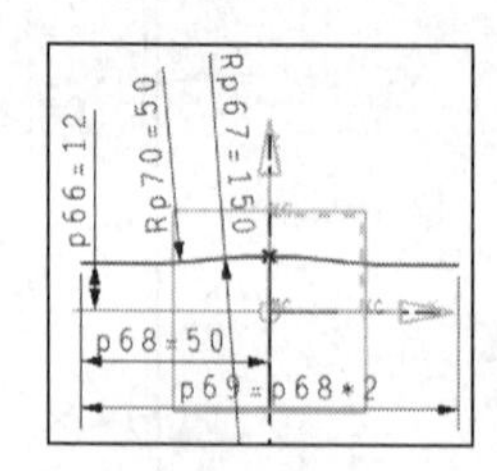

图 10.122 草图 Section_String

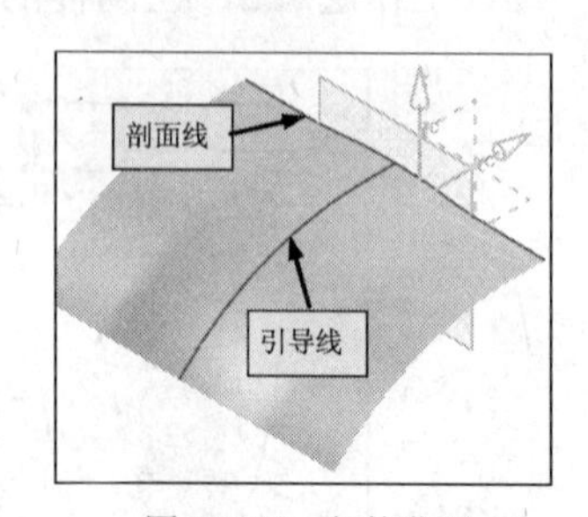

图 10.123 扫掠曲面

（5）工作层=81，建立图 10.124 所示的拉伸片体。

（6）作扫掠曲面和拉伸曲面之间的桥接曲面，并缝合它们，如图 10.125 所示。

（7）用 81 层曲面对实体修剪，结果如图 10.126 所示。

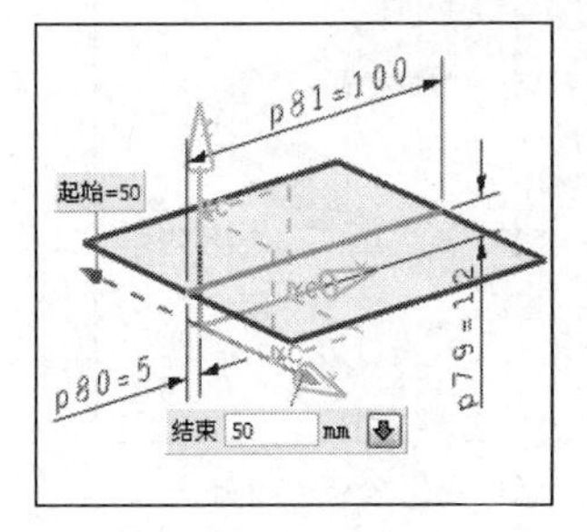

图 10.124　拉伸片体

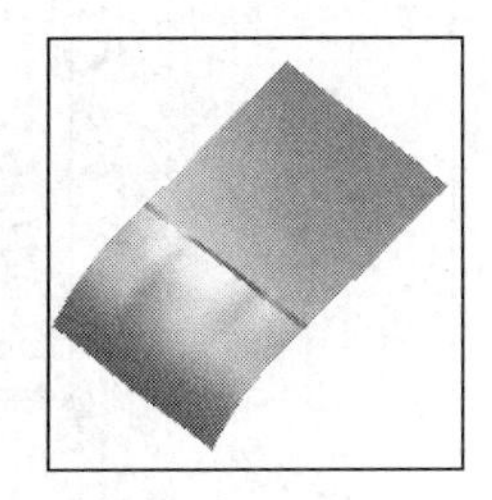
图 10.125　桥接曲面

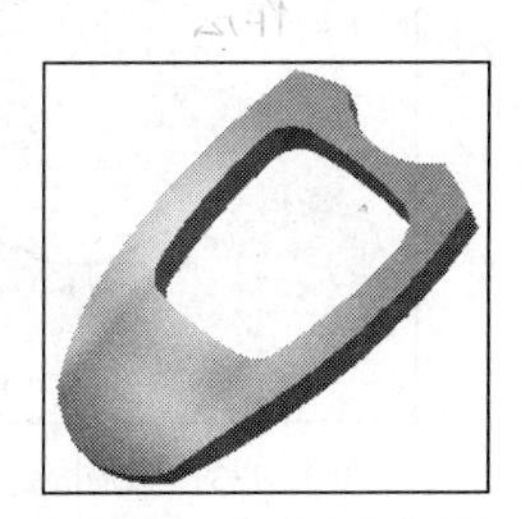
图 10.126　修剪实体的结果

3. 创建屏幕边缘修饰框造型

（1）工作层=41，将 24 层草图沿+Z 轴投影至实体上表面，如图 10.127 所示。

（2）将 23 层草图执行拔模偏置：距离=5，角度=0，如图 10.127 所示。

（3）工作层=82，创建图 10.128 所示的过曲线曲面：对齐方式为弧长对齐，取消“垂直于终止面”选项，阶次为 1。

（4）利用曲面修剪实体，结果如图 10.129 所示。

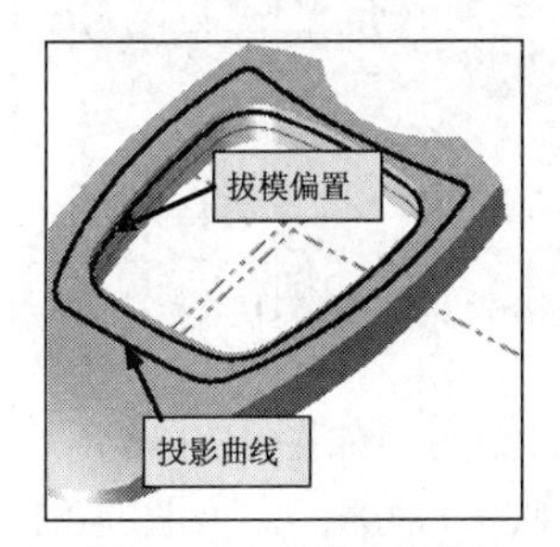

图 10.127　作外形曲线

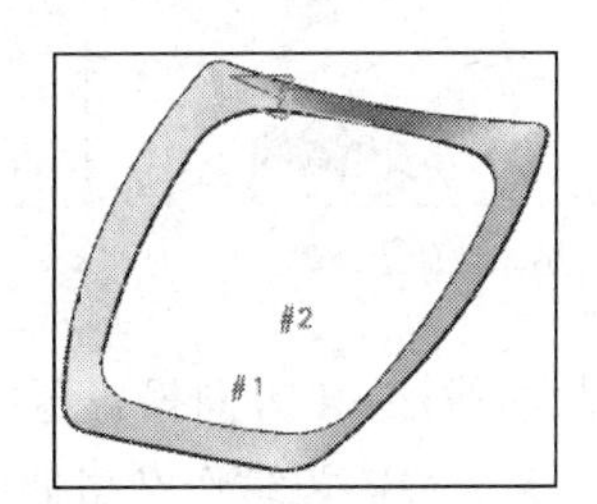

图 10.128　通过曲线组曲面

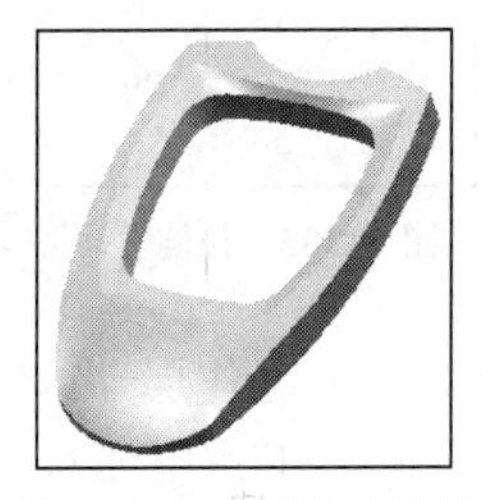
图 10.129　修剪实体结果

4. 对 PDA 基体执行细节设计

（1）工作层=42，将投影曲线的一部分偏置 1.5（如图 10.130 所示），并将它修剪成图 10.131 所示的结果。

（2）利用修剪曲线分割实体面，并应用边缘拔模，方向+Y，角度 10，对分割边界进行 r=10 的边倒圆，得到图 10.132 所示的结果。

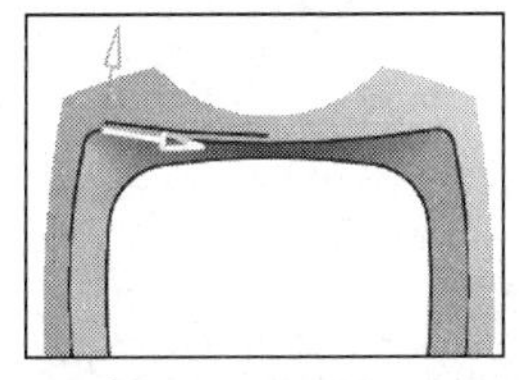
图 10.130　偏置曲线

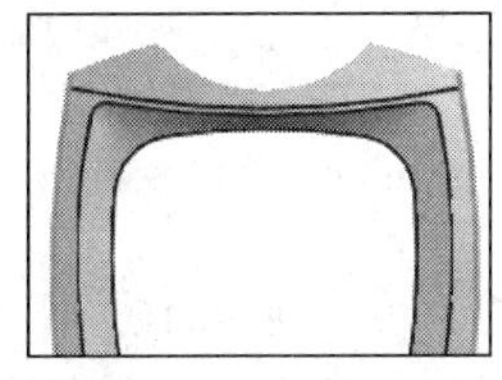
图 10.131　修剪曲线

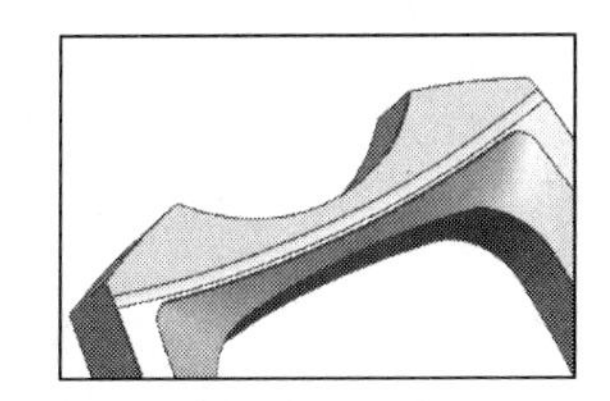
图 10.132　拔模和倒圆

（3）对图 10.133 所示的 7 条边界添加 4 组固定半径边倒圆。

（4）对顶部边缘添加图 10.134 所示的变化半径边倒圆。

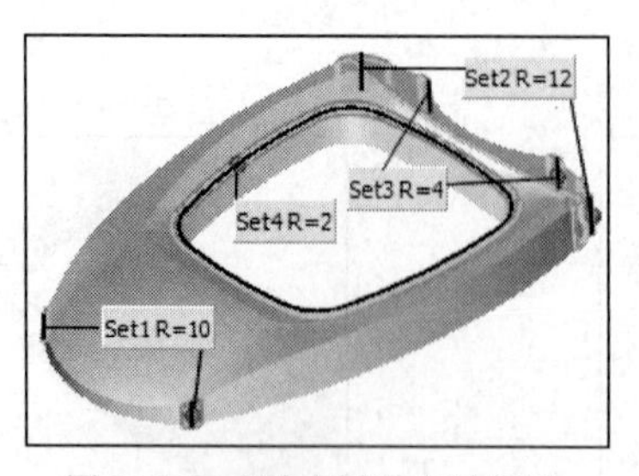

图 10.133　添加固定半径边倒圆

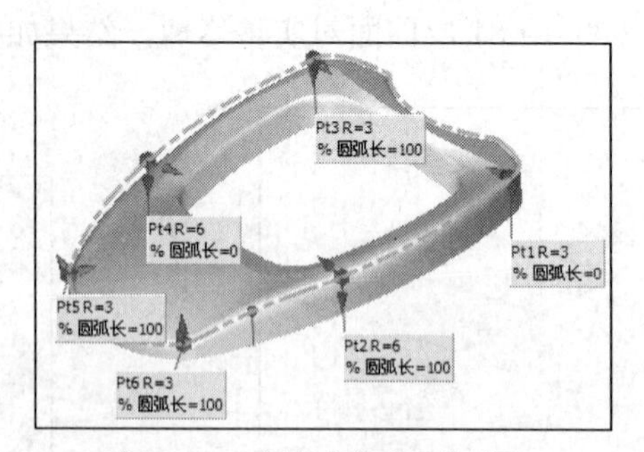

图 10.134　添加变化半径边倒圆

5. 设计按键部分造型

（1）工作层=2，拉伸 22 层草图，起始为−20，终止为 25，创建新实体，如图 10.135 所示。

（2）拉伸基体底面区域，与刚刚得到的实体求差得到图 10.136 所示的结果。

（3）工作层=26，在 YZ 基准平面内作图 10.137 所示的草图，投影曲线为按键实体边。

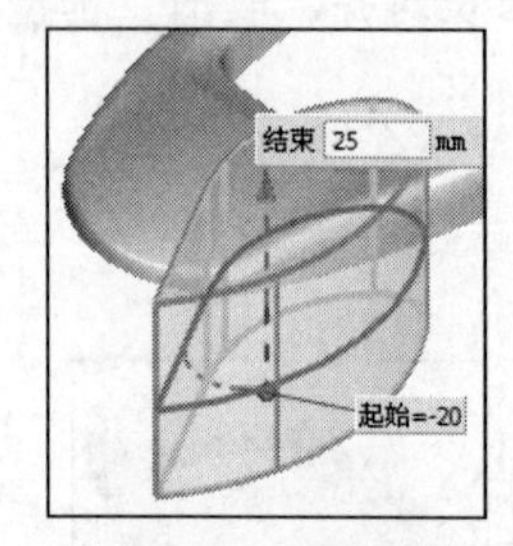

图 10.135　拉伸实体

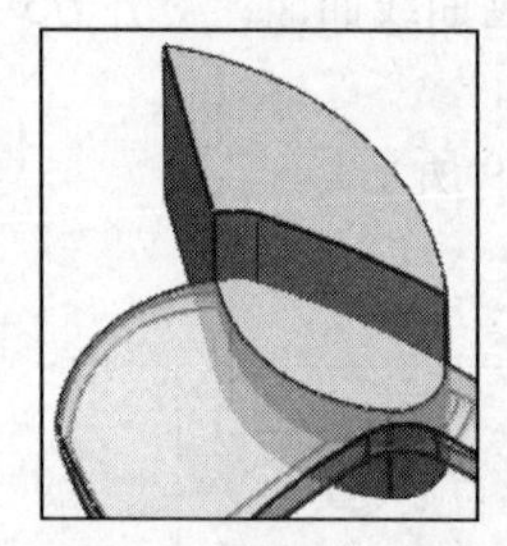

图 10.136　拉伸“求差”

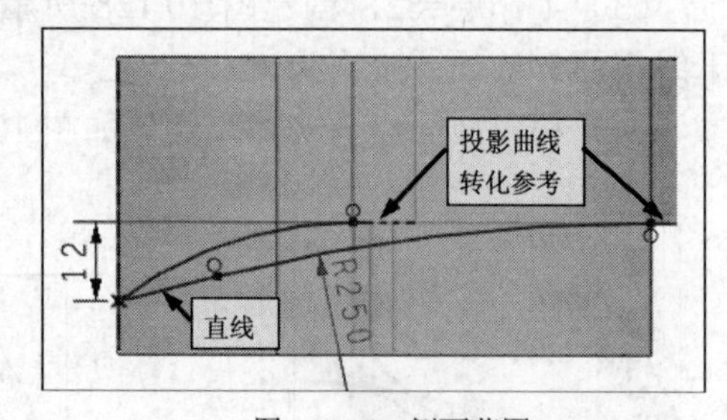

图 10.137　侧面草图

（4）工作层=43，分别将草图曲线沿+X 方向投影至按键实体的侧面，如图 10.138 所示。

（5）工作层=83，利用投影曲线和实体边缘作网格曲面，并控制与一面相切，如图 10.139 所示。

（6）利用网格面修剪实体，并在尖角处倒圆角 R=10，结果如图 10.140 所示。

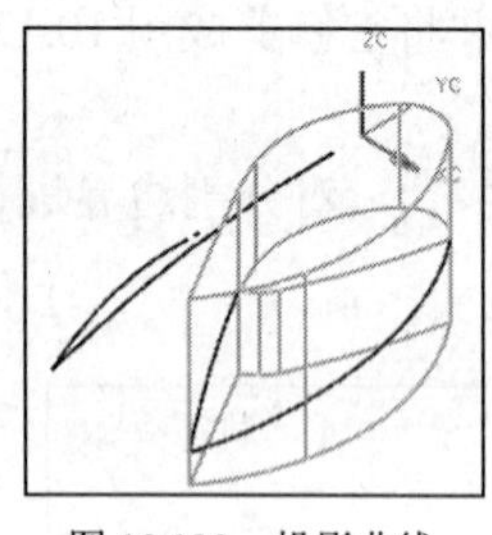

图 10.138　投影曲线

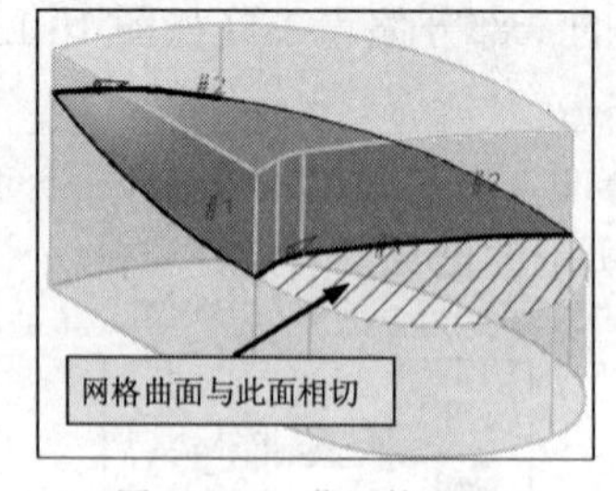

图 10.139　作网格曲面

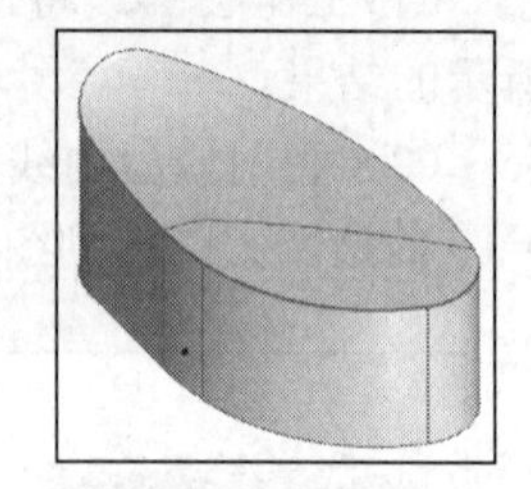

图 10.140　修剪实体

（7）工作层=27，在 XY 平面建立草图，如图 10.141 所示。

（8）工作层=64，作与 XY 平面和 X 轴成−10°的基准平面，再作距离为 20 的偏置基准平面，如图 10.142 所示。

（9）工作层=44，将 27 层草图沿+Z 方向投影到偏置基准平面上。

（10）工作层=84，利用投影得到的曲线作“有界平面”，如图 10.143 所示。

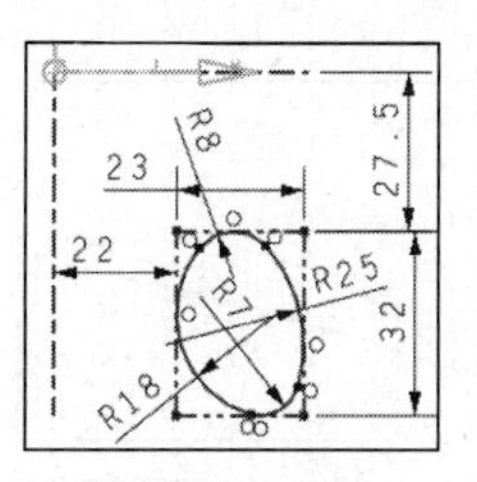

图 10.141　草图

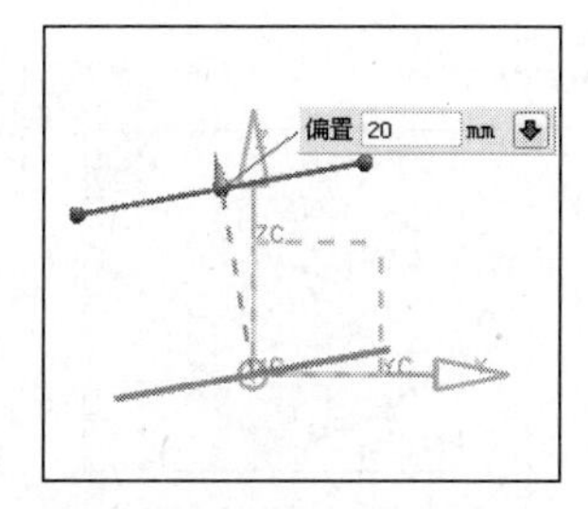

图 10.142　创建相关基准平面

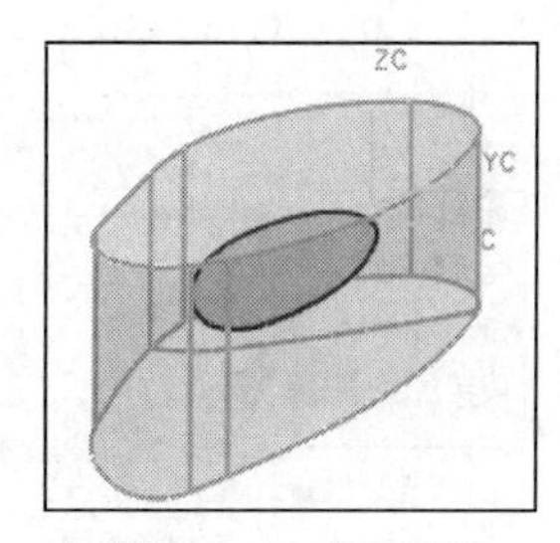

图 10.143　有界平面

（11）工作层=84，2 层为可选层，利用投影曲线和实体边缘作“通过曲线组”曲面，对齐方式为“弧长”，并控制边界平面相切，如图 10.144 所示。

（12）将过曲线曲面和有界平面缝合获得合并的片体。

（13）利用补片体功能将实体用曲面替换掉，结果如图 10.145 所示。

（14）工作层=45，将 44 层投影线进行拔模偏置：高度=2，角度=60，并作边界平面。

（15）利用两组曲线构建过曲线曲面，控制与边界平面相切，作出实体后作布尔操作“求和”，结果如图 10.146 所示。

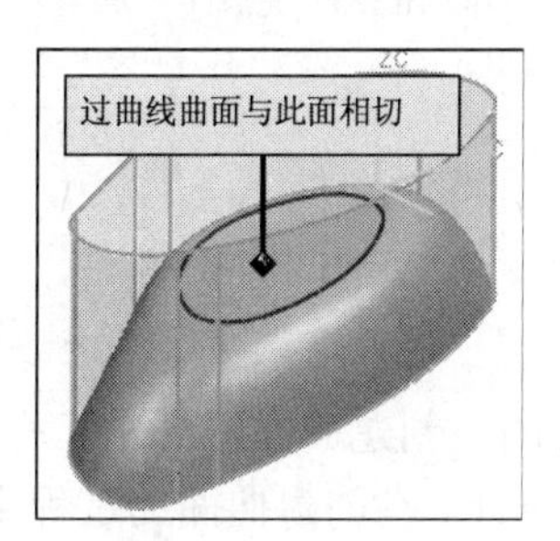

图 10.144　过曲线曲面

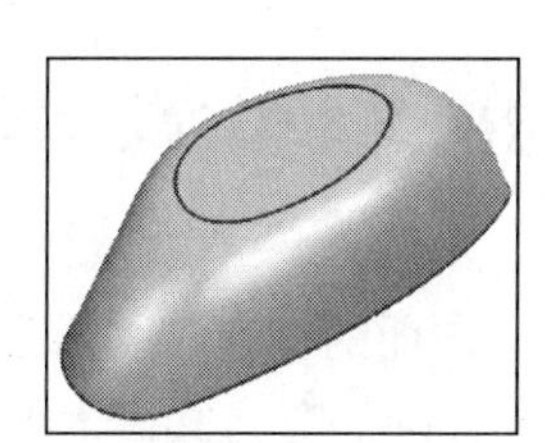

图 10.145　创建补片体

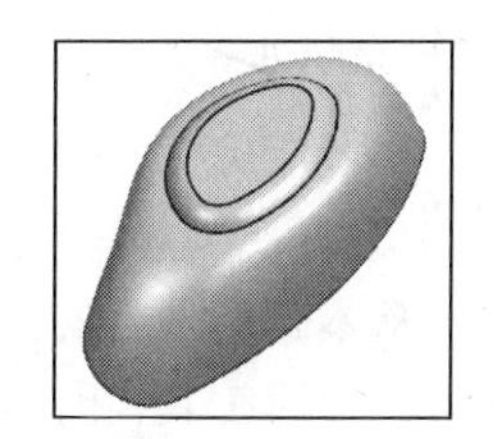

图 10.146　布尔操作“求和”

6. 联合实体并抽壳

（1）利用 YZ 基准面镜像实体，并进行“求和”运算。

（2）对实体执行壁厚为 2 的抽壳操作，得到如图 10.147 所示的结果。

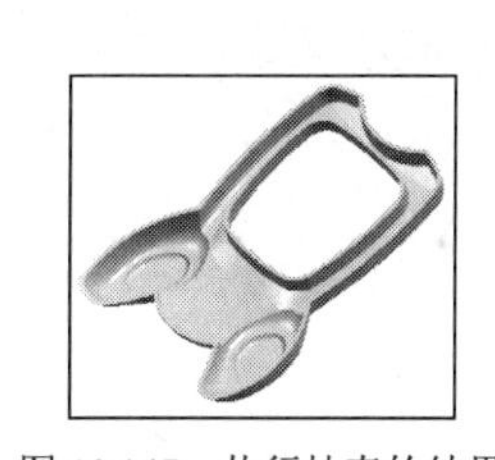

图 10.147　执行抽壳的结果

如果实体不能抽壳，请检查前面所有曲线或曲面步骤的参数和选项是否合理。

7. 设计扬声器部分的造型并完成建模

（1）工作层=28，在 XY 平面上创建图 10.148 所示的草图（椭圆可欠约束）。

（2）工作层=46，沿+Z 轴方向投影大圆到实体内表面上，如图 10.149 所示。

（3）工作层=29，在 YZ 基准平面上建立图 10.150 所示的草图。

（4）工作层=85。利用大圆的投影曲线和 29 层草图创建过曲线曲面，然后将此曲面向上偏置 2mm，结果如图 10.151 所示。

（5）使用实体上表面作为目标体将偏置曲面修剪；利用补片体功能将修剪的偏置曲面补丁到实体上，利用网格曲面裁剪实体内部部分，结果如图 10.152 所示。

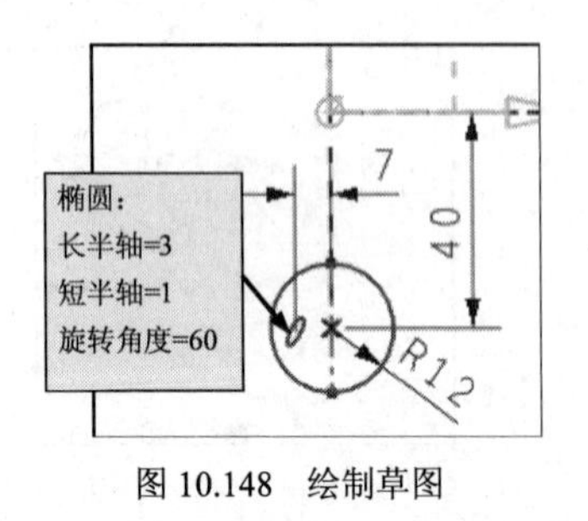

图 10.148　绘制草图

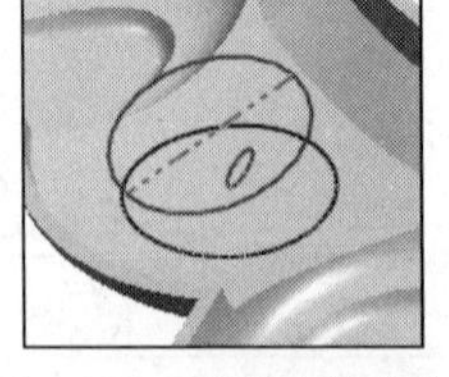

图 10.149　投影大圆曲线

图 10.150　绘制侧面草图

（6）拉伸椭圆，与 PDA 实体“求差”，并执行矩形阵列，结果如图 10.153 所示。

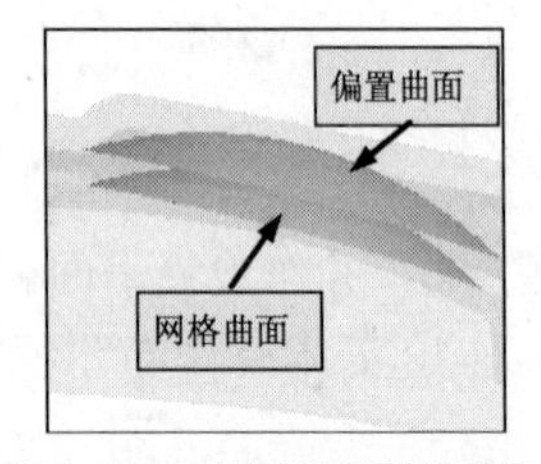

图 10.151　作网格曲面并偏置

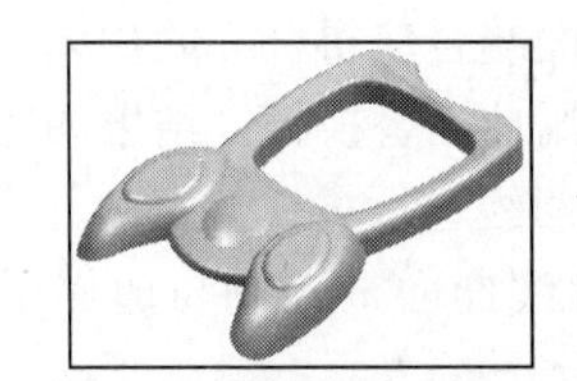

图 10.152　扬声器部分的造型

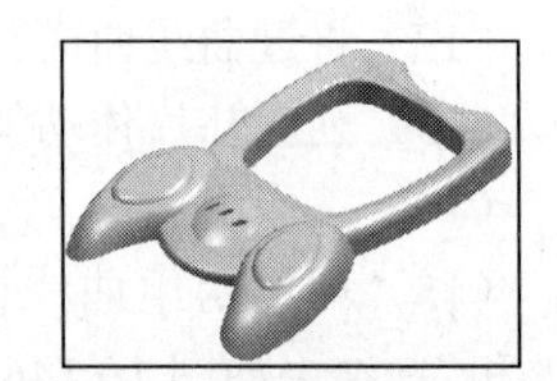

图 10.153　完成的 PDA 零件

10.9　本 章 小 结

从本章的项目实践可以看出，曲面的创建和编辑是非常灵活的。创建曲面，既是工程设计师的实用工具，也是工业造型设计师的有力武器，适合作创意设计。在创建曲面的过程中，非常重要的是能在高效的同时又高质量地完成自由曲线的创建。

对复杂零件也可以采用实体和曲面混合建模，用实体造型方法创建零件的基本形状。实体造型难以实现的形状用曲面建模，然后与实体特征进行各种操作和运算，达到零件和产品的设计要求。

10.10　思考与练习

完成配套素材中的作业。